TEAMS WORK.

Weil Erfolg nur im Miteinander entstehen kann. Die Züblin Spezialtiefbau GmbH ist Ihre kompetente Partnerin für eine schnelle, bedarfsgerechte und präzise Realisierung von Spezialtiefbaumaßnahmen jeder Größenordnung in ganz Deutschland und Europa. Als Teil des STRABAG-Konzerns mit rund 77.000 Mitarbeiterinnen und Mitarbeitern entwickeln wir Gesamtlösungen für den Spezialtiefbau: Von der Planung und Statik über die Maschinen-Logistik bis zur Bauausführung und dem Projektmanagement bieten wir alle Leistungen aus einer Hand.

Ein zentraler Bestandteil unseres umfangreichen Leistungsspektrums ist die schlüsselfertige Ausführung komplexer Baugruben unter Berücksichtigung der geologischen, infrastrukturellen und planerischen Anforderungen des Projekts sowie dessen Lage.

www.zueblin-spezialtiefbau.de

ZÜBLIN
TEAMS WORK.

Züblin Spezialtiefbau GmbH, Albstadtweg 1, 70567 Stuttgart, Tel. +49 711 7883-8751, spt@zueblin.de

Hrsg.: DGGT — Deutsche Gesellschaft für Geotechnik e.V.

Geotechnik

Die Zeitschrift für Bodenmechanik, Erd- und Grundbau, Felsmechanik, Ingenieurtechnologie sowie Kunststoffe in der Geotechnik und Umweltgeotechnik enthält neben themenspezifischen Fachbeiträgen zur u.a. europäischen Normung der Geotechnik auch Mitteilungen der Deutschen Gesellschaft für Geotechnik und deren Arbeitskreisen. Die im peer-review-Prozess begutachteten Inhalte bieten höchstes technisches und wissenschaftliches Niveau. Schwerpunktthemen sind: Bodenmechanik, Erd- und Grundbau, Neuigkeiten aus der Industrie.

4 Ausgaben / Jahr
41. Jahrgang
print / online: **€ 92** *
print + online: **€ 115** *

PROBEHEFT BESTELLEN
+49 (0)30 470 31-236
marketing@ernst-und-sohn.de
www.ernst-und-sohn.de/gete

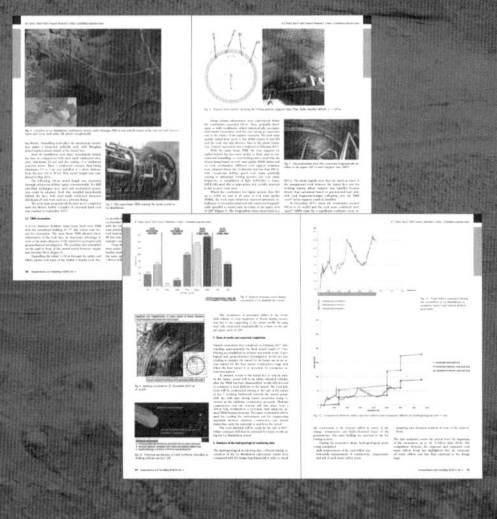

* €-Preise sind Nettoinlandspreise, zzgl. MwSt., inkl. Versandkosten. Mengenrabatt und Preise in anderen Währungen (USD, GBP) auf Anfrage.

Bernhard Hauke, Institut Bauen und Umwelt e.V. / DGNB e.V. (Hrsg.)

Nachhaltigkeit, Ressourceneffizienz und Klimaschutz

Konstruktive Lösungen für das Planen und Bauen – Aktueller Stand der Technik

- Grundgedanken zu Lösungsansätzen der Baubranche
- praktische konstruktive Lösungen und Dienstleistungsangebote
- angewandte Wissenschaft

Das Buch betrachtet die Themen Nachhaltigkeit, Ressourceneffizienz und Klimaschutz. Das Bauwesen hat hier eine wichtige Rolle. Für die von den Bauingenieuren verantworteten Hauptstrukturen wird eine Übersicht zu den technischen Möglichkeiten für das Planen und Bauen gegeben.

1 / 2021 · ca. 350 Seiten · ca. 200 Abbildungen · ca. 100 Tabellen

Softcover
ISBN 978-3-433-03334-0　　ca. **€ 19,90***

Bereits vorbestellbar.

BESTELLEN
+49 (0)30 470 31-236
marketing@ernst-und-sohn.de
www.ernst-und-sohn.de/3334

* Der €-Preis gilt ausschließlich für Deutschland. Inkl. MwSt.

Herausgegeben von der
Deutschen Gesellschaft für Geotechnik e. V.

**Empfehlungen des Arbeitskreises
„Baugruben" (EAB)**

6. Auflage

Ihr persönlicher E-Book Code

ISBN 9783433033333 –
Empfehlungen des Arbeitskreises "Baugruben"
(EAB) 6e - (inkl. e-PDF)

Das von Ihnen erworbene E-Book ist im
ePDF-Format. Das Format ist nicht mit Amazon
Endgeräten oder Apps kompatibel.

Beachten Sie: Sobald der Code verwendet wurde,
sind eine Rückgabe oder der Weiterverkauf
ausgeschlossen.

Das E-Book können Sie unter
www.wiley-vch.de/ebooks/einlösen.
Eine ausführliche Anleitung zum Herunterladen
des E-Books finden Sie unter
http://www.wiley-vch.de/publish/dt/ebooks

Tragfähige Lösungen - made bei DEMLER

- **Pfahlgründungen**
  - verrohrte Bohrpfähle
  - unverrohrte Bohrpfähle
  - VDW-Pfähle
  - Rammpfähle / duktile Gusspfähle
- **Freileitungsbau**
- **Baugrubenverbau**
  - Trägerverbau gerammt oder gebohrt
  - Spundwände
  - Pfahlwände
  - Gurtungen und Rückverankerungen
  - Spritzbetonwände und Vernagelungen
- **Stützwandkonstruktionen**
  - Pfahlwände
  - Spundwände
  - kombinierte Wände
- **Schlüsselfertige Baugruben**
- **Engineering**

DEMLER Spezialtiefbau

Lahnstraße 92
D-57250 Netphen

Fon: +49 (0)2738 608-0
Fax: +49 (0) 2738 608-130

info@demler.de
www.demler.de

*Herausgegeben von der
Deutschen Gesellschaft für Geotechnik e. V.*

Empfehlungen des Arbeitskreises „Baugruben" (EAB)

6. Auflage

Deutsche Gesellschaft
für Geotechnik e. V.
German Geotechnical Society

Arbeitskreis AK 2.4 „Baugruben" der
Deutschen Gesellschaft für Geotechnik e.V.
Obmann:
Univ.-Prof. Dr.-Ing. habil. Achim Hettler

Titelbild
Baugrube für das Quartier Westfield
Hamburg-Überseequartier

Planung
WTM Engineers GmbH

Ausführung
ARGE EGGERS Umwelttechnik GmbH,
EGGERS Tiefbau GmbH,
Implenia Spezialtiefbau GmbH und Stump
Spezialtiefbau GmbH,
2019 (Foto: WTM Engineers GmbH)

6. Auflage 2021

■ Alle Bücher von Ernst & Sohn werden sorgfältig erarbeitet. Dennoch übernehmen Autoren, Herausgeber und Verlag in keinem Fall, einschließlich des vorliegenden Werkes, für die Richtigkeit von Angaben, Hinweisen und Ratschlägen sowie für eventuelle Druckfehler irgendeine Haftung.

Bibliografische Information der Deutschen Nationalbibliothek
Die Deutsche Nationalbibliothek verzeichnet diese Publikation in der Deutschen Nationalbibliografie; detaillierte bibliografische Daten sind im Internet über http://dnb.d-nb.de abrufbar.

© 2021 Wilhelm Ernst & Sohn, Verlag für Architektur und technische Wissenschaften GmbH & Co. KG, Rotherstraße 21, 10245 Berlin, Germany

Alle Rechte, insbesondere die der Übersetzung in andere Sprachen, vorbehalten. Kein Teil dieses Buches darf ohne schriftliche Genehmigung des Verlages in irgendeiner Form – durch Photokopie, Mikroverfilmung oder irgendein anderes Verfahren – reproduziert oder in eine von Maschinen, insbesondere von Datenverarbeitungsmaschinen, verwendbare Sprache übertragen oder übersetzt werden. Die Wiedergabe von Warenbezeichnungen, Handelsnamen oder sonstigen Kennzeichen in diesem Buch berechtigt nicht zu der Annahme, dass diese von jedermann frei benutzt werden dürfen. Vielmehr kann es sich auch dann um eingetragene Warenzeichen oder sonstige gesetzlich geschützte Kennzeichen handeln, wenn sie nicht eigens als solche markiert sind.

Print ISBN 978-3-433-03332-6
ePDF ISBN 978-3-433-61064-0
ePub ISBN 978-3-433-61065-7
oBook ISBN 978-3-433-61063-3

Umschlaggestaltung Design pur GmbH, Berlin
Herstellung pp030 – Produktionsbüro
 Heike Praetor, Berlin
Satz le-tex publishing services GmbH, Leipzig
Druck und Bindung mediaprint solutions GmbH, 33100 Paderborn

Gedruckt auf säurefreiem Papier.

10 9 8 7 6 5 4 3 2 1

Mitglieder des Arbeitskreises „Baugruben"

Zum Zeitpunkt der Herausgabe der vorliegenden Sammelveröffentlichung setzte sich der Arbeitskreis „Baugruben" wie folgt zusammen:

Univ.-Prof. Dr.-Ing. habil. A. Hettler, Dortmund (Obmann)
Dipl.-Ing. U. Barth, Mannheim
Dr.-Ing. P. Becker, Hamburg
Prof. Dr.-Ing. K.-M. Borchert, Berlin
Dipl.-Ing. Th. Brand, Berlin
Dipl.-Ing. M. Braun, Mannheim
Dipl.-Ing. F. Friese, Berlin
Dipl.-Ing. W. Hackenbroch, Duisburg
Dipl.-Ing. R. Haussmann, Schrobenhausen
Dipl.-Ing. I. Hecht, Berlin
Dr.-Ing. M. Herten, Karlsruhe
Univ.-Prof. Dipl.-Ing. Dr. techn. R. Hofmann, Innsbruck
Dipl.-Ing. H.-U. Kalle, Hagen
Univ.-Prof. (em.) Dr.-Ing. H. G. Kempfert, Hamburg
Dr.-Ing. St. Kinzler, Hamburg (stv. Obmann)
Prof. Dr.-Ing. F. Könemann, Dortmund
Univ.-Prof. Dr.-Ing. habil. Ch. Moormann, Stuttgart
Univ.-Prof. Dr.-Ing. E. Perau

Weitere Mitglieder des Arbeitskreises waren:

o. Prof. em. Dr.-Ing. H. Breth, Darmstadt
Dipl.-Ing. R. Briske (†), Horrem
Dipl.-Ing. H. Bülow, Berlin
Dipl.-Ing. G. Ehl, Essen
Dipl.-Ing. E. Erler (†), Essen
Dipl.-Ing. I. Feddersen (†), Karlsruhe
Dipl.-Ing. H. Friesecke, Hamburg
Dipl.-Ing. F. Gantke, Dortmund
Dipl.-Ing. P. Gollub, Essen
Dipl.-Ing. E. Hanke, Eckental

Dipl.-Ing. Th. Jahnke (†), Köln
o. Prof. Dr.-Ing. H. L. Jessberger (†), Bochum
Dipl.-Ing. K. Kast (†), München
Dr.-Ing. H. Krimmer, Frankfurt
o. Prof. em. Dr.-Ing. E. h. E. Lackner (†), Bremen
Dr.-Ing. K. Langhagen, Dietzenbach
Dipl.-Ing. K. Martinek, München
Dipl.-Ing. H. Ch. Müller-Haude (†), Frankfurt/Main
o. Prof. Dr.-Ing. H. Nendza (†), Essen
Prof. Dr.-Ing. E. h. M. Nußbaumer, Stuttgart
Dipl.-Ing. E. Pirlet (†), Köln
Dipl.-Ing. Ch. Sänger, Stuttgart
Dr.-Ing. H. Schmidt-Schleicher, Bochum
Prof. Dr.-Ing. H. Schulz, Karlsruhe
Dipl.-Ing. E. Schultz, Bad Vilbel
o. Prof. Dr.-Ing. H. Simons (†), Braunschweig
Dipl.-Ing. H. H. Sonder, Berlin
Dr.-Ing. J. Spang (†), München
Dr.-Ing. D. Stroh (†), Essen
Prof. Dr.-Ing. K. R. Ulrichs (†), Essen
Dipl.-Ing. U. Timm, Mannheim
Dipl.-Ing. W. Vogel, München
Univ.-Prof. Dr.-Ing. B. Walz (†), Wuppertal
Dipl.-Ing. K. Wedekind, Stuttgart
Prof. Dipl.-Ing. H. Wind (†), Frankfurt/Main
Univ.-Prof. Dr.-Ing. habil. Dr.-Ing. E. h. A. Weißenbach, Norderstedt
(Obmann bis 2006)

Vorwort

Um einem erkennbar gewordenen dringenden Erfordernis Rechnung zu tragen, rief die Deutsche Gesellschaft für Erd- und Grundbau e. V. – heute Deutsche Gesellschaft für Geotechnik – im Jahr 1965 den Arbeitskreis „Tunnelbau" ins Leben und übertrug dessen Leitung dem allseits geschätzten, allzu früh verstorbenen Prof. Dr.-Ing. J. Schmidbauer. Die umfangreichen Aufgaben dieses Arbeitskreises wurden auf die drei Arbeitsgruppen „Allgemeines", „Offene Bauweise" und „Geschlossene Bauweise" aufgeteilt. Die Arbeitsgruppe „Offene Bauweise" beschäftigte sich unter Leitung von Prof. Dr.-Ing. habil. Dr.-Ing. E. h. Anton Weißenbach zunächst nur mit den vordringlichen Fragen der Berechnung, Bemessung und Konstruktion von Baugrubenumschließungen. Als erstes Zwischenergebnis dieser Arbeitsgruppe veröffentlichte die Deutsche Gesellschaft für Erd- und Grundbau e. V. die „Empfehlungen zur Berechnung ausgesteifter oder verankerter, im Boden frei aufgelagerter Trägerbohlwände für Baugruben, Entwurf März 1968".

Die Bearbeitung der Fragen, die mit der Berechnung, Bemessung und Konstruktion von Baugrubenumschließungen zusammenhängen, erwies sich im Laufe der Bearbeitungszeit als so umfangreich, dass sich die Deutsche Gesellschaft für Erd- und Grundbau e. V. entschloss, diesen Aufgabenbereich aus dem Arbeitsgebiet des Arbeitskreises „Tunnelbau" herauszunehmen und einem eigenen Arbeitskreis „Baugruben" zu übertragen, dessen personelle Besetzung mit derjenigen der früheren Arbeitsgruppe „Offene Bauweise" weitgehend identisch war. Die erste Veröffentlichung mit dem Titel „Empfehlungen des Arbeitskreises Baugruben" erschien in der Zeitschrift „Die Bautechnik", Jahrgang 1970. Sie beruhte auf einer grundlegenden Umarbeitung, Neugliederung und Ergänzung der im Jahr 1968 veröffentlichten Vorschläge und umfasste 24 durchnummerierte Empfehlungen, die sich im Wesentlichen mit den Grundlagen der Berechnung von Baugrubenumschließungen, mit der Berechnung von Trägerbohlwänden, Baugrubenspundwänden und Ortbetonwänden sowie mit dem Einfluss einer Bebauung neben der Baugrube beschäftigten.

In der Folgezeit veröffentlichte der Arbeitskreis „Baugruben" in zweijährigen Abständen neue und überarbeitete Empfehlungen. Als sich ein Bearbeitungsstand abzeichnete, der vorerst weitere Änderungen nicht mehr erwarten ließ, entschloss sich die Deutsche Gesellschaft für Erd- und Grundbau e. V., die in den Jahrgängen

1970, 1972, 1974, 1976, 1978 und 1980 der Zeitschrift „Die Bautechnik" verstreuten 57 Empfehlungen des Arbeitskreises „Baugruben" zusammenzufassen und im Jahr 1980 der Fachwelt in geschlossener Form zur Verfügung zu stellen.

In der im Jahr 1988 vorgelegten 2. Auflage sind diese Empfehlungen zum Teil überarbeitet und darüber hinaus um weitere neun Empfehlungen zum Thema „Baugruben im Wasser" ergänzt worden, die in der „Bautechnik", Jahrgang 1984 im Entwurf veröffentlicht wurden, und um weitere zwei Empfehlungen zum Thema „Lastfiguren für gestützte Baugrubenwände", die in der „Bautechnik", Jahrgang 1987 veröffentlicht wurden. Weitere vier Empfehlungen ergaben sich durch die teilweise Neugliederung und durch das Bemühen um bessere Verständlichkeit. Die vorgenommenen Änderungen und Ergänzungen wurden in einem Aufsatz in der „Bautechnik", Jahrgang 1989, erläutert.

In der 3. Auflage aus dem Jahr 1994 sind einige Empfehlungen überarbeitet und drei neue Empfehlungen zum Thema „Baugruben mit besonderem Grundriss" aufgenommen worden. Die Änderungen an den bereits bestehenden Empfehlungen sind in der „Bautechnik", Jahrgang 1995, erläutert. Im gleichen Heft wurden auch die drei neuen Empfehlungen als Entwurf der Öffentlichkeit vorgestellt. Darüber hinaus ist in die 3. Auflage ein Anhang aufgenommen worden, in dem die wichtigsten Bestimmungen aus bauaufsichtlich eingeführten Normen enthalten sind, die für Standsicherheitsnachweise benötigt werden.

Gleichzeitig mit der Erarbeitung der 3. Auflage der EAB beteiligte sich der Arbeitskreis „Baugruben" auch intensiv an der Umsetzung des neuen Teilsicherheitskonzeptes im Erd- und Grundbau. Dies lag zum einen daran, dass mehrere Mitglieder des Arbeitskreises „Baugruben" auch im Arbeitsausschuss „Sicherheit im Erd- und Grundbau", der die DIN V 1054-100 zu erarbeiten hatte, vertreten waren. Zum anderen wurde immer deutlicher erkennbar, dass die Baugrubenkonstruktionen weit mehr als andere Konstruktionen des Grundbaues von den neuen Regelungen betroffen waren. Insbesondere die Festlegung in dem europäischen Normentwurf EN 1997-1, wonach zwei Berechnungen durchzuführen waren – zum einen mit Anwendung der Teilsicherheitsbeiwerte auf die Scherfestigkeit, zum anderen mit Anwendung der Teilsicherheitsbeiwerte auf die Einwirkungen – war nicht hinnehmbar. Sie führte im Vergleich mit der bisherigen bewährten Praxis zu Ergebnissen, die teilweise deutlich größere Abmessungen zur Folge hatten, teilweise aber auch zu Ergebnissen, die auf der unsicheren Seite lagen. Demgegenüber stand als Gegenmodell der Entwurf der neuen DIN 1054, in dem die Teilsicherheitsbeiwerte in gleicher Weise auf die äußeren Einwirkungen sowie auf den Erddruck und auf die Bodenwiderstände anzuwenden waren, die mit der herkömmlichen Scherfestigkeit ermittelt worden sind. In der EAB-100, die ebenso wie die ENV 1997-1 und die DIN 1054-100 im Jahr 1996 erschienen ist, wurden die beiden Konzepte in der praktischen Anwendung vorgestellt und die Unterschiede deutlich gemacht. Damit sollte der Fachwelt die noch offenstehende Entscheidung zugunsten der deutschen Vorschläge erleichtert werden.

In der Folgezeit wurden zwei wichtige Entscheidungen getroffen: Zum einen wurde die EN 1997-1 in einer Form veröffentlicht, welche die Vorschläge der neuen DIN 1054 als eine von drei zulässigen Varianten enthält. Zum anderen wurde das Konzept der DIN 1054-100 insofern geändert, als die ursprünglich vorgesehene Überlagerung von Bemessungswerten des Erddruckes mit Bemessungswerten des Erdwiderstandes nicht mehr zugelassen wird, weil sich dieser Weg nicht mit dem Grundsatz der strikten Trennung von Einwirkungen und Widerständen vereinbaren lässt. Außerdem erhält man jetzt mit Ansatz von charakteristischen Einwirkungen am vorgegebenen System charakteristische Schnittgrößen und charakteristische Verformungen, mit der Folge, dass für den Nachweis der Tragfähigkeit und für den Nachweis der Gebrauchstauglichkeit in der Regel nur eine einzige Durchrechnung erforderlich ist. Die 4. Auflage der EAB aus dem Jahre 2009 stützte sich voll und ganz auf diese Festlegungen, erweiterte sie aber wie schon in der Vergangenheit um ergänzende Regelungen. Darüber hinaus wurden sämtliche Empfehlungen aus der 3. Auflage einer gründlichen Überarbeitung unterzogen. Neu hinzugefügt wurden Empfehlungen über die Anwendung des Bettungsmodulverfahrens und der Finite-Elemente-Methode (FEM) sowie ein neues Kapitel über Baugruben in weichen Böden. Diese waren bereits auf der Grundlage des Globalsicherheitskonzeptes in der „Bautechnik", Jahrgang 2002 und 2003, der Fachwelt zur Stellungnahme vorgelegt worden. Mehrere, teils sehr umfangreiche Zuschriften wurden in der 4. Auflage berücksichtigt.

Nach Abschluss der 4. Auflage 2006 beendete Anton Weißenbach nach über 40 Jahren seine Tätigkeit als Obmann und schied zusammen mit weiteren langjährigen Mitgliedern aus dem Arbeitskreis aus.

In der Folgezeit war ein Schwerpunkt des Arbeitskreises Baugruben – nun unter Leitung des Unterzeichners – die Empfehlung EB 102 „Bettungsmodulverfahren", die völlig überarbeitet 2011 in der Zeitschrift „Bautechnik" der Fachöffentlichkeit als Entwurf vorgestellt wurde. Mit der sich abzeichnenden bauaufsichtlichen Einführung der Eurocodes wurde eine Anpassung der 4. Auflage der Empfehlungen an die Vorgaben der DIN EN 1997-1:2009 in Verbindung mit dem Nationalen Anhang DIN 1997-1/NA:2010-12 und den ergänzenden Regelungen der DIN 1054:2010-12 erforderlich. Die Änderungen in der 2012 veröffentlichten 5. Auflage waren verhältnismäßig gering. Die meisten der seit Jahren bewährten Regelungen konnten erhalten bleiben, weil sich die Sicherheitsphilosophie gegenüber der 4. Auflage vom Grundsatz her nicht geändert hatte. Wesentlich überarbeitet wurde dagegen Kap. 10 „Baugruben im Wasser" mit Ergänzungen zu den Themen Risiken aus Erosionsvorgängen, Anisotropie in der Durchlässigkeit und hydraulischem Grundbruch. Aufgrund der fortgeschrittenen Entwicklung in der Messtechnik und den gestiegenen Anforderungen wurde Kap. 14 „Messtechnische Überprüfung und Überwachung von Baugrubenkonstruktionen" völlig neu formuliert.

Für die vorliegende 6. Auflage wurden alle Empfehlungen gründlich überprüft, soweit erforderlich überarbeitet und an neue Erkenntnisse angepasst. Wesentlich geändert wurden die Erfahrungswerte für Mantelreibung und Spitzendruck von Spundwänden und Trägerbohlwänden. Das Kap. 12 „Baugruben in weichen Böden" konnte erheblich gestrafft werden, weil seit der Veröffentlichung erster Empfehlungen im Jahre 2002 viele Erläuterungen inzwischen als bekannt vorausgesetzt werden können. Einem dringenden Bedürfnis der Praxis folgend wurde ein neues Kapitel „Unterfangungen" erarbeitet, das als Entwurf im Jahresbericht 2019 in der „Bautechnik" erstmals vorgestellt und nach mehreren Zuschriften in überarbeiteter Form in die 6. Auflage aufgenommen wurde.

Ziel des Arbeitskreises „Baugruben" ist es weiterhin, durch Bearbeitung vorliegender und durch Herausgabe weiterer Empfehlungen

a) Entwurf und Berechnung von Baugrubenumschließungen zu erleichtern,
b) Lastansätze und Berechnungsverfahren zu vereinheitlichen,
c) die Standsicherheit der Baugrubenkonstruktionen und ihrer Einzelteile sicherzustellen und
d) die Wirtschaftlichkeit der Baugrubenkonstruktionen zu verbessern.

Der Arbeitskreis „Baugruben" dankt allen, die in der Vergangenheit durch Zuschriften oder auf andere Weise die Ausschussarbeit gefördert haben, und bittet auch für die Zukunft um diese Unterstützung.

Achim Hettler

Benutzerhinweise

1. Die Empfehlungen des Arbeitskreises „Baugruben" sind Regeln der Technik. Sie sind als Ergebnis ehrenamtlicher technisch-wissenschaftlicher Gemeinschaftsarbeit aufgrund ihres Zustandekommens nach hierfür geltenden Grundsätzen fachgerecht und haben sich durch langjährige praktische Anwendung als „Allgemein anerkannte Regeln der Technik" bewährt.

2. Die Empfehlungen des Arbeitskreises „Baugruben" stehen jedermann zur Anwendung frei. Sie bilden einen Maßstab für einwandfreies technisches Verhalten. Dieser Maßstab ist auch im Rahmen der Rechtsordnung von Bedeutung. Eine Anwendungspflicht kann sich aus Rechts- oder Verwaltungsvorschriften, Verträgen oder sonstigen Rechtsgrundlagen ergeben.

3. Die Empfehlungen des Arbeitskreises „Baugruben" sind in aller Regel eine wichtige Erkenntnisquelle für fachgerechtes Verhalten im Normalfall. Sie können nicht alle möglichen Sonderfälle erfassen, in denen weitergehende oder einschränkende Maßnahmen geboten sein können. Es ist auch zu berücksichtigen, dass sie nur den zum Zeitpunkt der jeweiligen Ausgabe herrschenden Stand der Technik wiedergeben können.

4. Abweichungen von den vorgeschlagenen Berechnungsansätzen können im Einzelfall zweckmäßig sein, sofern sie durch entsprechende Nachweise, Messungen oder Erfahrungen begründet werden.

5. Durch das Anwenden der Empfehlungen des Arbeitskreises „Baugruben" entzieht sich niemand der Verantwortung für eigenes Handeln. Jeder handelt insoweit auf eigene Gefahr.

Konrad Bergmeister, Frank Fingerloos, Johann-Dietrich Wörner (Hrsg.)

Beton-Kalender 2019

Schwerpunkte: Parkbauten, Geotechnik und Eurocode 7

- **Erläuterungen und Hintergründe zum Eurocode 7 auf aktuellem Stand**
- **verlässliches Nachschlagewerk für die fehlerfreie Planung dauerhafter Betonkonstruktionen**

Parkhäuser und Tiefgaragen erfordern Spezialwissen für Funktionalität und Dauerhaftigkeit – die aktuellen Regelwerke werden erläutert. Hintergrundwissen zum Eurocode 7 für Berechnung und Bemessung sowie Kurzfassung EC7 mit NA. Flachgründungen und Pfahlgründungen mit Beispielen.

2018 · 1044 Seiten · 762 Abbildungen · 166 Tabellen

Hardcover
ISBN 978-3-433-03242-8   € 174*
Fortsetzungspreis   € 154*

BESTELLEN
+49 (0)30 470 31-236
marketing@ernst-und-sohn.de
www.ernst-und-sohn.de/bk19

* Der €-Preis gilt ausschließlich für Deutschland. Inkl. MwSt.

BAUER SPEZIALTIEFBAU

Mit der Umsetzung anspruchsvollster Projekte setzt die BAUER Spezialtiefbau Gruppe weltweit Maßstäbe. Von der Planung bis zur Ausführung bieten wir individuelle, kreative und wirtschaftliche Spezialtiefbaulösungen für die Bauprojekte unserer Kunden.

BAUER Spezialtiefbau GmbH • BAUER-Straße 1 • 86529 Schrobenhausen   bst.bauer.de

Inhaltsverzeichnis

Mitglieder des Arbeitskreises „Baugruben" *V*

Vorwort *VII*

Benutzerhinweise *XI*

1   **Allgemeines** *1*
1.1   Bautechnische Voraussetzungen für die Anwendung der Empfehlungen (EB 1) *1*
1.2   Maßgebende Vorschriften (EB 76) *2*
1.3   Sicherheitskonzept (EB 77) *3*
1.4   Grenzzustände (EB 78) *5*
1.5   Stützung von Baugrubenwänden (EB 67) *8*
1.6   Planung und Prüfung von Baugruben (EB 106) *9*

2   **Grundlagen für die Berechnung** *11*
2.1   Einwirkungen (EB 24) *11*
2.2   Bodenkenngrößen (EB 2) *13*
2.3   Erddruckneigungswinkel (EB 89) *15*
2.4   Teilsicherheitsbeiwerte (EB 79) *17*
2.5   Allgemeine Festlegungen für den Ansatz von Nutzlasten (EB 3) *18*
2.6   Nutzlasten aus Straßen- und Schienenverkehr (EB 55) *20*
2.7   Nutzlasten aus Baustellenverkehr und Baubetrieb (EB 56) *22*
2.8   Nutzlasten aus Baggern und Hebezeugen (EB 57) *24*

3   **Größe und Verteilung des Erddrucks** *27*
3.1   Abhängigkeit der Erddrucklast von der gewählten Bauweise (EB 8) *27*
3.2   Größe des aktiven Erddrucks bei unbelasteter Geländeoberfläche (EB 4) *28*
3.3   Verteilung des aktiven Erddrucks bei unbelasteter Geländeoberfläche (EB 5) *31*
3.4   Größe des aktiven Erddrucks aus Nutzlasten (EB 6) *35*
3.5   Verteilung des aktiven Erddrucks aus Nutzlasten (EB 7) *37*

3.6	Überlagerung von Erddruckanteilen bei belasteter Geländeoberfläche (EB 71)	*39*
3.7	Ermittlung des Erdruhedrucks (EB 18)	*42*
3.8	Erddruckansatz in Rückbauzuständen (EB 68)	*44*

4 Allgemeine Festlegungen für die Berechnung *47*

4.1	Nachweis der Standsicherheit (EB 81)	*47*
4.2	Allgemeines zu den Berechnungsverfahren (EB 11)	*49*
4.3	Ermittlung und Nachweis der Einbindetiefe (EB 80)	*53*
4.4	Ermittlung der Schnittgrößen (EB 82)	*56*
4.5	Anwendung des Bettungsmodulverfahrens (EB 102)	*58*
4.6	Anwendung der Finite-Elemente-Methode (EB 103)	*64*
4.7	Nachweis der Vertikalkomponente des mobilisierten Erdwiderstands (EB 9)	*69*
4.8	Nachweis der Abtragung von Vertikalkräften in den Untergrund (EB 84)	*71*
4.9	Standsicherheitsnachweise für ausgesteifte Baugruben in Sonderfällen (EB 10)	*73*
4.10	Nachweis der Gebrauchstauglichkeit (EB 83)	*75*
4.11	Zulässige Vereinfachungen im Grenzzustand GEO-2 bzw. STR (EB 104)	*79*

5 Berechnungsansätze für Trägerbohlwände *81*

5.1	Lastbildermittlung für Trägerbohlwände (EB 12)	*81*
5.2	Lastfiguren für gestützte Trägerbohlwände (EB 69)	*83*
5.3	Bodenreaktionen und Erdwiderstand bei im Boden frei aufgelagerten Trägerbohlwänden (EB 14)	*85*
5.4	Fußeinspannung bei Trägerbohlwänden (EB 25)	*87*
5.5	Gleichgewicht der Horizontalkräfte bei Trägerbohlwänden (EB 15)	*90*

6 Berechnungsansätze für Spundwände und Ortbetonwände *95*

6.1	Lastbildermittlung für Spundwände und Ortbetonwände (EB 16)	*95*
6.2	Lastfiguren für gestützte Spundwände und Ortbetonwände (EB 70)	*97*
6.3	Bodenreaktionen und Erdwiderstand bei im Boden frei aufgelagerten Spundwänden und Ortbetonwänden (EB 19)	*99*
6.4	Fußeinspannung bei Spundwänden und Ortbetonwänden (EB 26)	*101*

7 Verankerte Baugrubenwände *107*

7.1	Verankerungen (EB 107)	*107*
7.2	Größe und Verteilung des Erddrucks bei verankerten Baugrubenwänden (EB 42)	*107*
7.3	Nachweis der Standsicherheit in der tiefen Gleitfuge (EB 44)	*109*
7.4	Nachweis der Geländebruchsicherheit (EB 45)	*115*
7.5	Maßnahmen gegen mögliche Bewegungen von verankerten Baugrubenwänden (EB 46)	*118*

8	**Baugruben mit besonderem Grundriss** *121*	
8.1	Baugruben mit kreisförmigem Grundriss (EB 73)	*121*
8.2	Baugruben mit ovalem Grundriss (EB 74)	*126*
8.3	Baugruben mit rechteckigem Grundriss (EB 75)	*132*

9	**Baugruben neben Bauwerken** *139*	
9.1	Bautechnische Voraussetzungen und Maßnahmen (EB 20)	*139*
9.2	Berechnung der Baugrubenwand mit aktivem Erddruck bei Baugruben neben Bauwerken (EB 21)	*141*
9.3	Ansatz des aktiven Erddrucks bei großem Abstand der Baugrubenwand zum Bauwerk (EB 28)	*143*
9.4	Ansatz des aktiven Erddrucks bei kleinem Abstand der Baugrubenwand zum Bauwerk (EB 29)	*145*
9.5	Berechnung der Baugrubenwand mit erhöhtem aktivem Erddruck (EB 22)	*147*
9.6	Berechnung der Baugrubenwand mit Erdruhedruck (EB 23)	*151*
9.7	Gegenseitige Beeinflussung gegeneinander ausgesteifter Baugrubenwände bei Baugruben neben Bauwerken (EB 30)	*155*

10	**Baugruben im Wasser** *159*	
10.1	Allgemeines zu Baugruben im Wasser (EB 58)	*159*
10.2	Strömungskräfte (EB 59)	*161*
10.3	Baugruben mit abgesenktem Grundwasser (EB 60)	*162*
10.4	Nachweis der Sicherheit gegen hydraulischen Grundbruch (EB 61)	*164*
10.5	Nachweis der Sicherheit gegen Aufschwimmen (EB 62)	*168*
10.6	Standsicherheitsnachweis für Baugrubenwände im Wasser (EB 63)	*175*
10.7	Konstruktion und Bauausführung bei Baugruben im Wasser (EB 64)	*179*
10.8	Wasserhaltung (EB 65)	*182*
10.9	Überwachungsmaßnahmen bei Baugruben im Wasser (EB 66)	*184*

11	**Baugruben in nicht standfestem Gebirge** *185*	
11.1	Allgemeine Festlegungen für Baugruben in nicht standfestem Gebirge (EB 38)	*185*
11.2	Größe des Gebirgsdrucks (EB 39)	*188*
11.3	Verteilung des Gebirgsdrucks (EB 40)	*191*
11.4	Belastbarkeit des Gebirges durch Auflagerkräfte am Wandfuß (EB 41)	*191*

12	**Baugruben in weichen Böden** *193*	
12.1	Anwendungsbereich der Empfehlungen EB 91 bis EB 101 (EB 90)	*193*
12.2	Baugrunduntersuchungen bei weichen Böden (EB 94)	*194*
12.3	Böschungen in weichen Böden (EB 91)	*194*
12.4	Verbaukonstruktionen in weichen Böden (EB 92)	*195*
12.5	Bauvorgang bei weichen Böden (EB 93)	*196*

12.6	Erddruck auf Baugrubenwände in weichen Böden (EB 95) *199*
12.7	Bodenreaktionen bei Baugrubenwänden in weichen Böden (EB 96) *201*
12.8	Berücksichtigung des Wasserdrucks bei weichen Böden (EB 97) *205*
12.9	Berücksichtigung der Bauzustände bei Baugruben in weichen Böden (EB 98) *206*
12.10	Weitere Standsicherheitsnachweise bei Baugruben in weichen Böden (EB 99) *206*
12.11	Wasserabsenkungen bei Baugruben in weichen Böden (EB 100) *209*
12.12	Gebrauchstauglichkeit von Baugrubenkonstruktionen in weichen Böden (EB 101) *210*

13   Unterfangungen   *213*

13.1	Bautechnische Voraussetzungen und Maßnahmen bei Unterfangungen (EB 108) *213*
13.2	Standsicherheit und Gebrauchstauglichkeit von Unterfangungen (EB 109) *214*
13.3	Erddruck bei Unterfangungen (EB 110) *217*
13.4	Hinweise zur Bauausführung bei Unterfangungen (EB 111) *218*

14   Nachweis der Tragfähigkeit der Einzelteile   *221*

14.1	Materialkenngrößen und Teilsicherheitsbeiwerte für Bauteilwiderstände (EB 88) *221*
14.2	Tragfähigkeit der Ausfachung von Trägerbohlwänden (EB 47) *222*
14.3	Tragfähigkeit von Bohlträgern (EB 48) *225*
14.4	Tragfähigkeit von Spundbohlen (EB 49) *228*
14.5	Tragfähigkeit von Ortbetonwänden (EB 50) *230*
14.6	Tragfähigkeit von Gurten (EB 51) *231*
14.7	Tragfähigkeit von Steifen (EB 52) *233*
14.8	Tragfähigkeit des Grabenverbaus (EB 53) *235*
14.9	Tragfähigkeit von Hilfsbrücken und Baugrubenabdeckungen (EB 54) *236*
14.10	Äußere Tragfähigkeit von Bohlträgern, Spundwänden und Ortbetonwänden (EB 85) *238*
14.11	Tragfähigkeit von Zugpfählen und Verpressankern (EB 86) *239*
14.12	Nachweis der Kraftübertragung von der Verankerung auf das Erdreich (EB 43) *241*
14.13	Bemessung von Bodenverfestigungen für Unterfangungskörper (EB 112) *242*

15   Messtechnische Überprüfung und Überwachung von Baugrubenkonstruktionen   *245*

15.1	Erfordernis und Zweck von Messungen und Überprüfungen (EB 31) *245*
15.2	Messgrößen und Messverfahren (EB 32) *246*
15.3	Planung von Messungen (EB 33) *248*
15.4	Anordnung der Messstellen (EB 34) *250*

15.5	Durchführung der Messungen und Weitergabe der Messergebnisse (EB 35)	*251*
15.6	Auswertung und Dokumentation der Messergebnisse (EB 36)	*252*

Anhang *255*

A 1	Lagerungsdichte nichtbindiger Böden	*255*
A 2	Konsistenz bindiger Böden	*256*
A 3	Bodenkenngrößen nichtbindiger Böden	*258*
A 4	Bodenkenngrößen bindiger Böden	*260*
A 5	Geotechnische Kategorien für Baugruben	*262*
A 6	Teilsicherheitsbeiwerte für geotechnische Größen	*263*
A 7	Materialkennwerte und Teilsicherheitsbeiwerte für Bauteile aus Beton und Stahlbeton	*265*
A 8	Materialkennwerte und Teilsicherheitsbeiwerte für Bauteile aus Stahl	*267*
A 9	Materialkennwerte und Teilsicherheitsbeiwerte für Bauteile aus Holz	*268*
A 10	Erfahrungswerte für Mantelreibung und Spitzendruck von Spundwänden und Bohlträgern	*269*
A 11	Verankerungen	*271*
A 12	Scherfestigkeit weicher Böden	*272*

Literatur *277*

Kurzzeichen und Benennungen *289*
Geometrische Größen *289*
Baugrund- und Bodenparameter *289*
Erddruck *290*
Sonstige Lasten, Kräfte und Schnittgrößen *290*
Nachweise nach dem Teilsicherheitskonzept *291*
Verschiedenes *291*

Empfehlungen nach Nummern geordnet *293*

Inserentenverzeichnis *297*

1
Allgemeines

1.1 Bautechnische Voraussetzungen für die Anwendung der Empfehlungen (EB 1)

Soweit in den einzelnen Empfehlungen nicht ausdrücklich andere Festlegungen getroffen werden, gelten sie unter folgenden bautechnischen Voraussetzungen:

1. Die Baugrubenwände sind auf ganzer Höhe verkleidet.

2. Die Bohlträger von Trägerbohlwänden sind so in den Boden eingebracht, dass ein dichter Anschluss an das Erdreich sichergestellt ist. Die Verkleidung bzw. Ausfachung kann aus Holz, Beton, Stahl, erhärteter Zement-Bentonit-Suspension oder verfestigtem Boden bestehen. Sie ist so eingebaut, dass ein möglichst gleichmäßiges Anliegen am Erdreich sichergestellt ist. Der Bodenaushub darf dem Einbohlen nicht in unzuträglichem Maße vorauseilen. Hierzu siehe DIN 4124.

3. Spundwände und Kanaldielen sind so in den Boden eingebracht, dass ein dichter Anschluss an das Erdreich sichergestellt ist. Eine Fußverstärkung der Bohlen ist zulässig.

4. Ortbetonwände sind als Schlitzwände oder als Bohrpfahlwände hergestellt. Ein unbeabsichtigter oder planmäßiger Abstand zwischen den Pfählen ist im Allgemeinen entsprechend Absatz 2 ausgefacht.

5. Steifen bzw. Anker sind im Grundriss rechtwinklig zur Baugrubenwand angeordnet. Sie sind so verkeilt oder vorgespannt, dass eine kraftschlüssige Verbindung mit der Baugrubenwand sichergestellt ist.

6. Ausgesteifte Baugruben sind auf beiden Seiten in gleicher Weise mit senkrechten Trägerbohlwänden, Spundwänden oder Ortbetonwänden verkleidet. Die Steifen sind waagerecht angeordnet. Das Gelände auf den beiden gegenüberliegenden Seiten einer ausgesteiften Baugrube weist etwa die gleiche Höhe, eine ähnliche Oberflächengestaltung und ähnliche Untergrundverhältnisse auf.

7. Bei Baugruben unmittelbar neben bestehenden Bauwerken, deren Gründungssohlen über der Baugrubensohle angeordnet sind, sind Unterfangungen oder

verformungsarme Baugrubenwände vorzusehen. Unterfangungen sind damit ebenfalls ein Element der Baugrubenkonstruktion, siehe Kap. 13.

Treffen diese oder die in einzelnen Empfehlungen genannten Voraussetzungen nicht zu und liegen für solche Sonderfälle keine Empfehlungen vor, so schließt dies die Anwendung der übrigen Empfehlungen nicht aus. Es sind jedoch in diesen Fällen die sich aus den Abweichungen ergebenden Folgerungen zu untersuchen und zu berücksichtigen.

1.2 Maßgebende Vorschriften (EB 76)

1. Die DIN EN 1997-1: Eurocode 7: Entwurf, Berechnung und Bemessung in der Geotechnik – Teil 1: Allgemeine Regeln (EC 7-1) regelt in Deutschland die Berechnung und Bemessung in der Geotechnik in Verbindung mit:
   - DIN EN 1997-1/NA: Nationaler Anhang – National festgelegte Parameter – Eurocode 7: Entwurf, Berechnung und Bemessung in der Geotechnik – Teil 1: Allgemeine Regeln und
   - DIN 1054: Baugrund – Sicherheitsnachweise im Erd- und Grundbau – Ergänzende Regelungen zu DIN EN 1997-1.

   Diese drei aufeinander abgestimmten Normen sind textlich zusammengefasst im Handbuch Eurocode 7, Band 1.

2. Darüber hinaus sind für Baugrubenkonstruktionen folgende Normen des Eurocode-Programms maßgebend:

   DIN EN 1990 Eurocode 0: Grundlagen der Tragwerksplanung
   DIN EN 1991 Eurocode 1: Einwirkung auf Tragwerke
   DIN EN 1992 Eurocode 2: Entwurf, Berechnung und Bemessung
   von Stahlbetonbauten
   DIN EN 1993 Eurocode 3: Entwurf, Berechnung und Bemessung
   von Stahlbauten
   DIN EN 1995 Eurocode 5: Entwurf, Berechnung und Bemessung
   von Holzbauten
   DIN EN 1998: Eurocode 8: Auslegung von Bauwerken gegen Erdbeben

3. Das Handbuch Eurocode 7, Band 1 regelt nur grundsätzliche Fragen der Sicherheitsnachweise im Erd- und Grundbau. Es wird ergänzt durch die Berechnungsnormen. Für Baugrubenkonstruktionen sind insbesondere auch folgende Normen maßgebend:

   DIN 4084: Geländebruchberechnungen
   DIN 4085: Berechnung des Erddrucks
   DIN 4126: Schlitzwände – Nachweis der Standsicherheit
   DIN 4093: Bemessung von Abdichtungs- und Verfestigungskörpern

Bernhard Maidl

Faszination Tunnelbau

Geschichte und Geschichten
Ein Sachbuch

- Technikgeschichte in einer interessanten Ingenieurdisziplin
- Ein Sachbuch auch für den Nichtfachmann

Das Sachbuch über den Tunnelbau zeigt die fortlaufende Entwicklung der Vortriebsmethoden und der dazu benötigten Geräte auf und behandelt darüber hinaus die Themenbereiche Religion, Kunst, Film, Literatur und Kultur im und für den Tunnelbau.

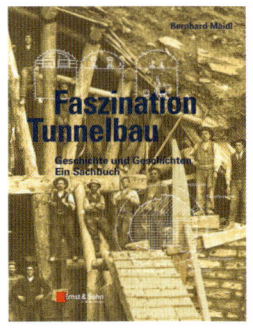

2018 · 232 Seiten · 177 Abbildungen · 7 Tabellen

Hardcover
ISBN 978-3-433-03113-1   € 49,90*

BESTELLEN
+49 (0)30 470 31-236
marketing@ernst-und-sohn.de
www.ernst-und-sohn.de/3113

4. Für die Erkundung, Untersuchung und Beschreibung des Baugrunds sind folgende Normen maßgebend:

   DIN EN 1997-2, Eurocode 7: Entwurf, Berechnung und Bemessung in der Geotechnik – Teil 2: Erkundung und Untersuchung des Untergrunds
   DIN EN 1997-2/NA: Nationaler Anhang – National festgelegte Parameter – Eurocode 7 Teil 2: Erkundung und Untersuchung des Baugrunds
   DIN 4020: Geotechnische Untersuchungen für bautechnische Zwecke – Ergänzende Regelungen zu DIN EN 1997-2
   Diese drei aufeinander abgestimmten Normen sind textlich zusammengefasst im Handbuch Eurocode 7, Band 2.
   DIN 18196: Erd- und Grundbau – Bodenklassifikation für bautechnische Zwecke
   DIN 1055-2: Einwirkungen auf Tragwerke – Teil 2: Bodenkenngrößen

5. Für die Ausführung sind folgende Normen zu berücksichtigen:

   DIN EN 1536: Bohrpfähle und DIN SPEC 18140: Ergänzende Festlegungen zu DIN EN 1536
   DIN EN 1537: Verpressanker und DIN SPEC 18537: Ergänzende Festlegungen zu DIN EN 1537
   DIN EN 1538: Schlitzwände
   DIN EN 12063: Spundwandkonstruktionen
   DIN EN 12699: Verdrängungspfähle und DIN SPEC 18538: Ergänzende Festlegungen zu DIN EN 12699
   DIN EN 12715: Injektionen
   DIN EN 12716: Düsenstrahlverfahren
   DIN EN 12794: Betonfertigteile – Gründungspfähle
   DIN EN 14199: Mikropfähle und DIN SPEC 18539: Ergänzende Festlegungen zu DIN EN 14199

6. Außer den vorgenannten europäischen Normen sind für Baugrubenkonstruktionen auch folgende Ausführungsnormen zu beachten:

   DIN 4095: Dränung zum Schutz baulicher Anlagen
   DIN 4123: Ausschachtungen, Gründungen und Unterfangungen im Bereich bestehender Gebäude
   DIN 4124: Baugruben und Gräben

1.3 Sicherheitskonzept (EB 77)

1. Grundlage für Standsicherheitsberechnungen sind die charakteristischen bzw. repräsentativen Werte für Einwirkungen und Widerstände. Der charakteristische Wert ist ein Wert, von dem angenommen wird, dass er mit einer vorgegebenen Wahrscheinlichkeit im Bezugszeitraum unter Berücksichtigung der Nutzungsdauer des Bauwerkes oder der entsprechenden Bemessungssituation nicht über- oder unterschritten wird, gekennzeichnet durch den Index „k". In der Re-

gel werden charakteristische Werte aufgrund von Versuchen, Messungen, Rechnungen oder Erfahrungen festgelegt.

Veränderliche Einwirkungen können auch als repräsentative Werte angegeben werden, die berücksichtigen, dass nicht alle veränderlichen ungünstigen Einwirkungen gleichzeitig mit ihrem Maximalwert auftreten.

2. Wenn die Tragfähigkeit in einem bestimmten Querschnitt der Baugrubenwand oder in einer Berührungsfläche zwischen der Baugrubenwand und dem Baugrund nachgewiesen werden muss, dann werden die Beanspruchungen in diesen Schnitten benötigt:
   - als Schnittgrößen, z. B. Normalkraft, Querkraft, Biegemoment,
   - als Spannungen, z. B. Druck-, Zug-, Biegespannung, Schub- oder Vergleichsspannung.

   Darüber hinaus können weitere Auswirkungen von Einwirkungen auftreten:
   - als Schwingungsbeanspruchungen oder Erschütterungen,
   - als Veränderungen am Bauteil, z. B. Dehnung, Verformung oder Rissbreite,
   - als Lageveränderungen der Baugrubenwand, z. B. Verschiebung, Setzung, Verdrehung.

3. Beim Baugrund wird zwischen zwei Arten von Widerständen unterschieden:

   a) Als Basiskenngröße des Widerstands ist die charakteristische Scherfestigkeit des Bodens maßgebend. Bei konsolidierten bzw. im Versuch dränierten Böden sind dies die Scherparameter φ'_k und c'_k, bei nicht konsolidierten bzw. im Versuch undränierten Böden die Scherparameter $\varphi_{u,k}$ und $c_{u,k}$. Diese Größen werden als vorsichtige Schätzwerte des Mittelwertes definiert, weil nicht die Scherfestigkeit in einem Punkt der Gleitfläche maßgebend ist, sondern die durchschnittliche Scherfestigkeit in der Gleitfläche.

   b) Aus der Scherfestigkeit leiten sich die Widerstände des Bodens ab, und zwar unmittelbar
      - der Gleitwiderstand,
      - der Grundbruchwiderstand,
      - der Erdwiderstand,

      und mittelbar über Probebelastungen oder über Erfahrungswerte
      - der Fußwiderstand von Bohlträgern, Spundwänden und Ortbetonwänden,
      - der Mantelwiderstand von Bohlträgern, Spundwänden, Ortbetonwänden sowie von Verpressankern, Boden- und Felsnägeln.

   Der Begriff „Widerstand" wird nur für den Bruchzustand des Bodens benutzt. Solange durch die Beanspruchung des Bodens der Bruchzustand des Bodens nicht erreicht wird, wird der Begriff „Bodenreaktion" verwendet.

4. Bei der Bemessung von Einzelteilen sind der Querschnitt und der innere Widerstand des Materials maßgebend. Dafür sind die einzelnen Bauartnormen zuständig.

5. Die charakteristischen Werte der Beanspruchungen werden mit Teilsicherheitsbeiwerten multipliziert, die charakteristischen Werte der Widerstände durch Teilsicherheitsbeiwerte dividiert. Gegebenenfalls sind repräsentative Werte unter Berücksichtigung von Kombinationsbeiwerten zu berücksichtigen. Die so erhaltenen Größen werden als Bemessungswerte der Beanspruchungen bzw. der Widerstände bezeichnet und durch den Index „d" gekennzeichnet. Beim Nachweis der Standsicherheit werden nach EB 78 (Abschn. 1.4) fünf Grenzzustände unterschieden.

6. Im Hinblick auf die Nachweise der Sicherheit im Grenzzustand GEO-2 und STR bietet der Eurocode EC 7-1 drei Möglichkeiten an. Die DIN 1054 stützt sich auf das Nachweisverfahren 2 in der Form, dass die Teilsicherheitsbeiwerte auf die Beanspruchungen und auf die Widerstände angewendet werden. Zur Unterscheidung zu der ebenfalls zugelassenen Variante, bei der die Teilsicherheitsbeiwerte nicht auf die Beanspruchungen, sondern auf die Einwirkungen angewendet werden, wird dieses Verfahren im Kommentar zum Eurocode EC 7-1 [134] als Nachweisverfahren 2^* bezeichnet.

7. Neben den Einwirkungen sind für die Nachweise die folgenden Bemessungssituationen zu berücksichtigen:

BS-P (Persistent situation),
BS-T (Transient situation) und
BS-A (Accidental situation)

Zwischengeschaltet ist die Bemessungssituation BS-T/A. Zusätzlich gibt es die Bemessungssituation infolge Erdbeben BS-E. Weitergehende Hinweise finden sich im Handbuch Eurocode 7, Teil 1.

1.4 Grenzzustände (EB 78)

1. Der Begriff „Grenzzustand" wird in zwei verschiedenen Bedeutungen verwendet:

   a) Als „Grenzzustand des plastischen Fließens" wird in der Bodenmechanik der Zustand im Boden bezeichnet, in dem in einer ganzen Bodenmasse oder zumindest im Bereich einer Bruchfuge die Verschiebungen der einzelnen Bodenteilchen gegeneinander so groß sind, dass die mögliche Scherfestigkeit ihren Größtwert erreicht, der auch bei einer weiteren Bewegung nicht mehr größer, gegebenenfalls aber kleiner werden kann. Der Grenzzustand des plastischen Fließens kennzeichnet den aktiven Erddruck, den Erdwiderstand, den Grundbruch sowie den Böschungs- und den Geländebruch.
   b) Ein Grenzzustand ist ein Zustand des Tragwerks, bei dessen Überschreitung die der Tragwerksplanung zugrunde gelegten Anforderungen nicht mehr erfüllt sind.

2. Es werden folgende Grenzzustände unterschieden:

   a) Der Grenzzustand der Tragfähigkeit ist ein Zustand des Tragwerks, dessen Überschreitung unmittelbar zu einem rechnerischen Einsturz oder anderen Formen des Versagens führt. Er wird im Handbuch Eurocode 7, Band 1 als ULS (Ultimate Limit State) bezeichnet. Beim Grenzzustand ULS werden fünf Fälle unterschieden, siehe Absätze 3, 4 und 5.

   b) Der Grenzzustand der Gebrauchstauglichkeit ist ein Zustand des Tragwerks, bei dessen Überschreitung die für die Nutzung festgelegten Bedingungen nicht mehr erfüllt sind. Er wird im Handbuch Eurocode 7, Band 1 als SLS (Serviceability Limit State) bezeichnet.

3. Eurocode 7-1 definiert folgende Grenzzustände:

   a) EQU: Gleichgewichtsverlust des als starrer Körper angesehenen Tragwerkes ohne Mitwirkung von Bodenwiderständen. Die Bezeichnung ist abgeleitet von „equilibrium".

   b) STR: Inneres Versagen oder sehr große Verformung des Tragwerkes oder seiner Bauteile, wobei die Festigkeit der Baustoffe für den Widerstand entscheidend ist. Die Bezeichnung ist abgeleitet von „structure".

   c) GEO: Versagen oder sehr große Verformung des Baugrunds, wobei die Festigkeit des Bodens oder des Felses für den Widerstand entscheidend ist. Die Bezeichnung ist abgeleitet von „geotechnics".

   d) UPL: Gleichgewichtsverlust des Bauwerkes oder Baugrundes infolge von Auftrieb oder Wasserdruck. Die Bezeichnung ist abgeleitet von „uplift".

   e) HYD: Hydraulischer Grundbruch, innere Erosion oder Piping im Boden, verursacht durch Strömungsgradienten. Die Bezeichnung ist abgeleitet von „hydraulic".

4. Für die Übertragung auf die Vorgaben der DIN 1054 muss der Grenzzustand GEO aufgeteilt werden in GEO-2 und GEO-3:

   a) GEO-2: Versagen oder sehr große Verformung des Baugrunds im Zusammenhang mit der Ermittlung der Schnittgrößen und der Abmessungen, d. h. bei der Inanspruchnahme der Scherfestigkeit beim Erdwiderstand, beim Gleitwiderstand, beim Grundbruchwiderstand und beim Nachweis der Standsicherheit in der tiefen Gleitfuge.

   b) GEO-3: Versagen oder sehr große Verformung des Baugrunds im Zusammenhang mit dem Nachweis der Gesamtstandfestigkeit, d. h. bei der Inanspruchnahme der Scherfestigkeit beim Nachweis der Sicherheit gegen Böschungsbruch und Geländebruch sowie, in der Regel, beim Nachweis der Standsicherheit von konstruktiven Böschungssicherungen.

5. Der Nachweis der Standsicherheit von konstruktiven Böschungssicherungen kann je nach konstruktiver Ausbildung und Funktion entweder nach den Regeln des Grenzzustands GEO-2 oder nach den Regeln des Grenzzustands GEO-3 behandelt werden.

6. Die Grenzzustände EQU, UPL und HYD umfassen:
   - Nachweis der Sicherheit gegen Kippen EQU,
   - Nachweis der Sicherheit gegen Aufschwimmen UPL,
   - Nachweis der Sicherheit gegen hydraulischen Grundbruch HYD.

   Bei diesen Grenzzuständen gibt es nur Einwirkungen, keine Widerstände. Maßgebend ist die Grenzzustandsbedingung

   $$E_{dst;d} = E_{dst;k} \cdot \gamma_{dst} \leq E_{stb;k} \cdot \gamma_{stb} = E_{stb;d}$$

   d. h. die destabilisierende Einwirkung $E_{dst;k}$, multipliziert mit dem Teilsicherheitsbeiwert $\gamma_{dst} \geq 1$, darf höchstens so groß werden wie die stabilisierende Einwirkung $E_{stb;k}$, multipliziert mit dem Teilsicherheitsbeiwert $\gamma_{stb} < 1$.

7. Die Grenzzustände STR und GEO-2 beschreiben das Versagen von Bauwerken und Bauteilen bzw. das Versagen des Baugrundes. Dazu gehören:
   - der Nachweis der Tragfähigkeit von Bauwerken und Bauteilen, die durch den Baugrund belastet bzw. durch den Baugrund gestützt werden,
   - der Nachweis, dass die Tragfähigkeit des Baugrundes, z. B. in Form von Erdwiderstand, Grundbruchwiderstand oder Gleitwiderstand, nicht überschritten wird.

   Dabei wird der Nachweis, dass die Tragfähigkeit des Baugrundes nicht überschritten wird, genauso geführt wie bei jedem anderen Baumaterial. Maßgebend ist immer die Grenzzustandsbedingung

   $$E_d = E_k \cdot \gamma_F \leq R_k/\gamma_R = R_d$$

   d. h. die charakteristische Schnittgröße E_k, multipliziert mit dem Teilsicherheitsbeiwert γ_F für Einwirkungen bzw. γ_E für Beanspruchungen, darf höchstens so groß werden wie der charakteristische Widerstand R_k, dividiert durch den Teilsicherheitsbeiwert γ_R.

8. Der Grenzzustand GEO-3 ist eine Besonderheit des Erd- und Grundbaus. Er beschreibt den Verlust der Gesamtstandsicherheit. Dazu gehören:
   - Nachweis der Sicherheit gegen Böschungsbruch,
   - der Nachweis der Sicherheit gegen Geländebruch.

   Maßgebend ist immer die Grenzzustandsbedingung

   $$E_d \leq R_d$$

   d. h. der Bemessungswert E_d der Beanspruchungen darf höchstens so groß werden wie der Bemessungswert R_d des Widerstands. Hierbei werden die geotechnischen Einwirkungen und Widerstände mit den Bemessungswerten

   $$\tan \varphi'_d = \tan \varphi'_k/\gamma_\varphi \quad \text{und} \quad c'_d = c'_k/\gamma_c \quad \text{bzw.}$$
   $$\tan \varphi_{u,d} = \tan \varphi_{u,k}/\gamma_{\varphi u} \quad \text{und} \quad c_{u,d} = c_{u,k}/\gamma_{cu}$$

der Scherfestigkeiten ermittelt, d. h. der Tangens des Winkels der inneren Reibung φ und die Kohäsion c werden mit den Teilsicherheitsbeiwerten γ_φ und γ_c bzw. $\gamma_{\varphi u}$ und γ_{cu} abgemindert.

9. Der Grenzzustand SLS beschreibt den Zustand des Bauwerks, bei dem die für die Nutzung festgelegten Bedingungen nicht mehr erfüllt sind, ohne dass seine Tragfähigkeit verloren geht. Er liegt dem Nachweis zugrunde, dass die zu erwartenden Verschiebungen und Verformungen mit dem Zweck des Bauwerks vereinbar sind. Bei Baugruben schließt der Grenzzustand SLS auch die Gebrauchstauglichkeit benachbarter Bauwerke und baulicher Anlagen mit ein.

1.5 Stützung von Baugrubenwänden (EB 67)

1. Als nicht gestützt werden Baugrubenwände bezeichnet, die weder ausgesteift noch verankert sind und deren Standsicherheit nur auf ihrer Einspannung im Boden beruht.

2. Als nachgiebig gestützt werden Baugrubenwände bezeichnet, wenn die Auflagerpunkte der Wand stark nachgeben können, z. B. bei stark geneigter Abstützung zur Baugrubensohle hin und bei nicht oder nur gering vorgespannten Ankern.

3. Als wenig nachgiebig gestützt werden Baugrubenwände in folgenden Fällen bezeichnet:

    a) Die Steifen werden zumindest kraftschlüssig verkeilt.
    b) Verpressanker bei Baugrubenwände werden i. d. R. auf 80 % der errechneten charakteristischen Beanspruchung vorgespannt und festgelegt, siehe Kap. 7.
    c) Es wird eine kraftschlüssige Verbindung mit Pfählen hergestellt, die nachweislich unter Belastung nur eine geringe Kopfbewegung erleiden.

4. Als annähernd unnachgiebig gestützt werden Baugrubenwände bezeichnet, wenn der Bemessung entsprechend EB 22, Absatz 1 (Abschn. 9.5) ein erhöhter aktiver Erddruck zugrunde gelegt wird und die Steifen bzw. Anker entsprechend EB 22, Absatz 10 vorgespannt und festgelegt werden.

5. Als unnachgiebig gestützt werden Baugrubenwände nur dann bezeichnet, wenn sie nach EB 23 (Abschn. 9.6) für einen abgeminderten oder für den vollen Erdruhedruck bemessen und die Stützungen entsprechend vorgespannt werden. Bei verankerten Baugrubenwänden müssen die Anker darüber hinaus in einer unnachgiebigen Felsschicht verankert oder wesentlich länger sein als rechnerisch erforderlich.

Wenn die Anforderungen nach Absatz 4 oder Absatz 5 erfüllt werden und darüber hinaus

- eine biegesteife Baugrubenwand angeordnet wird und
- unzuträgliche Fußverschiebungen verhindert werden,

dann darf eine Baugrubenkonstruktion als verschiebungs- und verformungsarm angesehen werden.

1.6 Planung und Prüfung von Baugruben (EB 106)

1. Für die Planung der Baugruben ist ein geeigneter Fachplaner gemäß Handbuch Eurocode 7, Band 1, Absatz 1.3, A 3 einzuschalten.

2. Der in den Empfehlungen verwendete Begriff „Sachverständiger für Geotechnik" ist in Anlehnung an das Handbuch Eurocode 7, Band 2, Absatz A 2.2.2 zu verstehen.

3. Baugruben sind in eine geotechnische Kategorie GK 1, GK 2 oder GK 3 einzustufen. In Anhang A 5 sind Kriterien in Anlehnung an das Handbuch Eurocode 7, Band 1, Absatz A 2.1.2 für die Einstufung von Baugruben aufgeführt.

4. Für Baugruben ist ein Geotechnischer Entwurfsbericht gem. Handbuch Eurocode 7, Band 1, Absatz 2.8 zu verfassen.

   Der Geotechnische Entwurfsbericht für die Baugrube sollte bei einer Einstufung in die geotechnischen Kategorien GK 2 und GK 3 folgende Punkte enthalten:

   – Beschreibung des Grundstücks und seiner Umgebung insbesondere Nachbarbebauung,
   – Beschreibung der Baugrundverhältnisse mit Bezug auf den Geotechnischen Bericht gemäß Handbuch Eurocode, Band 2, Absatz A 7,
   – Beschreibung der vorgesehenen Baugrubenkonstruktion,
   – Beschreibung der Einwirkungen aus benachbarten Bauwerken,
   – Beschreibung der Auswirkungen auf benachbarte Bereiche und Bauwerke,
   – charakteristische Werte für Boden- und Felseigenschaften sowie für die Wasserstände und Strömungen,
   – Vorschlag der Baugrubenkonstruktion und Feststellung der möglichen Risiken,
   – Bemessungssituation und Teilsicherheitsbeiwerte,
   – gegebenenfalls Begründung der Notwendigkeit, Angemessenheit und Hinlänglichkeit der Beobachtungsmethode,
   – Berechnungen einschl. Angabe des Berechnungsverfahrens und der Entwurfspläne,
   – Vorgaben für die Kontrollen zur Herstellung, z. B. Probebelastungen,
   – Vorgaben für messtechnische Überprüfungen und Überwachungen.

5. Bei Baugruben, die in die geotechnische Kategorie GK 3 eingestuft sind, wird empfohlen, einen Sachverständigen für Geotechnik im Zuge der bautechnischen Prüfung des Geotechnischen Entwurfsberichts und des Geotechnischen Berichts hinzuzuziehen.

6. Bei der Ausführung von Baugruben, die in die geotechnische Kategorie GK 2 oder GK 3 eingestuft sind, wird empfohlen, einen geeigneten Bauüberwacher, der über entsprechende Erfahrungen und Sachkunde mit Baugruben verfügt, einzuschalten. Bei Baugruben der geotechnischen Kategorie GK 3 wird empfohlen, den in Abschn. 5 genannten Sachverständigen für Geotechnik auch zur Prüfung der Ausführungsplanung und zur Beurteilung der Ergebnisse der messtechnischen Überwachungen und Überprüfungen hinzuziehen.

dann darf eine Baugrubenkonstruktion als verschiebungs- und verformungsarm angesehen werden.

1.6 Planung und Prüfung von Baugruben (EB 106)

1. Für die Planung der Baugruben ist ein geeigneter Fachplaner gemäß Handbuch Eurocode 7, Band 1, Absatz 1.3, A 3 einzuschalten.

2. Der in den Empfehlungen verwendete Begriff „Sachverständiger für Geotechnik" ist in Anlehnung an das Handbuch Eurocode 7, Band 2, Absatz A 2.2.2 zu verstehen.

3. Baugruben sind in eine geotechnische Kategorie GK 1, GK 2 oder GK 3 einzustufen. In Anhang A 5 sind Kriterien in Anlehnung an das Handbuch Eurocode 7, Band 1, Absatz A 2.1.2 für die Einstufung von Baugruben aufgeführt.

4. Für Baugruben ist ein Geotechnischer Entwurfsbericht gem. Handbuch Eurocode 7, Band 1, Absatz 2.8 zu verfassen.

   Der Geotechnische Entwurfsbericht für die Baugrube sollte bei einer Einstufung in die geotechnischen Kategorien GK 2 und GK 3 folgende Punkte enthalten:
   – Beschreibung des Grundstücks und seiner Umgebung insbesondere Nachbarbebauung,
   – Beschreibung der Baugrundverhältnisse mit Bezug auf den Geotechnischen Bericht gemäß Handbuch Eurocode, Band 2, Absatz A 7,
   – Beschreibung der vorgesehenen Baugrubenkonstruktion,
   – Beschreibung der Einwirkungen aus benachbarten Bauwerken,
   – Beschreibung der Auswirkungen auf benachbarte Bereiche und Bauwerke,
   – charakteristische Werte für Boden- und Felseigenschaften sowie für die Wasserstände und Strömungen,
   – Vorschlag der Baugrubenkonstruktion und Feststellung der möglichen Risiken,
   – Bemessungssituation und Teilsicherheitsbeiwerte,
   – gegebenenfalls Begründung der Notwendigkeit, Angemessenheit und Hinlänglichkeit der Beobachtungsmethode,
   – Berechnungen einschl. Angabe des Berechnungsverfahrens und der Entwurfspläne,
   – Vorgaben für die Kontrollen zur Herstellung, z. B. Probebelastungen,
   – Vorgaben für messtechnische Überprüfungen und Überwachungen.

5. Bei Baugruben, die in die geotechnische Kategorie GK 3 eingestuft sind, wird empfohlen, einen Sachverständigen für Geotechnik im Zuge der bautechnischen Prüfung des Geotechnischen Entwurfsberichts und des Geotechnischen Berichts hinzuzuziehen.

6. Bei der Ausführung von Baugruben, die in die geotechnische Kategorie GK 2 oder GK 3 eingestuft sind, wird empfohlen, einen geeigneten Bauüberwacher, der über entsprechende Erfahrungen und Sachkunde mit Baugruben verfügt, einzuschalten. Bei Baugruben der geotechnischen Kategorie GK 3 wird empfohlen, den in Abschn. 5 genannten Sachverständigen für Geotechnik auch zur Prüfung der Ausführungsplanung und zur Beurteilung der Ergebnisse der messtechnischen Überwachungen und Überprüfungen hinzuziehen.

Walter Herth, Erich Arndts

Theorie und Praxis der Grundwasserabsenkung

Klassiker des Bauingenieurwesens

- unveränderter Nachdruck des Standardwerks in der dritten Auflage von 1995
- Darstellung der Grundwasserabsenkung in Theorie und Praxis inkl. Trogbaugruben mit oder ohne Wasserhaltung und deren Auswirkungen auf den Wasserhaushalt
- dieses Standardwerk bietet umfangreiches Grundlagenwissen mit hoher Relevanz für die Ingenieurpraxis

Im diesem Werk wird die Grundwasserabsenkung im Zusammenhang mit der Wiederversickerung ausführlich dargestellt. Die Berechnung von Grundwasserabsenkungen wird ebenso erläutert wie deren Auswirkungen auf den Wasserhaushalt sowie bestehende Bebauung.

2017 · 357 Seiten · 152 Abbildungen · 12 Tabellen

Hardcover
ISBN 978-3-433-03241-1   € 49,90*

BESTELLEN
+49 (0)30 470 31-236
marketing@ernst-und-sohn.de
www.ernst-und-sohn.de/3241

*Der €-Preis gilt ausschließlich für Deutschland. Inkl. MwSt.

Kempfert + Partner Geotechnik

- Erkundung und Gründungsberatung
- Planung und Bemessung aller Baugrubenverbauten
- Planung und Bemessung von Baugruben im Wasser und in weichen Böden
- Analytische und numerische Verformungsprognosen
- Planung und Durchführung der Beobachtungsmethode
- Überwachung von Verbau- und Aushubarbeiten
- Geotechnische Messungen von Spannungen, Kräften, Verformungen
- Sachverständigengutachten

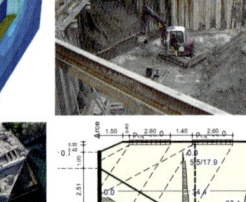
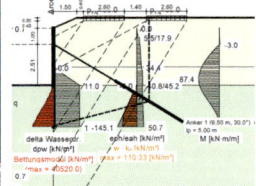

www.kup-geotechnik.de

Würzburg
Höchberger Straße 28a
97082 Würzburg
Tel.: (09 31) 7 90 39-0

Konstanz
Max-Stromeyer-Straße 116
78467 Konstanz
Tel.: (0 75 31) 59 45-0

Hamburg
Hasenhöhe 128
22587 Hamburg
Tel.: (040) 6 96 04 45-0

Bundesingenieurkammer (Hrsg.)
Ingenieurbaukunst
Engineering Made in Germany

- Bauingenieure aus Deutschland sind weltweit gefragt
- Die Bundesingenieurkammer präsentiert die besten Bauwerke

Das Buch präsentiert herausragende Bauwerke der letzten Jahre in Europa und weltweit von Ingenieurinnen und Ingenieuren aus Deutschland. Herausgegeben von der Bundesingenieurkammer feiert das Kompendium die Ingenieurbaukunst made in Germany.

BESTELLEN
+49 (0)30 470 31-236
marketing@ernst-und-sohn.de
www.ernst-und-sohn.de/3326

Ernst & Sohn
A Wiley Brand

2020 · 180 Seiten · 260 Abbildungen
Softcover
ISBN 978-3-433-03326-5
€ 45.90*

Bilinguale Sonderausgabe:
Deutsch / Englisch

* Der €-Preis gilt ausschließlich für Deutschland. Inkl. MwSt.

2
Grundlagen für die Berechnung

2.1 Einwirkungen (EB 24)

1. Nach DIN EN 1990 einschließlich DIN EN 1990/NA und DIN 1054 (zusammengefasst im Handbuch Eurocode 7, Band 1) wird zwischen ständigen und veränderlichen Einwirkungen unterschieden. Zu den ständigen Einwirkungen bei Baugrubenkonstruktionen zählen

   – Eigenlasten der Baugrubenkonstruktion, gegebenenfalls unter Berücksichtigung von Hilfsbrücken und Baugrubenabdeckungen,
   – Erddruck infolge Bodeneigengewicht, gegebenenfalls unter Berücksichtigung der Kohäsion,
   – Erddruck infolge Eigenlast benachbarter Bauwerke,
   – waagerechte Gewölbeschubkräfte und Schubkräfte aus Stützwänden und rahmenartigen Bauwerken,
   – Wasserdruck infolge des maßgebenden Wasserstands von Grundwasser oder offenem Wasser.

   Nach Handbuch Eurocode 7, Band 1, Abschnitt 9.5.1, A(10), wird auch der Erddruck infolge einer veränderlichen, großflächigen Gleichlast $p_k \leq 10\,\text{kN/m}^2$ vereinfachend zu den ständigen Einwirkungen gerechnet. Hierzu siehe Absatz 2.

2. Entsprechend den Empfehlungen EB 55 bis EB 57 (Abschn. 2.6 bis 2.8) wird bei den veränderlichen Einwirkungen unterschieden zwischen einem Anteil, der als großflächige Gleichlast $p_k = 10\,\text{kN/m}^2$ angesetzt wird, und einem Anteil, der entweder als Flächenlast q_k darüber hinausgeht oder als Streifenlast, Linienlast oder Punktlast auf kleiner Aufstandsfläche angesetzt wird. Während die großflächige Gleichlast $p_k = 10\,\text{kN/m}^2$ nach Absatz 1 als ständige Einwirkung zu behandeln ist, werden bei den übrigen veränderlichen Einwirkungen in Abhängigkeit von Dauer und Häufigkeit ihrer Einwirkung in Anlehnung an DIN 1054 die nachfolgend beschriebenen Fälle unterschieden.

3. Im Regelfall genügt es, dem Standsicherheitsnachweis neben den ständigen Einwirkungen folgende regelmäßig auftretende veränderliche Einwirkungen zugrunde zu legen:

Empfehlungen des Arbeitskreises „Baugruben", 6. Auflage. DGGT e. V. (Hrsg.)
©2021 Ernst & Sohn GmbH & Co. KG. Published 2021 by Ernst & Sohn GmbH & Co. KG

- unmittelbar auf Hilfsbrücken oder Baugrubenabdeckungen einwirkende Nutzlasten nach EB 3, Absatz 1 (Abschn. 2.5),
- Erddruck aus Nutzlasten nach EB 3, Absatz 1 (Abschn. 2.5),
- Erddruck aus Nutzlasten im Zusammenhang mit Bauwerken neben der Baugrube.

4. In Sonderfällen kann es erforderlich sein, neben den Lasten des Regelfalls folgende Einwirkungen zu berücksichtigen:

   - Fliehkräfte, Bremskräfte und Seitenstoß, z. B. bei Baugruben im Einflussbereich von Schienenverkehrsanlagen,
   - selten auftretende Lasten und unwahrscheinliche oder selten auftretende Kombinationen von Lastgrößen und Lastangriffspunkten,
   - Wasserdruck infolge von Wasserständen, die über den vereinbarten Bemessungswasserstand hinausgehen,
   - Temperaturwirkungen auf Steifen.

   Der Einfluss von Temperaturwirkungen auf die übrige Baugrubenkonstruktion darf bei biegeweichen Wänden vernachlässigt werden.

5. In Ausnahmefällen kann es erforderlich sein, neben den Lasten des Regelfalls auch außerplanmäßige Lasten zu berücksichtigen, z. B.

   - Anprall von Baugeräten gegen die Unterstützungen von Hilfsbrücken bzw. Baugrubenabdeckungen oder gegen die Zwischenstützen von Knickhaltungen,
   - Lasten durch Ausfall von Betriebs- und Sicherungsvorrichtungen, sofern deren Auswirkungen nicht durch entsprechende Maßnahmen begegnet werden kann,
   - Lasten durch Ausfall besonders gefährdeter Tragglieder, z. B. Steife oder Anker,
   - Lasten infolge von Auskolkungen vor der Baugrubenwand.

   Kurzzeitig auftretende Sonderlasten, z. B. beim Prüfen, Überspannen oder Lösen von Ankern oder Steifen dürfen wie außerplanmäßige Lasten behandelt werden.

6. Die in den Absätzen 3 bis 5 genannten Einwirkungen werden entsprechend dem unterschiedlichen Sicherheitsanspruch in Bemessungssituationen eingeordnet. Hierzu siehe EB 79 (Abschn. 2.4).

7. Zur Ermittlung repräsentativer Werte dürfen bei der Lastermittlung die nachfolgend aufgeführten Kombinationsbeiwerte ψ verwendet werden:

   - Bei Baugruben neben Altbauten wird empfohlen, für die Gründungslasten $\psi = 1,0$ zu setzen. Neben Neubauten dürfen die repräsentativen Werte aus der statischen Berechnung des Gebäudes übernommen werden.
   - Werden die Vertikallasten aus Straßen- und Schienenverkehr gemäß EB 55, Abschn. 2.6 angesetzt, sind Kombinationsbeiwerte $\psi = 1,0$ zu verwenden.

Konrad Bergmeister

Holistisches Chancen-Risiken-Management von Großprojekten

Unbekanntes erkennen und handeln

- Risiken und Chancen bei Großprojekten systematisch erkennen und handeln
- wissenschaftlich basiert
- in der Praxis erprobt

Das Buch geht auf den Umgang mit unerwarteten Ereignissen wie Naturgefahren oder Schadensfällen bei Großprojekten ein und erläutert eine systematische, ganzheitliche Vorgehensweise zum Chancen-Risiken-Management.

1 / 2021 · ca. 268 Seiten · ca. 30 Tabellen

Softcover
ISBN 978-3-433-03330-2   ca. **€ 39.90***

eBundle (Print + PDF)
ISBN 978-3-433-03331-9   ca. **€ 49.90***

Bereits vorbestellbar.

BESTELLEN
+49 (0)30 470 31-236
marketing@ernst-und-sohn.de
www.ernst-und-sohn.de/3330

* Der €-Preis gilt ausschließlich für Deutschland. Inkl. MwSt.

Davon abweichend sind auch andere Werte möglich, wenn Vorschriften der jeweiligen Verkehrsbetriebe den Berechnungen zugrunde gelegt werden.
– Allgemein sind bei vereinfachten Lastannahmen nach EB 56, Abschn. 2.7 für Nutzlasten aus Baustellenverkehr und Baubetrieb sowie nach EB 57, Abschn. 2.8 für Nutzlasten aus Baggern und Hebezeugen die Kombinationsbeiwerte zu $\psi = 1{,}0$ zu setzen.

2.2 Bodenkenngrößen (EB 2)

1. Die für Standsicherheitsnachweise benötigten Bodenkenngrößen sind im Grundsatz in Anlehnung an DIN EN 1997-2 einschließlich DIN EN 1997-2/NA sowie DIN 4020 „Geotechnische Untersuchungen für bautechnische Zwecke" (zusammengefasst im Handbuch Eurocode 7, Band 2) unmittelbar auf der Grundlage geotechnischer Untersuchungen festzulegen. Zur Berücksichtigung der Heterogenität des Untergrunds und der Ungenauigkeiten bei Probenahme und Versuchsdurchführung sind die in Versuchen ermittelten Werte mit angemessenen Zu- bzw. Abschlägen zu versehen, bevor sie als charakteristische Werte in die Berechnung eingehen. Dies gilt insbesondere für die Scherfestigkeit. Hierzu siehe Absatz 3.

2. Bei der Festlegung charakteristischer Werte für die Wichte ist zwischen zwei Fällen zu unterscheiden:

    a) Für Nachweise der Standsicherheit in den Grenzzuständen GEO-2, STR sowie GEO-3, insbesondere also beim Nachweis der Einbindetiefe, bei der Ermittlung der Schnittgrößen und beim Nachweis der Sicherheit gegen Geländebruch, darf der Mittelwert als charakteristischer Wert gewählt werden.
    b) Beim Nachweis der Sicherheit gegen Aufschwimmen UPL, der Sicherheit gegen hydraulischen Grundbruch HYD und der Sicherheit gegen Abheben EQU sind die unteren charakteristischen Werte maßgebend.

3. Charakteristische Werte der Scherfestigkeit sind als vorsichtige Schätzwerte der Mittelwerte zu wählen. Der Abstand vom Mittelwert kann gering sein, sofern die vorliegenden Proben für den Boden im Bereich der nachzuweisenden Baugrubenkonstruktion ausreichend repräsentativ sind. Bei geringer Datenbasis und ungleichmäßigem Baugrund ist der Abstand groß zu wählen.

4. Die Kapillarkohäsion von nichtbindigen Böden, insbesondere von Sand, darf berücksichtigt werden, sofern sie nicht durch Austrocknen oder Überfluten des Baugrunds, infolge Ansteigen des Grundwassers oder Wasserzulauf von oben während der Bauzeit verloren gehen kann.

5. Die Kohäsion eines bindigen Bodens darf nur dann voll berücksichtigt werden, wenn der Boden beim Durchkneten nicht breiig wird und wenn gewährleistet ist, dass er seine Zustandsform, z. B. beim Auftauen nach einer Frostperiode, gegenüber dem ursprünglichen Zustand nicht ungünstig verändert.

6. Bei der Übertragung der im Versuch an Bodenproben ermittelten Scherfestigkeit auf das Verhalten der gesamten Bodenmasse sind folgende Einschränkungen zu berücksichtigen:

   a) Die Scherfestigkeit bindiger oder felsartiger Böden kann durch Haarrisse, Harnische oder Klüfte sowie durch Einlagerungen schwach bindiger oder nichtbindiger Böden stark herabgesetzt sein.
   b) Durch Verwerfungen und geneigte Schichtfugen können bestimmte Gleitflächen vorgegeben sein. Als besonders leicht zu Rutschungen neigend gelten z. B. Opalinuston, Knollenmergel und Tarras.
   c) Bei feinkörnigen Böden, z. B. bei Kaolinton, und bei Böden mit maßgeblichem Anteil an Montmorillonit, kann die Restscherfestigkeit maßgebend sein.

7. Liegen keine bodenmechanischen Laborversuche vor, dürfen die charakteristischen Bodenkenngrößen wie folgt festgelegt werden:

   a) Soweit aus örtlicher Erfahrung ausreichend bekannt ist, dass gleichartige Untergrundverhältnisse vorliegen, dürfen die Bodenkenngrößen von früheren Bodenuntersuchungen aus der unmittelbaren Nachbarschaft übernommen werden. Hierzu ist Sachkunde und Erfahrung auf dem Gebiet der Geotechnik erforderlich.
   b) Sofern die anstehenden Böden aufgrund von Bohrungen oder Sondierungen und weiteren Labor- und Feldversuchen nach Art und Beschaffenheit in die Bodengruppen der DIN 18196 eingeordnet werden können, darf unter Beachtung der jeweils angegebenen Einschränkungen mit den in den Anhängen A 3 und A 4 angegebenen Bodenkenngrößen gerechnet werden.

8. Bei nichtbindigen Böden dürfen die Erfahrungswerte

   – der Tab. 3.1 für die Wichte nach Anhang A 3 bzw.
   – der Tab. 3.2 für die Scherfestigkeit nach Anhang A 3

   angewendet werden, sofern folgende Voraussetzungen erfüllt sind:

   a) Die Böden müssen im Hinblick auf Korngrößenverteilung, Ungleichförmigkeitszahl und Lagerungsdichte in die Tabellen eingeordnet werden können. Zur Einstufung der Böden im Hinblick auf ihre Lagerungsdichte siehe Anhang A 1.
   b) Die angegebenen Erfahrungswerte gelten sowohl für gewachsene als auch für geschüttete nichtbindige Böden. Eine Verbesserung der Lagerungsdichte infolge Verdichtung des Bodens darf in beiden Fällen berücksichtigt werden.

   Die Tabellenwerte dürfen auf Böden mit porösem Korn, z. B. Bimskies und Tuffsand, nicht angewendet werden.

9. Bei bindigen Böden dürfen die Erfahrungswerte

   – der Tab. 4.1 für die Wichte nach Anhang A 4 bzw.
   – der Tab. 4.2 für die Scherfestigkeit nach Anhang A 4

angewendet werden, sofern die Böden im Hinblick auf ihre Plastizität in die Bodengruppen nach DIN 18196 eingeordnet und nach ihrer Zustandsform (Konsistenz) unterschieden werden können. Zur Einstufung im Hinblick auf die Zustandsform (Konsistenz) siehe Anhang A 2.

Die Tabellenwerte dürfen nicht angewendet werden, wenn einer der folgenden Fälle vorliegt:

a) Gemischtkörnige Böden, bei denen einerseits die Art des Feinkorns und andererseits der große Anteil an Korn > 0,4 mm es nicht zulassen, den Grad der Plastizität bzw. die Zustandsform zuverlässig zu beschreiben, z. B. sandige Geschiebemergel.
b) Böden, die in Absatz 6 beschrieben sind.
c) Wenn ein plötzlicher Zusammenbruch des Korngerüsts möglich ist, z. B. bei Lössboden.

2.3 Erddruckneigungswinkel (EB 89)

1. Die rechnerischen Neigungswinkel $\delta_{a,k}$ und $\delta_{p,k}$ zwischen der Richtung des aktiven bzw. passiven Erddrucks und der Normalen auf der Wandrückseite hängen ab

   – vom charakteristischen Wandreibungswinkel δ_k,
   – von der Relativbewegung zwischen Wand und Boden,
   – von der Wahl der Gleitflächenform,
   – vom Mobilisierungsgrad.

2. Der charakteristische Wandreibungswinkel δ_k ist das Maß für die physikalisch größtmögliche Reibung zwischen der Wand und dem anstehenden Boden. Er ist im Wesentlichen abhängig

   – von der Scherfestigkeit des Bodens und
   – von der Oberflächenrauigkeit der Wand.

3. Im Hinblick auf die Rauigkeit der Wand werden folgende Fälle unterschieden:

   a) Als „verzahnt" wird eine Wandrückseite bezeichnet, wenn sie durch ihre Form eine so große Oberfläche aufweist, dass nicht die unmittelbar zwischen Boden und Wand wirkende Wandreibung maßgebend ist, sondern die Reibung in einer ebenen, die Wand nur stellenweise berührenden Bruchfläche im Boden. Dies ist bei Pfahlwänden der Fall. Auch Dichtwände aus erhärtender Zement-Bentonit-Suspension mit eingehängten Spundwänden oder Bohlträgern dürfen als verzahnt eingestuft werden [123]. Näherungsweise gilt dies auch für unbeschichtete Spundwände [171].
   b) Als „rau" dürfen im Allgemeinen die unbehandelten Oberflächen von Stahl, Beton und Holz angesehen werden, insbesondere die Oberflächen von Bohlträgern und Ausfachungen.

c) Als „weniger rau" darf die Oberfläche einer Schlitzwand eingestuft werden, sofern die Filterkuchenbildung gering ist, z. B. bei Schlitzwänden in bindigem Boden. Erfahrungsgemäß gilt dies auch bei Schlitzwänden in nichtbindigem Boden. Sofern die Ausbildung eines Filterkuchens vermieden werden kann, eine stark unebene Wandoberfläche erreicht wird oder innerhalb des Filterkuchens ein scherfestigkeitsbildendes Korngerüst vorhanden ist, darf auch ein betragsmäßig höherer Wandreibungswinkel als $|\delta_p| = 1/2\,\varphi$ angesetzt werden [148, 149, 182, 183].

d) Als „glatt" sind alle Wandrückseiten einzustufen, wenn der anstehende Boden infolge seines Tongehalts und seiner Konsistenz schmierige Eigenschaften aufweist.

4. Nur dann, wenn
   - der Berechnung des Erddrucks oder des Erdwiderstands gekrümmte oder gebrochene Gleitflächen zugrunde gelegt werden und
   - nach EB 9, Absatz 1 (Abschn. 4.8) nachgewiesen wird, dass die Summe der von oben nach unten gerichteten charakteristischen Einwirkungen mindestens so groß ist wie die von unten nach oben gerichtete Vertikalkomponente $B_{v,k}$ der charakteristischen Auflagerkraft B_k,

darf die physikalisch mögliche Wandreibung nach Absatz 5 a) in Rechnung gestellt werden.

Falls ebene Gleitflächen als Näherung verwendet werden, ist zum Ausgleich des durch Überschätzung des Erdwiderstandsbeiwerts K_p bzw. Unterschätzung des Erddruckbeiwerts K_a entstehenden Fehlers der Erddruckneigungswinkel entsprechend Absatz 5 b) herabzusetzen.

5. Maßgebend sind in Abhängigkeit vom Reibungswinkel φ'_k folgende Wandreibungs- bzw. maximale Erddruckneigungswinkel:

Wandbeschaffenheit	Gekrümmte Gleitflächen	Ebene Gleitflächen
Verzahnte Wand	$|\delta_k| = \varphi'_k$	$|\delta_k| \leq 2/3 \cdot \varphi'_k$
Raue Wand	$|\delta_k| \leq 27{,}5°$	$|\delta_k| \leq 2/3 \cdot \varphi'_k$
	$|\delta_k| \leq \varphi'_k - 2{,}5°$	
Weniger raue Wand	$|\delta_k| \leq 1/2 \cdot \varphi'_k$	$|\delta_k| \leq 1/2 \cdot \varphi'_k$
Glatte Wand	$|\delta_k| = 0$	$|\delta_k| = 0$

a) Die Werte der mittleren Spalte sind Wandreibungswinkel, die bei gekrümmten oder gebrochenen Gleitflächen als maximale rechnerische Neigungswinkel bei der Ermittlung des aktiven und des passiven Erddrucks angesetzt werden dürfen.

b) Die Angaben der rechten Spalte dienen zum Ausgleich des Modellfehlers bei Verwendung ebener Gleitflächen. Beim aktiven Erddruck dürfen ebene Gleitflächen unabhängig vom Reibungswinkel φ'_k angesetzt werden, beim Erdwiderstand nur bei $\varphi'_k \leq 35°$.

c) Soll beim Nachweis der Vertikalkomponente des mobilisierten Erdwiderstands die Korrektur des Erddruckneigungswinkels nach EB 9, Absatz 2 d) (Abschn. 4.7) entfallen, dürfen bei der Ermittlung des Erdwiderstands nur gekrümmte Gleitflächen zugrunde gelegt werden.

6. Das Vorzeichen des Erddruckneigungswinkels richtet sich nach der Relativverschiebung zwischen Wand und Boden:

a) Der Erddruckneigungswinkel ist beim aktiven Erddruck als positiv definiert, wenn entsprechend Bild EB 89-1a) der Erdkeil sich stärker nach unten bewegt als die Wand.

b) Der Erddruckneigungswinkel ist beim aktiven Erddruck als negativ definiert, wenn sich entsprechend Bild EB 89-1b) die Wand stärker nach unten bewegt als der Boden.

Für die Ermittlung des Erdwiderstands gilt sinngemäß das Gleiche. Hierzu siehe Bild EB 19-1 (Abschn. 6.3).

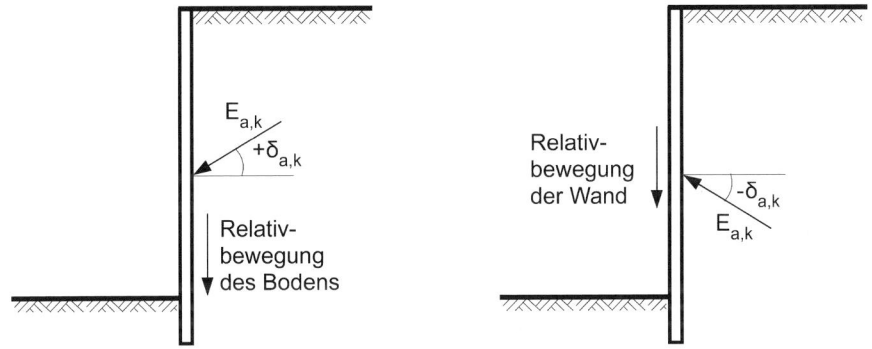

a) Positver Erddruckneigungswinkel   b) Negativer Erddruckneigungswinkel

Bild EB 89-1 Neigungswinkel des aktivem Erddrucks

2.4 Teilsicherheitsbeiwerte (EB 79)

1. Die Größe der Teilsicherheitsbeiwerte richtet sich im Grundsatz nach den Bemessungssituationen, die in DIN EN 1990 einschließlich DIN EN 1990/NA sowie DIN 1054 festgelegt sind. Baugrubenkonstruktionen zählen danach zur Bemessungssituation BS-T (vorübergehende Situation), in Verbindung mit den Lasten der außergewöhnlichen Situation zur Bemessungssituation BS-A. In Anlehnung daran werden die Einwirkungen nach EB 24 (Abschn. 2.1) wie folgt eingeordnet:

a) Der Regelfall nach EB 24, Absatz 3 entspricht der Bemessungssituation BS-T.
b) Der Sonderfall nach EB 24, Absatz 4 entspricht der Bemessungssituation BS-T/A.
c) Der Ausnahmefall nach EB 24, Absatz 5 entspricht der Bemessungssituation BS-A.

2. Die Teilsicherheitsbeiwerte für Einwirkungen und Widerstände in den Bemessungssituationen BS-T und BS-A sind DIN 1054 entnommen. Die Teilsicherheitsbeiwerte für die Bemessungssituationen BS-T/A werden zwischen diesen interpoliert. Die Teilsicherheitsbeiwerte für geotechnische Größen sind in Anhang A 1 zusammengestellt.

3. Im Grenzzustand SLS ist für ständige Einwirkungen der Teilsicherheitsbeiwert $\gamma_G = 1{,}00$ und für veränderliche Einwirkungen $\gamma_Q = 1{,}00$ zu setzen. Weitere Einzelheiten siehe EB 83 (Abschn. 4.11).

4. Die Teilsicherheitsbeiwerte für die Bemessungssituation BS-P im Anhang A 6 sind zur Orientierung aufgenommen, aber in Klammern gesetzt worden, weil sie für Baugrubenkonstruktionen in der Regel nicht maßgebend sind. Ausnahmen hierzu bilden

 – der Nachweis der Standsicherheit in der tiefen Gleitfuge nach EB 44, Absatz 10 (Abschn. 7.3) bei Baugruben neben Bauwerken,
 – der Nachweis der Geländebruchsicherheit nach EB 45, Absatz 7 (Abschn. 7.4) bei Baugruben neben Bauwerken,
 – die Bemessung von Steifen nach EB 52, Absatz 14 (Abschn. 14.7),
 – die Bemessung von Verankerungen für Wände im Vollaushubzustand,
 – Unterfangungen (Kap. 13).

2.5 Allgemeine Festlegungen für den Ansatz von Nutzlasten (EB 3)

1. Als Nutzlasten werden folgende veränderliche Einwirkungen bezeichnet:

 – Lasten aus Straßen- und Schienenverkehr nach EB 55 (Abschn. 2.6),
 – Lasten aus Baustellenverkehr und Baubetrieb nach EB 56 (Abschn. 2.7),
 – Lasten aus Baggern und Hebezeugen nach EB 57 (Abschn. 2.8).

Zur Einteilung dieser Lasten in Regel- und Sonderlasten siehe EB 24 (Abschn. 2.1).

2. Die Aufstandsbreiten der einzelnen Räder von gummibereiften Fahrzeugen und Baugeräten sind, sofern keine genaueren Untersuchungen angestellt werden, wie folgt anzunehmen:

 – mit 0,60 m bei Radlasten von 100 kN (10,0 t),
 – mit 0,46 m bei Radlasten von 65 kN (6,5 t),

- mit 0,40 m bei Radlasten von 50 kN (5,0 t),
- mit 0,30 m bei Radlasten von 40 kN (4,0 t),
- mit 0,26 m bei Radlasten von 30 kN (3,0 t).

Im Bedarfsfall darf zwischen diesen Werten geradlinig interpoliert werden. Die Aufstandslänge in Fahrtrichtung beträgt stets 0,20 m.

3. Innerhalb des Straßenoberbaus darf, abhängig von den Eigenschaften und der Dicke d der lastverteilenden Schichten, entsprechend Bild EB 3-1 in allen Richtungen eine Lastausbreitung wie folgt angenommen werden:

   a) eine Ausbreitung $a = d$ bei Fahrbahndecken und Tragschichten aus bituminösen Schichten, Beton oder in festem Verband liegendem Steinpflaster,
   b) eine Ausbreitung $a = 0{,}75 \cdot d$ bei hydraulisch gebundenen Kies- oder Schottertragschichten,
   c) eine Ausbreitung $a = 0{,}50 \cdot d$ bei ungebundenen Kies- oder Schottertragschichten.

Zu den Qualitätsanforderungen an die Tragschichten siehe die „Zusätzlichen Technischen Vertragsbedingungen und Richtlinien für den Bau von Verkehrsflächen (ZTV Beton-StB, ZTV Asphalt-StB, ZTV Pflaster-StB, ZTV SoB-StB)".

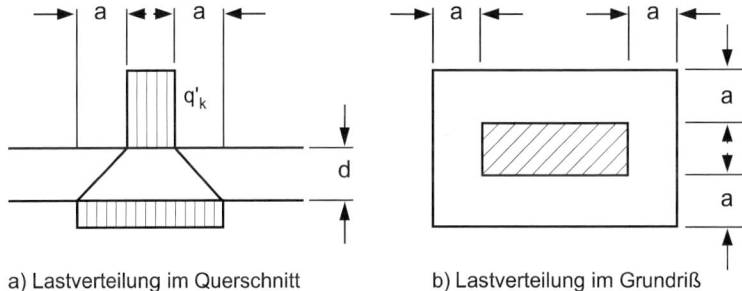

a) Lastverteilung im Querschnitt   b) Lastverteilung im Grundriß

Bild EB 3-1 Lastausbreitung im Straßenoberbau

4. Ist keine Straßenbefestigung vorhanden, so vergrößern sich die Aufstandsflächen von gummibereiften Fahrzeugen und Baugeräten durch Einsinken in den Untergrund. Sofern dazu keine genaueren Untersuchungen angestellt werden, dürfen näherungsweise die nach Absatz 2 für feste Fahrbahn geltenden Aufstandslängen und Aufstandsbreiten um je 15 cm vergrößert werden.

5. Zur Ermittlung des Erddrucks darf eine Einzellast bzw. eine begrenzte Flächenlast entsprechend Bild EB 3-2a) in eine Ersatzstreifenlast umgewandelt und dabei die Ausstrahlung der Last in der Waagerechten näherungsweise mit 45° angenommen werden. Überschneiden sich die Wirkungen benachbarter Lasten, so darf nach Bild EB 3-2b) vereinfachend von einer gemeinsamen Aufstandsfläche beider Lasten ausgegangen werden.

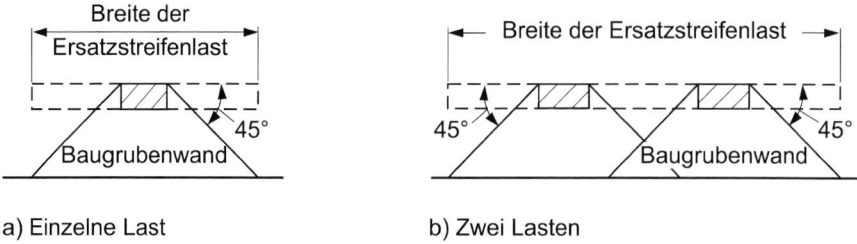

a) Einzelne Last b) Zwei Lasten

Bild EB 3-2 Umwandlung von begrenzten Flächenlasten in Streifenlasten

6. Ist bei ausgesteiften Baugruben nur eine Wand durch Erddruck aus Nutzlasten belastet, so ist die gegenüberliegende Wand für die gleichen Schnittgrößen zu bemessen, sofern nicht bei biegsamen Baugrubenkonstruktionen die Konzentration des Reaktionserddrucks auf die Stützungspunkte nachgewiesen wird.

2.6 Nutzlasten aus Straßen- und Schienenverkehr (EB 55)

1. Nach der Straßenverkehrs-Zulassungs-Ordnung (StVZO) in der Fassung vom 26.04.2012 (Stand 2017) richten sich die zulässigen Achslasten von allgemein zugelassenen Straßenfahrzeugen nach der Anzahl und dem Abstand der Achsen. Beim Standsicherheitsnachweis von Baugrubenkonstruktionen genügt es, folgende Lastkombinationen zu untersuchen:

   - Einzelachslasten
     von $1 \cdot F_k = 1 \cdot 115\,\text{kN}\ (11{,}5\,\text{t}) = 115\,\text{kN}\ (11{,}5\,\text{t})$ nach Bild EB 55-1a)
   - Doppelachslasten
     von $2 \cdot F_k = 2 \cdot 80\,\text{kN}\ (8{,}0\,\text{t}) = 160\,\text{kN}\ (16{,}0\,\text{t})$ nach Bild EB 55-1b)
   - Dreifachachslasten
     von $3 \cdot F_k = 3 \cdot 70\,\text{kN}\ (7{,}0\,\text{t}) = 210\,\text{kN}\ (21{,}0\,\text{t})$ nach Bild EB 55-1c)

   Die Achslasten dürfen gleichmäßig auf alle Räder einer Achse bzw. einer Achsgruppe verteilt werden. Ein Stoßzuschlag darf vernachlässigt werden.

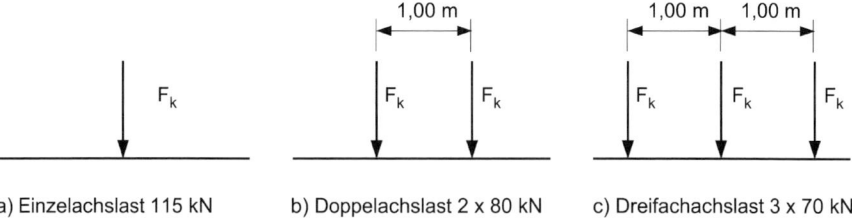

a) Einzelachslast 115 kN b) Doppelachslast 2 x 80 kN c) Dreifachachslast 3 x 70 kN

Bild EB 55-1 Maßgebliche Achslasten

2. Für die Ermittlung des Erddrucks auf die Baugrubenwand infolge der Radlasten nach Absatz 1 gelten:

- EB 3, Absatz 2 (Abschn. 2.5) für die Aufstandsflächen,
- EB 3, Absatz 3 für die Lastausbreitung im Straßenoberbau,
- EB 3, Absatz 5 für die Lastausbreitung im Boden.

Der Einfluss der Lasten aus den Rädern, die von der Baugrubenwand abgewandt sind, und der Einfluss von Fahrzeugen in weiteren Fahrspuren brauchen nicht im Einzelnen untersucht zu werden. Stattdessen ist unmittelbar neben den der Baugrubenwand am nächsten stehenden Radlasten eine großflächige Gleichlast $p_k = 10\,\text{kN/m}^2$ anzusetzen.

3. Sofern sichergestellt ist, dass

   - die Lasten nach Absatz 1 nicht überschritten werden,
   - die Fahrbahndecke aus bituminösen Schichten, Beton oder in festem Verband liegendem Steinpflaster besteht und mindestens 15 cm dick ist,
   - zwischen den Aufstandsflächen der Räder und der Hinterkante der Baugrubenwand ein Abstand von mindestens 1,00 m verbleibt,

   darf auf eine genauere Untersuchung entsprechend Absatz 2 verzichtet und als Ersatzlast eine an der Hinterkante der Wand beginnende, großflächige Gleichlast $p_k = 10\,\text{kN/m}^2$ zugrunde gelegt werden. Bei einem geringeren Abstand ist die Flächenlast in einem Streifen von 1,50 m Breite unmittelbar neben der Baugrubenwand wie folgt zu erhöhen:

   - um $q'_k = 10\,\text{kN/m}^2$, wenn die Aufstandsflächen einen Abstand von wenigstens 0,60 m einhalten,
   - um $q'_k = 40\,\text{kN/m}^2$, wenn kein Abstand eingehalten wird, z. B. im Bereich von Hilfsbrücken.

   Hierzu siehe Bild EB 55-2. Die Lastausbreitung im Straßenbelag ist bei diesen Ansätzen bereits berücksichtigt.

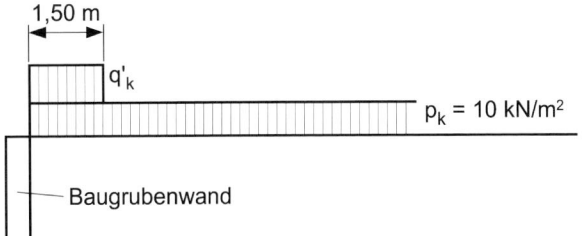

Bild EB 55-2 Ersatzlasten für Straßenverkehr bei einem Abstand von weniger als 1,00 m

4. Sofern beim Ansatz der Ersatzlast schwerere als die im Absatz 1 genannten Fahrzeuge berücksichtigt werden sollen, dürfen die im Absatz 3 angegebenen Streifenlasten q'_k im Verhältnis der entsprechenden Achslasten umgerechnet werden, sofern die Einzelfahrzeuge, Sattelzugmaschinen und Anhänger je für sich nicht mehr als 3 Achsen aufweisen. Bei Fahrzeugen mit mehr als 3 Achsen, z. B. bei Straßenrollern, sind besondere Untersuchungen anzustellen.

5. Wird unmittelbar gegen die Baugrubenwand ein Schrammbord abgestützt, so ist darauf ein waagerechter Seitenstoß anzusetzen. Bei der Bemessung des Schrammbords ist der Seitenstoß dem Regelfall nach EB 24, Absatz 3 zuzuordnen, bei der Bemessung der Baugrubenkonstruktion dem Sonderfall nach EB 24, Absatz 4 (Abschn. 2.1).

6. Sofern die Baugrubenwand im Ausstrahlungsbereich der Lasten von Schienenfahrzeugen liegt, sind die Nutzlasten bzw. Ersatzlasten nach den Vorschriften des jeweiligen Verkehrsbetriebs anzusetzen. Ein Schwingbeiwert braucht dabei nicht berücksichtigt zu werden. Bei Straßenbahnen genügt der Ansatz einer großflächigen Gleichlast $p_k = 10\,\text{kN/m}^2$, sofern zwischen den Schwellenenden und der Baugrubenwand ein Abstand von mindestens 0,60 m eingehalten wird. Fliehkräfte und Seitenstoß sind gegebenenfalls als Einwirkungen im Regelfall zu berücksichtigen.

7. Für die Bemessung von Hilfsbrücken und Baugrubenabdeckungen gelten bei Straßenverkehr und Eisenbahnverkehr in der Regel die Verkehrslasten gemäß DIN EN 1991-2 einschließlich DIN EN 1991-2/NA (siehe auch Handbuch Eurocode 1, Band 3, Kapitel 3). Für besonderen Schienenverkehr (z. B. Straßenbahnen) gelten die einschlägigen Vorschriften des jeweiligen Verkehrsbetriebs. Je nach örtlicher Situation ist es in Abstimmung mit den genehmigenden Stellen auch möglich, eine Anpassung des Verkehrs-Lastmodells (LM1 gemäß Handbuch Eurocode 1, Band 3, Kapitel 3) über geänderte Anpassungsfaktoren (α_{Qi}, α_{qi}, α_{qr}) vorzunehmen oder Lasten nach DIN 1072:1985-12 zu vereinbaren. Wenn die DIN 1072 zugrunde gelegt wird, sind die dort angegebenen Lasten als charakteristische Einwirkungen anzusetzen.

2.7 Nutzlasten aus Baustellenverkehr und Baubetrieb (EB 56)

1. Die üblicherweise auf Baustellen gelagerten Baumaterialien sind im Allgemeinen durch eine großflächige Gleichlast $p_k = 10\,\text{kN/m}^2$ erfasst. Werden größere Erdmassen oder größere Mengen von Stahl, Steinen und dergleichen in unmittelbarer Nähe der Baugrube gelagert, so sind genauere Untersuchungen nach DIN EN 1991-1-1 anzustellen. Das Gleiche gilt für die Lasten aus Silos.

2. Für den Ansatz von Ersatzlasten für den im Rahmen der Straßenverkehrs-Zulassungs-Ordnung (StVZO) in der Fassung vom 26.04.2012 (Stand 2017) auch allgemein auf öffentlichen Straßen zugelassenen Baustellenverkehr mit Lastkraftwagen, Sattelkraftfahrzeugen und Lastzügen gilt EB 55, Absatz 3 (Abschn. 2.6) auch dann, wenn ein Straßenbelag fehlt. Sofern sich Baufahrzeuge wegen ihrer Achslasten oder der Zahl der Achsen nicht in die Lasten nach EB 55, Absatz 1 einordnen lassen, gilt EB 55, Absatz 4 sinngemäß.

Der Ansatz von Nutzlasten aus Baustellenverkehr erübrigt sich, wenn im gleichen Bereich der Einfluss von Baggern oder Hebezeugen nach EB 57, Absatz 2

(Abschn. 2.8) berücksichtigt wird. Bagger und Hebezeuge, die an der Baugrube entlangfahren, sind als Straßenfahrzeuge anzusehen.

3. Sofern der Erddruck infolge von Baufahrzeugen nicht mit Hilfe der Ersatzlasten nach Absatz 2 ermittelt wird, gelten:
   - EB 3, Absatz 2 (Abschn. 2.5) für die Aufstandsflächen von gummibereiften Fahrzeugen,
   - EB 3, Absatz 3 für die Lastausbreitung im Straßenoberbau,
   - EB 3, Absatz 4 für die Vergrößerung der Aufstandsflächen bei fehlender Straßenbefestigung,
   - EB 3, Absatz 5 für die Lastausbreitung im Boden.

   Der Einfluss der Lasten aus den Rädern, die von der Baugrubenwand abgewandt sind, und der Einfluss von Fahrzeugen in weiteren Fahrspuren brauchen nicht im Einzelnen untersucht zu werden. Stattdessen ist unmittelbar neben den der Baugrubenwand am nächsten stehenden Radlasten eine großflächige Gleichlast $p_k = 10\,\text{kN/m}^2$ anzusetzen.

4. Für die Bemessung von Baugrubenabdeckungen, die als Arbeitsflächen oder als Lagerflächen für Schalung, Betonstahl und dergleichen dienen, gilt Absatz 1 sinngemäß. Bei Hilfsbrücken und Baugrubenabdeckungen für den Baustellenverkehr ist von den tatsächlich zu erwartenden Lasten auszugehen. Das Gleiche gilt für den Verkehr mit nicht gummibereiften Baugeräten, z. B. Straßenwalzen oder Raupenbaggern. Im Hinblick auf Schwingbeiwerte, Zusatzlasten und Sonderlasten gilt Handbuch Eurocode 1, Band 3 und ergänzend DIN 1072:1985-12 sinngemäß. Können mehrere beladene Fahrzeuge, z. B. Transportbetonfahrzeuge, gleichzeitig in einer Fahrspur hintereinander oder in benachbarten Fahrspuren nebeneinander stehen oder fahren, so ist dies zu berücksichtigen. Für Verkehr nach der StVZO gilt EB 55, Absatz 7 (Abschn. 2.6) sinngemäß.

5. Bei der Bemessung von Steifen ist neben der Eigenlast und der Normalkraft eine lotrechte Nutzlast von mindestens $\overline{q}_k = 1{,}0\,\text{kN/m}$ zur Berücksichtigung nicht vermeidbarer Lasten aus Baubetrieb, leichten Abdeckungen, Laufstegen, Verbänden und ähnlichem anzusetzen, sofern nicht größere lotrechte Lasten vorgesehen sind. Waagerechte Lasten, z. B. aus Verbänden oder aus der Abstützung von Schalungen, sind bei der Bemessung von Steifen stets zu berücksichtigen. Beim Leitungsgrabenbau mit senkrechtem oder waagerechtem Verbau bzw. Trägerbohlwänden mit vorgehängten Bohlen ist eine Belastung der Steifen durch Nutzlasten nicht zulässig. Im Übrigen siehe hierzu EB 52, Absatz 5 (Abschn. 14.7).

6. Bei der Bemessung von Unterstützungen für Hilfsbrücken bzw. Baugrubenabdeckungen und von Zwischenstützen für Knickhaltungen ist in einer Höhe von 1,20 m über der jeweiligen Aushubsohle eine Einzellast von $F_k = 100\,\text{kN}$ in beliebiger Richtung zu berücksichtigen, sofern keine konstruktive Sicherung gegen den Anprall von Baugeräten angeordnet ist.

2.8 Nutzlasten aus Baggern und Hebezeugen (EB 57)

1. Bagger und Hebezeuge, die in geringem Abstand von der Baugrube arbeiten, belasten den Verbau in starkem Maße. Eine besondere Untersuchung des Einflusses von Größe und Verteilung des Erddrucks kann unterbleiben, wenn folgende Abstände von der Baugrubenwand eingehalten werden:

    – 1,50 m bei einem Gesamtgewicht von 10 t bzw. einer Gesamtlast von 100 kN,
    – 2,50 m bei einem Gesamtgewicht von 30 t bzw. einer Gesamtlast von 300 kN,
    – 3,50 m bei einem Gesamtgewicht von 50 t bzw. einer Gesamtlast von 500 kN,
    – 4,50 m bei einem Gesamtgewicht von 70 t bzw. einer Gesamtlast von 700 kN.

   Zwischenwerte dürfen geradlinig eingeschaltet werden. Bei Einhaltung der angegebenen Abstände genügt der Ansatz einer großflächigen Gleichlast $p_k = 10\,\text{kN/m}^2$. Bagger und Hebezeuge, die sich über Pratzen abstützen, sind mit den vorstehenden Angaben ggf. nicht ausreichend erfasst.

2. Sofern Bagger oder Hebezeuge in geringerem Abstand neben der Baugrubenwand arbeiten als im Absatz 1 angegeben ist, müssen Größe und Verteilung des dadurch verursachten Erddrucks ermittelt werden. Werden dabei die Einzellasten der Bagger oder Hebezeuge zugrunde gelegt, dann gilt Folgendes:

    a) Die Aufstandsflächen von Geräten auf Raupenfahrwerk sind den Angaben der Herstellerwerke zu entnehmen.
    b) Die Aufstandsflächen von gummibereiften Geräten richten sich nach EB 3, Absatz 2 (Abschn. 2.5).
    c) Zur Lastausbreitung im Straßenoberbau siehe EB 3, Absatz 3.
    d) Zur Vergrößerung von Aufstandsflächen von Rädern bei fehlender Straßenbefestigung siehe EB 3, Absatz 4.
    e) Zur Lastausbreitung im Boden siehe EB 3, Absatz 5.

   Gegebenenfalls darf die Wirkung von lastverteilenden Unterlagen, z. B. Baggermatratzen, Unterpallungen oder auf Schwellen verlegten Gleisen, berücksichtigt werden.

3. Bei der Erddruckermittlung nach Absatz 2 sind alle maßgebenden Abstände des Baggers bzw. des Hebezeugs von der Baugrubenwand sowie alle maßgebenden Stellungen des Unterwagens und des Auslegers zu berücksichtigen. Näherungsweise darf im Regelfall nach EB 24, Absatz 3 (Abschn. 2.1) mit folgender Lastverteilung gerechnet werden:

    a) Bei Stellung eines Auslegers in Fahrtrichtung des Gerätes: je 40 % der Gesamtlast auf den beiden stark belasteten Rädern bzw. auf der halben Länge der beiden Raupenketten.
    b) Bei Stellung des Auslegers in diagonaler Richtung: 50 % der Gesamtlast auf dem stark belasteten Rad bzw. auf der halben Länge der stark belasteten Raupenkette.

c) Bei Stellung eines Auslegers quer zur Fahrtrichtung: je 40 % der Gesamtlast auf den beiden stark belasteten Rädern bzw. 80 % der Gesamtlast auf der stark belasteten Raupenkette.

Der Einfluss der Lasten, die auf die jeweils geringer belasteten Räder bzw. Raupenketten entfallen, braucht nicht im Einzelnen untersucht zu werden. Stattdessen ist unmittelbar neben den der Baugrubenwand am nächsten stehenden Radlasten eine großflächige Gleichlast $p_k = 10\,\text{kN/m}^2$ anzusetzen.

4. Näherungsweise dürfen die Einzellasten von Baggern und Hebezeugen durch eine großflächige Gleichlast $p_k = 10\,\text{kN/m}^2$ und eine zusätzliche Streifenlast q'_k ersetzt werden, die entsprechend Bild EB 57-1 unmittelbar an der Baugrubenwand beginnt und die ganze, vom Gerät befahrene Länge erfasst. Ihre Größe und Breite darf bei Baugeräten auf Raupenfahrwerk, bei gummibereiften Baugeräten mit nicht mehr als zwei Achsen sowie bei Baugeräten auf Schwellengleisen im Lastfall LF 2 (Regelfall) nach EB 24, Absatz 3 (Abschn. 2.1) abhängig vom Abstand zur Baugrubenwand wie folgt angenommen werden:

Gesamtlast (Gesamtgewicht) des Gerätes	Zusätzliche Streifenlast q'_k		Breite der Streifenlast q'_k
	kein Abstand	Abstand 0,60 m	
100 kN (10 t)	50 kN/m²	20 kN/m²	1,50 m
300 kN (30 t)	110 kN/m²	40 kN/m²	2,00 m
500 kN (50 t)	140 kN/m²	50 kN/m²	2,50 m
700 kN (70 t)	150 kN/m²	60 kN/m²	3,00 m

Zwischenwerte dürfen geradlinig eingeschaltet, Gewichte unter 10 t geradlinig extrapoliert werden. Im Übrigen gilt Folgendes:

a) Abstützvorrichtungen (Pratzen) müssen eine Grundfläche von mindestens 0,25 m² aufweisen oder auf eine entsprechende lastverteilende Konstruktion abgesetzt werden.
b) Der Abstand zwischen Baugrubenwand und Gerät bezieht sich im Grundsatz auf die Aufstandsfläche. Fährt das Gerät jedoch von der Seite her an die Baugrube heran, darf die senkrechte Projektion der Räder bzw. der Raupen-

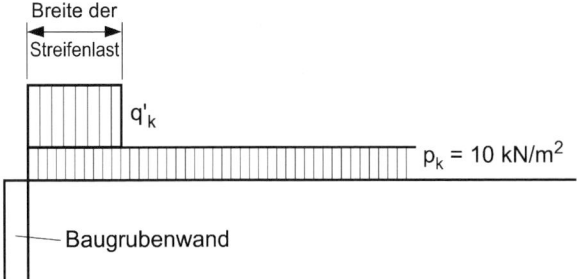

Bild EB 57-1 Ersatzlast für Bagger und Hebezeuge

ketten die Hinterkante der Baugrubenwand nicht überragen. Bei Geräten auf Schwellengleisen ist der Abstand der Schwellenköpfe maßgebend.

c) Ist ein fester Straßenoberbau vorhanden, so darf eine Lastausbreitung von der Hinterkante der Ersatzlast unter 45° angenommen werden.

5. Das Gesamtgewicht von Baggern und Hebezeugen setzt sich zusammen
   - aus dem Dienstgewicht des Gerätes nach Angabe des Herstellerwerks und
   - aus dem Gewicht des jeweils geförderten Bodens bzw. der angehängten Last.

6. Sofern ausnahmsweise ein vorstellbarer Extremfall der Lastverteilung als Sonderfall nach EB 24, Absatz 4 (Abschn. 2.1) untersucht wird, sind die im Absatz 3 genannten Anteile an der Gesamtlast wie folgt zu erhöhen:
   - von 40 % auf 50 %,
   - von 50 % auf 70 %,
   - von 80 % auf 100 %.

   Die Streifenlasten q'_k nach Absatz 4 sind um 30 % zu erhöhen.

7. Für die Bemessung von Hilfsbrücken und Baugrubenabdeckungen, die als Arbeitsplätze von Baggern oder Hebezeugen dienen, gilt:

   a) Die Festlegung der anzusetzenden Lasten richtet sich nach den Absätzen 3, 5 und 6.
   b) Die Aufstandsflächen von Geräten auf Raupenfahrwerk sind den Angaben der Herstellerwerke zu entnehmen; für die Festlegung der Aufstandsflächen von gummibereiften Geräten gilt EB 3, Absatz 2 (Abschn. 2.5).
   c) Der Schwingbeiwert ist unabhängig von der Stützweite mit 1,20 anzunehmen.
   d) Für die Lasten aus Bremsen und Anfahren sowie für den Seitenstoß ist an ungünstigster Stelle und in ungünstigster Richtung in Höhe der Aufstandsflächen eine waagerechte Einzellast in der Größe von 1/7 der Vertikallast nach Absatz 5 anzusetzen. Bei Tieflöffelbaggern können zusätzliche Untersuchungen erforderlich werden.
   e) Weitere Zusatzlasten und Sonderlasten richten sich nach Handbuch Eurocode 1, Band 3.

3
Größe und Verteilung des Erddrucks

3.1 Abhängigkeit der Erddrucklast von der gewählten Bauweise (EB 8)

1. Die Größe der Erddrucklast hängt in starkem Maße davon ab, inwieweit sich eine Baugrubenwand im Zuge des Baugrubenaushubs bewegen und verformen kann. Maßgebend dafür sind

   - die Nachgiebigkeit der Stützung, hierzu siehe EB 67 (Abschn. 1.5),
   - die Nachgiebigkeit des Erdauflagers, hierzu siehe EB 14 (Abschn. 5.3) und EB 19 (Abschn. 6.3),
   - der Abstand der Stützungspunkte und die Biegesteifigkeit der Baugrubenwand.

   Im Hinblick auf die Biegesteifigkeit können in der Regel Ortbetonwände, insbesondere Schlitzwände und Pfahlwände, als biegesteif bzw. verformungsarm, Spundwände und Trägerbohlwände als biegeweich angesehen werden.

2. Geht man von dem theoretischen Fall aus, dass sowohl beim Einbringen von Spundwänden oder Ortbetonwänden als auch beim Aushub der Baugrube jegliche Bewegung und Entspannung des Erdreichs vermieden wird, dann ist damit zu rechnen, dass die Wand durch den Erdruhedruck belastet wird. Da es jedoch in der Praxis nicht möglich ist, Baugrubenwände völlig verformungs- und bewegungsfrei zu halten, ist in der Regel die wirksame Erddrucklast aus Bodeneigengewicht kleiner als die Erdruhedrucklast E_{0g}.

3. Bei mehrfach ausgesteiften Spundwänden mit verhältnismäßig geringem Abstand der Stützungspunkte sowie allgemein bei ausgesteiften Ortbetonwänden ist damit zu rechnen, dass ein Erddruck auftritt, der zwischen dem Erdruhedruck und dem aktiven Erddruck liegt, wenn die Steifen mit mehr als 30 % der für den Vollaushubzustand errechneten charakteristischen Kraft vorgespannt werden. Für mehrfach ausgesteifte Trägerbohlwände gilt dies ebenfalls, sofern die Steifen auf mehr als 60 % der für den Vollaushubzustand errechneten charakteristischen Kraft vorgespannt werden.

4. Werden die Steifen bei geringeren als den im Absatz 3 genannten Kräften festgelegt, so darf bei Baugruben in mitteldicht oder dicht gelagerten nichtbindigen Böden bzw. mindestens steifen bindigen Böden angenommen werden, dass beim Freilegen der Wand Verformungen und Bewegungen in der Größenordnung von 1‰ der Wandhöhe auftreten. Diese reichen in der Regel aus, um den Erddruck vom Erdruhedruck auf den aktiven Erddruck absinken zu lassen. Bei nicht gestützten, im Boden eingespannten Baugrubenwänden ist dies im Allgemeinen unabhängig von den anstehenden Bodenarten der Fall.

5. Bei verankerten Baugrubenwänden richtet sich die Größe der zu erwartenden Erddrucklast in erster Linie danach, bei welcher Kraft die Anker festgelegt werden. Hierzu siehe EB 42 (Abschn. 7.2).

6. Zum Ansatz des Erddrucks in den Rückbauzuständen siehe EB 68 (Abschn. 3.8).

3.2 Größe des aktiven Erddrucks bei unbelasteter Geländeoberfläche (EB 4)

1. Der charakteristische Wert der Erddrucklast E_a aus Bodeneigengewicht und gegebenenfalls aus Kohäsion darf nach der klassischen Erddrucktheorie mit ebenen Gleitflächen ermittelt werden, sofern die in DIN 4085 angegebenen Grenzen für die Erddruckneigung eingehalten sind.

2. Die Wahl des charakteristischen Erddruckneigungswinkels $\delta_{a,k}$ richtet sich nach EB 89 (Abschn. 2.3). Er darf bei Trägerbohlwänden, Spundwänden und Ortbetonwänden mit positivem Vorzeichen angesetzt werden, wenn die daraus resultierenden Vertikalkräfte sicher in den Untergrund abgeleitet werden können. Anderenfalls ist nach EB 84 (Abschn. 4.8) ein kleinerer oder ein negativer Erddruckneigungswinkel in die Berechnung einzuführen. Dies kann erforderlich werden, wenn große Vertikalkräfte in die Baugrubenwand eingeleitet werden, z. B. bei Hilfsbrücken oder bei geneigten Verankerungen.

3. Bei nicht oder nachgiebig gestützten Baugrubenwänden, die sich um den Fußpunkt oder um einen tiefer gelegenen Punkt drehen, ist die horizontale Erddrucklast aus Bodeneigengewicht und Kohäsion bei durchgehend bindigem Boden auf zwei Wegen zu ermitteln:

    a) mit den charakteristischen Scherfestigkeiten entsprechend EB 2 (Abschn. 2.2), wobei die infolge der Kohäsion nach Bild EB 4-1c) entstehenden rechnerischen Zugspannungen nicht berücksichtigt werden dürfen,
    b) als Mindesterddruck mit dem Ersatzreibungswinkel $\varphi'_{Ers,k} = 40°$ nach Bild EB 4-1e), wobei das Verhältnis δ_k/φ'_k nach EB 89, Absatz 5 (Abschn. 2.3) auf $\delta_{a,k}/\varphi'_{Ers,k}$ übertragen wird.

    Maßgebend ist die größere Erddruckresultierende.

Größe des aktiven Erddrucks bei unbelasteter Geländeoberfläche (EB 4) | 29

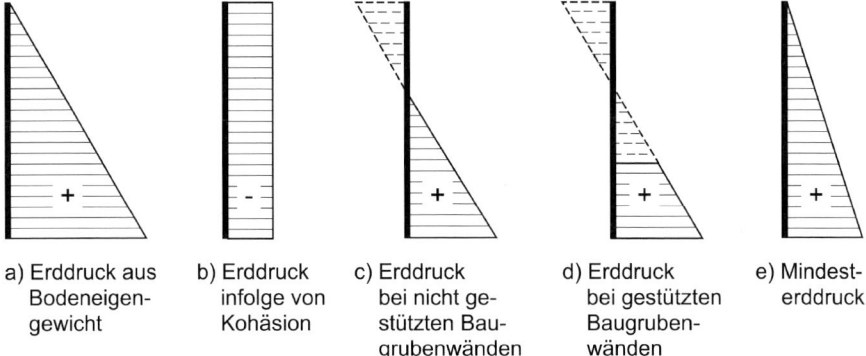

a) Erddruck aus Bodeneigengewicht   b) Erddruck infolge von Kohäsion   c) Erddruck bei nicht gestützten Baugrubenwänden   d) Erddruck bei gestützten Baugrubenwänden   e) Mindesterddruck

Bild EB 4-1 Ermittlung des aktiven Erddrucks bei durchgehend bindigem Boden

Sofern die zu erwartende Größe des Erddrucks durch langfristige Messungen bei ähnlichen Verhältnissen hinreichend bekannt ist und im Einzelfall am Verbau überprüft wird, darf der Ersatzreibungswinkel bis auf $\varphi'_{Ers,k} = 45°$ heraufgesetzt werden.

4. Bei geschichtetem Boden ist wie folgt vorzugehen:

   a) Die Erddruckordinaten der nichtbindigen Schichten sind stets mit den charakteristischen Scherfestigkeiten nach EB 2 (Abschn. 2.2) zu ermitteln. Sie sind maßgebend für die Ermittlung der Erddrucklast der betreffenden Schicht.

   b) Die Erddruckordinaten der bindigen Schichten sind entsprechend den Angaben im Absatz 3 sowohl mit den charakteristischen Scherfestigkeiten nach EB 2 (Abschn. 2.2) entsprechend Bild EB 4-2b) als auch mit dem Ersatzreibungswinkel $\varphi'_{Ers,k}$ entsprechend Bild EB 4-2c) zu ermitteln.

Maßgebend ist die größere Erddruckresultierende der jeweiligen Schicht. Die Gesamtlast ergibt sich aus der Addition der maßgebenden Erddrucklasten der einzelnen Schichten.

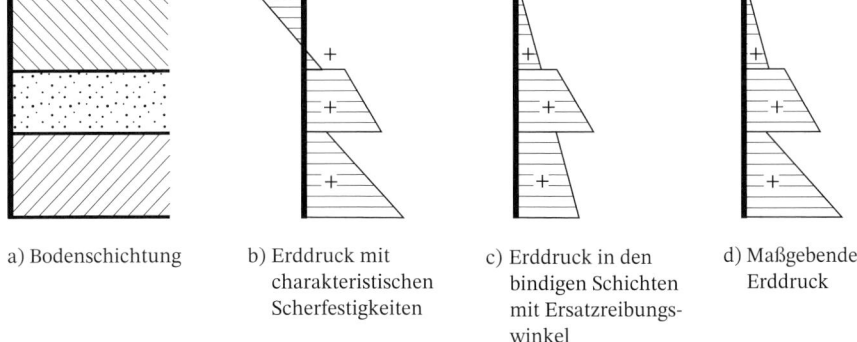

a) Bodenschichtung   b) Erddruck mit charakteristischen Scherfestigkeiten   c) Erddruck in den bindigen Schichten mit Ersatzreibungswinkel   d) Maßgebender Erddruck

Bild EB 4-2 Ermittlung der Gesamtlast des aktiven Erddrucks bei teilweise bindigen Bodenschichten

5. Bei wenig nachgiebig gestützten Baugrubenwänden, bei denen aufgrund der Gegebenheiten eine Erddruckumlagerung zu erwarten ist, dürfen die mit den charakteristischen Scherfestigkeiten nach EB 2 (Abschn. 2.2) infolge der Kohäsion sich ergebenden rechnerischen Zugspannungen voll berücksichtigt und gegen entsprechende Druckspannungen aufgerechnet werden. Damit ergibt sich Folgendes:

   a) Bei einheitlichem bindigem Boden erhält man die Erddrucklast aus dem Erddruck nach Bild EB 4-1d) zu:

   $$E_{ah} = E_{agh} + E_{ach}$$

   Zusätzlich ist die Erddrucklast mit dem Ersatzreibungswinkel nach Absatz 3 b) zu ermitteln. Der größere Wert der Resultierenden ist maßgebend.

   b) Bei geschichtetem Boden ist die Erddruckresultierende sowohl aus den Erddruckordinaten nach Bild EB 4-2b) als auch aus den Erddruckordinaten nach Bild EB 4-2c) zu ermitteln. Maßgebend ist die größere Erddruckresultierende der jeweiligen Schicht. Die Gesamtlast entspricht dem maßgebenden Erddruck nach Bild EB 4-2d).

6. Die Vertikalkomponente des Erddrucks wird aus der Horizontalkomponente und dem nach Absatz 2 gewählten Neigungswinkel mit dem charakteristischen Reibungswinkel φ'_k ermittelt. Auch für den Fall, dass als Horizontalkomponente ein Mindesterddruck nach Absatz 3 b) maßgebend wird, ist zur Berechnung der Vertikalkomponente der charakteristische Reibungswinkel φ'_k zugrunde zu legen.

7. Bei bindigen und bei felsartigen Böden ist zu prüfen, ob aufgrund örtlicher Erfahrungen damit zu rechnen ist, dass sich der Erddruck infolge der Quellfähigkeit des Bodens, durch Einwirkung von Frost, durch das Auftauen nach einer Frostperiode oder aus anderen Gründen mit der Zeit über den entsprechend den Bodenkenngrößen ermittelten Betrag hinaus vergrößern kann. Bei felsartigen Böden ist darüber hinaus festzustellen, ob durch Schichtung oder Klüftung bestimmte Gleitflächen vorgegeben sind, welche die Größe der Erddrucklast beeinflussen. Hierzu siehe EB 38 (Abschn. 11.1).

8. Obwohl aufgrund theoretischer Überlegungen bei einer Drehung um den Kopfpunkt oder einen höher gelegenen Punkt eine größere Erddrucklast zu erwarten ist als sie nach der klassischen Erddrucktheorie errechnet wird, ist es nach den vorliegenden Messungen an ausgeführten Baugruben nicht erforderlich, bei gestützten Baugrubenwänden die nach den Absätzen 1 bis 4 ermittelte Erddrucklast zu vergrößern.

9. Durch Modellversuche und durch Messungen an ausgeführten Baugruben (siehe hierzu [69] und [73]) ist erwiesen, dass bei biegsamen Baugrubenwänden unter bestimmten Umständen ein Teil des Erddrucks aus Bodeneigengewicht in den Bereich unterhalb der Baugrubensohle umgelagert werden kann, mit der

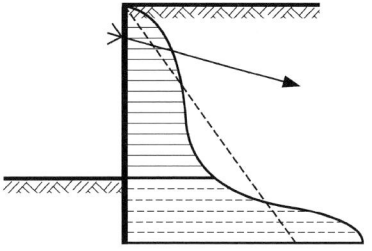 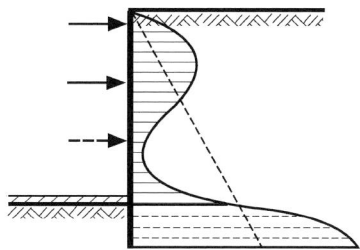

a) Nachgiebig verankerte Trägerbohlwand   b) Steifenausbau bei einer Spundwand

Bild EB 4-3 Mögliche Erddruckumlagerung in den Bereich unterhalb der Baugrubensohle bei biegsamen Baugrubenwänden

Folge, dass die oberhalb der Baugrubensohle wirksame Erddrucklast kleiner ist als die rechnerische aktive Erddrucklast $E_{a,k}$.

Dies kann zum Beispiel der Fall sein

a) bei einer nachgiebig verankerten, biegsamen Wand (Bild EB 4-3a),
b) beim Ausbau der untersten Steifenlage einer biegsamen, mehrmals ausgesteiften Wand (Bild EB 4-3b).

Eine entsprechende Abminderung des Erddrucks darf beim Standsicherheitsnachweis jedoch höchstens mit 20 % bei Trägerbohlwänden bzw. 10 % bei Spundwänden in Rechnung gestellt werden und dies auch nur dann, wenn dies unter vergleichbaren Bedingungen bereits durch Messungen bestätigt worden ist oder wenn die Ansätze durch Messungen am ausgeführten Verbau überprüft werden.

Zur Erddruckabminderung in Rückbauzuständen siehe EB 68 (Abschn. 3.8). Bei Trägerbohlwänden sind zusätzlich die Auswirkungen auf den Nachweis des Gleichgewichts der Horizontalkräfte unterhalb der Baugrubensohle nach EB 15 (Abschn. 5.5) zu überprüfen.

Durch die Erddruckumlagerung in den Bereich unterhalb der Baugrubensohle erhöhen sich die Beanspruchungen des Erdauflagers und somit die Auflagerkraft B_h. Dies ist allgemein beim Nachweis der Einbindetiefe zu berücksichtigen.

3.3 Verteilung des aktiven Erddrucks bei unbelasteter Geländeoberfläche (EB 5)

1. Bei nicht gestützten, im Boden eingespannten oder nachgiebig gestützten Baugrubenwänden stellt sich eine Drehung um einen tief gelegenen Punkt ein. Dementsprechend ist in diesen Fällen mit der klassischen Erddruckverteilung zu rechnen. Bei kohäsivem Boden siehe EB 4, Absätze 3 und 4 (Abschn. 3.2).

2. Bei wenig nachgiebig gestützten Baugrubenwänden treten im Zuge des Baufortschrittes Drehbewegungen der Wand um höher gelegene, wechselnde Drehpunkte auf, verbunden mit Parallelbewegungen und Durchbiegungen. Entsprechend dem Zusammenwirken dieser Einflüsse stellt sich von Fall zu Fall eine andere Verteilung des Erddrucks ein. Insbesondere wirken sich aus

   - die Art und Einbringung der Baugrubenwand bzw. der Ausfachung,
   - die Biegesteifigkeit der Baugrubenwand,
   - die Anzahl und Anordnung der Steifen bzw. Anker,
   - die Größe des jeweiligen Aushubabschnittes vor dem Einbau der Steifen bzw. Anker,
   - die Vorspannung der Steifen bzw. Anker.

   Außerdem können

   - die Oberflächengestaltung des Geländes und
   - die Art und Schichtung des anstehenden Bodens

   eine Rolle spielen.

   Abweichend von der klassischen Erddruckverteilung konzentriert sich der Erddruck im Allgemeinen auf die Stützungen der Wand; die Bereiche zwischen den Stützpunkten werden entlastet, sofern die Wand sich entsprechend durchbiegt. Maßgebend dafür ist in jedem Bauzustand insbesondere die jeweils letzte aufgetretene Verformung (siehe [5, 6, 32]). Bei nachgiebiger Stützung ist die Umlagerung allgemein geringer; unter Umständen tritt gar keine Umlagerung des Erddrucks ein.

3. Bei ausgesteiften Baugrubenwänden in nichtbindigen Böden mit wenig nachgiebiger Stützung nach EB 67, Absatz 3 (Abschn. 1.5) kann aufgrund theoretischer Überlegungen und vorliegender Messungen (hierzu siehe [3] bis [9], [11] bis [14] sowie [32, 46, 52, 67, 73, 89, 90]) im Grundsatz von folgenden Regeln ausgegangen werden:

   a) Die Verteilung des Erddrucks beginnt stets mit der Ordinate Null in Höhe der Geländeoberfläche und nimmt dann wesentlich schneller mit der Tiefe zu als nach der klassischen Erddrucktheorie.
   b) Aufgrund der Aufeinanderfolge von Aushub und Ausfachung darf bei Trägerbohlwänden in der Regel angenommen werden, dass der wirksame Erddruck mit der Ordinate Null in Höhe der Baugrubensohle endet. Bei gestützten Trägerbohlwänden beschränkt sich somit die Erddruckumlagerung in der Regel auf den Bereich der Höhe H von Geländeoberfläche bis Baugrubensohle. Hierzu siehe jedoch EB 15, Abschn. 5.5.
   c) Bei Spundwänden, Schlitzwänden und Pfahlwänden richtet sich die Wandhöhe H', in deren Bereich eine Erddruckumlagerung nach oben zu erwarten ist, nach der Steifigkeit der Wand und der Verschiebung des Wandfußes. Sie ist weiterhin abhängig von konstruktiven Maßnahmen, mit denen gegebenenfalls eine Umlagerung des Erddrucks nach oben gefördert wird,

insbesondere durch eine leichte Vorspannung von Steifen. Der Bereich der Umlagerung ist frei wählbar, sofern die zugehörige Lastfigur mit den Verformungen der Wand und den Verschiebungen des Wandfußes vereinbar ist. In der Regel darf eine Umlagerung des Erddrucks auf die Höhe H von der Geländeoberfläche bis zur Aushub- bzw. Baugrubensohle angenommen werden, sofern keine Gründe vorliegen, die eine besonders starke Erddruckumlagerung aus dem Bereich unterhalb der Aushub- bzw. Baugrubensohle erwarten lassen.

d) Bei einmal gestützten Wänden stellt sich die größte Lastordinate im Bereich der Erddruckumlagerung in Höhe der Stützung ein, sofern sie ausreichend tief angeordnet ist. Bei zweimal gestützten Wänden tritt sie in Höhe der oberen Stützung auf, wenn diese sehr tief angeordnet ist, dagegen in Höhe der unteren Stützung, wenn die obere Stützung in der Nähe der Geländeoberfläche angeordnet ist. Bei mehr als zweimal gestützten Wänden ist sie an der Stützung zu erwarten, die im mittleren Drittel der Baugrubentiefe angeordnet ist.

e) Bei gestützten Trägerbohlwänden liegt die Resultierende des Erddrucks aus Bodeneigengewicht und großflächiger Gleichlast im Bereich der Erddruckumlagerung fast immer oberhalb der halben Baugrubentiefe. Bei Spundwänden, Schlitzwänden und Pfahlwänden liegt die Resultierende der umgelagerten Erddrucklast in der Regel unterhalb der Hälfte des Abstandes von Geländeoberfläche bis zum gewählten Ende der Erddruckumlagerung.

f) Die bisherigen Angaben gelten für mitteldicht oder dicht gelagerte Böden. Auch bei locker gelagerten nichtbindigen Böden tritt, wenn auch möglicherweise in geringerem Umfang, eine Erddruckumlagerung auf. Bei Spundwänden und Ortbetonwänden liegt die Resultierende des Erddrucks bei sonst gleichen Verhältnissen tiefer als bei Trägerbohlwänden.

4. Bei ausgesteiften Baugrubenwänden in bindigen Böden gilt Absatz 3 sinngemäß (hierzu siehe [10, 15, 16, 47, 90]). Jedoch ist im Hinblick auf den Einfluss der Konsistenz des Bodens Folgendes zu beachten:

   a) Bei halbfesten oder festen bindigen Böden kann eine Erddruckumlagerung wie bei mitteldicht oder dicht gelagerten nichtbindigen Böden angenommen werden. Im Falle fester bindiger Böden ist jedoch zu prüfen, ob die Voraussetzungen für die Anwendung der Empfehlungen EB 38 bis EB 41 (Abschn. 11.1 bis 11.4) vorliegen.

   b) Bei steifen bindigen Böden kann sich die Erddruckverteilung im Einzelfall mehr derjenigen eines mitteldicht oder mehr derjenigen eines locker gelagerten nichtbindigen Bodens nähern. Maßgebend dafür sind im Wesentlichen Tongehalt und Sensitivität.

   c) Bei weichen bindigen Böden tritt höchstens die gleiche Erddruckumlagerung auf wie bei locker gelagerten nichtbindigen Böden, oft jedoch eine geringere oder gar keine. Hierzu siehe Kap. 12.

Diese Angaben gelten nur mit Vorbehalt

- bei Böden, deren Verhalten durch Haarrisse, Harnische, Klüfte oder Einlagerungen schwach bindiger oder nichtbindiger Böden beeinträchtigt werden kann,
- bei Böden, in denen möglicherweise durch Verwerfungen oder geneigte Schichtfugen bestimmte Gleitfugen vorgegeben sind, die zu Rutschungen führen können, z. B. Opalinuston, Knollenmergel und Tarras.

Für die Beurteilung dieser Böden ist Sachkunde und Erfahrung auf dem Gebiet der Geotechnik erforderlich.

5. Für verankerte Baugrubenwände gelten die Absätze 3 und 4 ohne Einschränkung nur dann, wenn die Anker so vorgespannt werden, dass die Bewegungen der Wand ähnlich sind wie bei einer Aussteifung. Da dies jedoch in der Regel nicht zutrifft, außerdem durch entsprechend größere oder kleinere Vorspannung der Anker auch andere Erddruckverteilungen erzwungen werden können und darüber hinaus der Boden nicht nur als Belastung, sondern auch zur Aufnahme der Ankerkräfte wirksam wird, gelten für verankerte Baugrubenwände zum Teil andere Regeln und zusätzliche Forderungen. Hierzu siehe Kap. 7.

6. Wegen der Vielzahl der Einflüsse kann die tatsächlich auftretende Erddruckverteilung nur näherungsweise ermittelt werden. Der Ermittlung der Einbindetiefe und der Schnittgrößen ist daher eine möglichst einfache Lastfigur zugrunde zu legen, die von geraden Linien begrenzt ist, z. B. eine der im Bild EB 5-1 dargestellten Lastfiguren. Zur Vereinfachung der Berechnung dürfen die Knickpunkte und die Lastsprünge der gewählten Lastfiguren an die Stützungspunkte gelegt werden. Sofern die dort genannten Voraussetzungen erfüllt sind, dürfen die

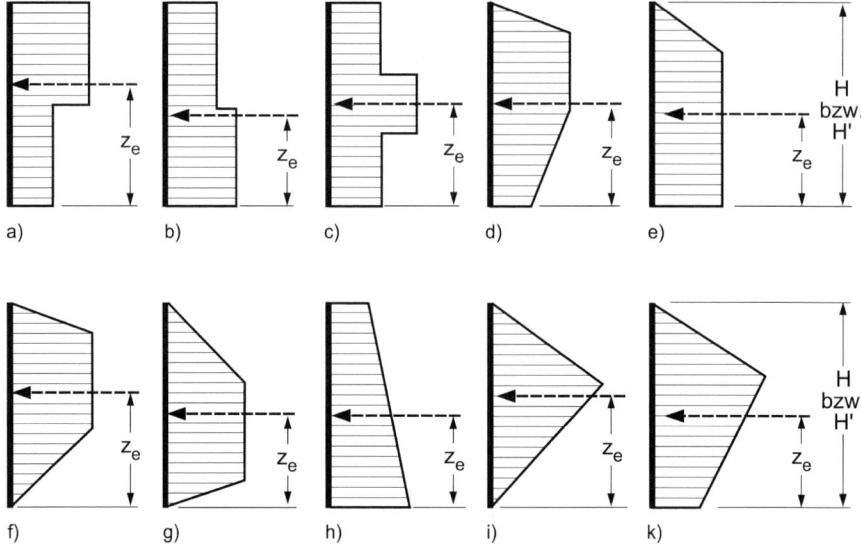

Bild EB 5-1 Lastfiguren für gestützte Baugrubenwände (Beispiele)

Lastfiguren nach EB 69 (Abschn. 5.2) bzw. EB 70 (Abschn. 6.2) zugrunde gelegt werden.

7. Lässt sich aufgrund besonderer Verhältnisse, z. B. bei weichen Bodenschichten, bei organischen Böden oder bei gleichzeitiger Anordnung von Steifen und Ankern in einem Baugrubenquerschnitt die zu erwartende Erddruckverteilung nicht mit ausreichender Genauigkeit abschätzen, so sind im Sinne der Beobachtungsmethode nach DIN 1054 die gewählten Ansätze durch Messungen am Verbau zu überprüfen, um rechtzeitig vor Erreichen eines kritischen Zustandes besondere bauliche Maßnahmen treffen zu können. Ist dies nicht möglich, kann es erforderlich werden, die Berechnung mit zwei verschiedenen Lastfiguren durchzuführen, welche die möglichen Erddruckverteilungen eingrenzen. Maßgebend für die Bemessung der Einzelteile sind die jeweils ungünstigsten Schnittgrößen.

3.4 Größe des aktiven Erddrucks aus Nutzlasten (EB 6)

1. Bei der Ermittlung der Erddrucklast E_a aus lotrechten veränderlichen Lasten darf im Allgemeinen der gleiche Erddruckneigungswinkel $\delta_{a,k}$ zugrunde gelegt werden wie bei der Ermittlung der Erddrucklast aus Bodeneigengewicht. Hierzu siehe EB 4, Absatz 2 (Abschn. 3.2).

2. Die Größe der Erddrucklast aus großflächigen lotrechten Gleichlasten p_k nach EB 55 bis EB 57 (Abschn. 2.6 bis 2.8) oder gegebenenfalls q_k nach EB 7 (Abschn. 3.5) darf im Allgemeinen mit der gleichen Gleitfläche ermittelt werden wie die Erddrucklast aus Bodeneigengewicht.

3. Zur Ermittlung der Erddrucklast aus lotrechten Linienlasten oder aus lotrechten Streifenlasten nach EB 3 (Abschn. 2.5) oder EB 55 bis EB 57 (Abschn. 2.6 bis 2.8) dürfen näherungsweise die Gleitflächen entsprechend Bild EB 6-1a) von der Hinterkante der Lastfläche bzw. von der Linienlast ausgehend und parallel zu der Gleitfläche unter dem Winkel $\vartheta_{a,k}$ verlaufend angenommen werden, die für die Ermittlung der Erddrucklast aus Bodeneigengewicht maßgebend ist. Hierzu siehe jedoch auch Absatz 5.

4. Auch wenn für bindige Schichten die Größe der Erddrucklast aus Bodeneigengewicht und Kohäsion entsprechend EB 4, Absatz 3 b) (Abschn. 3.2) mit Hilfe eines Ersatzreibungswinkels berechnet wird, ist der Erddruck aus großflächigen lotrechten Gleichlasten einschließlich der Lasten bis $p_k = 10\,\text{kN/m}^2$ sowie aus Linien- und Streifenlasten stets entsprechend Absatz 3 a) mit dem charakteristischen Reibungswinkel φ'_k zu ermitteln. In Ausnahmefällen dürfen bei einer Kohäsion $c'_k > 30\,\text{kN/m}^2$ die so ermittelten Erddrücke aus Auflasten mit rechnerischen Zugspannungen aus Bodeneigengewicht und Kohäsion angemessen verrechnet werden, sofern genauere Untersuchungen durchgeführt werden und ausreichende örtliche Erfahrungen vorliegen.

5. Bei nicht gestützten, nur im Boden eingespannten Baugrubenwänden sowie bei nachgiebig gestützten Baugrubenwänden ist zur Ermittlung des aktiven Erddrucks aus Linienlasten oder Streifenlasten auch eine Zwangsgleitfläche von der Linienlast bzw. von der Hinterkante der Streifenlast zum Schnittpunkt von Wandrückseite und Baugrubensohle bei Trägerbohlwänden bzw. zum tatsächlichen oder theoretischen Fußpunkt der Wand zu untersuchen (Bild EB 6-1b). Die Summe der so ermittelten Erddrucklast aus Bodeneigengewicht und Nutzlast ist für die weitere Berechnung maßgebend, wenn sie größer ist, als die mit dem Gleitflächenwinkel $\vartheta_{a,k}$ ermittelte. Der wirksame Anteil des Erddrucks aus Nutzlast ergibt sich dann als Differenz zwischen der ermittelten Gesamtlast und dem aktiven Erddruck aus Bodeneigengewicht und gegebenenfalls Kohäsion für den Gleitflächenwinkel $\vartheta_{a,k}$. Eine Aufteilung im Verhältnis der beteiligten Lasten ist möglich, aber nicht zweckmäßig.

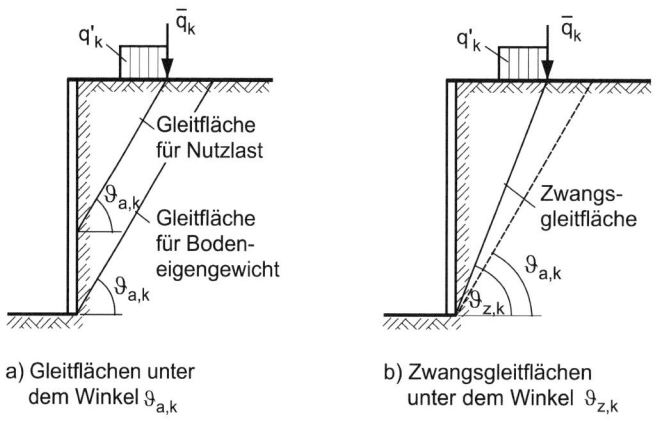

a) Gleitflächen unter dem Winkel $\vartheta_{a,k}$

b) Zwangsgleitflächen unter dem Winkel $\vartheta_{z,k}$

Bild EB 6-1 Gleitflächenausbildung bei der Ermittlung der Gesamtlast des aktiven Erddrucks aus Bodeneigengewicht und Nutzlast

6. Die Erddrucklast E_{aHh} aus waagerechten Linien- oder Streifenlasten H ist insbesondere bei wenig nachgiebig gestützten Wänden mit

$$E_{aHh} = H$$

anzusetzen. Bei nicht oder nachgiebig gestützten Wänden darf die Erddrucklast E_{aHh} auch mit dem Ansatz aus DIN 4085 ermittelt werden. Danach gilt für vertikale Wände und horizontales Gelände:

$$E_{aHh} = \frac{\cos(\vartheta_a - \varphi_k) \cdot \cos \delta_{a,k}}{\cos(\vartheta_a - \varphi_k - \delta_{a,k})}$$

Für den Gleitflächenwinkel ϑ_a ist entsprechend der gegebenen Situation $\vartheta_{a,k}$ oder $\vartheta_{z,k}$ zu setzen.

7. Zur Ermittlung des Erddrucks bei belasteter Geländeoberfläche unter verschiedenen Randbedingungen siehe EB 71 (Abschn. 3.6).

8. Zur Ermittlung des Erddrucks aus Bauwerkslasten bei Baugruben neben Bauwerken siehe EB 21 bis EB 23 sowie EB 28 und EB 29 (Abschn. 9.2 bis 9.6). Der Erddruck aus Querwänden bei Unterfangungen darf nach EB 110, Abschn. 13.3 ermittelt werden.

3.5 Verteilung des aktiven Erddrucks aus Nutzlasten (EB 7)

1. Bei der Ermittlung des Erddrucks aus einer großflächigen lotrechten Gleichlast ist zu unterscheiden zwischen

   - einem Lastanteil $p_k \leq 10\,\text{kN/m}^2$, der den ständigen Einwirkungen zugerechnet wird und
   - gegebenenfalls einem Lastanteil q_k, der über $p_k = 10\,\text{kN/m}^2$ hinausgeht und den veränderlichen Einwirkungen zugerechnet wird.

   Für die Verteilung des Erddrucks gilt Folgendes:

   a) Bei nicht oder nachgiebig gestützten Wänden wird der Erddruck infolge der großflächigen Gleichlast entsprechend der klassischen Erddrucktheorie als Rechteck über die Wandhöhe angesetzt. Dies gilt gleichermaßen für eine ständige Einwirkung $p_k \leq 10\,\text{kN/m}^2$ als auch gegebenenfalls für eine veränderliche Einwirkung q_k.
   b) Bei wenig nachgiebig gestützten Wänden wird der Erddruck infolge der großflächigen Gleichlast $p_k \leq 10\,\text{kN/m}^2$ in die Lastfigur nach EB 5, Absatz 6 (Abschn. 3.3) einbezogen. Der Erddruck infolge der veränderlichen Einwirkung q_k wird entsprechend der klassischen Erddrucktheorie als Rechteck über die Wandhöhe angesetzt.

2. Der Erddruck aus lotrechten Streifenlasten q'_k oder aus Linienlasten q_k darf in Form einer einfachen Lastfigur angesetzt werden, die wie folgt nach oben und unten begrenzt ist (Bild EB 7-1):

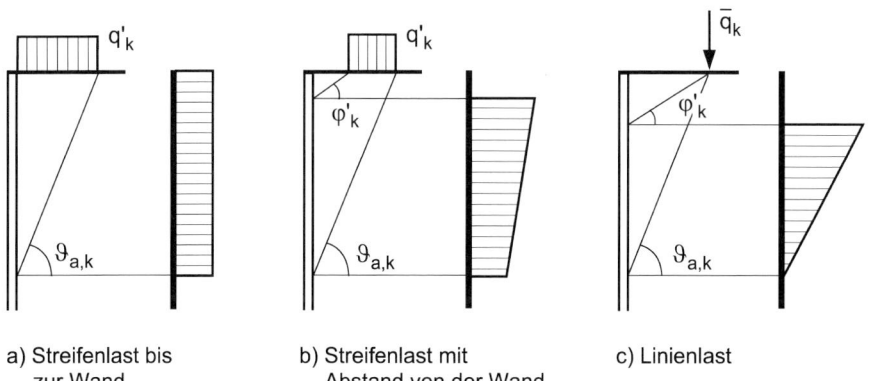

a) Streifenlast bis zur Wand
b) Streifenlast mit Abstand von der Wand
c) Linienlast

Bild EB 7-1 Lastfiguren für den Erddruck aus lotrechten Nutzlasten bei nicht oder nachgiebig gestützten Wänden

a) Entsprechend der klassischen Erddrucktheorie beginnt die Lastfigur bei nicht oder nachgiebig gestützten Baugrubenwänden in der Höhe, in der ein unter dem Winkel φ'_k zur Waagerechten von der Vorderkante der Streifenlast bzw. von der Linienlast ausgehender Strahl die Wandrückseite schneidet. Bei wenig nachgiebig gestützten Baugrubenwänden darf die Lastfigur bereits ab Geländeoberfläche angesetzt werden.

b) In der Regel endet die Lastfigur in der Höhe, in der ein unter dem Winkel $\vartheta_{a,k}$ zur Waagerechten von der Hinterkante der Streifenlast bzw. von der Linienlast ausgehender Strahl die Wandrückseite schneidet. Bei der Erddruckermittlung mit Zwangsgleitflächen entsprechend EB 6, Absatz 5 (Abschn. 3.4) endet die Lastfigur am Schnittpunkt der Zwangsgleitfläche mit der Wandrückseite.

3. Bei nicht oder nachgiebig gestützten Baugrubenwänden darf die Lastfigur wie folgt festgelegt werden:

    a) Bei lotrechten Streifenlasten, die an der Wand beginnen, ergibt sich nach der klassischen Erddrucktheorie eine rechteckförmige Lastfigur nach Bild EB 7-1a).
    b) Bei lotrechten Linienlasten ergibt sich nach der klassischen Erddrucktheorie eine Erddruckverteilung, die näherungsweise, auf der sicheren Seite liegend, durch eine dreieckförmige Lastfigur nach Bild EB 7-1c) ersetzt werden darf.
    c) Bei lotrechten Streifenlasten, die nicht an der Wand beginnen, darf die Erddruckverteilung durch eine angemessene Näherungsuntersuchung festgelegt werden. Bei einer geradlinigen Interpolation in Abhängigkeit von Abstand zu Breite der Last erhält man eine trapezförmige Lastfigur nach Bild EB 7-1b).

    Im Regelfall ist $\vartheta = \vartheta_{a,k}$ zu setzen, bei Zwangsgleitflächen $\vartheta = \vartheta_{z,k}$ (Bild EB 6-1).

4. Bei wenig nachgiebig gestützten Baugrubenwänden darf die Form der Lastfigur entsprechend Bild EB 7-2b) weitgehend frei gewählt werden. Auch eine Anpassung von Beginn und Ende der Lastfigur an die Stützungspunkte ist zulässig,

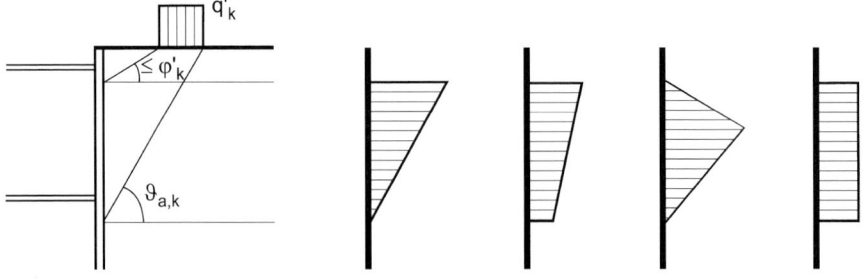

a) Baugrubenwand, Nutzlast und Lastausbreitung

b) Beispiele für einfache Lastfiguren

Bild EB 7-2 Lastfiguren für den Erddruck aus lotrechten Nutzlasten bei wenig nachgiebig gestützten Wänden

jedoch soll ihre Resultierende nicht unter dem Punkt liegen, in dem ein vom Angriffspunkt der Linienlast bzw. von der Hinterkante der Streifenlast unter 45° zur Waagerechten ausgehender Strahl die Wandrückseite trifft.

5. Die Verteilung des Erddrucks aus waagerechten Linien- und Streifenlasten darf im Grundsatz in der gleichen Weise angenommen werden, wie bei der zugehörigen lotrechten Last. Bei einer begrenzten Streifenlast ergeben sich damit die Lastfiguren nach Bild EB 7-3. Bei Zwangsgleitfugen darf ebenfalls analog zu lotrechten Auflasten vorgegangen werden.

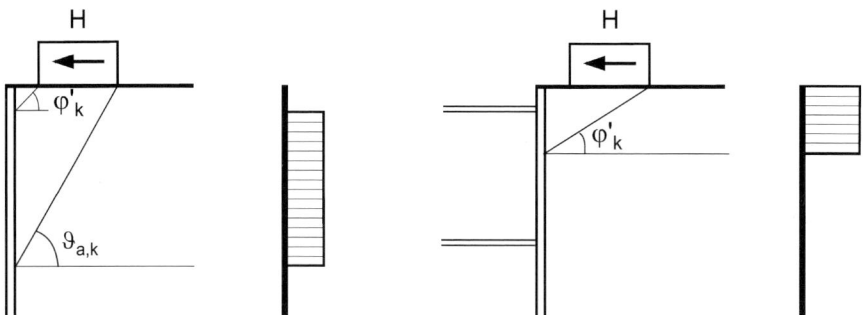

a) Nicht oder nachgiebig gestützte Wand   b) Wenig nachgiebig gestützte Wand

Bild EB 7-3 Lastfiguren für den Erddruck aus waagerechten Nutzlasten

6. Zur Ermittlung des Erddrucks bei belasteter Geländeoberfläche unter verschiedenen Randbedingungen siehe EB 71 (Abschn. 3.6).

7. Zur Verteilung des Erddrucks aus Bauwerkslasten siehe EB 28 und EB 29 (Abschn. 9.3 und 9.4).

3.6 Überlagerung von Erddruckanteilen bei belasteter Geländeoberfläche (EB 71)

1. Bei wenig nachgiebig gestützten Baugrubenwänden dürfen Größe und Verteilung des Erddrucks aus Bodeneigengewicht, großflächiger Gleichlast p_k und gegebenenfalls Kohäsion einerseits und örtlich wirkender Streifenlast q'_k bzw. Linienlast q_k andererseits getrennt ermittelt und getrennt der Schnittgrößenermittlung zugrunde gelegt werden. Bei nicht gestützten, im Boden eingespannten Baugrubenwänden und bei nachgiebig gestützten Baugrubenwänden dagegen können sich diese beiden Anteile gegenseitig beeinflussen. Hierbei ist im Grundsatz zu unterscheiden zwischen

   a) der Erddruckermittlung mit Gleitflächen unter dem Winkel $\vartheta_{a,k}$ nach Bild EB 6-1a) (Abschn. 3.4),
   b) der Erddruckermittlung mit Zwangsgleitflächen unter dem Winkel $\vartheta_{z,k}$ nach Bild EB 6-1b) (Abschn. 3.4).

Nachfolgend werden die Fälle dargestellt, die bei nicht bzw. nachgiebig gestützten Baugrubenwänden in homogenen Böden auftreten können.

2. Bei homogenem, nichtbindigem Boden erhält man unter Beachtung von EB 7, Absatz 1 (Abschn. 3.5)

   a) die im Bild EB 71-1 angegebenen Erddruckanteile und Lastfiguren bei Annahme von Gleitflächen unter dem Winkel $\vartheta_{a,k}$,
   b) die im Bild EB 71-2 angegebenen Erddruckanteile und Lastfiguren bei Annahme von Gleitflächen unter dem Winkel $\vartheta_{z,k}$.

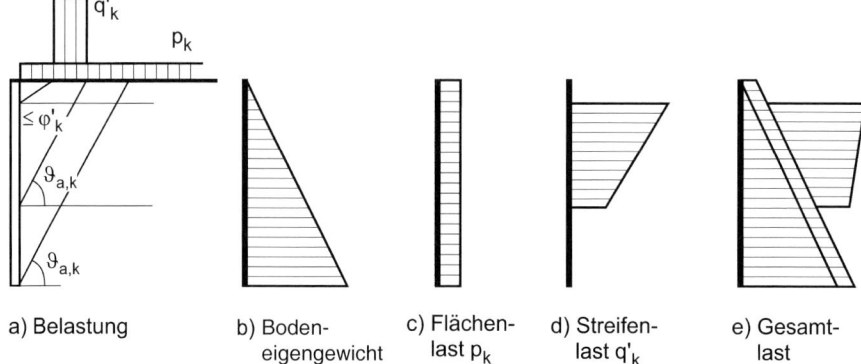

a) Belastung   b) Bodeneigengewicht   c) Flächenlast p_k d) Streifenlast q'_k e) Gesamtlast

Bild EB 71-1 Verteilung des Erddrucks auf eine nicht gestützte, im Boden eingespannte Baugrubenwand in nichtbindigem Boden bei Annahme von Gleitflächen unter dem Winkel $\vartheta_{a,k}$ (Beispiel)

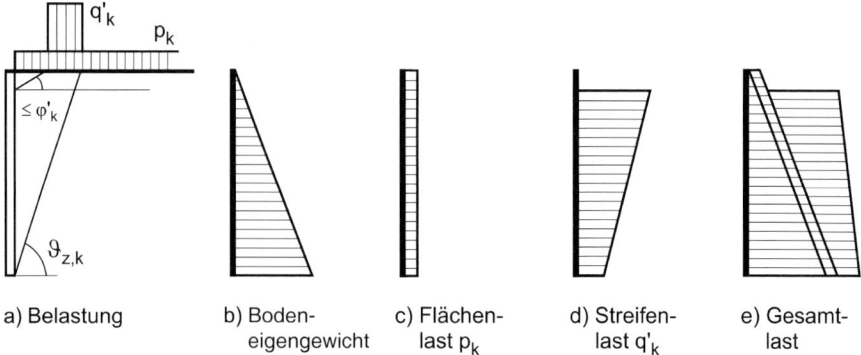

a) Belastung   b) Bodeneigengewicht   c) Flächenlast p_k d) Streifenlast q'_k e) Gesamtlast

Bild EB 71-2 Verteilung des Erddrucks auf eine nicht gestützte, im Boden eingespannte Baugrubenwand in nichtbindigem Boden bei Annahme von Gleitflächen unter dem Winkel $\vartheta_{z,k}$ (Beispiel)

3. Bei homogenem, bindigem Boden erhält man unter Beachtung von EB 4, Absatz 3 (Abschn. 3.2) und EB 7, Absatz 1 (Abschn. 3.5)

   a) die im Bild EB 71-3 angegebenen Erddruckanteile und Lastfiguren mit den Scherfestigkeiten entsprechend EB 2 (Abschn. 2.2) bei Annahme von Gleitflächen unter dem Winkel $\vartheta_{a,k}$,
   b) die im Bild EB 71-4 angegebenen Erddruckanteile und Lastfiguren mit den Scherfestigkeiten entsprechend EB 2 (Abschn. 2.2) bei Annahme von Gleitflächen unter dem Winkel $\vartheta_{z,k}$,
   c) die im Bild EB 71-5 angegebenen Erddruckanteile und Lastfiguren bei Annahme eines Ersatzreibungswinkels entsprechend EB 4, Absatz 3 b) (Abschn. 3.2).

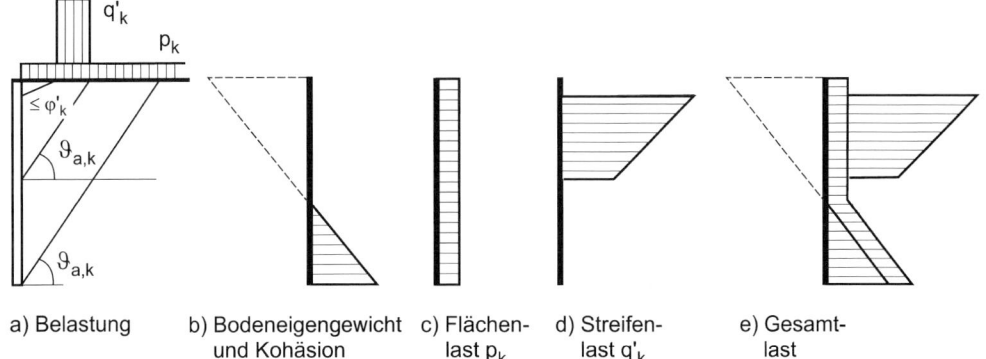

a) Belastung   b) Bodeneigengewicht und Kohäsion   c) Flächenlast p_k d) Streifenlast q'_k e) Gesamtlast

Bild EB 71-3 Verteilung des Erddrucks auf eine nicht gestützte, im Boden eingespannte Baugrubenwand in bindigem Boden bei Annahme von Gleitflächen unter dem Winkel $\vartheta_{a,k}$ (Beispiel)

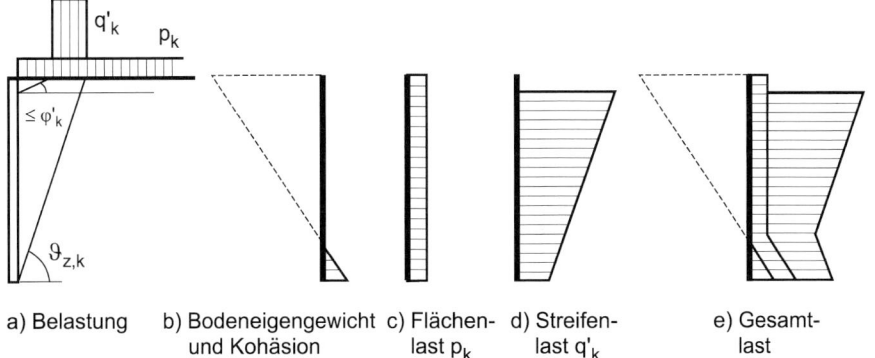

a) Belastung   b) Bodeneigengewicht und Kohäsion   c) Flächenlast p_k d) Streifenlast q'_k e) Gesamtlast

Bild EB 71-4 Verteilung des Erddrucks auf eine nicht gestützte, im Boden eingespannte Baugrubenwand in bindigem Boden bei Annahme von Gleitflächen unter dem Winkel $\vartheta_{z,k}$ (Beispiel)

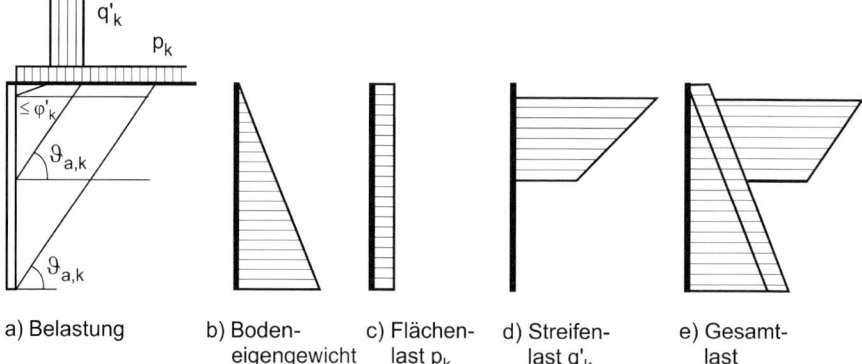

Bild EB 71-5 Verteilung des Erddrucks auf eine nicht gestützte, im Boden eingespannte Baugrubenwand in bindigem Boden bei Annahme eines Mindesterddrucks (Beispiel)

4. Lässt sich nicht ohne Weiteres erkennen, welcher Lastansatz maßgebend ist, so sind alle im Einzelfall möglichen Lastfiguren und die zugehörigen Schnittgrößen und Einbindetiefen zu ermitteln. Maßgebend sind dann das größte Biegemoment und die größte Einbindetiefe, auch wenn sie nicht mit demselben Ansatz ermittelt worden sind.

3.7 Ermittlung des Erdruhedrucks (EB 18)

1. Bei der Ermittlung des erhöhten aktiven Erddrucks nach EB 22 (Abschn. 9.5) ist der Erdruhedruck nur eine anteilige Rechengröße. Die nachfolgenden Angaben zur Ermittlung des Erdruhedrucks dienen daher in erster Linie der Ermittlung dieser anteiligen Rechengröße. Nur in Ausnahmefällen kann es angebracht sein, nach EB 23 (Abschn. 9.6) den Erdruhedruck selbst der Bemessung der Baugrubenkonstruktion zugrunde zu legen.

2. Da der Erdruhedruck im Sinne des Teilsicherheitskonzeptes keinen Grenzzustand beschreibt, sondern lediglich bei der Bemessung von Konstruktionsteilen als äußere Einwirkung auftritt, wird bei allen statischen Nachweisen die charakteristische Erdruhedrucklast $E_{0,k}$ zugrunde gelegt. Der Reibungswinkel φ'_k ist hierbei nur eine Steuergröße. Nachfolgend wird unterschieden zwischen

    – dem Erdruhedruck aus Bodeneigengewicht,
    – dem Erdruhedruck aus großflächigen Gleichlasten,
    – dem Erdruhedruck aus senkrechten oder waagerechten Bauwerkslasten.

3. Die Größe des charakteristischen Erdruhedrucks aus Bodeneigengewicht kann nur näherungsweise ermittelt werden. Für die Praxis genügend genau sind die nachfolgenden Ansätze für die Ermittlung des Erdruhedruckbeiwertes K_0:

a) Bei waagerechter Geländeoberfläche darf der Erdruhedruckbeiwert aus dem Ansatz

$$K_0 = K_{0h} = 1 - \sin \varphi'_k$$

ermittelt werden.

b) Für eine unter dem Winkel $\beta = \varphi'_k$ ansteigende Geländeoberfläche darf der Erdruhedruckbeiwert des Horizontalanteils aus dem Ansatz:

$$K_{0h} = \cos^2 \varphi'_k$$

ermittelt und bei $0 < \beta < \varphi'_k$ näherungsweise geradlinig interpoliert werden [40, 171].

Der Erdruhedruck ist bei ansteigendem Gelände immer parallel zur Geländeoberfläche wirkend anzunehmen.

c) In der Regel dürfen diese Ansätze auch bei überkonsolidiertem Boden verwendet werden. Nur in Ausnahmefällen kann es zweckmäßig sein, die nach Absatz a) bzw. nach Absatz b) ermittelten Erdruhedruckbeiwerte mit dem Faktor

$$f_{\text{Ü}} = \sqrt{\frac{\sigma_{\text{vü}}}{\sigma_v}}$$

zu erhöhen.

Hierbei ist:

$\sigma_{\text{vü}}$ die Vertikalspannung mit früherer Auflast,
σ_v die derzeitige Vertikalspannung.

Im Grenzfall darf der erhöhte Erdruhedruck den passiven Erddruck nicht überschreiten.

d) Die genannten Ansätze gelten näherungsweise auch für bindige Böden. Die Kohäsion wird somit nicht berücksichtigt.

4. Der charakteristische Erdruhedruck aus einer großflächigen Gleichlast darf näherungsweise aus dem Ansatz

$$e_{0h,k} = K_{0h} \cdot p_k$$

ermittelt und unabhängig von der Geländeneigung als waagerecht wirkend angenommen werden. Er weist eine über die ganze Wandhöhe gleichbleibende Ordinate auf.

5. Der charakteristische Erdruhedruck aus senkrechten oder waagerechten Bauwerkslasten darf in der Regel nach der Theorie des elastischen Halbraumes ermittelt und angesetzt werden. Für den Konzentrationsfaktor nach Fröhlich gilt im Allgemeinen

$\nu = 4$ bei normalkonsolidierten Böden,
$\nu = 3$ bei vorbelasteten Böden.

Steife und halbfeste bindige Böden sind in der Regel als vorbelastet anzusehen.

Näherungsweise darf die charakteristische waagerechte Erdruhedrucklast $E_{0Bh,k}$ im Falle $\nu = 4$ mit 25 %, im Falle $\nu = 3$ mit 30 % der senkrechten Bauwerkslast angenommen werden. Die senkrechte Komponente $E_{0Bv,k}$ der Erdruhedrucklast ist in beiden Fällen mit 50 % der senkrechten Bauwerkslast anzusetzen, wenn keine genauere Ermittlung durchgeführt wird, z. B. nach [41] oder [46].

6. Im Grundsatz ist die Erddrucklast $E_{0Bh,k}$ aus Bauwerkslast in einen ständigen Anteil $E_{0Bgh,k}$ aus Bauwerkseigengewicht und in einen veränderlichen Anteil $E_{0Bqh,k}$ aus Bauwerksnutzlast aufzuteilen. Im Hinblick auf die Ermittlung von Größe und Verteilung des Erddrucks aus dem veränderlichen Anteil der Einwirkung gelten die gleichen Regeln wie für den ständigen Anteil der Einwirkungen nach Absatz 2. Es ist jedoch in der Regel zulässig, die Bauwerksnutzlast mit dem Faktor f_q nach EB 104, Absatz 4 (Abschn. 4.11), zu vergrößern und dann zusammen mit dem Bauwerkseigengewicht als ständige Einwirkung zu behandeln.

3.8 Erddruckansatz in Rückbauzuständen (EB 68)

1. Rückbauzustände treten auf, wenn bei gestützten Baugrubenwänden nach dem Herstellen von Teilen des Bauwerkes bzw. nach teilweisem Verfüllen der Baugrube oder des Arbeitsraumes eine Steifenlage entfernt oder eine Ankerlage entspannt wird.

2. Sind mit dem Ausbau von Steifen bzw. mit dem Entspannen von Ankern keine nennenswerten Bewegungen oder Verformungen der Baugrubenwand zu erwarten, dann ist die für die größte Baugrubentiefe gewählte Erddruckfigur auch in den Rückbauzuständen beizubehalten.

3. Ist mit dem Ausbau von Steifen bzw. mit dem Entspannen von Ankern bei mitteldicht oder dicht gelagertem nichtbindigem Boden bzw. bei mindestens steifem bindigem Boden eine zusätzliche Durchbiegung von mehr als 0,2 ‰ der neuen Stützweite verbunden, dann ist im Bereich der verbliebenen Baugrubentiefe eine Umlagerung des Erddrucks entsprechend den neuen Stützungsbedingungen zu erwarten. Dabei verringert sich der Erddruck im Bereich der ausgebauten Stützung; zum Teil lagert sich der hier entfallende Erddruck an der darüber liegenden Stützung an, zum Teil lagert er sich nach unten um. Bei einer genaueren Festlegung der zu erwartenden Lastfigur nach [89] und [90] können sich dadurch in Abhängigkeit von der zusätzlichen Durchbiegung erheblich günstigere Bemessungsschnittgrößen ergeben als bei Beibehaltung der Lastfigur des vorangegangenen Bauzustandes bzw. bei Wahl einer neuen Lastfigur mit der gleichen Erddrucklast.

4. Sofern sich die Stützweite um mindestens 30 % vergrößert oder der Nachweis erbracht wird, dass die zusätzliche Durchbiegung größer ist als 0,2 ‰ der neuen

3.8 Erddruckansatz in Rückbauzuständen (EB 68)

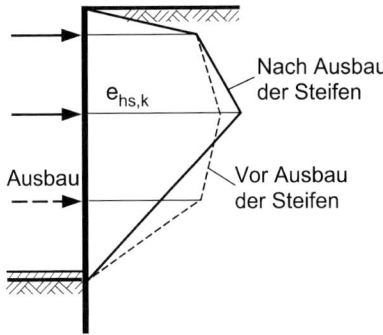 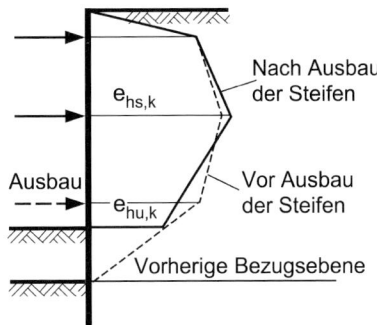

a) Stützung durch den Unterbeton

b) Stützung durch Bauwerk oder Verfüllung

Bild EB 68-1 Lastfiguren für Rückbauzustände bei Trägerbohlwänden

Stützweite, darf bei dreimal oder öfter gestützten Trägerbohlwänden und Spundwänden ohne weiteren Nachweis mit folgenden Lastansätzen gerechnet werden:

a) Wird die unterste Steifen- oder Ankerlage nach ihrem Ausbau durch eine Abstützung gegen den Unterbeton ersetzt, dann ist nach Bild EB 68-1a) die Lastordinate $e_{hs,k}$ in Höhe der nunmehr untersten Stützung um 15 % zu erhöhen und von da auf null in Höhe der Baugrubensohle abfallen zu lassen.

b) Wird die unterste Steifen- oder Ankerlage nach ihrem Ausbau durch eine Abstützung gegen einen Teil des Bauwerkes oder gegen die Verfüllung des Arbeitsraumes ersetzt, dann ist nach Bild EB 68-1b) die Lastordinate $e_{hs,k}$ in Höhe der nunmehr untersten Stützung um 5 % zu erhöhen und von da auf $e_{hu,k} = \frac{1}{2} \cdot e_{hs,k}$ in Höhe der Verfüllungsoberfläche abfallen zu lassen.

Ist im Rückbauzustand nur noch eine Steifen- oder Ankerlage vorhanden, dann ist die Lastfigur nach den Regeln für einmal gestützte Trägerbohlwände zu wählen, sofern keine genauere Festlegung nach Absatz 3 getroffen wird.

5. Die mit dem Ausbau der obersten Steifenlage bzw. mit dem Entspannen der obersten Ankerlage verbundenen Wandverformungen reichen in der Regel aus, den nach oben umgelagerten Erddruck auf den klassischen aktiven Erddruck zu verringern.

3.8 Erddruckansatz in Rückbauzuständen (EB 68)

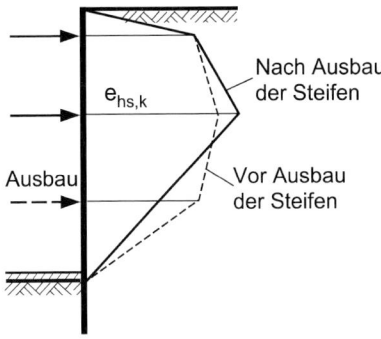 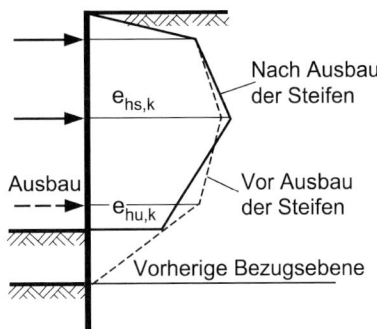

a) Stützung durch den Unterbeton

b) Stützung durch Bauwerk oder Verfüllung

Bild EB 68-1 Lastfiguren für Rückbauzustände bei Trägerbohlwänden

Stützweite, darf bei dreimal oder öfter gestützten Trägerbohlwänden und Spundwänden ohne weiteren Nachweis mit folgenden Lastansätzen gerechnet werden:

a) Wird die unterste Steifen- oder Ankerlage nach ihrem Ausbau durch eine Abstützung gegen den Unterbeton ersetzt, dann ist nach Bild EB 68-1a) die Lastordinate $e_{hs,k}$ in Höhe der nunmehr untersten Stützung um 15 % zu erhöhen und von da auf null in Höhe der Baugrubensohle abfallen zu lassen.

b) Wird die unterste Steifen- oder Ankerlage nach ihrem Ausbau durch eine Abstützung gegen einen Teil des Bauwerkes oder gegen die Verfüllung des Arbeitsraumes ersetzt, dann ist nach Bild EB 68-1b) die Lastordinate $e_{hs,k}$ in Höhe der nunmehr untersten Stützung um 5 % zu erhöhen und von da auf $e_{hu,k} = \frac{1}{2} \cdot e_{hs,k}$ in Höhe der Verfüllungsoberfläche abfallen zu lassen.

Ist im Rückbauzustand nur noch eine Steifen- oder Ankerlage vorhanden, dann ist die Lastfigur nach den Regeln für einmal gestützte Trägerbohlwände zu wählen, sofern keine genauere Festlegung nach Absatz 3 getroffen wird.

5. Die mit dem Ausbau der obersten Steifenlage bzw. mit dem Entspannen der obersten Ankerlage verbundenen Wandverformungen reichen in der Regel aus, den nach oben umgelagerten Erddruck auf den klassischen aktiven Erddruck zu verringern.

4
Allgemeine Festlegungen für die Berechnung

4.1 Nachweis der Standsicherheit (EB 81)

Beim Nachweis der Standsicherheit in den Grenzzuständen STR und GEO-2 nach EB 78 (Abschn. 1.4) wird im Nachweisverfahren 2* nach EB 77, Absatz 6 (Abschn. 1.3) wie folgt verfahren, sofern im Einzelfall nicht etwas anderes zweckmäßig ist:

1. Die Baugrubenkonstruktion wird entworfen; es werden die Abmessungen gewählt und das statische System festgelegt.

2. Die charakteristischen bzw. repräsentativen Größen der Einwirkungen werden ermittelt, z. B. die Lasten aus Eigengewicht, aus aktivem Erddruck, aus erhöhtem aktivem Erddruck, aus Nutzlasten sowie gegebenenfalls die charakteristischen Vorverformungen. Zur Behandlung des Wasserdrucks siehe EB 63 (Abschn. 10.6).

3. An dem vorgegebenen System werden die charakteristischen bzw. repräsentativen Beanspruchungen E_k bzw. E_{rep} in Form von Schnittgrößen ermittelt, z. B. als Querkräfte, Auflagerkräfte, Bodenreaktionen und Biegemomente, und zwar in allen Schnitten durch die Konstruktion und in den Berührungsflächen zwischen der Konstruktion und dem Boden, die für die Bemessung maßgebend sind.

4. In jedem maßgebenden Schnitt durch die Konstruktion sowie in den Berührungsflächen zwischen Konstruktion und Boden werden die Bemessungswerte der Beanspruchungen ermittelt. Sie ergeben sich aus dem Ansatz

$$E_d = E_{G,d} + E_{Q,d}$$

mit

$$E_{G,d} = E_{G,k} \cdot \gamma_G \quad \text{und} \quad E_{Q,d} = E_{Q,k} \cdot \gamma_Q \quad \text{bzw.} \quad E_{Q,d} = E_{Qrep} \cdot \gamma_Q$$

indem die charakteristischen bzw. repräsentativen Schnittgrößen E_k bzw. E_{rep} mit den Teilsicherheitsbeiwerten γ_G bzw. γ_Q multipliziert werden.

5. Es werden die charakteristischen Widerstände $R_{k,i}$ ermittelt. Hierbei ist zu unterscheiden zwischen den Widerständen der Konstruktionsteile und den Widerständen des Bodens:

   a) Widerstände der Konstruktionsteile sind z. B. Widerstände gegen Druckkräfte, Zugkräfte, Schubkräfte und Biegemomente, in der Regel ermittelt aus den charakteristischen Materialkenngrößen und dem Materialquerschnitt.
   b) Widerstände des Bodens sind z. B. Erdwiderstand, Fußwiderstand und Mantelwiderstand von Bohlträgern, Spundwänden und Ortbetonwänden, Herausziehwiderstand von Verpressankern, Bodennägeln und Zugpfählen, jeweils ermittelt durch Rechnung, Probebelastung oder aufgrund von Erfahrungswerten.

   Die Bemessungswerte der Widerstände ergeben sich aus dem Ansatz

   $$R_{d,i} = R_{k,i}/\gamma_R$$

   indem die charakteristischen Widerstände $R_{k,i}$ durch die Teilsicherheitsbeiwerte γ_R für das jeweilige Material, z. B. Stahl, Stahlbeton, Holz oder Boden dividiert werden.

6. Mit den ermittelten Bemessungswerten der Beanspruchungen und der Widerstände wird in jedem in Frage kommenden Schnitt und gegebenenfalls für jede maßgebende Einwirkungskombination die Einhaltung der Grenzzustandsbedingung

   $$\sum E_{d,i} \leq \sum R_{d,i}$$

   nachgewiesen.

7. Zur Ermittlung der charakteristischen bzw. repräsentativen Beanspruchungen aus veränderlichen Einwirkungen für die jeweils untersuchte Lastkombination darf bei nichtlinearen Systemen bzw. bei Verwendung von numerischen Verfahren wie folgt vorgegangen werden:

   – Ermittlung der Gesamtbeanspruchung $E_{k,i}$ infolge der charakteristischen bzw. repräsentativen ständigen und veränderlichen Einwirkungen;
   – Ermittlung der Beanspruchung $E_{Gk,i}$ infolge der charakteristischen ständigen Einwirkungen;
   – Ermittlung der Beanspruchung $E_{Qrep,i}$ infolge der repräsentativen veränderlichen Einwirkungen aus dem Ansatz

   $$E_{Qrep,i} = E_{k,i} - E_{Gk,i}$$

8. Abweichend von Absatz 7 dürfen alle veränderlichen Einwirkungen, die über eine großflächige Gleichlast $p_k = 10\,\text{kN/m}^2$ hinausgehen, mit dem Faktor $f_q = \gamma_Q/\gamma_G$ multipliziert werden. Dies gilt auch für nichtlineare statische Systeme und für numerische Verfahren.

Dieses Vorgehen ersetzt die Aufteilung der charakteristischen Beanspruchungen für die jeweils untersuchte Lastkombination nach ständigen und veränderlichen Einwirkungen. Zur Ermittlung der Bemessungsbeanspruchung braucht die charakteristische Gesamtbeanspruchung nur noch mit dem Teilsicherheitsbeiwert γ_G multipliziert werden.

9. Sofern eine maßgebende Grenzzustandsbedingung für den untersuchten Querschnitt nicht erfüllt ist, sind die Abmessungen entsprechend zu vergrößern. Wenn ein Sicherheitsüberschuss zur Verbesserung der Wirtschaftlichkeit abgebaut werden soll, dürfen die Abmessungen entsprechend verringert werden. Die Berechnung ist in beiden Fällen zu wiederholen bzw. durch Iteration abzuschließen.

10. Mit den Verformungen, die zusammen mit den charakteristischen Schnittgrößen ermittelt worden sind, kann nach EB 83 (Abschn. 4.10) die Gebrauchstauglichkeit überprüft bzw. nachgewiesen werden.

11. Einzelheiten sind in den weiteren Empfehlungen geregelt.

4.2 Allgemeines zu den Berechnungsverfahren (EB 11)

1. Es sind alle beim Ausheben und beim Verfüllen der Baugrube auftretenden Vorbau- und Rückbauzustände zu untersuchen. Unter Vorbauzuständen werden alle Bauzustände bis zum Erreichen der endgültigen Baugrubensohle verstanden, unter Rückbauzuständen alle Bauzustände beim Verfüllen der Baugrube und beim Ausbau von Steifen bzw. beim Umsteifen oder beim Entspannen von Ankern.

2. Wenn nur der Nachweis der Standsicherheit maßgebend ist, dürfen beim Nachweis der Einbindetiefe und bei der Ermittlung der Schnittgrößen folgende Vereinfachungen zugrunde gelegt werden:

    a) Es darf als statisches System ein Träger auf unnachgiebigen Stützen zugrunde gelegt werden.
    b) Die Verformungen in den verschiedenen Bauzuständen und ihre Auswirkungen auf den jeweils folgenden Bauzustand brauchen in der Regel nicht untersucht zu werden. Die Vorbauzustände und der Vollaushubzustand dürfen somit unter der Annahme berechnet werden, dass kein anderer Bauzustand vorangegangen sei.
    c) Der Fußpunkt des Bodenauflagers darf in Verbindung mit einem freien Auflager, einer teilweisen Einspannung oder einer Einspannung nach Blum als unverschieblich angenommen werden [168, 172].
    d) Die bei freier Auflagerung im Boden in Wirklichkeit über die Einbindetiefe verteilten Bodenreaktionen im Einbindebereich der Wand dürfen unabhängig von der Anzahl der Stützungen durch ein festes Auflager in Höhe der

Resultierenden ersetzt werden, sofern die nachfolgenden Hinweise beachtet werden.

3. Durch den Ersatz der Bodenreaktionen durch ein festes Auflager in Höhe der Resultierenden erhält man zwangsläufig fehlerhafte Biegemomente und unzutreffende Verschiebungen (siehe Bild EB 11-1). Sie sind wie folgt zu behandeln:

    a) In Höhe des angenommenen Auflagers entsteht fälschlicherweise ein Kragmoment. Es darf bei der Bemessung und bei der Bewehrungsführung außer Acht gelassen werden. Insbesondere darf dieses Kragmoment nicht dazu verleiten, bei Schlitzwänden die Bewehrung auf die falsche Seite zu legen.

    b) Am Fußpunkt der Wand entsteht fälschlicherweise eine rückdrehende Verschiebung. Die Biegelinie darf im Bereich zwischen Aushubsohle und Wandfuß so korrigiert werden, dass sie am Wandfuß mit der Verschiebung $s = 0$ endet.

    Sofern unterhalb dieses angenommenen Auflagers zusätzliche Lasten wirken, insbesondere ein erheblicher Erddruck aus Bauwerkslasten oder ein Wasserüberdruck, sind die entstehenden Fehler in der Regel nicht mehr hinnehmbar.

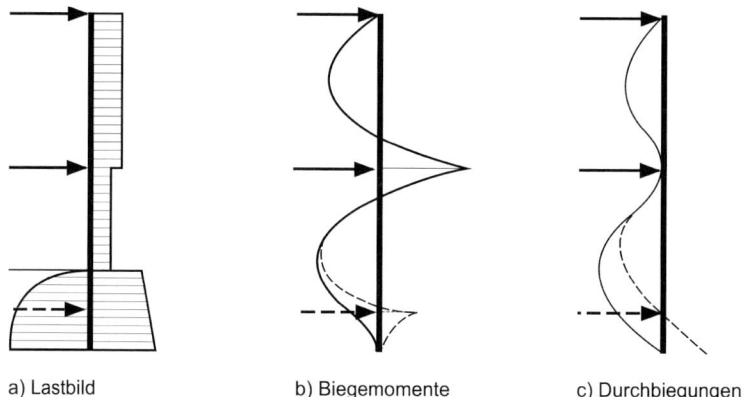

a) Lastbild b) Biegemomente c) Durchbiegungen

Bild EB 11-1 Auswirkungen des Ersatzes der über die Einbindetiefe verteilten Bodenreaktion durch ein festes Auflager

4. Wenn auch der Nachweis der Gebrauchstauglichkeit eine Rolle spielt oder wenn eine wirklichkeitsnahe, wirtschaftliche Bemessung angestrebt wird, ist es in der Regel erforderlich, alle oder wenigstens einen Teil der nachfolgend genannten Forderungen zu beachten:

    a) Es ist als statisches System ein Träger auf federnden Stützen zugrunde zu legen.

    b) Die Vorverformungen vor dem Einbau der jeweils nächsten Stützung und ihre Auswirkungen auf den jeweils folgenden Bauzustand sind zu berücksichtigen.

4.2 Allgemeines zu den Berechnungsverfahren (EB 11)

   c) Die Bodenreaktionen dürfen nicht durch ihre Resultierende nach Absatz 2 c) ersetzt werden.
   d) Es wird ein Ansatz für die Verteilung der Bodenrektionen gewählt und ein unverschiebliches Auflager im Fußpunkt der Wand angeordnet, dessen Auflagerkraft bei freier Auflagerung null beträgt.
   e) Die Nachgiebigkeit des Bodenauflagers ist mit Hilfe von Mobilisierungsfunktionen, durch das Bettungsmodulverfahren oder durch die Finite-Elemente-Methode (FEM) zu erfassen.

5. Die Wahl des Berechnungsverfahrens zur Ermittlung der charakteristischen Schnittgrößen und zur Bemessung der Querschnitte ist freigestellt. Bei mehrfach gestützten Bohlträgern, Spundwänden, Gurten und ähnlichen Bauteilen von Baubehelfen darf neben dem Verfahren elastisch-elastisch auch das Nachweisverfahren elastisch-plastisch angewendet werden. Das Verfahren Plastisch-Plastisch, in der vierten Auflage als Traglastverfahren bezeichnet, sollte bei Baugrubenkonstruktionen, mit Ausnahme von Nachweisen in der Bemessungssituation BS-A, keine Verwendung finden. Einzelheiten zum Traglastverfahren siehe EB 27 (Abschn. 4.5) der vierten Auflage und [169].

   Im Zusammenwirken mit den Besonderheiten des Fußauflagers im Boden kommen ganz allgemein im Grundsatz folgende Verfahren in Frage:

   a) Das herkömmliche Verfahren der Elastizitätstheorie kann mit einem festen oder nachgiebigen Fußauflager kombiniert werden, gegebenenfalls auch mit einer bodenmechanischen Einspannung oder Teileinspannung. Außerdem ist die im Absatz 6 beschriebene Modifikation möglich.
   b) Die Anwendung des Bettungsmodulverfahrens nach EB 102 (Abschn. 4.5) und der Finite-Elemente-Methode (FEM) nach EB 103 (Abschn. 4.6) ermöglicht eine Erfassung der Wechselwirkung von Boden und Bauwerk im Einbindebereich.
   c) Darüber hinaus lassen sich mit der Finite-Elemente-Methode (FEM) nach EB 103 (Abschn. 4.6) unter bestimmten Voraussetzungen auch besondere geometrische Randbedingungen und schwierige Baugrundverhältnisse erfassen.

   Bei der Festlegung der Einbindetiefe und der Wahl des Berechnungsverfahrens darf nach EB 80 (Abschn. 4.3) vorgegangen werden.

6. Bei der Schnittgrößenermittlung für statisch unbestimmte Systeme nach einer linear-elastischen Berechnung ist folgende Momentenumlagerung zulässig:

   a) Ergibt sich an einem einzelnen Auflagerpunkt eine rechnerische Überbeanspruchung der Bohlträger oder der Gurte, dann darf der Anteil des Bemessungswertes des Biegemomentes, der über den Bemessungswert des Biegewiderstands hinausgeht, entsprechend dem Verfahren Elastisch-Plastisch der DIN EN 1993-1-1, Absatz 4.1 (5), nach Bild EB 11-2 umgelagert werden, sofern der Schnittgrößenermittlung entsprechend EB 12, Absatz 3 (Abschn. 5.1) bzw. EB 16, Absatz 3 (Abschn. 6.1) eine wirklichkeitsnahe Lastfigur zugrunde gelegt worden ist.

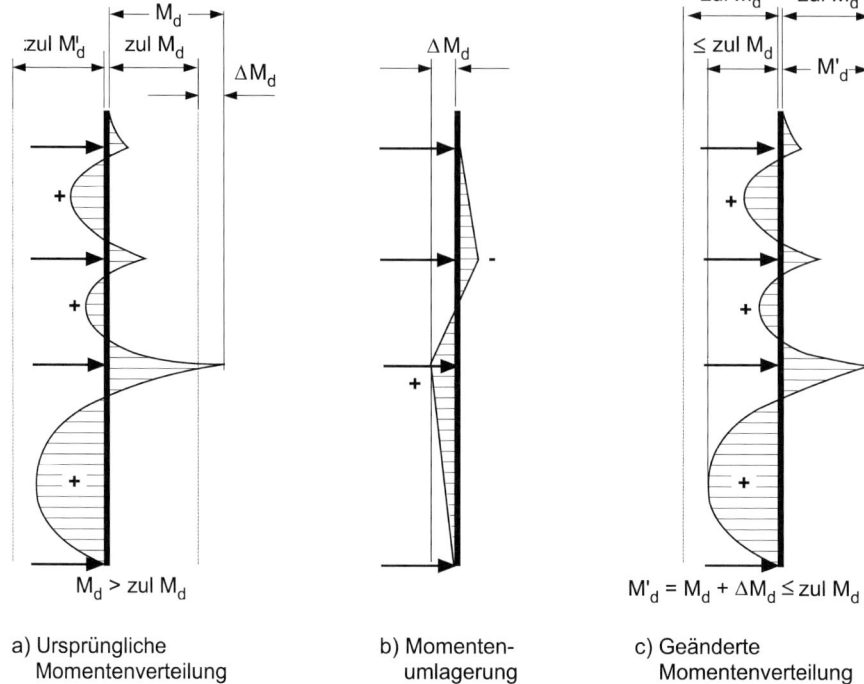

a) Ursprüngliche Momentenverteilung
b) Momentenumlagerung
c) Geänderte Momentenverteilung

Bild EB 11-2 Umlagerung von Biegemomenten

    b) Die Auswirkungen auf die Biegemomente in den benachbarten Feldern und an den benachbarten Auflagerpunkten sind nachzuweisen, die Quer- und Auflagerkräfte an der untersuchten Stützung dürfen jedoch nicht abgemindert werden.

    c) Die nach der Elastizitätstheorie ermittelten Stützenmomente dürfen entsprechend DIN EN 1993-1-1 höchstens um 15 % ihrer Maximalwerte vermindert oder vergrößert werden. Nach der Momentenumlagerung dürfen unter Berücksichtigung der Bemessungswerte der Normalkräfte und Querkräfte die mit den entsprechenden Teilsicherheitsbeiwerten abgeminderten charakteristischen Materialkenngrößen an keiner Stelle überschritten werden. Außerdem ist das Biegedrillknicken zu verhindern. Diese Momentenumlagerung ist nur für Querschnitte der Klassen 1 und 2, siehe Erläuterung in EB 48 (Abschn. 14.3), zulässig.

    d) In Anlehnung an DIN EN 1992-1-1, Abschn. 5.5 darf die Momentenumlagerung auch bei Ortbetonwänden und bei aufgelösten Bohrpfahlwänden vorgenommen werden. Die Abminderung des Stützenmomentes darf jedoch nicht größer sein als in DIN EN 1992-1-1, Abschn. 5.5 in Abhängigkeit von der Stahl-Duktilität, der Betonfestigkeit und vom Verhältnis der Höhe der Druckzone zur statischen Nutzhöhe des Querschnittes angegeben. Wird eine Ortbetonwand später als tragendes Bauteil in ein Dauerbauwerk einbezogen, so kann es zweckmäßig sein, auch im Bauzustand auf die Abminderung des Stützenmomentes zu verzichten.

4.3 Ermittlung und Nachweis der Einbindetiefe (EB 80)

1. Für den Nachweis der tatsächlichen oder der nach Absatz 9 gewählten Einbindetiefe von Baugrubenwänden ist der Grenzzustand GEO-2 maßgebend. Dementsprechend geht die Berechnung vom charakteristischen Erddruck und den zugehörigen charakteristischen Bodenreaktionen aus, siehe Absätze 2 bis 8.

   Alternativ darf die Einbindetiefe auch nach Absatz 11 ermittelt werden.

2. Man erhält mit den charakteristischen Bodenkenngrößen nach EB 2 (Abschn. 2.2) die charakteristische Größe bzw. den repräsentativen Wert der Erddrucklast

   – aus Bodeneigengewicht und Kohäsion nach EB 4 (Abschn. 3.2),
   – aus charakteristischen bzw. repräsentativen Belastungen der Geländeoberfläche nach EB 6 (Abschn. 3.4).

   Der Erddruck aus einer großflächigen Gleichlast $p_k \leq 10\,\text{kN/m}^2$ darf nach EB 7, Absatz 1 (Abschn. 3.5) mit dem Erddruck aus Bodeneigengewicht und gegebenenfalls Kohäsion überlagert werden. Alle übrigen Erddruckanteile aus veränderlichen Einwirkungen müssen getrennt behandelt werden. Hierzu siehe jedoch EB 104, Absatz 5 (Abschn. 4.11).

3. Die Verteilung des charakteristischen Erddrucks

   a) aus Bodeneigengewicht und gegebenenfalls Kohäsion ergibt sich nach EB 5 (Abschn. 3.3),
   b) aus der Belastung der Geländeoberfläche durch Nutzlasten ergibt sich nach EB 7 (Abschn. 3.5).

4. Für die Ermittlung der charakteristischen Bodenreaktion einer im Boden frei aufgelagerten Wand gilt Folgendes:

   a) Sofern nicht mit einer elastischen Bettung oder mit der Methode der Finiten Elemente gerechnet wird, darf die Verteilung der Bodenreaktion über die Einbindetiefe aus dem Gebrauchszustand übernommen werden. Neben der auf der sicheren Seite liegenden dreieckförmigen Verteilung kommt im Einzelfall auch eine bilineare oder parabelförmige Verteilung in Frage. Nähere Angaben hierzu siehe Bild EB 80-1 sowie EB 14, Absatz 4 (Abschn. 5.3) bei Trägerbohlwänden bzw. EB 19, Absatz 4 (Abschn. 6.3) bei Spundwänden und Ortbetonwänden.
   b) Wenn zunächst nur der Nachweis der ausreichenden Einbindetiefe geführt werden soll, darf nach EB 11, Absatz 2 (Abschn. 4.2) ein Auflager im Schwerpunkt der zu erwartenden Bodenreaktion angenommen werden. Werden anschließend für die Ermittlung der Schnittgrößen nach EB 82 (Abschn. 4.4) die zu erwartenden Bodenreaktionen benötigt, dann dürfen diese für die zugrunde gelegte Verteilung aus der Auflagerkraft bestimmt werden.
   c) Wenn von vornherein die tatsächlich zu erwartende Bodenreaktion zugrunde gelegt wird, dann ergibt sich die maßgebende Ordinate $\sigma_{h,k}$ dieser Bodenreaktion iterativ aus der Bedingung, dass die Auflagerkraft an einer ange-

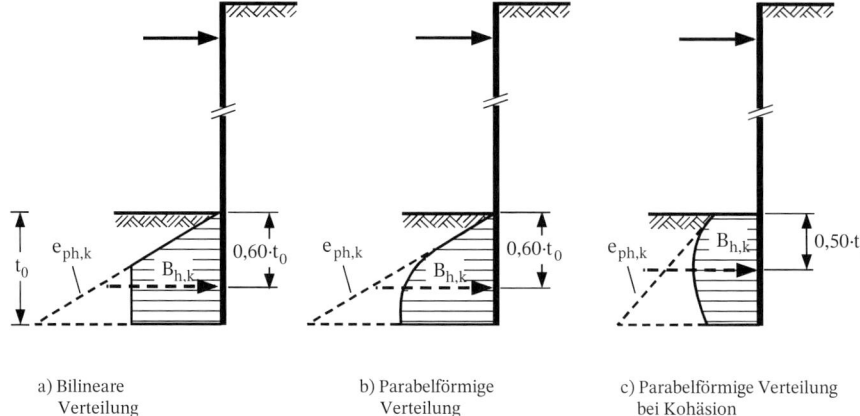

a) Bilineare Verteilung
b) Parabelförmige Verteilung
c) Parabelförmige Verteilung bei Kohäsion

Bild EB 80-1 Beispiele für den Ansatz der Bodenreaktion bei freier Auflagerung im Boden

nommenen Stützung in Höhe des Wandfußes zu null wird. Aus der Integration der Bodenreaktionsspannungen über die Einbindetiefe t_0 ergeben sich dann die charakteristischen Werte der Teilauflagerkräfte.

d) Unabhängig davon, ob nach Absatz b) oder nach Absatz c) verfahren wird, kann es nach EB 11, Absatz 4 d) (Abschn. 4.2) erforderlich sein, in Höhe der angenommenen Stützung bzw. in Höhe des Wandfußes die Verschiebung zu berücksichtigen, die bei der vorgesehenen Ausnutzung des möglichen Erdwiderstands zu erwarten ist. Hierzu siehe EB 14, Absatz 6 (Abschn. 5.3) bei Trägerbohlwänden bzw. EB 19, Absatz 6 (Abschn. 6.3) bei Spundwänden und Ortbetonwänden.

5. Bei bodenmechanisch eingespannten Wänden dürfen die Bodenreaktionen entsprechend dem Lastansatz von Blum [23] angenommen werden. Dieser geht von einer geradlinigen Zunahme der Bodenreaktionen mit der Tiefe bis zum theoretischen Fußpunkt aus, siehe die Bilder EB 25-1 und EB 25-2 (Abschn. 5.4) sowie EB 26-1 und EB 26-2 (Abschn. 6.4). Dabei gilt Folgendes:

a) Bei voller bodenmechanischer Einspannung von gestützten Wänden wird rechnerisch im angenommenen theoretischen Fußpunkt eine senkrechte Tangente an die Biegelinie vorausgesetzt. Die zugehörige Ordinate $\sigma_{ph,k}$ der Bodenreaktion ergibt sich iterativ aus der Bedingung, dass

 – entweder bei einem angenommenen gelenkigen Auflager in Höhe des theoretischen Fußpunktes die Tangente an die Biegelinie den nächstgelegenen Stützungspunkt berührt,

 – oder an einer angenommenen festen Einspannung in Höhe des theoretischen Fußpunktes das Einspannmoment zu null wird.

Die mindestens erforderliche Einbindetiefe ergibt sich aus einer zusätzlichen Iteration nach Absatz c).

b) Bei teilweiser Einspannung von gestützten Wänden entfällt die Bedingung der senkrechten Tangente. Dementsprechend wird im theoretischen Fußpunkt ein gelenkiges Auflager angenommen. Die Ordinate $\sigma_{ph,k}$ in Höhe des theoretischen Fußpunktes ergibt sich aus der Bedingung, dass die Bemessungsauflagerkraft nicht größer ist als der Bemessungswiderstand. Dies ist bei nichtbindigem Boden näherungsweise der Fall, wenn bei der Schnittgrößenermittlung mit $\sigma_{ph,k} \leq e_{ph}/(\gamma_{GQ} \cdot \gamma_{Ep})$ gerechnet wird. Für den Divisor darf

- $(\gamma_{GQ} \cdot \gamma_{Ep}) \approx 1{,}20 \cdot 1{,}30 = 1{,}56 \Rightarrow 1{,}60$
  für die Bemessungssituation BS-T,
- $(\gamma_{GQ} \cdot \gamma_{Ep}) \approx 1{,}10 \cdot 1{,}25 = 1{,}37 \Rightarrow 1{,}40$
  für die Bemessungssituation BS-T/A,
- $(\gamma_{GQ} \cdot \gamma_{Ep}) = 1{,}00 \cdot 1{,}20 = 1{,}20 \Rightarrow 1{,}20$
  für die Bemessungssituation BS-A

gesetzt werden. Ein exaktes Verfahren ist in [168, 172] beschrieben. Unter Ansatz der Bemessungswerte von Einwirkungen und Widerständen mit Vorgabe des zugehörigen Neigungswinkels am gelenkigen Auflagerpunkt kann die erforderliche Einbindetiefe direkt ermittelt werden.

c) Die charakteristischen Werte der Auflagerkräfte im Boden lassen sich aus den Ordinaten $\sigma_{ph,k}$ der Bodenreaktionen und der Einbindetiefe t_1 bzw. t_1' bis zum theoretischen Fußpunkt ermitteln. Die maßgebende Einbindetiefe ergibt sich mit den Bemessungswerten nach Absatz 6 und Absatz 7 aus der zusätzlichen Bedingung, dass die Grenzgleichgewichtsbedingung nach Absatz 8 in der Form

$$B_{h,d} = E_{ph,d}$$

erfüllt ist.

6. Die Bemessungswerte der Teilauflagerkräfte

   a) infolge des Erddrucks aus Bodeneigengewicht, großflächiger Gleichlast $p_k \leq 10\,\text{kN/m}^2$ und gegebenenfalls Kohäsion nach EB 4 (Abschn. 3.2), erhält man durch Multiplikation der charakteristischen Werte mit dem Teilsicherheitsbeiwert γ_G,

   b) infolge des Erddrucks aus Belastungen der Geländeoberfläche durch großflächige Gleichlasten q_k bzw. q_{rep} aus dem Anteil über $p_k = 10\,\text{kN/m}^2$ bzw. durch streifen- oder linienförmige Nutzlasten q_k' bzw. q_{rep}' ergeben sich durch Multiplikation der charakteristischen Werte mit dem Teilsicherheitsbeiwert γ_Q.

Der maßgebende Bemessungswert der Auflagerkraft $B_{h,d}$ ergibt sich als Summe der Bemessungswerte der Teilauflagerkräfte. Im Übrigen wird auf die möglichen Vereinfachungen nach EB 104, Absätze 3 bis 5 (Abschn. 4.11) hingewiesen.

7. Für die Ermittlung des Bemessungswerts des Erdwiderstands gelten die Regelungen

   - des Kapitels 5 für Trägerbohlwände und aufgelöste Pfahlwände,
   - des Kapitels 6 für Spundwände und Ortbetonwände.

8. Es ist nachzuweisen, dass der Bemessungswert der Auflagerkraft höchstens so groß ist wie der Bemessungswert des Erdwiderstands:

   $B_{h,d} \leq E_{ph,d}$

   Die gewählte Einbindetiefe darf gegebenenfalls so weit verringert werden, bis der Bemessungswert der Auflagerkraft ebenso groß ist wie der Bemessungswert des Erdwiderstands.

   In der Regel ergibt sich im Bruchzustand des Bodens eine andere Verteilung der Bodenreaktion als im Gebrauchszustand (siehe Absatz 4). Das sich daraus ergebende Versatzmoment darf beim Nachweis vernachlässigt werden.

9. In den einzelnen Vorbauzuständen braucht in der Regel nur die Einbindetiefe berücksichtigt zu werden, die dem gewählten statischen System entspricht, z. B. einer freien Auflagerung, einer Teileinspannung oder einer vollen bodenmechanischen Einspannung. Dabei ist es zulässig, für jeden Bauzustand das jeweils am besten geeignete Verfahren, z. B. nach EB 102 (Abschn. 4.5) oder EB 103 (Abschn. 4.6) anzuwenden.

   Wird der statisch nicht berücksichtigte Teil der Wand durch Wasserdruck beansprucht, sind die Auswirkungen beim Nachweis der Standsicherheit und gegebenenfalls der Gebrauchstauglichkeit zu untersuchen.

10. Die Teilsicherheitsbeiwerte γ_G und γ_Q sind in der Tab. 6.1 des Anhangs A 6 zusammengestellt.

11. Bei linear elastischen Systemen darf die Einbindetiefe auch direkt durch Ansatz der Bemessungswerte von Einwirkungen und Widerständen ermittelt werden [168, 172]. Dabei ist jedoch stets der Nachweis nach Absatz 8 zu führen.

4.4 Ermittlung der Schnittgrößen (EB 82)

1. Im Grundsatz sind die charakteristischen Schnittgrößen, d. h. die Beanspruchungen im Querschnitt, in Anlehnung an EB 80 (Abschn. 4.3) zu ermitteln. Ergänzend gilt Folgendes:

   a) Bei einmal gestützten Wänden mit tiefliegender Stützung und bei zweimal gestützten Wänden mit hochliegender Stützung ist zu berücksichtigen, dass die Einwirkungen aus Baggern und Hebezeugen mit geringem Abstand von der Baugrubenkante im Einzelfall bei der Ermittlung der Schnittgrößen im Hinblick auf günstig oder ungünstig wirkend einen anderen Einfluss haben können als beim Nachweis der Einbindetiefe.

   b) Sofern

   – im Bereich unterhalb der Baugrubensohle mindestens mitteldicht gelagerter nichtbindiger Boden oder mindestens steifer bindiger Boden ansteht und

– beim Ansatz der Bodenreaktionen eine mit der Tiefe geradlinig zunehmende Verteilung zugrunde gelegt wird,

darf abweichend vom Nachweis der Einbindetiefe bei der Ermittlung der Biegemomente, der Querkräfte und der Auflagerkräfte an den Stützungen mit einer stärkeren Ausnutzung des möglichen Erdwiderstands gerechnet werden. Hierzu siehe

- EB 14, Absatz 5 (Abschn. 5.3) und EB 25, Absatz 9 (Abschn. 5.4) bei Trägerbohlwänden bzw.
- EB 19, Absatz 5 (Abschn. 6.3) und EB 26, Absatz 8 (Abschn. 6.4) bei Spundwänden und Ortbetonwänden.

2. Es darf in der Regel von einem linear-elastischen Verhalten des Systems ausgegangen werden. Im Einzelfall kann es aber auch erforderlich sein, ein nichtlineares Verhalten zugrunde zu legen, z. B. bei der Berücksichtigung von Vorverformungen, beim Bettungsmodulverfahren oder bei der Finite-Elemente-Methode.

3. Bei linear-elastischem Verhalten des Systems dürfen die charakteristischen Schnittgrößen für jede einzelne Einwirkung getrennt ermittelt werden. Liegen die größten Feldmomente aus ständigen Einwirkungen und die größten Feldmomente aus veränderlichen Einwirkungen nicht an der gleichen Stelle, dann dürfen vereinfachend die jeweils größten Feldmomente $\max M_{G,k}$ und $\max M_{Q,k}$ als maßgebend angesehen werden. Bei einer genaueren Rechnung ist wie folgt vorzugehen:

   a) Es wird der Maximalwert $\max M_{G,k}$ der charakteristischen Feldmomente $M_{G,k}$ aus ständigen Einwirkungen $F_{G,k}$, z. B. aus Erddruck und Wasserdruck, allein ermittelt.
   b) Es werden zusammen mit den ständigen Einwirkungen $F_{G,k}$ für jede veränderliche Einwirkung $F_{Qi,k}$ bzw. repräsentative Einwirkung $F_{rep,i}$ die Maximalwerte $\max M_{i,k}$ der Feldmomente $M_{i,k}$ ermittelt.
   c) Die Maximalwerte $\max M_{Qi,k}$ der Feldmomente für die jeweilige veränderliche Einwirkung $F_{Qi,k}$ bzw. repräsentative Einwirkung $F_{rep,i}$ ergeben sich als Differenz

   $$\max M_{Qi,k} = \max M_{i,k} - \max M_{G,k} \quad \text{bzw.}$$
   $$\max M_{rep,i} = \max M_{i,k} - \max M_{G,k}$$

   Die ermittelten charakteristischen bzw. repräsentativen Schnittgrößen werden nach EB 81, Absatz 4 (Abschn. 4.1) in Bemessungswerte umgerechnet. Zu möglichen Vereinfachungen bei der Ermittlung der Schnittgrößen infolge von ständigen und veränderlichen Einwirkungen siehe EB 104, Absatz 4 (Abschn. 4.11).

4. Bei nichtlinearem Verhalten des Systems gilt für alle Schnittgrößen und für alle maßgebenden Einwirkungskombinationen innerhalb der jeweiligen Bemessungssituationen BS-T, BS-T/A und BS-A:

a) Es werden die charakteristischen Schnittgrößen $E_{G,k}$ aus ständigen Einwirkungen $F_{G,k}$ allein ermittelt.
b) Es werden zusammen mit den ständigen Einwirkungen $F_{G,k}$ für jede in Frage kommende Kombination von veränderlichen Einwirkungen $F_{Qi,k}$ bzw. bzw. repräsentativen Einwirkungen $F_{rep,i}$ die Schnittgrößen E_k bzw. E_{rep} ermittelt.
c) Die Schnittgrößen für die jeweilige Kombination von veränderlichen Einwirkungen $F_{Qi,k}$ ergeben sich als Differenz

$$E_{Qk} = E_k - E_{G,k} \quad \text{bzw.}$$
$$E_{rep} = E_k - E_{G,k}$$

Zur Ermittlung des maximalen Feldmomentes und zur Umrechnung der charakteristischen Schnittgrößen in Bemessungsschnittgrößen siehe Absatz 3.

5. Liegen die größten Feldmomente aus ständigen Einwirkungen und die größten Feldmomente aus veränderlichen Einwirkungen nicht an der selben Stelle, dann ist es nach Absatz 3 bzw. nach Absatz 4 zulässig, die Stelle zugrunde zu legen, an der das Feldmoment M_k seinen Größtwert aufweist. Bei einer genauen Rechnung ist die Stelle maßgebend, an der das Feldmoment M_d seinen Größtwert aufweist. Dazu ist die Momentenlinie für

$$M_d = M_{G,d} + M_{Q,d}$$

zu ermitteln. Auf diese genauere Untersuchung darf in der Regel verzichtet werden. Im Übrigen wird auf die möglichen Vereinfachungen nach EB 104, Absatz 4 (Abschn. 4.11) hingewiesen.

6. Abweichend von EB 11, Absatz 2 b) (Abschn. 4.2), wonach jeder Bauzustand für sich gerechnet werden darf, sollten bei einer gleichzeitigen, grundlegenden Veränderung der Belastung und des statischen Systems beim Wechsel von einem Bauzustand zum nächsten die Schnittgrößen des neuen Bauzustandes durch Überlagerung der Schnittgrößen des vorherigen Bauzustandes mit den durch die Veränderung verursachten Schnittgrößen ermittelt werden. Dies ist insbesondere der Fall, wenn die Baugrubenwand vor dem Ausbau der untersten Steifenlage bzw. dem Entspannen der untersten Ankerlage durch eine Aussteifung in Höhe der Baugrubensohle gestützt wird, z. B. durch einen Unterbeton oder durch eine Bauwerkssohle. Auch bei Baugruben im Wasser mit einer Unterwasserbetonsohle tritt dieses Problem auf. Hierzu siehe Bild EB 63-3 (Abschn. 10.6).

4.5 Anwendung des Bettungsmodulverfahrens (EB 102)

1. Zum Nachweis der Einbindetiefe, bei der Ermittlung der Schnittgrößen und auch beim Nachweis der Gebrauchstauglichkeit darf bei gestützten Wänden das Bettungsmodulverfahren angewendet werden [150, 151]. Damit lassen sich die Interaktion von Wand und Boden, das tatsächliche Tragverhalten und die zu erwartenden Verschiebungen und Verformungen besser erfassen als bei Annahme

einer vorgegebenen Verteilung der Bodenreaktionen und einer vorgegebenen Verschiebung des Wandfußes. Bei nicht gestützten Wänden sind gesonderte Überlegungen hinsichtlich des Drehpunkts und der Größe des Bettungsmoduls erforderlich [172, 173].

Die Anwendung des Bettungsmodulverfahrens setzt die Ermittlung eines wirklichkeitsnahen Bettungsmoduls voraus. Dazu ist Sachkunde und Erfahrung auf dem Gebiet der Geotechnik notwendig.

2. Auf der Baugrubenseite der Wand darf näherungsweise unterstellt werden, dass auch nach Beendigung des Bodenaushubs unterhalb der Baugrubensohle der ursprüngliche Erdruhedruck weitgehend erhalten bleibt [15]. Er ergibt sich nach Bild EB 102-1 im allgemeinen Fall aus dem Ansatz

$$e_{0g,k} = \gamma \cdot K_0 \cdot (H + z_p)$$

Nach Aushub der Baugrube kann jedoch im Bereich unmittelbar unterhalb der Baugrubensohle wegen der Umkehrung der Hauptspannungen infolge der Entlastung nur der Grenzwert

$$e_{ph,k} = e_{pgh,k} + e_{pch,k}$$

des Erdwiderstands wirksam sein. Bei der Ermittlung des Erdwiderstands darf der selbe Neigungswinkel $\delta_{p,k}$ angesetzt werden wie bei der Ermittlung der Einbindetiefe und der Schnittgrößen. In Bild EB 102-1 ist der Fall $e_{pch,k} = 0$ dargestellt.

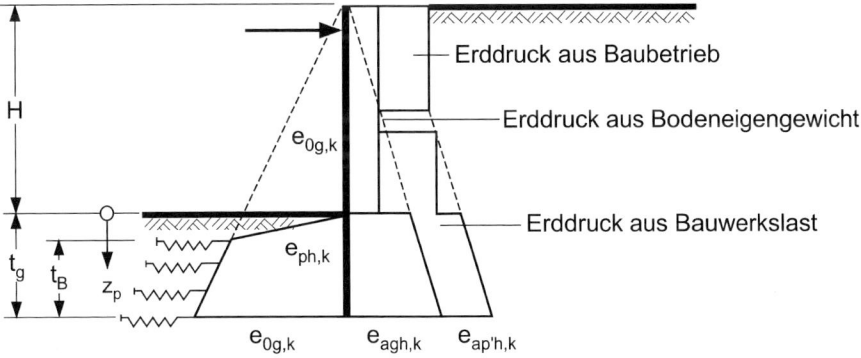

Bild EB 102-1 Lastbild für elastische Bettung bei nichtbindigem Boden

3. Die unterhalb des Schnittpunktes von $e_{0g,k}$ und $e_{ph,k}$ über den Erdruhedruck hinausgehende Bodenreaktion darf in Abhängigkeit von der örtlichen Verschiebung s_h als Bettungsspannung

$$\sigma_{Bh,k} = k_{sh,k} \cdot s_h$$

angesetzt werden, hierzu siehe die Bilder EB 102-1 und EB 102-2. Zur Ermittlung und zum Ansatz des Bettungsmoduls $k_{sh,k}$ siehe die Absätze 4 bis 8. Die

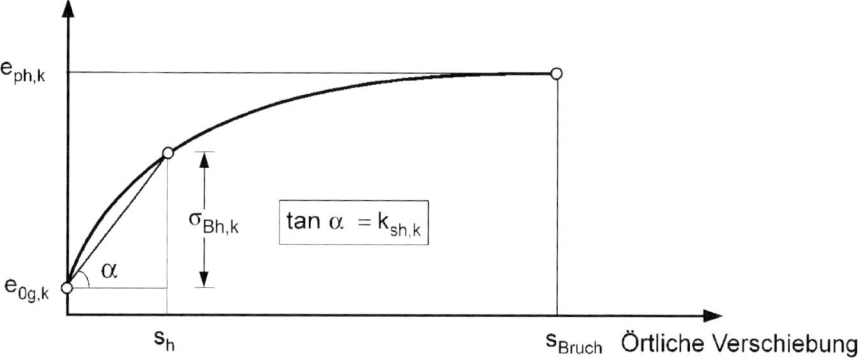

Bild EB 102-2 Ermittlung des Bettungsmoduls

Summe der Spannungen aus Erdruhedruck $e_{0g,k}$ und Bodenreaktion $\sigma_{Bh,k}$ darf die Erdwiderstandsspannungen $e_{ph,k}$ nicht überschreiten.

Liegt der Schnittpunkt von $e_{0g,k}$ und $e_{ph,k}$ unterhalb der Wandunterkante, dann ist eine Berechnung mit dem Bettungsmodulverfahren nicht möglich, weil ohnehin die größtmögliche Bodenreaktion ohne nennenswerte Verschiebung zur Aufnahme von Auflagerkräften zur Verfügung steht.

Aus programmtechnischen Gründen kann es sinnvoll sein, in den Bettungsansatz die Ausgangsspannung $e_{og,k}$ mit einzubeziehen. Dann erhält man den Bettungsmodul

$$k^*_{sh,k} = \frac{\sigma_{Bh,k} + e_{0gh,k}}{s_h}$$

Die folgenden Ausführungen beziehen sich auf den Bettungsmodul $k_{sh,k}$.

4. Näherungsweise darf der Bettungsmodul $k_{sh,k}$ aus dem Steifemodul $E_{Sh,k}$ abgeleitet werden:

    a) Für Ortbetonwände und Spundwände gilt näherungsweise der Ansatz:

    $$k_{sh,k} = \frac{E_{Sh,k}}{t_B}$$

    Maßgebend ist hierbei die von der Bettung erfasste Einbindetiefe t_B.
    Bei Wänden, die länger sind als statisch erforderlich, darf die von der Bettung erfasste Tiefe t_B näherungsweise aus der statisch erforderlichen Einbindelänge ermittelt werden.

    b) Für Bohlträger gilt in Anlehnung an DIN 1054 der Ansatz

    $$k_{sh,k} = \frac{E_{Sh,k}}{b}$$

    Bei gerammten Bohlträgern ist die Flanschbreite b maßgebend. Bei Bohlträgern, die in vorgebohrte Löcher eingesetzt und im Fußbereich einbetoniert werden, tritt der Bohrlochdurchmesser D an die Stelle der Flanschbreite b.

Im Übrigen setzt der Ansatz voraus, dass damit eine rechnerische Verschiebung von $s = 0{,}03 \cdot b$ bzw. $s = 0{,}03 \cdot D$, maximal 20 mm nicht überschritten wird. Nach DIN 1054 ist der Durchmesser D rechnerisch auf einen Meter zu begrenzen. Dies gilt hier sinngemäß allgemein für die Breite b.

c) Der Steifemodul $E_{\text{Sh,k}}$ ist dem zu erwartenden Spannungsbereich zu entnehmen. Ist nur der Steifemodul E_S für Vertikalbeanspruchung bekannt, dann ist dieser näherungsweise mit einem Faktor von $0{,}5 \leq f \leq 1{,}0$ auf Horizontalbeanspruchung umzurechnen.

5. Anhaltswerte für mittlere Bettungsmoduln für durchlaufende Wände in nichtbindigen Böden sind in Tab. EB 102-1 angegeben. Die Werte hängen von der Lagerungsdichte ab und wurden auf Erfahrungsgrundlage ermittelt. Sie enthalten näherungsweise den Einfluss der Vorbelastung aus dem Gewicht des Bodenaushubs und gelten unter Wasser ohne Strömungseinfluss. Über Wasser dürfen die Werte verdoppelt werden.

   Die Werte wurden bei einem Ausnutzungsgrad des Erdwiderstands $\mu_\text{a} \approx 1$ für die Bemessungssituation BS-T ermittelt. Bei einem Ausnutzungsgrad $\mu_\text{a} = B_{\text{h,d}}/E_{\text{ph,d}} < 1$ können sich aufgrund der Nichtlinearität der Mobilisierungskurven auch höhere Werte für den Bettungsmodul ergeben, siehe Bild EB 102-2.

   Für bindige Böden mit steifer bis halbfester Konsistenz dürfen Werte zwischen 3 und 9 MN/m^3 angesetzt werden. Aufgrund regionaler Erfahrung dürfen abweichend davon auch höhere Werte festgelegt werden.

6. Außer mit dem linearen Ansatz für den Bettungsmodul bei gleichzeitiger Begrenzung durch den passiven Erddruck kann die Bettung auch durch lokale nichtlineare Mobilisierungsansätze modelliert werden [1, 126, 131, 150, 168, 172]. Realistische Werte für den Bettungsmodul lassen sich auch aus Finite-Elemente-Berechnungen ermitteln. Dabei ist EB 103 (Abschn. 4.6) zu beachten.

7. Sofern die Steifigkeitsverhältnisse von Baugrubenwand und Boden eine Einspannung und eine Rückdrehung des Wandfußes zulassen, darf unterhalb des Verschiebungsnullpunkts auf der Erdseite

   – anstelle des aktiven Erddrucks der Erdruhedruck angesetzt werden,
   – der ermittelte Bettungsmodul ohne näheren Nachweis bis auf das Doppelte vergrößert werden, sofern sich die Bodenverhältnisse nicht verschlechtern.

8. In der Regel darf bei den Verfahren nach Absatz 4 und 5 von einem konstanten Bettungsmodul ausgegangen werden. Bei großer Einbindetiefe kann es zweck-

Tab. EB 102-1 Bettungsmodul unter Wasser: Spannen für Erfahrungswerte bei einem Ausnutzungsgrad des Erdwiderstands $\mu_\text{a} \approx 1$ für die Bemessungssituation BS-T.

Nichtbindiger Boden Lagerungsdichte			
locker	mitteldicht	dicht	sehr dicht
1–4 MN/m^3	3–10 MN/m^3	8–15 MN/m^3	12–20 MN/m^3

mäßig sein, einen mit der Tiefe zunehmenden Bettungsmodul anzunehmen oder ihn mit der Tiefe abzustufen. Bei Schichtwechseln ist der Bettungsmodul schichtweise den Bodenverhältnissen anzupassen, sofern nicht ein auf der sicheren Seite liegender Durchschnittswert gewählt wird.

9. In der Regel darf für die Berechnung ein wirklichkeitsnaher Mittelwert des Bettungsmoduls zugrunde gelegt werden. In Zweifelsfällen kann es erforderlich sein, die Berechnung mit oberen und unteren Rechenwerten durchzuführen, damit die möglichen Auswirkungen erkennbar werden.

10. Nach EB 80, Absatz 8 (Abschn. 4.3) ist sicherzustellen, dass eine ausreichende Sicherheit gegen Aufbruch des Bodens vor dem Fuß der Bohlträger bzw. der Wand vorhanden ist:

    a) Bei durchlaufenden Wänden ist nachzuweisen, dass die Grenzzustandsbedingung

    $$B_{h,d} = B_{Bh,d} + E_{V,d} \leq E_{ph,d}$$

    erfüllt ist. Dabei ist:

    $B_{h,d}$ der Bemessungswert der resultierenden Auflagerkraft nach Absatz 11,
    $B_{Bh,d}$ der Bemessungswert der Resultierenden aus den Bettungsspannungen $\sigma_{Bh,k}$,
    $E_{V,d}$ der Bemessungswert der Resultierenden des verbleibenden Erdruhedrucks,
    $E_{ph,d}$ der Bemessungswert des Erdwiderstands nach Absatz 12.

    Bei der Ermittlung des charakteristischen Erdwiderstands darf der selbe Neigungswinkel δ_p angesetzt werden wie bei der Ermittlung der Einbindetiefe und der Schnittgrößen.

    b) Bei Trägerbohlwänden ist nachzuweisen, dass die Grenzzustandsbedingung

    $$B_{h,d}^* = a \cdot B_{Bh,d} + b \cdot E_{V,d} \leq E_{ph,d}^*$$

    vor jedem einzelnen Bohlträger erfüllt ist. Dabei ist über die vorherigen Angaben hinaus:

    $B_{h,d}^*$ der Bemessungswert der resultierenden Auflagerkraft nach Absatz 11 bezogen auf einen Bohlträger,
    a Trägerachsabstand
    b die Breite des Bohlträgers bzw. der Durchmesser des einbetonierten Bohlträgers,
    $E_{ph,d}^*$ der Bemessungswert des räumlichen Erdwiderstands vor dem Bohlträger nach EB 14, Absatz 1 (Abschn. 5.3).

    Bei der Ermittlung des charakteristischen Erdwiderstands darf der selbe Neigungswinkel δ_p angesetzt werden wie bei der Ermittlung der Einbindetiefe und der Schnittgrößen.

11. Der charakteristische Wert der Bodenreaktion $B_{Bh,k}$ aus den Bettungsspannungen $\sigma_{Bh,k}$ setzt sich aus einem Anteil aus ständigen und einem Anteil aus veränderlichen Einwirkungen zusammen. Bei der Ermittlung der anteiligen Auflagerkräfte $B_{BGh,k}$ aus ständigen und $B_{BQh,k}$ aus veränderlichen Einwirkungen darf in Anlehnung an EB 82, Absatz 4 (Abschn. 4.4) der Anteil aus veränderlichen Einwirkungen $B_{BQh,k}$ durch Subtraktion des Anteils aus ständigen Einwirkungen $B_{BGh,k}$ von der Gesamtreaktion $B_{Bh,k}$ ermittelt werden:

$$B_{BQh,k} = B_{Bh,k} - B_{BGh,k}$$

Die Bemessungswerte $B_{BGh,d}$ und $B_{BQh,d}$ ergeben sich durch Multiplikation der charakteristischen Werte mit den Teilsicherheitsbeiwerten γ_G und γ_Q. Der Bemessungswert $E_{V,d}$ des resultierenden verbliebenen Erdruhedrucks ergibt sich aus dem charakteristischen Wert $E_{V,k}$ durch Multiplikation mit dem Teilsicherheitsbeiwert γ_G.

12. Bei freier Auflagerung darf nach Bild EB 102-3a) beim Nachweis nach Absatz 10 der Erdwiderstand $E_{phP,k}$ für Parallelbewegung zugrunde gelegt werden. Bei voller oder teilweiser Einspannwirkung ist der Erdwiderstand $E_{phF,k}$ für Drehung um den Fußpunkt nach Bild EB 102-3b) maßgebend, sofern sich bei gestützten Wänden im Bruchzustand nicht eine Drehung um einen höher liegenden Punkt und damit eine Kombination aus Fußpunktdrehung und Parallelverschiebung einstellen kann.

Näherungsweise gilt nach [91] und [131] für durchlaufende Wände in nichtbindigem Boden der Zusammenhang:

$$0{,}50 \cdot E_{phP,k} \leq E_{phF,k} \leq 0{,}62 \cdot E_{phP,k}$$

Näherungsweise darf dieser Zusammenhang auch auf bindige Böden angewendet werden.

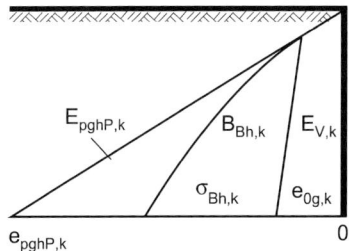
a) Parallelbewegung

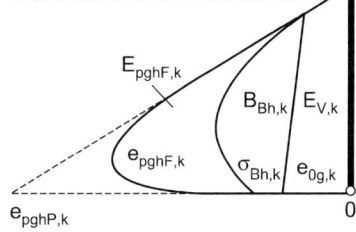
b) Fußpunktdrehung

Bild EB 102-3 Ausnutzung des Erdwiderstands bei nichtbindigem Boden

13. Der Anteil $E_{V,k}$ ist beim Nachweis nach Absatz 10 auch dann zu berücksichtigen, wenn er für die praktische Berechnung aus programmiertechnischen Gründen ganz oder teilweise gegen die Belastungen auf der Erdseite der Wand aufgerechnet wird.

14. Beim Nachweis nach EB 9 (Abschn. 4.7), mit dem das Auftreten des gewählten negativen Neigungswinkels $\delta_B = \delta_p$ beim Erdwiderstand sichergestellt wird, ist $B_{h,k}$ der charakteristische Wert der Auflagerkraft. Er ergibt sich bei durchlaufenden Wänden zu

$$B_{h,k} = B_{Bh,k} + E_{V,k}$$

Bei Trägerbohlwänden mit Bohlträgerachsabstand a ist die auf die Längeneinheit bezogene Auflagerkraft

$$B_{h,k} = (B_{Bh,k} + b/a \cdot E_{V,k})$$

maßgebend.

15. Beim Nachweis nach EB 84 (Abschn. 4.8), mit dem sichergestellt wird, dass die von oben nach unten wirkenden Vertikalkräfte im Einbindebereich der Wand mit ausreichender Sicherheit in den Untergrund übertragen werden können, darf die Vertikalkomponente der Resultierenden der Bodenreaktion wahlweise durch Mantelreibung ersetzt werden.

4.6 Anwendung der Finite-Elemente-Methode (EB 103)

1. Die Finite-Elemente-Methode (FEM) eignet sich für
   - die Ermittlung der charakteristischen Beanspruchungen in maßgebenden Schnitten durch die Baugrubenkonstruktion und in Kontaktflächen zwischen Baugrubenkonstruktion und Baugrund,
   - die Berechnung von Verformungen des Baugrunds und der Baugrubenkonstruktion,
   - geohydraulische Berechnungen,
   - den Nachweis der Sicherheit gegen Böschungsbruch und Geländebruch.

   Einzelheiten dazu sind den nachfolgenden Absätzen zu entnehmen.

2. Numerische Berechnungen für Baugrubenkonstruktionen nach der FEM können insbesondere dann zweckmäßig sein, wenn aufgrund geometrischer Randbedingungen oder schwieriger Baugrundverhältnisse die Anwendung herkömmlicher Stabstatik in Verbindung mit vereinfachten Erddruckansätzen sowie Anfangs- und Randbedingungen zu unzureichenden Ergebnissen führt oder wenn besondere Anforderungen an die Berechnungsergebnisse gestellt werden. In der Regel genügt es, die Fragestellung an einem 2-D-Modell zu untersuchen. Im Ausnahmefall kann es erforderlich sein, ein 3-D-Modell zu verwenden. FEM-Modelle kommen z. B. in folgenden Fällen zum Einsatz:

   a) Baugrubenwände mit Stützbedingungen, für die eine zuverlässige Bestimmung von Größe und Verteilung des Erddrucks nicht möglich ist, z. B. bei sich stark verformenden Wänden;

b) Baugruben mit schwierigen geometrischen Abmessungen, z. B. einspringenden oder ausspringenden Ecken, die eine zuverlässige Verteilung des Erddrucks mit herkömmlichen Annahmen nicht erlauben;
c) gestaffelte Baugrubenwände mit einer Bermenbreite, die eine zuverlässige Bestimmung von Größe und Verteilung des Erddrucks mit herkömmlichen Annahmen nicht erlauben;
d) Baugrubenkonstruktionen, bei denen eine wirklichkeitsnahe Erfassung der Wirkungen aus Aushub, Steifen- oder Ankervorspannung auf die Erddruckumlagerung und die Verschiebungen der Baugrubenwand gefordert wird;
e) Baugrubenkonstruktionen, bei denen eine wirklichkeitsnahe Erfassung der Sickerströmung und der zugehörigen Wasserdrücke erforderlich ist;
f) Baugruben neben Gebäuden, Leitungen, anderen baulichen Anlagen oder Verkehrsflächen;
g) außergewöhnlich tiefe Baugruben.

Detaillierte Hinweise und Berechnungsbeispiele zur Anwendung der FEM bei der Berechnung von Baugrubenkonstruktionen sind den aktuellen Empfehlungen des Arbeitskreises „Numerik in der Geotechnik" [122, 174, 175] zu entnehmen.

3. Die Anwendung der FEM und die Festlegung der verwendeten Stoffgesetze erfordern einschlägige Erfahrungen und eine besondere Sorgfalt. Da spezielle bodenmechanische Kenntnisse insbesondere bei der Ermittlung der Materialparameter und der Zustandsvariablen erforderlich sind, gehören die Bauwerke in der Regel zur Geotechnischen Kategorie GK 3 nach DIN 1054. Im Einzelnen wird dazu Folgendes empfohlen:

   a) Für die Planung der erforderlichen Untersuchungen und die Überwachung der fachgerechten Ausführung der Aufschlüsse sowie der Feld- und Laborversuche ist ein Sachverständiger für Geotechnik im Sinne von DIN 1054 einzuschalten, der über die erforderliche Fachkunde verfügt und entsprechende Erfahrungen besitzt.
   b) Von dem Sachverständigen für Geotechnik wird erwartet, dass er unter Berücksichtigung der Aufgabenstellung und der örtlichen Baugrundsituation ein Stoffgesetz empfiehlt, das eine wirklichkeitsnahe Berechnung des Spannungs- und Verschiebungszustandes ermöglicht.
   c) Bei der Ermittlung der für die numerischen Berechnungen benötigten Materialparameter und Zustandsgrößen sind die Empfehlungen des Arbeitskreises „Numerik in der Geotechnik" [122, 174, 175] zu beachten.

4. Bei numerischen Berechnungen ist wie folgt vorzugehen:
   a) Es ist ein geeignetes Stoffgesetz für den Baugrund zu wählen, welches sowohl Be-, Ent- als auch Wiederbelastungsvorgänge durch die Baugrubenherstellung berücksichtigt.
   b) Aus Labor- und Feldversuchen sind die charakteristischen Werte der Parameter zu ermitteln, die für das gewählte Stoffgesetz benötigt werden.

c) Nach Möglichkeit sind numerische Vorberechnungen zur Kalibrierung und Überprüfung der gewählten Parameter für das Stoffgesetz an Messergebnissen von Baugruben auszuführen, die bei vergleichbaren Baugrundverhältnissen an anderer Stelle gewonnen worden sind.

Damit die Berechnungsansätze nachvollziehbar bleiben, ist der numerischen Berechnung stets eine prüfbare Dokumentation der Bearbeitungsschritte zu den Punkten a) bis c) voranzustellen.

5. In der Regel sind wirklichkeitsnahe untere und obere charakteristische Werte der jeweiligen Bodenkenngrößen anzugeben:

   a) Für die Ermittlung der charakteristischen Beanspruchungen zum Nachweis der Tragfähigkeit werden zunächst nur die auf der sicheren Seite liegenden Werte benötigt.
   b) Für den Nachweis der Gebrauchstauglichkeit genügt es in der Regel, den Mittelwert aus dem unteren und dem oberen charakteristischen Wert als die Bodenkenngröße mit der höchsten Eintrittswahrscheinlichkeit zugrunde zu legen.

In beiden Fällen kann es erforderlich sein, Berechnungen mit unteren und oberen charakteristischen Werten durchzuführen, z. B. wenn ihr Einfluss teils günstig, teils ungünstig ist oder wenn die möglichen Grenzen der Berechnungsergebnisse ermittelt werden sollen.

6. Insbesondere dann, wenn die Abmessungen der im numerischen Modell verwendeten Bauteile, z. B. Dicke und Länge der Baugrubenwand sowie die Vorspannkräfte für Anker oder Steifen nicht aufgrund vorliegender Erfahrungen festgelegt werden können, sind in der Regel Vorberechnungen mit analytischen Verfahren durchzuführen, um den Aufwand bei der iterativen Optimierung der Bauteilabmessungen zu begrenzen.

Bei verankerten Baugruben ist die Bestimmung der Ankerlänge in der Regel ebenfalls durch Vorberechnungen mit analytischen Verfahren durchzuführen. Weitere Einzelheiten zur Anwendung der Finite-Elemente-Methode siehe [152] bis [154].

7. Zur Berücksichtigung der Wechselwirkung zwischen Verbauwand und Boden ist es erforderlich, Kontaktelemente anzuordnen. Zum Ansatz des Erddruckneigungswinkels siehe auch EB 89 (Abschn. 2.3).

8. Nach EB 80, Absatz 8 (Abschn. 4.3), ist sicherzustellen, dass eine ausreichende Sicherheit gegen Aufbruch des Bodens vor dem Fuß der Bohlträger bzw. der Wand vorhanden ist. Dazu ist nachzuweisen, dass die Grenzzustandsbedingung

$$B_{h,d} \leq E_{ph,d}$$

erfüllt ist. Dabei ist:

$B_{h,d}$ der Bemessungswert der resultierenden Auflagerkraft nach Absatz 9,
$E_{ph,d}$ der Bemessungswert des Erdwiderstands nach Absatz 10.

Bei der Ermittlung des charakteristischen Erdwiderstands darf der selbe Neigungswinkel δ_p angesetzt werden wie bei der Ermittlung der Einbindetiefe und der Schnittgrößen.

9. Der Bemessungswert der Bodenreaktion $B_{h,d}$ setzt sich aus einem Anteil aus ständigen und einem Anteil aus veränderlichen Einwirkungen zusammen. Bei der Ermittlung der anteiligen Auflagerkräfte $B_{Gh,d}$ aus ständigen und $B_{Qh,d}$ aus veränderlichen Einwirkungen darf in Anlehnung an EB 82, Absatz 4 (Abschn. 4.4) der Anteil aus veränderlichen Einwirkungen $B_{Qh,k}$ durch Subtraktion des Anteils aus ständigen Einwirkungen $B_{Gh,k}$ von der Gesamtreaktion $B_{h,k}$ ermittelt werden:

$$B_{Qh,k} = B_{h,k} - B_{Gh,k}$$

Die Bemessungswerte $B_{Gh,d}$ und $B_{Qh,d}$ ergeben sich durch Multiplikation der charakteristischen Werte mit den Teilsicherheitsbeiwerten γ_G und γ_Q.

Alternativ dürfen auch veränderliche Einwirkungen mit einem Faktor γ_Q/γ_G beaufschlagt werden, um den oben genannten Nachweis zu vereinfachen. Sind bei gesonderten Konstruktionen die Auswirkungen dieser Vereinfachung nicht klar erkennbar, sind vorab Vergleichsberechnungen anzustellen.

Können veränderliche Einwirkungen günstig wirken, sind gesonderte Rechenläufe ohne Ansatz von veränderlichen Einwirkungen durchzuführen.

10. Bei Wandfußbewegungen, die einer freien Auflagerung entsprechen, darf nach Bild EB 102-3a) beim Nachweis nach Absatz 8 der Erdwiderstand $E_{phP,k}$ für Parallelbewegung zugrunde gelegt werden. Bei Wandfußbewegungen, die einer vollen oder teilweisen Einspannwirkung entsprechen, ist der Erdwiderstand $E_{phF,k}$ für Drehung um den Fußpunkt nach Bild EB 102-3b) maßgebend, s. a. EB 102, Absatz 12. Näherungsweise gilt nach [91] und [131] für durchlaufende Wände in nichtbindigem Boden der Zusammenhang:

$$0{,}50 \cdot E_{phP,k} \leq E_{phF,k} \leq 0{,}62 \cdot E_{phP,k}$$

Näherungsweise darf dieser Zusammenhang auch auf bindige Böden angewendet werden.

11. Auf den Nachweis nach EB 9 (Abschn. 4.7), mit dem das Auftreten des gewählten negativen Neigungswinkel $\delta_B = \delta_p$ beim Erdwiderstand sichergestellt wird, darf verzichtet werden, da die Einhaltung der entsprechenden Gleichgewichtsbedingung bereits Grundlage der numerischen Berechnung ist.

12. Der Nachweis nach EB 84 (Abschn. 4.8), mit dem sichergestellt wird, dass die von oben nach unten wirkenden Vertikalkräfte im Einbindebereich der Wand mit ausreichender Sicherheit in den Untergrund übertragen werden können, ist

zu führen. Die Vertikalkomponente des charakteristischen Erddrucks ergibt sich durch Integration der Vertikalspannungen über die Wandrückseite.

13. Bei bindigem Boden sind im Stoffgesetz Zugspannungen auszuschließen. Zusätzlich ist bei der Bemessung die Einhaltung eines Mindesterddrucks zu überprüfen. Hierzu siehe EB 4, Absätze 3 bis 5 (Abschn. 3.2).

14. Bei den zusätzlichen Standsicherheitsnachweisen für verankerte Wände ist zu beachten:

    a) Der Nachweis der Sicherheit gegen Böschungsbruch und Geländebruch kann nur dann mit Hilfe der FEM durchgeführt werden, wenn als Grundlage dafür die Fellenius-Regel zugrunde gelegt wird und schrittweise die Scherfestigkeit im Boden und in den Kontaktbereichen Bauteil–Boden so lange reduziert wird, bis rechnerisch kein Gleichgewichtszustand mehr möglich ist bzw. bis rechnerisch der Bruchzustand eintritt. Diese Methode ist unter „φ-c-Reduktion" bekannt. Grenzen dieses Vorgehens und Hinweise zur Definition notwendiger Konvergenzkriterien sind den Empfehlungen des Arbeitskreises „Numerik in der Geotechnik" [122, 174, 175] zu entnehmen.

    b) Der Nachweis der Sicherheit gegen Aufbruch der Baugrubensohle und der Nachweis der Standsicherheit in der tiefen Gleitfuge sind nach DIN 1054 dem Grenzzustand STR, GEO-2 zugeordnet und sind mit den hier zugeordneten Teilsicherheitsbeiwerten zu führen. Für den Nachweis der Standsicherheit in der tiefen Gleitfuge – zum Nachweis der ausreichenden Ankerlänge – gelten die Hinweise in Absatz 6.

15. Die Eingabewerte und Ergebnisse numerischer Berechnungen sind prüfbar zu dokumentieren. Dies gilt insbesondere für die Belastung der Baugrubenwand und für die Schnittgrößen, z. B. Biegemomente, Querkräfte und Auflagerkräfte, sowie für die Verschiebungen, z. B. aus den Verformungen der Wand und des Bodens. Folgende Darstellungen werden empfohlen:

    a) die waagerechten Erddruckkomponenten und der Wasserdruck über die Höhe der Baugrubenwand in den einzelnen Aushubzuständen,
    b) der Schnittgrößenverlauf über die Höhe der Baugrubenwand in den einzelnen Aushubzuständen,
    c) die Schnittgrößen an den maßgebenden Schnittstellen in Abhängigkeit vom Bauzustand,
    d) die waagerechten Wandverschiebungen an verschiedenen Punkten der Baugrubenwand in Abhängigkeit vom Bauzustand,
    e) die Oberflächensetzungen an verschiedenen Punkten der Geländeoberfläche in Abhängigkeit vom Bauzustand,
    f) die Hebungen von Baugrubensohlen an verschiedenen Punkten,
    g) die Potentialverteilungen an den maßgeblichen Bauteilen bei geohydraulischen Berechnungen von Grundwasserströmungen.

Außerdem können grafische Darstellungen von plastifizierten Bereichen, Spannungstrajektorien sowie Verschiebungen als Vektor- oder Farbplot für eine Bewertung der Ergebnisse hilfreich sein.

4.7 Nachweis der Vertikalkomponente des mobilisierten Erdwiderstands (EB 9)

1. Es ist nachzuweisen, dass das Auftreten des gewählten negativen Neigungswinkels beim mobilisierten Erdwiderstand sichergestellt ist. Dies ist der Fall, wenn die Summe $V_k = \sum V_{k,i}$ aller von oben nach unten gerichteten charakteristischen Einwirkungen gleich oder größer ist als die Vertikalkomponente $B_{v,k}$ der charakteristischen Auflagerkraft B_k:

$$V_k \geq B_{v,k}$$

Der geforderte Nachweis ist keinem Grenzzustand zuzuordnen. Er beinhaltet nur die Einhaltung der Gleichgewichtsbedingung $\sum V_k = 0$.

2. Bei im Boden frei aufgelagerten Trägerbohlwänden, Spundwänden oder Ortbetonwänden entsprechend EB 14 (Abschn. 5.3) bzw. EB 19 (Abschn. 6.3) ist Folgendes zu beachten:

   a) Von oben nach unten gerichtete charakteristische Einwirkungen sind z. B. das Eigengewicht G_k der Wand, unmittelbar auf die Wand einwirkende ständige Auflasten P_k, die Vertikalkomponente E_{av} der mit positivem Erddruckneigungswinkel ermittelten Erddrucklast und gegebenenfalls die Vertikalkomponente A_v einer Ankerkraft.
   b) Die charakteristische Bodenreaktionskraft B_k entspricht dem charakteristischen mobilisierten Erdwiderstand mob $E_{p,k}$. Daher sind die Neigungswinkel der Auflagerkraft B_k und des mobilisierten Erdwiderstands gleich. Außerdem dürfen die Neigungswinkel der charakteristischen Größen den Winkeln im Bemessungszustand gleichgesetzt werden.
   c) Unter Beachtung der Annahmen in Punkt 2 b) erhält man den charakteristischen Wert der Vertikalkomponente $B_{V,k}$ der Auflagerkraft B_k aus der Horizontalkomponente $B_{h,k}$ mit

   $$B_{v,k} = B_{h,k} \cdot \tan \delta_{p,k}$$

   d) Für den Neigungswinkel $\delta_{p,k}$ der Auflagerkraft B_k ist immer der Wert anzusetzen, der nach EB 89, Absatz 3 (Abschn. 2.3) für gekrümmte Gleitflächen maßgebend ist. Dies gilt auch dann, wenn der Erdwiderstand mit ebenen Gleitflächen und einem reduzierten Neigungswinkel ermittelt worden ist, um wirklichkeitsnahe K_p-Werte bei der Berechnung mit geraden Gleitflächen zu erhalten. Dadurch wird vermieden, dass der Nachweis der Vertikalkomponente auf der unsicheren Seite liegt.

3. Bei im Boden eingespannten Trägerbohlwänden, Spundwänden oder Ortbetonwänden entsprechend EB 25 (Abschn. 5.4) bzw. EB 26 (Abschn. 6.4), deren Einspannung mit dem Lastansatz nach Blum [23] berechnet wird, wird unterschieden zwischen einem vereinfachten und einem genaueren Nachweis:

   a) Der vereinfachte Nachweis lautet:

   $$V_k = G_k + E_{av,k} + A_{v,k} + C_{v,k} \geq B_{v,k}$$

   Die Vertikalkomponente $B_{v,k}$ darf dabei wie unter Absatz 2 c) ermittelt werden.

   b) Beim genaueren Nachweis darf zur Ermittlung der tatsächlich wirksamen Auflagerkräfte die rechnerische Auflagerkraft $B_{h,k}$ entsprechend Bild EB 9-1 um die Hälfte der zugehörigen Kraft $C_{h,k}$ abgemindert werden. Die von oben nach unten wirkende Komponente der Kraft C_k darf dementsprechend als günstige Einwirkung nur mit der Hälfte in Rechnung gestellt werden:

   $$V_k = G_k + E_{av,k} + A_{v,k} + \frac{1}{2} \cdot C_{v,k} \geq \left(B_{h,k} - \frac{1}{2} \cdot C_{h,k}\right) \cdot \tan \delta_{p,k}$$

   Sowohl beim vereinfachten als auch beim genaueren Nachweis ist der positive Neigungswinkel der Ersatzkraft C_k in der Regel auf $\delta_C \leq 1/3 \cdot \varphi'_k$ zu begrenzen.

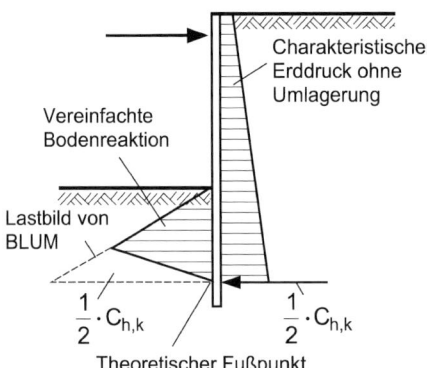

Bild EB 9-1 Wirksamer Anteil der Bodenreaktion bei Einspannung im Boden nach Blum

4. Sowohl beim Nachweis nach Absatz 1 als auch beim Nachweis nach Absatz 3 dürfen Vertikalkräfte aus veränderlichen Einwirkungen nicht berücksichtigt werden, wenn sie den Nachweis $\sum V_k = 0$ günstig beeinflussen.

5. Bei verankerten Baugrubenwänden mit einer mittleren Ankerneigung $\alpha_A \geq 15°$, die nicht durch Wasserüberdruck belastet werden, darf auf den Nachweis, dass der gewählte negative Neigungswinkel beim mobilisierten Erdwiderstand sichergestellt ist, verzichtet werden.

6. Lässt sich der Nachweis der Vertikalkomponente des Erdwiderstands nicht führen, dann ist der Neigungswinkel der Auflagerkraft B_k zu verringern. Dadurch verringert sich die Größe des Erdwiderstands. Dementsprechend sind Einbinde-

tiefe und Bemessungsschnittgrößen mit den geänderten Ansätzen neu zu ermitteln.

7. Der hier beschriebene Nachweis geht davon aus, dass die Vertikalkomponente der Resultierenden aus allen Einwirkungen verhältnismäßig klein ist. Unabhängig davon ist auch der Nachweis der Abtragung der Vertikalkräfte in den Untergrund nach EB 84 (Abschn. 4.9) zu führen, der davon ausgeht, dass die Vertikalkomponente der Resultierenden aller Einwirkungen verhältnismäßig groß ist. Für die Bemessung maßgebend ist in der Regel nur einer der beiden Nachweise.

8. Bei Dichtwänden mit erhärtender Zement-Bentonit-Suspension und eingehängter Spundwand bzw. eingehängten Bohlträgern ist nachzuweisen, dass die Vertikalkomponente $B_{V,k}$ der charakteristischen Auflagerkraft B_k über Haftverbundspannungen in die Spundwand bzw. in die Bohlträger übertragen werden kann. Hierzu siehe [127].

4.8 Nachweis der Abtragung von Vertikalkräften in den Untergrund (EB 84)

1. Es ist sicherzustellen, dass die von oben nach unten gerichteten lotrechten Einwirkungen von der Wand in den Untergrund abgeleitet werden können und die Wand nicht versinkt. Dazu muss nachgewiesen werden, dass entsprechend der Grenzzustandsbedingung

    $$V_d \leq R_d$$

    die Summe V_d der Bemessungswerte der von oben nach unten gerichteten Komponenten der Einwirkungen höchstens so groß ist wie die Summe R_d der Bemessungswerte der Widerstände.

2. Bei im Boden frei aufgelagerten Trägerbohlwänden, Spundwänden oder Ortbetonwänden entsprechend EB 14 (Abschn. 5.3) bzw. EB 19 (Abschn. 6.3) ist Folgendes zu beachten:

    a) Die von oben nach unten gerichteten charakteristischen Einwirkungen, z. B. das Eigengewicht der Wand, unmittelbar auf die Wand einwirkende ständige Auflasten, die Vertikalkomponente der mit positivem Neigungswinkel ermittelten Erddrucklast und gegebenenfalls die Vertikalkomponenten der Ankerkräfte sind, getrennt nach ständigen und veränderlichen Einwirkungen, mit den Teilsicherheitsbeiwerten γ_G und γ_Q in Bemessungswerte umzurechnen. Zu möglichen Vereinfachungen bei der Schnittgrößenermittlung siehe EB 104, Absatz 4 (Abschn. 4.11).

    b) Alle von unten nach oben gerichteten charakteristischen Widerstände, z. B. der Fußwiderstand und die Reibungskraft an der Baugrubenseite der Wand sind mit den zugehörigen Teilsicherheitsbeiwerten für Widerstände in Bemessungswerte umzurechnen.

c) Die charakteristischen Fußwiderstände für gerammte Bohlträger, Spundwände, Bohrpfähle und für in Bohrlöcher gesetzte, im Fußbereich vermörtelte Bohlträger sowie für Ortbetonwände ergeben sich nach EB 85 (Abschn. 14.10).

d) Als charakteristische Reibungskraft $R_{v,k}$ auf der Baugrubenseite der Wand darf wahlweise ein Mantelwiderstand oder die Vertikalkomponente der Auflagerkraft B_k angesetzt werden. Es ergibt sich

– der Mantelwiderstand aus der wirksamen Mantelfläche A_s der Fläche und der Mantelreibung $q_{s,k}$ zu

$$R_{v,k} = A_s \cdot q_{s,k}$$

Zur Mantelreibung $q_{s,k}$ siehe EB 85 (Abschn. 14.10) und Anhang A 10.

– die Vertikalkomponente der Auflagerkraft B_k aus der waagerechten Auflagerkraft $B_{h,k}$ und dem Reibungsbeiwert $\tan \delta_k$ nach EB 89 (Abschn. 2.3) zu

$$R_{v,k} = B_{h,k} \cdot \tan \delta_k$$

3. Bei im Boden eingespannten Trägerbohlwänden, Spundwänden oder Ortbetonwänden entsprechend EB 25 (Abschn. 5.4) bzw. EB 26 (Abschn. 6.4) ist darüber hinaus Folgendes zu beachten:

a) Die im Gegensatz zum Nachweis nach EB 9 (Abschn. 4.7) von unten nach oben wirkende charakteristische Vertikalkomponente C_V der Ersatzkraft C ergibt sich aus

$$C_{V,k} = C_{h,k} \cdot \tan \delta_{C,k}$$

Der Neigungswinkel $\delta_{C,k}$ der Ersatzkraft C darf höchstens die Größe des Wandreibungswinkels nach EB 89, Absatz 3 (Abschn. 2.3) erreichen.

b) Entsprechend EB 9 (Abschn. 4.7) ist die charakteristische Auflagerkraft $B_{h,k}$ um die Hälfte der charakteristischen Ersatzkraft $C_{h,k}$ zu vermindern. Damit verringert sich die Vertikalkomponente $B_{v,k}$ entsprechend. Die errechnete Ersatzkraft $C_{h,k}$ ihrerseits darf nur mit der Hälfte in Rechnung gestellt werden. Hierzu siehe sinngemäß Bild EB 9-1 (Abschn. 4.7).

4. Bei Trägerbohlwänden, Schlitzwänden oder Spundwänden darf eine Mantelreibung in den Bereichen als Widerstand angesetzt werden, in denen sie auf der gesamten Länge der Baugrube oder in einzelnen Teilen gestaffelt aus konstruktiven Gründen über das statisch erforderliche Maß hinaus verlängert werden. Bei Schlitzwänden ist es dabei nicht erforderlich, eine Bewehrung durchgängig in den konstruktiv verlängerten Teilen vorzusehen.

5. Lässt sich die Abtragung der Vertikalkräfte mit den zunächst gewählten Ansätzen nicht nachweisen, dann ist die positive Erddruckneigung zu verringern. Gegebenenfalls ist eine negative Erddruckneigung anzusetzen, sofern eine entsprechende Kraftübertragung möglich ist. Die damit verbundene Vergrößerung der

Erddrucklast ist zu berücksichtigen. Dementsprechend sind Einbindetiefe und Bemessungsschnittgrößen mit den geänderten Ansätzen neu zu ermitteln. Bei Ansatz eines negativen Erddruckneigungswinkels ist die von unten nach oben wirkende charakteristische Vertikalkomponente E_{avk} des Erddrucks als negative Einwirkung anzusetzen und deshalb von den übrigen charakteristischen Einwirkungen V_k abzuziehen.

6. Im Hinblick auf die Ermittlung der Bemessungswiderstände gilt Folgendes:

   a) Es dürfen auf der Widerstandsseite für den charakteristischen Fußwiderstand $R_{b,k}$ und Mantelwiderstand $R_{s,k}$ die Teilsicherheitsbeiwerte für Pfahlwiderstände und für die charakteristische Reibungskraft der Teilsicherheitsbeiwert für den Erdwiderstand zugrunde gelegt werden.

   b) Sofern die Setzungen der Baugrubenwand klein gehalten werden müssen, z. B. bei Baugruben neben Bauwerken, sind die charakteristischen Werte der Widerstände mit einem Anpassungsfaktor $\eta \leq 0{,}80$ abzumindern. Außerdem kann es erforderlich sein, die Gebrauchstauglichkeit nach EB 83 (Abschn. 4.10) nachzuweisen.

7. Bei Dichtwänden mit erhärtender Zement-Bentonit-Suspension und eingehängter Spundwand bzw. eingehängten Bohlträgern ist nachzuweisen, dass das Wand- bzw. Trägereigengewicht zusammen mit der Vertikalkomponente A_V einer Ankerkraft über Haftverbundspannungen in die erhärtete Dichtwandmasse übertragen werden kann. Hierzu siehe [127].

4.9 Standsicherheitsnachweise für ausgesteifte Baugruben in Sonderfällen (EB 10)

1. Bei Böden mit einem charakteristischen Wert des Reibungswinkels von weniger als $\varphi'_k = 25°$ unterhalb der Baugrubensohle kann es erforderlich sein, den Nachweis gegen Aufbruch der Baugrubensohle zu führen. Hierzu siehe [25, 26, 52, 130]. Der Nachweis zählt zum Grenzzustand GEO-2. Dabei ist wie folgt vorzugehen:

   a) Maßgebend sind die Kräfte an einem Bodenkörper der Breite b_g. Einwirkungen sind das Gewicht $G_{B,k}$ des Bodenkörpers und gegebenenfalls Auflasten G_k sowie Q_{rep}, Widerstände sind die seitliche Vertikalkraft T_k und der Grundbruchwiderstand $R_{n,k}$ für den belasteten Streifen der Breite b_g (Bild EB 10-1).

   b) Es ist mit den Bemessungswerten die Grenzzustandsbedingung

   $$G_{B,d} + G_d + Q_d \leq T_d + R_{n,d}$$

   zu erfüllen. Dabei ist die Breite b_g nach [52, 130] so lange zu variieren, bis sich das Maximum für den Ausnutzungsgrad

   $$\mu = \frac{G_{B,d} + G_d + Q_d}{T_d + R_{n,d}}$$

   ergibt.

Es sind nur solche Fälle zu untersuchen, bei denen der Aufbruchkörper innerhalb der Baugrube liegt (Bild EB 10-1a) oder gerade die gegenüberliegende Seite erreicht (Bild EB 10-1b). Im Fall schmaler Baugruben (Bild EB 10-1c) braucht die Breite nicht variiert zu werden, siehe [52, 130].

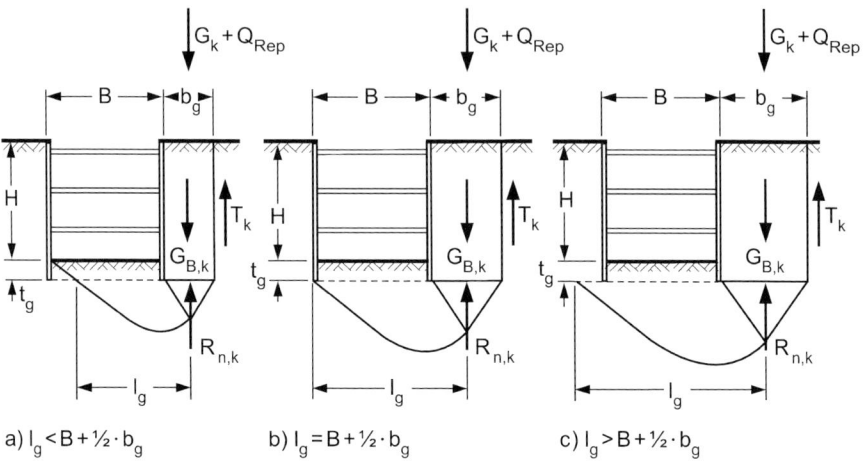

a) $l_g < B + ½ \cdot b_g$ b) $l_g = B + ½ \cdot b_g$ c) $l_g > B + ½ \cdot b_g$

Bild EB 10-1 Aufbruch der Baugrubensohle bei einheitlichem Boden

    c) Zu beachten sind die Beschränkung des Reibungsbeiwerts bei der Bestimmung des Reibungsanteils bei T_k und die Besonderheiten für schmale Baugruben [52, 130].
    d) Die Bemessungswerte T_d und $R_{n,d}$ ergeben sich aus den charakteristischen Werten T_k und $R_{n,k}$ durch Division mit dem Teilsicherheitsbeiwert $\gamma_{R,V}$ für Grundbruch.
2. Unabhängig von den Bodenverhältnissen ist der Nachweis der Grundbruchsicherheit zu führen, wenn eine schwere Gründung etwa in Höhe der Baugrubensohle in geringem Abstand von der Baugrubenwand vorhanden ist (Bild EB 10-2).

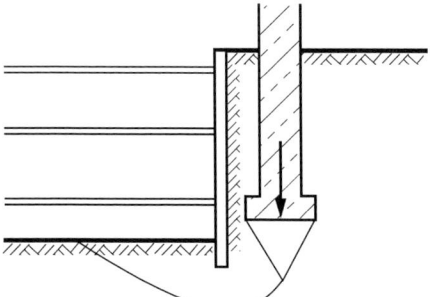

Bild EB 10-2 Nachweis der Grundbruchsicherheit bei einer ausgesteiften Baugrube

3. In Ausnahmefällen kann ein Nachweis der Geländebruchsicherheit im Grenzzustand GEO-3 erforderlich sein, wenn große Erddrücke unterhalb der Baugrubensohle zu erwarten sind, z. B. bei einer sehr schweren Gründung neben der Baugrube entsprechend Bild EB 10-3. Die Wirkung der Steifenkräfte ist zumindest dann zu berücksichtigen, wenn sie infolge ihrer Lage oberhalb des Gleitkreismittelpunkts die Standsicherheit ungünstig beeinflussen. Wirken sie günstig, z. B. die untere Steifenlage im Bild EB 10-3, dürfen sie mit dem Bemessungswert S_d des Steifenwiderstands angesetzt werden.

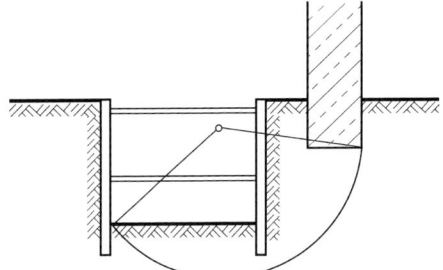

Bild EB 10-3 Nachweis der Geländebruchsicherheit bei einer ausgesteiften Baugrube

4. Tritt einer der in den Absätzen 1 bis 3 genannten Fälle im Zusammenhang mit einer Baugrube im Wasser auf, dann ist gegebenenfalls zu berücksichtigen, dass die Größe des Erdwiderstands oder des Grundbruchwiderstands beeinträchtigt sein kann. Dies gilt in besonderem Maß bei geringen effektiven Vertikalspannungen unterhalb einer Dichtungssohle [96]. Hierzu siehe EB 63, Absatz 5 (Abschn. 10.6).

5. Bei Baugruben von mehr als 10 m Tiefe kann es erforderlich sein, die Hebung der Baugrubensohle nach EB 83 (Abschn. 4.10) zu untersuchen und nachzuweisen, dass die damit verbundene Hebung von Unterstützungen für Hilfsbrücken bzw. Baugrubenabdeckungen oder von Zwischenstützen für Knickhaltungen keine nachteiligen Folgen hat. Hierzu siehe [51] und [52].

4.10 Nachweis der Gebrauchstauglichkeit (EB 83)

1. Die Regelungen in den Kapiteln 5 und 6 stellen sicher, dass bei mindestens mitteldicht gelagertem nichtbindigem Boden und bei mindestens steifem bindigem Boden die Verschiebungen des Fußauflagers einer mehrfach gestützten Wand klein sind und in der Größenordnung mit den Bewegungen und Verformungen der übrigen Baugrubenwand übereinstimmen. Die darüber hinausgehenden Regelungen in den Empfehlungen EB 20 (Abschn. 9.1), EB 22 (Abschn. 9.5) und gegebenenfalls EB 23 (Abschn. 9.6) begrenzen die zu erwartenden Verformungen so stark, dass Schäden an benachbarten Bauwerken weitgehend vermieden werden. In der Regel erübrigen sich somit besondere Untersuchungen über die Größe der Verformungen und Verschiebungen. Sofern jedoch in besonders gelagerten Fällen die Gefahr besteht, dass Verformungen und Verschiebungen

der Baugrubenwand trotz der genannten Maßnahmen die Standsicherheit oder Gebrauchsfähigkeit von benachbarten Bauwerken oder Anlagen beeinträchtigen, ist der Nachweis der Gebrauchstauglichkeit entsprechend Grenzzustand SLS nach Handbuch Eurocode 7, Band 1 zu erbringen.

2. Ein Nachweis der Gebrauchstauglichkeit kann insbesondere erforderlich sein
   - bei Baugruben neben sehr hohen, schlecht gegründeten oder in schlechtem baulichen Zustand befindlichen Bauwerken,
   - bei Baugruben mit sehr geringem oder ohne Abstand zu einem vorhandenen Gebäude,
   - bei Baugruben neben Bauwerken bei gleichzeitig hohem Grundwasserstand (hierzu siehe [96, 97]),
   - bei Baugruben neben Bauwerken, die in weichem bindigem Boden gegründet sind,
   - bei Baugruben neben Bauwerken, die einen besonders großen Anspruch an die Beibehaltung der Ruhelage stellen, z. B. wegen der Empfindlichkeit von Maschinen,
   - bei Baugruben neben empfindlichen Anlagen im Sinne von EB 20, Absatz 8 (Abschn. 9.1),
   - bei Baugruben mit einer steiler als 35° geneigten Verankerung,
   - bei Baugruben ohne Arbeitsraum, bei denen der Freiraum für das Bauwerk unzulässig eingeengt werden könnte.

3. Beim Nachweis der Gebrauchstauglichkeit sind zwei Fälle zu unterscheiden:
   a) Sofern die Verformungen der Wand genauer erfasst werden sollen, die Auswirkungen auf die Umgebung dagegen eher untergeordnet sind, kann durch Verbesserungen des statischen Systems z. B. durch Erfassung der Nachgiebigkeit der Anker, Berücksichtigung der Vorverformungen in den verschiedenen Bauzuständen und Ansatz der Bettungsreaktion im Boden die Genauigkeit der Verformungsprognosen erhöht werden (siehe Absätze 4 bis 10).
   b) Sofern sowohl die Verformungen der Wand als auch die des umgebenden Bodens bestimmt werden sollen, sind numerische Untersuchungen, z. B. mit der Methode der Finiten Elemente unter Berücksichtigung des Ausgangsspannungszustandes erforderlich, siehe EB 103 (Abschn. 4.6).

4. Der Nachweis der Gebrauchstauglichkeit wird mit charakteristischen Einwirkungen geführt. Im Hinblick auf den Ansatz des aktiven Erddrucks oder eines erhöhten aktiven Erddrucks gelten dabei die gleichen Regeln wie bei der Untersuchung des Grenzzustandes GEO-2 bzw. STR. Dabei ist der Erddruck aus der großflächigen Gleichlast $p_k \leq 10\,\text{kN/m}^2$ nach EB 24 (Abschn. 2.1) zu den ständigen Lasten zu rechnen. Darüber hinausgehende Erddrücke aus einer großflächigen Flächenlast q_k oder weiteren begrenzten Flächenlasten q'_k aus Verkehr und Baubetrieb einschließlich repräsentativer Lasten brauchen in der Regel nur dann berücksichtigt zu werden, wenn die Größe der Last und die Dauer ihrer Einwirkung dies erforderlich machen.

5. Das statische System ist oberhalb der Aushub- bzw. Baugrubensohle durch die Stützungen vorgegeben. Für die Auflagerung im Boden gilt Folgendes:

   a) Es ist in der Regel von der tatsächlich vorhandenen, nicht von der rechnerisch erforderlichen Einbindetiefe auszugehen, falls eine größere als die rechnerisch erforderliche Einbindetiefe gewählt worden ist.
   b) Bei im Boden frei aufgelagerten Wänden darf die Lage der Resultierenden der Bodenreaktionen entsprechend den Angaben für den Grenzzustand GEO-2 in EB 14, Absatz 4 (Abschn. 5.3) bzw. EB 19, Absatz 4 (Abschn. 6.3) angenommen werden, sofern nicht eine elastische Bettung, z. B. das Bettungsmodulverfahren nach EB 102 (Abschn. 4.5) zugrunde gelegt wird.
   c) Bei im Boden eingespannten Wänden sind besondere Untersuchungen nach Absatz 6 vorzunehmen.

6. Für die Berücksichtigung einer Einspannung von biegeweichen Baugrubenwänden im Boden stehen neben dem Ansatz von Blum im Wesentlichen folgende Ansätze zur Verfügung:

   a) Näherungsweise darf die Verteilung der Bodenreaktionen in Anlehnung an Bild EB 9-1 (Abschn. 4.7) angenommen werden, wobei im Bereich unmittelbar unter der Aushub- bzw. Baugrubensohle die Ordinaten des charakteristischen Erdwiderstands, gegebenenfalls unter Berücksichtigung der Kohäsion, zugrunde gelegt werden dürfen.
   b) Genauer erhält man die Verteilung der Bodenreaktionen von der Aushub- bzw. Baugrubensohle bis zum Drehpunkt im Falle nichtbindigen Bodens aus den Angaben in [91]. Hierzu siehe auch EB 102, Absatz 12 (Abschn. 4.5).
   c) Bei ausreichend biegeweichen Wänden ergibt sich die wirksame Einspannung mit Hilfe der elastischen Bettung, z. B. dem Bettungsmodulverfahren nach EB 102, Abschn. 4.5.

7. Mit dem statischen System nach Absatz 6 erhält man eine Auflagerkraft $B_{h,k}$, die vom Boden vor der Wand aufgenommen werden muss. Die zugehörige Verschiebung erhält man näherungsweise

   – bei Trägerbohlwänden in nichtbindigem Boden nach [20] bzw. [46], in Schluffboden nach [93],
   – bei durchgehenden Wänden in nichtbindigem Boden nach [94, 126], in bindigem Boden nach [95]. Dabei dürfen die nach Bild EB 102-2 (Abschn. 4.5) dem verbliebenen Erdruhedruck zugeordneten Verschiebungen s_V abgezogen werden.

   Unabhängig davon kann bei Baugruben im Wasser mit tiefliegender Dichtungsschicht eine waagerechte Zusammendrückung des Bodens auftreten, insbesondere dann, wenn das Wasser innerhalb der Baugrube tiefer abgesenkt wird als es im jeweiligen Aushubzustand erforderlich ist [96].

8. In der Regel sind bei der Ermittlung der Verformungen und Verschiebungen der Baugrubenwand

a) die Vorverformungen in Höhe der Stützungen vor deren Einbau,
b) die Dehnungen von Ankern infolge der Kräfte, die über die Festlegekraft hinausgehen

zu berücksichtigen. Die elastische Zusammendrückung von Steifen und die Bewegung der Wand gegen das Erdreich beim Vorspannen von Steifen oder Ankern darf im Allgemeinen vernachlässigt werden.

9. Neben den waagerechten Verformungen bzw. Verschiebungen der Wand sind auch die Setzungen der Wand zu untersuchen. Hierzu siehe EB 85 (Abschn. 14.10).

10. Die bisher genannten Angaben berücksichtigen nur das Verhalten der Wand selbst. Nicht erfasst sind Bewegungen durch Auflockerung oder Verdichtung des Bodens bei der Herstellung der Baugrubenwand, z. B.

 - Bodenauflockerungen vor dem Einziehen der Bohlen einer Trägerbohlwand,
 - Bodenentzug beim Bohren, Nachsackung des Bodens infolge des Überschnittes der Bohrkrone,
 - Entspannung des Bodens bei Druckabfall in der Suspension eines Schlitzes für eine Schlitzwand,
 - Sackungen des Bodens infolge von Bodenentzug beim Bohren von Ankern,
 - Verdichtung des Bodens beim Rammen der Ankerverrohrung,
 - Entspannung des Bodens durch Hohlraumbildung beim Ziehen von Spundbohlen.

Soweit sich diese Auswirkungen nicht durch technische Maßnahmen vermeiden lassen, sind die Auswirkungen auf die Gebrauchstauglichkeit der Wand näherungsweise abzuschätzen. Hinweise hierzu siehe [155, 156, 172].

11. Bei verankerten Wänden kommen noch die Bewegungen hinzu, die

 - durch eine Verkantung des im Bild EB 46-1 (Abschn. 7.5) dargestellten fangedammartigen Erdkörpers,
 - durch eine Schubverzerrung des fangedammartigen Erdkörpers und des darunter anstehenden Bodens,
 - durch eine waagerechte Verschiebung des fangedammartigen Erdkörpers infolge der Zusammendrückung des Bodenkörpers unterhalb der Baugrubensohle

verursacht werden. Diese Bewegungen und Verformungen können nach [72] abgeschätzt werden. Genauere Untersuchungen auf der Basis numerischer Berechnungen sind möglich. Im Übrigen siehe [38] und [39].

12. Ergibt die Untersuchung, dass die ermittelten Verformungen bzw. Verschiebungen der Wand die Bedingungen für die Gebrauchstauglichkeit nicht erfüllen, dann kommen im Wesentlichen folgende Maßnahmen in Frage:

 - die Veränderung der Anordnung der Stützungen,
 - die Vergrößerung der Einbindetiefe,

- das Einbringen einer Fußstützung in Höhe der Baugrubensohle vor dem Aushub der Baugrube,
- die Wahl stärkerer Profile bzw. größerer Wanddicken,
- bei verankerten Wänden gegebenenfalls die in EB 46, Absatz 3 (Abschn. 7.5) angegebenen Maßnahmen.

Falls sich durch eine dieser Maßnahmen das statische System deutlich verändert, ist ein neuer Nachweis für den Grenzzustand GEO-2 bzw. STR zu erbringen.

13. Neben den Verschiebungen der Baugrubenwände und den Verformungen des dahinter anstehenden Bodens können, auch bei ausgesteiften Baugruben, Hebungen der Aushubsohle und der Baugrubenwände eine Rolle spielen. Hierzu siehe [51] und [52]. Die Hebungen werden durch die Aushubentlastung verursacht und später durch das Gewicht des Bauwerks ganz oder teilweise wieder rückgängig gemacht.

Bei Baugruben im Wasser mit pfahlverankerter Sohle sind Sohlhebungen zu erwarten, die deutlich über das hinausgehen, was bereits bei Baugruben im Trockenen bzw. bei Baugruben mit abgesenktem Grundwasser zu erwarten ist. Hierzu siehe [141] und [142]. Dies gilt insbesondere dann, wenn, z. B. im Rahmen der Beobachtungsmethode, das in EB 62, Absatz 3 b) (Abschn. 10.5) vorgegebene Sicherheitsniveau beim Nachweis des Grenzzustandes UPL unterschritten wird.

4.11 Zulässige Vereinfachungen im Grenzzustand GEO-2 bzw. STR (EB 104)

1. Bei Baugrubenkonstruktionen ist die Anzahl der veränderlichen Einwirkungen verhältnismäßig gering. Außerdem sind ihre Auswirkungen, von wenigen Ausnahmen abgesehen, stets ungünstig und, verglichen mit den Auswirkungen der ständigen Einwirkungen, nicht ausschlaggebend. Es ist somit angemessen, ganz allgemein Vereinfachungen zuzulassen, soweit das Ergebnis nicht oder nur unwesentlich beeinträchtigt wird. Hierzu siehe Absätze 2 bis 4.

2. Alle ständigen Einwirkungen, auch wenn sie unterschiedliche Ursachen haben, dürfen zu einer einzigen Einwirkung zusammengefasst werden. Insbesondere darf der Erddruck aus ständigen Bauwerkslasten mit dem Erddruck aus Bodeneigengewicht, großflächiger Auflast und gegebenenfalls Kohäsion nach EB 4 (Abschn. 3.2) in eine gemeinsame Lastfigur einbezogen werden. Dies gilt gegebenenfalls auch im Falle eines erhöhten aktiven Erddrucks bzw. eines abgeminderten oder vollen Erdruhedrucks. Bei der Ermittlung der Vertikalkräfte ist allerdings zu beachten, dass der Erdruhedruckanteil bei geneigter Geländeoberfläche mit $\delta_0 = \beta$, bei waagerechter Geländeoberfläche mit $\delta_0 = 0$ zustande kommt. Die Vertikalkraftanteile sind somit im gleichen Verhältnis zusammenzusetzen wie die waagerechten Anteile des erhöhten aktiven Erddrucks.

3. Da der Wasserdruck in der Regel ungünstige Auswirkungen hat und nach Handbuch Eurocode 7, Band 1 als ständige Einwirkung behandelt werden darf, kann er mit dem durch Auftrieb verminderten Erddruck in einer gemeinsamen Lastfigur zusammengefasst werden. Bei der Ermittlung der Vertikalkräfte ist allerdings zu beachten, dass nur der Erddruckanteil mit Wandreibung zustande kommt. Nicht zweckmäßig ist die gemeinsame Lastfigur, wenn die Schnittgrößen mit der klassischen Erddruckverteilung ermittelt werden und eine Erddruckumlagerung nach EB 63, Absatz 3 (Abschn. 10.6) durch Zuschläge zu den ermittelten Auflagerkräften ersetzt werden soll.

4. Alle veränderlichen Einwirkungen, die über die großflächige Gleichlast $p_k = 10\,\text{kN/m}^2$ hinausgehen, insbesondere Ersatzlasten q_k aus Verkehr und Baubetrieb sowie der veränderliche Anteil von Bauwerkslasten, dürfen mit dem Faktor

   – $f_q = \gamma_Q/\gamma_G = 1{,}30/1{,}20 = 1{,}08$ für die Bemessungssituation BS-T,
   – $f_q = \gamma_Q/\gamma_G = 1{,}15/1{,}10 = 1{,}05$ für die Bemessungssituation BS-T/A,
   – $f_q = \gamma_Q/\gamma_G = 1{,}00/1{,}00 = 1{,}00$ für die Bemessungssituation BS-A

multipliziert und ihre Auswirkungen in Form von Erddruck aus Nutzlast dem Erddruck aus Bodeneigengewicht, großflächiger Gleichlast $p_k = 10\,\text{kN/m}^2$ und gegebenenfalls Kohäsion überlagert werden, soweit sie einen ungünstigen Einfluss auf die Einbindetiefe bzw. auf die Schnittgrößen haben. Die so ermittelten charakteristischen Schnittgrößen brauchen dann nur noch mit dem einheitlichen Teilsicherheitsbeiwert γ_G in Bemessungswerte umgerechnet zu werden.

5
Berechnungsansätze für Trägerbohlwände

5.1 Lastbildermittlung für Trägerbohlwände (EB 12)

1. Liegen die in EB 8 (Abschn. 3.1) genannten Voraussetzungen für das Absinken des Erddrucks vom Ruhedruck auf den aktiven Erddruck vor, dann ist die Erddrucklast E_a nach EB 4 (Abschn. 3.2) und EB 6 (Abschn. 3.4) unter Berücksichtigung von Bodeneigengewicht, großflächiger Gleichlast $p_k \leq 10\,\text{kN/m}^2$ und gegebenenfalls Kohäsion nach EB 4 (Abschn. 3.2) von der Geländeoberfläche bis zur Aushub- bzw. Baugrubensohle zu ermitteln. Der Erddruck unterhalb der Baugrubensohle geht nicht in das Lastbild ein, falls sich aus den Festlegungen in EB 15 (Abschn. 5.5) nichts anderes ergibt. Bild EB 12-1 zeigt dazu das grundsätzliche Vorgehen ohne Berücksichtigung des Erddrucks aus weiteren Nutzlasten.

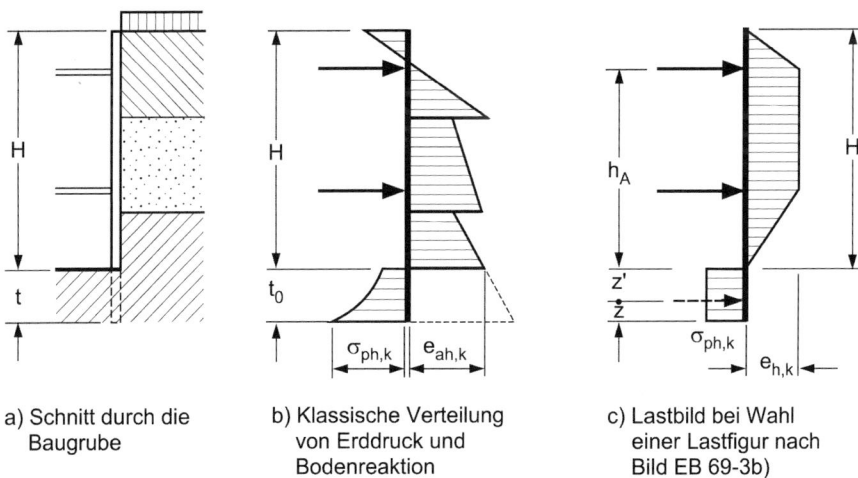

a) Schnitt durch die Baugrube

b) Klassische Verteilung von Erddruck und Bodenreaktion

c) Lastbild bei Wahl einer Lastfigur nach Bild EB 69-3b)

Bild EB 12-1 Lastbildermittlung für gestützte Trägerbohlwände bei Ansatz des aktiven Erddrucks und freier Auflagerung im Boden (Beispiel einer zweimal gestützten Trägerbohlwand in geschichtetem Boden)

2. Bei nicht gestützten, im Boden eingespannten und bei nachgiebig gestützten Trägerbohlwänden ist für den Nachweis der Einbindetiefe nach EB 80 (Ab-

schn. 4.3) und bei der Ermittlung der Schnittgrößen nach EB 82 (Abschn. 4.4) stets die klassische Erddruckverteilung anzusetzen. Bei der Untersuchung von Zwangsgleitflächen ist der untere Ausgangspunkt in der Regel in Höhe der Baugrubensohle anzunehmen.

3. Bei Trägerbohlwänden, die wenig nachgiebig gestützt sind, ist die nach Absatz 1 ermittelte Belastung (Bild EB 12-1b) entsprechend EB 5 (Abschn. 3.3) in eine einfache Lastfigur umzuwandeln, die der zu erwartenden Erddruckumlagerung entspricht. In der Regel darf die gewählte Lastfigur bei mehrfach gestützten Trägerbohlwänden in den Vorbauzuständen in Höhe der jeweiligen Aushubsohle und im Vollaushubzustand in Höhe der Baugrubensohle auf $e_{h,k} = 0$ auslaufen. Falls bei im Boden frei aufgelagerten Trägerbohlwänden entsprechend EB 15, Absatz 6 c) (Abschn. 5.5) der gesamte Erddruck von der Geländeoberfläche bis zur Bohlträgerunterkante in die Umlagerung einbezogen wird, ist in Höhe der Bohlträgerunterkante $e_{h,k} \geq 0$ zu setzen. Für im Boden eingespannte Trägerbohlwände gilt in diesem Fall EB 15, Absatz 7 c) (Abschn. 5.5). Im Übrigen braucht jedoch im Hinblick darauf, ob die Träger im Untergrund frei aufgelagert oder eingespannt sind, bei der Festlegung der Lastfigur kein Unterschied gemacht zu werden.

4. Als Anhalt für die Festlegung einer wirklichkeitsnahen Lastfigur für wenig nachgiebig gestützte Trägerbohlwände dürfen die Angaben der Empfehlung EB 69 (Abschn. 5.2) verwendet werden. Eine rechteckförmige Lastfigur ist in den meisten Fällen nicht als wirklichkeitsnah anzusehen. Wird sie trotzdem gewählt, dann sind die damit verbundenen Fehler bei der Ermittlung der Querkräfte und Auflagerkräfte durch angemessene Zuschläge auszugleichen. Hierzu siehe EB 13 der 3. Auflage [124] und EAB-100 [125].

5. Größe und Verteilung des Erddrucks aus Nutzlasten sind nach EB 6 (Abschn. 3.4) und EB 7 (Abschn. 3.5) zu ermitteln. Wegen der unterschiedlichen Teilsicherheitsbeiwerte für ständige und veränderliche Einwirkungen darf der Erddruck aus großflächigen Gleichlasten, die über $p_k = 10\,\text{kN/m}^2$ hinausgehen, und der Erddruck aus Streifenlasten q'_k und Linienlasten $\overline{q}_k$ nicht mit dem Erddruck nach Absatz 1 überlagert werden. Hierzu siehe jedoch EB 104, Absatz 2 und 4 (Abschn. 4.11).

6. Sofern die Bohlträger ausreichend tief in den Untergrund einbinden, kann die Fußstützung wie folgt angesetzt werden:

   a) als freie Auflagerung nach EB 14 (Abschn. 5.3) oder
   b) als Einspannung bzw. Teileinspannung im Boden nach EB 25 (Abschn. 5.4).

   Im Fall einer freien Auflagerung in bindigem Boden erhält man ein Lastbild entsprechend Bild EB 12-1c).

7. Aufgelöste Pfahlwände sind sinngemäß wie Trägerbohlwände zu behandeln. Entsprechend dem Verhältnis von Pfahldurchmesser zu Pfahlabstand und abhängig von der Steifigkeit der Pfähle ist jedoch in der Regel mit einer geringeren Erddruckumlagerung zu rechnen.

Klaus D. Kluckert

Spezialtiefbau 2.0

Durch Schaden wird man klug

- umfangreiche baupraktische Erfahrung im Spezialtiefbau
- Fehler vermeiden, Qualität sichern und Unfallgefahren minimieren

Der Autor zeigt anhand eigener Erlebnisse typische Fehler im Spezialtiefbau auf und analysiert deren Ursachen. Mit diesem „etwas anderen Lehrbuch" fasst er sein Wissen zusammen und lässt Kollegen, Berufsanfänger und Studenten an seinem wertvollen Erfahrungsschatzschatz

2015 · 144 Seiten
Softcover
ISBN 978-3-433-03146-9
€ 24.90*

BESTELLEN
+49 (0)30 470 31-236
marketing@ernst-und-sohn.de
www.ernst-und-sohn.de/3146

Der €-Preis gilt ausschließlich für Deutschland. Inkl. MwSt.

GKT Spezialtiefbau GmbH

Tiefgründungen
- Vollverdrängungsbohrpfähle
- Teilverdrängungsbohrpfähle
- Großbohrpfähle
- Ortbetonrammpfähle
  - Simplex
  - mit ausgerammtem Fuß

Komplettbaugruben
- Bohrpfahlwände
- Berliner u. Essener Verbau
- Spundwände

HafenCity Hamburg

Haidkamp 95, 25421 Pinneberg

Telefon: 04101 / 80 510 - 00
Telefax: 04101 / 80 510 - 05
E-Mail: info@gktspezi.de
Internet: www.gktspezi.de

Karl Josef Witt (Hrsg.)

Grundbau-Taschenbuch

Set: Teil 1–3

- einmaliges Nachschlagewerk jetzt aktualisiert
- umfassend und auf höchstem Niveau
- Berücksichtigung neuester Normen

Das Grundbau-Taschenbuch ist seit über 60 Jahren das Standardwerk der Geotechnik. Das Werk umfasst drei Bände und behandelt geotechnische Grundlagen, geotechnische Verfahren und Gründungen.

Teil 1 – Geotechnische Grundlagen
Der erste Band deckt die geotechnischen Grundlagen ab, die physikalischen Eigenschaften von Boden und Fels, ihre Ermittlung und Bewertung, ihre Berücksichtigung in Stoffgesetzen und in konventionellen sowie numerischen Berechnungsmethoden.

Teil 2 – Geotechnische Verfahrung
Der zweite Band enthält die geotechnischen Verfahren des Erdbaus, zur Verbesserung und Stabilisierung des Baugrunds, zur Sicherung von Bauwerken sowie zur Herstellung von Ankern, Pfählen und Abdichtungen. Besondere Aufgabenstellungen wie die Grundwasserhaltung und spezielle Anwendungsgebiete wie der Einsatz von Geokunststoffen im Erd- und Grundbau werden ebenfalls behandelt.

Teil 3 – Gründungen und geotechnische Bauweke
Der dritte Band gibt einen Überblick über die verschiedensten Aufgaben im Grundbau. Neben den Flachgründungen werden Pfahlgründungen, Gründungen im offenen Wasser und in Bergbaugebieten behandelt. Weitere Schwerpunkte des dritten Bandes sind die Sicherung von Baugruben, Spundwände, Pfahl-Schlitz- und Dichtwänden sowie Stützwände und konstruktive Hangsicherungen. Neu hinzugekommen ist ein Kapitel zum geotechnischen Erdbebenwesen und Erschütterungsschutz.

8. vollst. überarb. u. aktualis. Auflage · 2018 · 3326 Seiten · 3 Bände

Hardcover
ISBN 978-3-433-03154-4   € 483*

eBundle (Print + PDF)
ISBN 978-3-433-03214-5   € 659*

BESTELLEN
+49 (0)30 470 31-236
marketing@ernst-und-sohn.de
www.ernst-und-sohn.de/3154

* Der €-Preis gilt ausschließlich für Deutschland. Inkl. MwSt.

5.2 Lastfiguren für gestützte Trägerbohlwände (EB 69)

1. Sofern

    - die Geländeoberfläche waagerecht ist,
    - mitteldicht oder dicht gelagerter nichtbindiger Boden oder mindestens steifer bindiger Boden ansteht,
    - eine wenig nachgiebige Stützung entsprechend EB 67, Absatz 3 (Abschn. 1.5) vorliegt und
    - vor Einbau der jeweils nächsten Steifen- oder Ankerlage nicht tiefer ausgehoben wird als im Bild EB 69-1 dargestellt ist,

    dürfen bei Trägerbohlwänden auf der Grundlage von EB 5, Absätze 3 und 4 (Abschn. 3.3), in den Vorbauzuständen und im Vollaushubzustand für den Ansatz des Erddrucks aus Bodeneigengewicht, großflächiger Gleichlast $p_k \leq 10\,\text{kN/m}^2$ und gegebenenfalls Kohäsion nach EB 4 (Abschn. 3.2), die nachfolgend beschriebenen Lastfiguren verwendet werden. Die angegebenen Lastfiguren sind nur als Anhalt zu werten; sie sollen keineswegs andere wirklichkeitsnahe Lastfiguren ausschließen. Hierzu siehe auch [32, 52, 69, 89, 90].

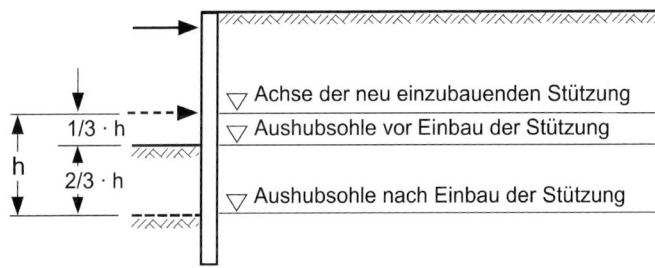

Bild EB 69-1 Aushubgrenze vor Einbau einer Stützung

2. Bei einmal gestützten Trägerbohlwänden dürfen folgende Lastfiguren als wirklichkeitsnah angenommen werden:

    a) ein durchgehendes Rechteck entsprechend Bild EB 69-2a), sofern die Steifen- oder Ankerlage nicht tiefer angeordnet ist als bei $h_k = 0{,}10 \cdot H$;
    b) ein auf halber Höhe abgestuftes Rechteck mit $e_{ho,k} : e_{hu,k} = 1{,}50$ entsprechend Bild EB 69-2b), sofern die Steifen- oder Ankerlage im Bereich von $h_k > 0{,}10 \cdot H$ bis $h_k = 0{,}20 \cdot H$ angeordnet ist;
    c) ein auf halber Höhe abgestuftes Rechteck mit $e_{ho,k} : e_{hu,k} = 2{,}00$ entsprechend Bild EB 69-2c), sofern die Steifen- oder Ankerlage im Bereich von $h_k > 0{,}20 \cdot H$ bis $h_k = 0{,}30 \cdot H$ angeordnet ist.

    Bei $h_k > 0{,}30 \cdot H$ wird als wirklichkeitsnahe Lastfigur ein Dreieck nach Bild EB 5-1i) (Abschn. 3.3) mit der größten Ordinate in Höhe der Stützung empfohlen.

5 Berechnungsansätze für Trägerbohlwände

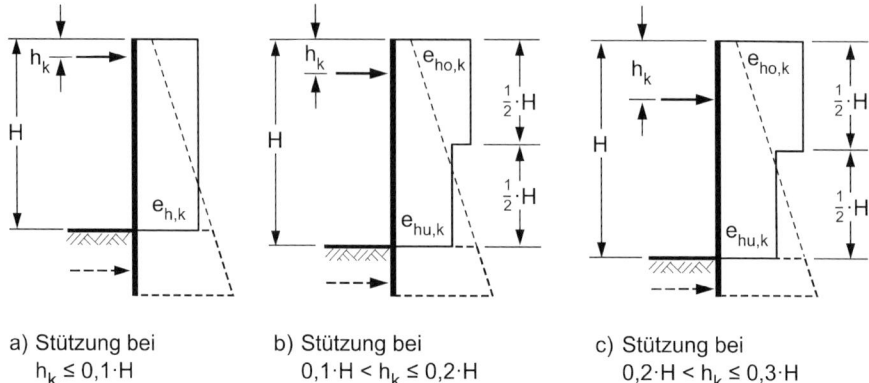

a) Stützung bei
  $h_k \leq 0{,}1 \cdot H$

b) Stützung bei
  $0{,}1 \cdot H < h_k \leq 0{,}2 \cdot H$

c) Stützung bei
  $0{,}2 \cdot H < h_k \leq 0{,}3 \cdot H$

Bild EB 69-2 Lastfiguren für einmal gestützte Trägerbohlwände

3. Bei zweimal gestützten Trägerbohlwänden dürfen folgende Lastfiguren als wirklichkeitsnah angenommen werden:
   a) ein abgestuftes Rechteck mit dem Lastsprung in Höhe der unteren Steifenlage und $e_{h0,k} : e_{hu,k} = 2{,}00$ entsprechend Bild EB 69-3a), sofern die obere Steifen- oder Ankerlage etwa in Höhe der Geländeoberfläche, die untere Lage in der oberen Hälfte der Baugrubentiefe H angeordnet ist;
   b) ein Trapez entsprechend Bild EB 69-3b), sofern die obere Steifen- oder Ankerlage unterhalb der Geländeoberfläche, die untere Lage etwa auf halber Höhe der Baugrubentiefe H angeordnet ist;
   c) ein Trapez entsprechend Bild EB 69-3c), sofern die beiden Steifen- oder Ankerlagen sehr tief angeordnet sind.

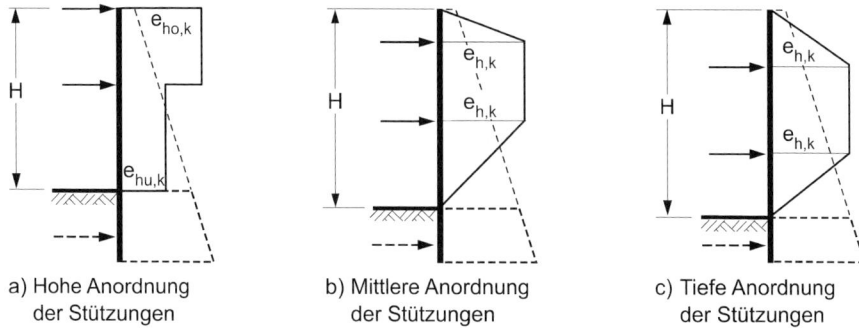

a) Hohe Anordnung
  der Stützungen

b) Mittlere Anordnung
  der Stützungen

c) Tiefe Anordnung
  der Stützungen

Bild EB 69-3 Lastfiguren für zweimal gestützte Trägerbohlwände

4. Bei dreimal oder öfter gestützten Trägerbohlwänden mit etwa gleichen Stützweiten darf das Trapez entsprechend Bild EB 69-4 als wirklichkeitsnahe Lastfigur angenommen werden. Die Resultierende des Erddrucks soll dabei im Bereich von $z_e = 0{,}50 \cdot H$ bis $z_e = 0{,}55 \cdot H$ liegen.

5. Die hier empfohlenen Lastfiguren berücksichtigen nicht den vorangegangenen Bauzustand. Bei genaueren Festlegungen ergibt sich die Lastfigur eines neuen

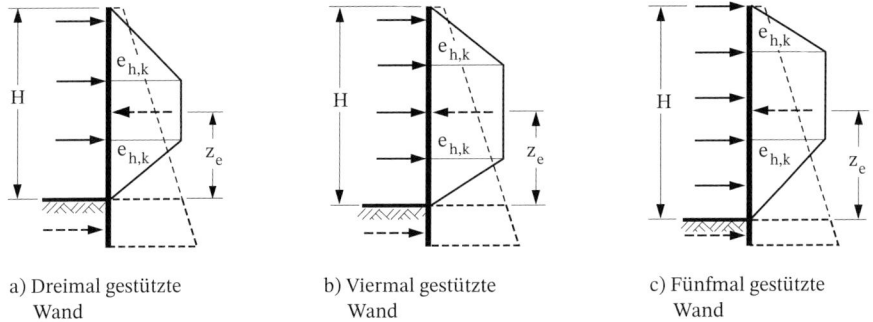

| a) Dreimal gestützte Wand | b) Viermal gestützte Wand | c) Fünfmal gestützte Wand |

Bild EB 69-4 Lastfiguren für dreimal oder öfter gestützte Trägerbohlwände

Bauzustandes immer aus der Lastfigur des vorangegangenen Bauzustandes und dem Erddruckzuwachs durch den zusätzlichen Aushubschritt. Dieser Erddruckzuwachs lagert sich überwiegend an der zuletzt eingebauten Stützung an [89, 90]. Dies ist insbesondere bei Baugruben in geschichtetem Boden zu beachten. Stützungen, die tiefer angeordnet sind als bei 30 % der Wandhöhe H, haben auf die Form der Lastfigur keinen nennenswerten Einfluss.

5.3 Bodenreaktionen und Erdwiderstand bei im Boden frei aufgelagerten Trägerbohlwänden (EB 14)

1. Der charakteristische Erdwiderstand vor Bohlträgern darf bei nichtbindigem Boden entsprechend dem in [20] vorgeschlagenen, in [52] und [168] weiterentwickelten Berechnungsvorschlag ermittelt werden. Stehen die Bohlträger so dicht nebeneinander, dass sich die Erdwiderstandseinflüsse überschneiden, dann sind die errechneten Erdwiderstandskräfte entsprechend abzumindern. Dazu ist der Erdwiderstand sowohl mit als auch ohne Annahme einer Überschneidung zu ermitteln. Der jeweils kleinere Wert ist für die weitere Berechnung maßgebend. Hierzu siehe [52]. Wird der für nichtbindige Böden abgeleitete Berechnungsvorschlag auf bindige Böden angewendet, dann ist der Anteil des Erdwiderstands infolge von Kohäsion bis auf die Hälfte des errechneten Wertes abzumindern, sofern keine genaueren Untersuchungen zugrunde gelegt werden. Hierzu siehe [21] und [93].

2. Der Bemessungserdwiderstand ergibt sich aus dem mit den Scherparametern φ'_k und c'_k ermittelten charakteristischen Erdwiderstand durch Division mit dem Teilsicherheitsbeiwert $\gamma_{R,e}$ nach EB 79 (Abschn. 2.4).

3. Bei Anwendung der in EB 79 (Abschn. 2.4) angegebenen Teilsicherheitsbeiwerte zur Ermittlung der Bemessungswerte des Erdwiderstands für die Aufnahme der Auflagerkraft im Boden ist in der Regel mit erheblichen Fußverschiebungen zu rechnen. Nur dann, wenn der Bemessungserdwiderstand mit dem Anpassungsfaktor $\eta_{R,e} = 0{,}80$ abgemindert wird, darf unterstellt werden, dass bei nichtbin-

digen Böden und bei mindestens steifen bindigen Böden die Verschiebungen des Fußauflagers in der gleichen Größenordnung liegen wie die Bewegungen und Verformungen der übrigen Baugrubenwand. Wenn allerdings nachgewiesen wird,

a) dass bei einmal gestützten Wänden die Bewegungen des Fußauflagers im Hinblick auf die Gebrauchstauglichkeit unbedenklich sind, bzw.
b) dass bei mehrfach gestützten Wänden diese Bewegungen nicht größer sind als die Verschiebungen und Verformungen der übrigen Baugrubenwand, z. B. bei dicht gelagertem nichtbindigem Boden oder halbfestem bindigem Boden im Bereich der Einbindetiefe,

darf bei der Ermittlung der Einbindetiefe auf einen Anpassungsfaktor verzichtet werden.

4. Näherungsweise darf bei nichtbindigem oder mindestens steifem bindigem Boden bei der Ermittlung der Schnittgrößen von einem parabelförmigen oder einem bilinearen Ansatz nach Bild EB 80-1b) und c) bzw. a) (Abschn. 4.3) ausgegangen werden. Sofern das Gleichgewicht der Horizontalkräfte nach EB 15, Absatz 1 (Abschn. 5.5) nachgewiesen werden kann, darf nicht nur beim Nachweis der Standsicherheit nach EB 80, Absatz 4 (Abschn. 4.3), sondern auch beim Nachweis der Gebrauchstauglichkeit nach EB 83, Absatz 5 (Abschn. 4.10) ein Auflager im Schwerpunkt der Bodenreaktion angenommen werden. Das in EB 11, Absatz 3 a) (Abschn. 4.2) beschriebene Kragmoment tritt in diesem Fall in der Regel nicht auf, wenn unterhalb der Baugrubensohle kein Erddruck auf den Bohlträger angesetzt wird. Die rechnerische Fußverschiebung darf nach EB 11, Absatz 3 b) (Abschn. 4.2) auf $s = 0$ korrigiert werden.

5. Sofern im Bereich unterhalb der Baugrubensohle mindestens mitteldicht gelagerter nichtbindiger oder mindestens steifer bindiger Boden ansteht und die geradlinig mit der Tiefe zunehmende Verteilung der Bodenreaktion gewählt wird, darf bei der Ermittlung der Biegemomente, der Querkräfte und der Auflagerkräfte auf der Grundlage von EB 82, Absatz 1 b) (Abschn. 4.4)

   – entweder eine verringerte Einbindetiefe t_0
   – oder eine Teileinspannung mit der Tiefe t_1' nach EB 25, Absatz 6 (Abschn. 5.4)

   zugrunde gelegt werden.

   Hierbei gilt Folgendes:

   a) Die verringerte Einbindetiefe t_0 bzw. die Tiefe t_1' darf mit dem reduzierten Teilsicherheitsbeiwert $\gamma_{R,e,red} = 1{,}00$ ermittelt bzw. nachgewiesen werden.
   b) Der gegebenenfalls erforderliche Anpassungsfaktor $\eta_{R,e} = 0{,}80$ nach Absatz 3 bleibt davon unberührt.

6. Sofern nach EB 11, Absatz 4 (Abschn. 4.2) die Gebrauchstauglichkeit eine Rolle spielt, kann es erforderlich sein, die zur Mobilisierung der Bodenreaktionen erforderliche Verschiebung zu berücksichtigen. Dazu können die zu erwartenden

Fußpunktverschiebungen mit Hilfe der Angaben in [20] und [93] und DIN 4085 abgeschätzt bzw. einfache Beziehungen zwischen Bodenreaktion und Verschiebung abgeleitet werden. Die Resultierende $E_{V,k}$ in Bild EB 102-3 (Abschn. 4.5) ergibt sich dabei unter Berücksichtigung der Vorbelastung aus den verbliebenen Erddruckspannungen im Aushubzustand entsprechend Bild EB 102-1 (Abschn. 4.5), wobei die Spannungen nur auf der tatsächlichen Trägerbreite anzusetzen sind. Gegebenenfalls ist auch zu iterieren, bis Bodenreaktion und Verschiebung näherungsweise zueinander passen oder es ist das Bettungsverfahren nach EB 102 (Abschn. 4.5) oder die Methode der Finiten Elemente nach EB 103 (Abschn. 4.6) anzuwenden.

5.4 Fußeinspannung bei Trägerbohlwänden (EB 25)

1. Sofern die Träger einer Trägerbohlwand ausreichend tief in den Boden unterhalb der Baugrubensohle einbinden, darf bei der Ermittlung der Schnittgrößen eine bodenmechanische Einspannung im Boden angesetzt werden. Diese Einspannung der Bohlträger kann mit Hilfe des Ansatzes von Blum [23] erfasst werden. Dabei ist zwischen nicht gestützten und gestützten Trägerbohlwänden zu unterscheiden:

   a) Bei nicht gestützten Wänden kommt in tragfähigem Boden die volle bodenmechanische Einspannung immer zustande, da sich die Bohlträger bis zum Erreichen des Gleichgewichtszustandes um einen Punkt oberhalb des Wandfußes drehen können.

   b) Bei gestützten Wänden hängt der Grad der Einspannung vom Verformungsverhalten der Bohlträger und des Bodens ab. Eine volle bodenmechanische Einspannung geht in diesem Fall rechnerisch davon aus, dass im theoretischen Fußpunkt weder eine Verschiebung noch eine Verdrehung auftritt.

   In der Regel sind die Bohlträgerprofile bei gestützten Wänden ausreichend biegeweich, so dass sich bei mindestens mitteldicht gelagerten nichtbindigen Böden und bei mindestens steifen bindigen Böden eine volle bodenmechanische Einspannung im Boden ausbildet. Nur bei sehr steifen Profilen und geringen Stützweiten kommt unter Umständen die zur Mobilisierung der Ersatzkraft C erforderliche Rückdrehung der Wand unterhalb des theoretischen Fußpunkts nicht oder nur teilweise zustande.

2. Die Größe des Erdwiderstands vor den Bohlträgern kann nach EB 14 (Abschn. 5.3) ermittelt werden. Im Allgemeinen ist es zweckmäßig, den vor den einzelnen Bohlträgern wirksamen Erdwiderstand gleichmäßig auf die gesamte Länge der untersuchten Baugrubenwand zu verteilen, damit die für Spundwände abgeleiteten Berechnungsverfahren verwendet werden können. Man erhält den gleichen Erdwiderstand wie vor einer Spundwand, wenn sich die Bruchkörper vor den einzelnen Bohlträgern überschneiden und der Erddruckneigungswinkel mit $\delta_{p,k} = 0$ angesetzt wird. In allen anderen Fällen ist der mit

negativem Neigungswinkel ermittelte Erdwiderstand vor einer Bohlträgerreihe kleiner als der Erdwiderstand vor einer Spundwand [19, 20].

3. Sofern sich bei kohäsionslosen Böden die Bruchkörper des Erdwiderstands vor den einzelnen Bohlträgern nicht überschneiden, erhält man entsprechend dem in [20] angegebenen Berechnungsvorschlag im Bruchzustand eine mit der Tiefe parabolisch zunehmende Verteilung der Bodenreaktion [68]. Die so entstehende Verteilungsfigur darf in ein flächengleiches Dreieck umgewandelt werden. Der durch die Verschiebung der Resultierenden entstehende Fehler ist näherungsweise durch eine Abminderung des rechnerischen Erdwiderstands um 15 % auszugleichen, sofern kein genauerer Nachweis erbracht wird. Bei bindigen Böden darf der rechnerische Erdwiderstand bis zu 10 % vergrößert werden, sofern sich die Bruchkörper des Erdwiderstands vor den einzelnen Bohlträgern überschneiden [123].

4. Bei nicht gestützten, im Boden eingespannten Trägerbohlwänden erhält man ein Lastbild entsprechend Bild EB 25-1b). Der Bemessungswert des Erdwiderstands ist beim Nachweis der Einbindetiefe mit den Teilsicherheitsbeiwerten nach EB 79 (Abschn. 2.4) zu ermitteln. Sind die bei diesem Ansatz zu erwartenden Kopfbewegungen für dahinter liegende, empfindliche Anlagen, z. B. Leitungen, Fahrbahnbefestigungen, Maste oder Gleisanlagen, unverträglich, so ist die Einbindetiefe zu vergrößern, um damit die Inanspruchnahme von Bodenreaktionen zu verringern, und gegebenenfalls ein stärkeres als das rechnerisch ermittelte Profil zu wählen. Dies gilt insbesondere dann, wenn im Einspannbereich locker gelagerter nichtbindiger oder nur annähernd steifer bindiger Boden ansteht. Bei Baugrubenwänden im Bereich von Fundamentlasten und bei Baugruben in weichem bindigem Boden ist wegen der großen Verformungen eine nicht gestützte, nur im Boden eingespannte Wand in der Regel unzulässig, siehe EB 20 (Abschn. 9.1) bzw. EB 92, Absatz 1 (Abschn. 12.4).

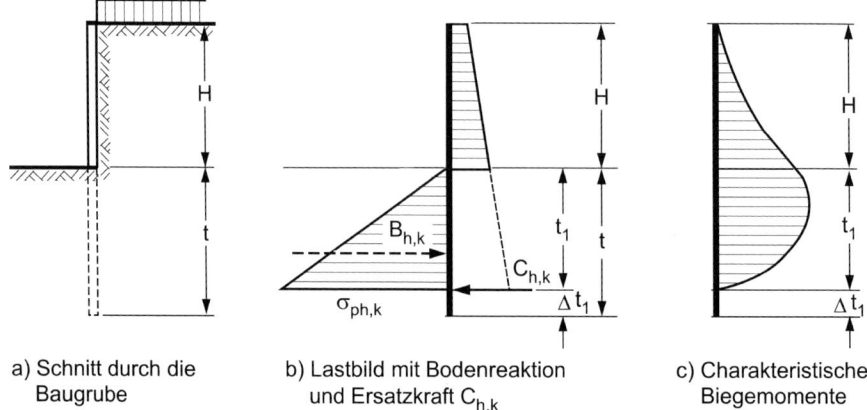

a) Schnitt durch die Baugrube
b) Lastbild mit Bodenreaktion und Ersatzkraft $C_{h,k}$
c) Charakteristische Biegemomente

Bild EB 25-1 System, Belastung und Momentenverlauf bei einer nicht gestützten, im Boden eingespannten Trägerbohlwand

5. Bei gestützten Trägerbohlwänden erhält man ein Lastbild entsprechend Bild EB 25-2b). Im Allgemeinen darf bei mitteldicht oder dicht gelagerten nichtbindigen Böden bzw. mindestens steifen bindigen Böden angenommen werden, dass die zur bodenmechanischen Volleinspannung nach Blum gehörenden Verformungsbedingungen annähernd erfüllt sind, wenn beim Nachweis der Einbindetiefe der Bemessungswert des Erdwiderstands mit den Teilsicherheitsbeiwerten nach EB 79 (Abschn. 2.4) ermittelt wurde. Bei locker gelagerten nichtbindigen Böden und bei steifen Bohlträgerprofilen kann das unterschiedliche Verformungsverhalten von Bohlträgern und Boden in der Berechnung durch angemessene Abminderung des Erdwiderstands mit einem Anpassungsfaktor $\eta_{R,e} = 0{,}80$ nach EB 14 (Abschn. 5.3) berücksichtigt werden. Bei weichen bindigen Böden und bei stark organischen Böden ist eine Einspannwirkung im Allgemeinen nicht in Rechnung zu stellen, siehe EB 96 (Abschn. 12.7).

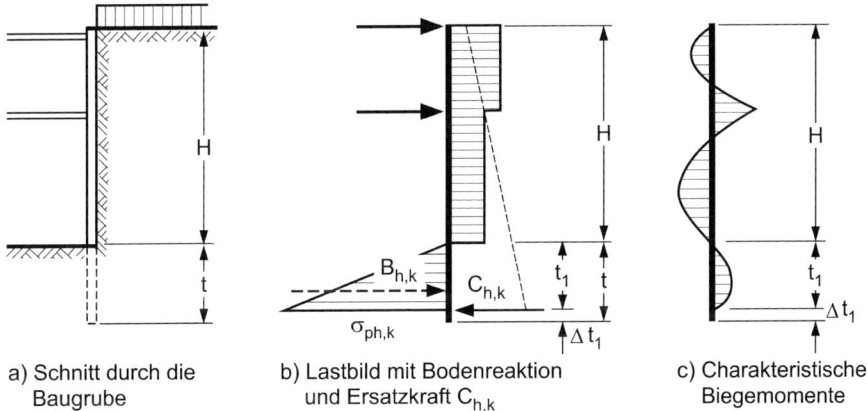

a) Schnitt durch die Baugrube

b) Lastbild mit Bodenreaktion und Ersatzkraft $C_{h,k}$

c) Charakteristische Biegemomente

Bild EB 25-2 System, Belastung und Momentenverlauf bei einer zweimal gestützten, im Boden eingespannten Trägerbohlwand

6. Bei gestützten Trägerbohlwänden mit einer Einbindetiefe $t'_1 < t_1$ sind zwischen dem Grenzfall der vollen bodenmechanischen Einspannung und dem der freien Auflagerung verschiedene Zwischenzustände mit teilweiser Einspannung möglich und anwendbar. Für die Neigung der Endtangente gibt es in diesem Fall keine Begrenzung. Hierzu siehe EB 80, Absatz 5 b) (Abschn. 4.3).

7. Die für die Einspannung einer nicht gestützten Trägerbohlwand entsprechend Bild EB 25-1 erforderliche Einbindetiefe t_1 ist zur Aufnahme der statisch erforderlichen Bemessungsersatzkraft $C_{h,d}$ in der Regel mindestens um $\Delta t_1 = 0{,}20 \cdot t_1$ zu vergrößern. Das Gleiche gilt für gestützte Trägerbohlwände nach Bild EB 25-2, sofern sich eine volle bodenmechanische Einspannung im Boden einstellen kann. Bei teilweiser Einspannung darf der Zuschlag Δt_1 näherungsweise zwischen dem bei voller Einspannung maßgebenden Wert Δt_1 und dem bei freier Auflagerung geltenden Wert $\Delta t_1 = 0$ in Abhängigkeit von dem Verhältnis $t'_1 : t_1$ geradlinig interpoliert werden.

8. Gegebenenfalls kann die Einspannung im Untergrund auch mit einem Verformungswiderstand auf der Grundlage der elastischen Bettung ermittelt werden. Hierzu siehe EB 102 (Abschn. 4.5).

9. Sofern im Bereich unterhalb der Baugrubensohle mindestens mitteldicht gelagerter nichtbindiger Boden oder mindestens steifer bindiger Boden ansteht, darf bei der Ermittlung der Biegemomente, der Querkräfte und der Auflagerkräfte auf der Grundlage von EB 82, Absatz 1 b) (Abschn. 4.4)

   – entweder eine verringerte Einbindetiefe t_1
   – oder eine verstärkte Teileinspannung mit der vorgegebenen Tiefe t_1'

   zugrunde gelegt werden. Hierbei gilt Folgendes:

   a) Die verringerte Einbindetiefe t_1 bzw. die Tiefe t_1' darf mit dem reduzierten Teilsicherheitsbeiwert $\gamma_{R,e,red} = 1{,}00$ ermittelt bzw. nachgewiesen werden.
   b) Der gegebenenfalls erforderliche Anpassungsfaktor $\eta_{R,e} = 0{,}80$ nach Absatz 5 bleibt davon unberührt.

5.5 Gleichgewicht der Horizontalkräfte bei Trägerbohlwänden (EB 15)

1. Beim Nachweis der Einbindetiefe und bei der Ermittlung der Schnittgrößen von Trägerbohlwänden darf die charakteristische Erddruckkraft $\Delta E_{ah,k}$ unterhalb der Baugrubensohle vernachlässigt werden, sofern nachgewiesen wird, dass der Bemessungswert $\Delta E_{ah,d}$ der Erddruckkraft zusammen mit der Bemessungsauflagerkraft $B_{h,d}$ aus den Bohlträgern vom Bemessungswert $E_{ph,d}$ des gesamten zur Verfügung stehenden Erdwiderstands aufgenommen wird:

$$B_{h,d} + \Delta E_{ah,d} \leq E_{ph,d}$$

Dieser Nachweis ist als Ergänzung zum Nachweis der Einbindetiefe anzusehen. Man erhält den Bemessungserddruck und den Bemessungserdwiderstand für die durchlaufende Wand aus den mit den Scherparametern φ_k' und c_k' ermittelten charakteristischen Größen durch Multiplikation mit den Teilsicherheitsbeiwerten γ_G und γ_Q bzw. durch Division mit dem Teilsicherheitsbeiwert $\gamma_{R,e}$ nach EB 79 (Abschn. 2.4). Bei Baugruben neben Gebäuden ist der in EB 22, Absatz 6 (Abschn. 9.5) genannte Anpassungsfaktor $\eta_{R,e} = 0{,}60$ zu berücksichtigen.

2. Die Größe des vernachlässigten charakteristischen Erddrucks $\Delta E_{ah,k}$ ergibt sich bei im Boden frei aufgelagerten Trägerbohlwänden aus der Differenz zwischen dem Erddruck bis zum Fußpunkt der Bohlträger und dem in Rechnung gestellten Erddruck bis zur Baugrubensohle. Im Falle bindiger Bodenschichten ist die Ermittlung des vernachlässigten Erddrucks hierbei sowohl nach EB 4, Absatz 3 a) oder Absatz 5 a) als auch nach EB 4, Absatz 3 b) oder Absatz 5 b) (Abschn. 3.2) vorzunehmen. Der größere Wert ist maßgebend. Bei im Boden eingespannten Trägerbohlwänden tritt der theoretische Auflagerpunkt an die Stelle des tatsächlichen Fußpunktes der Bohlträger.

3. Die Größe der charakteristischen Auflagerkraft des Bohlträgers ergibt sich bei im Boden frei aufgelagerten Trägerbohlwänden unmittelbar aus dem Nachweis der Einbindetiefe der Bohlträger. Bei im Boden eingespannten Wänden ist die charakteristische Auflagerkraft gleich der rechnerisch nach dem Lastansatz von Blum erforderlichen Bodenreaktion von der Baugrubensohle bis zum theoretischen Fußpunkt, siehe Bilder EB 25-1 und EB 25-2 (Abschn. 5.4). Mit Rücksicht auf die in Wirklichkeit zu erwartende Größe der zur Einspannung der Bohlträger erforderlichen Bodenreaktion darf jedoch die nach dem Lastansatz von Blum ermittelte Auflagerkraft $B_{h,k}$ entsprechend Bild EB 9-1 (Abschn. 4.7) näherungsweise um die Hälfte der errechneten Ersatzkraft $C_{h,k}$ verringert werden. Bei Ansatz einer elastischen Bettung ist die Auflagerkraft nach EB 102 (Abschn. 4.5) zu bestimmen.

4. Der charakteristische Erdwiderstand darf für die durchlaufende Wand mit dem Neigungswinkel $\delta_{p,k} = -\varphi'_k$ ermittelt werden, wenn gekrümmte oder gebrochene Gleitflächen zugrunde gelegt werden. Hierzu siehe EB 19, Absatz 1 (Abschn. 6.3).

5. Lässt sich bei nicht gestützten, im Boden eingespannten Trägerbohlwänden der Nachweis nach Absatz 1 mit der gewählten Einbindetiefe nicht erbringen, so ist entweder

    a) die Einbindetiefe entsprechend zu vergrößern oder
    b) die Trägerbohlwand wie eine durchlaufende Wand zu behandeln und der Erddruck unter Baugrubensohle zu berücksichtigen.

6. Lässt sich bei gestützten, im Boden frei aufgelagerten Trägerbohlwänden der Nachweis nach Absatz 1 mit der zunächst gewählten Einbindetiefe und dem zunächst gewählten Erddruckansatz nicht erbringen (Bild EB 15-1a), dann ist entweder

    a) die Einbindetiefe entsprechend zu vergrößern (Bild EB 15-1b) oder
    b) rechnerisch auf die Einbindung in den Untergrund zu verzichten (Bild EB 15-1c) oder
    c) der gesamte Erddruck von Geländeoberfläche bis Bohlträgerunterkante in die Umlagerung einzubeziehen (Bild EB 15-1d).

7. Lässt sich bei gestützten, im Boden eingespannten Trägerbohlwänden der Nachweis nach Absatz 1 mit der gewählten Einbindetiefe nicht erbringen, so ist entweder

    a) die Einbindetiefe entsprechend zu vergrößern oder
    b) auf eine volle Einspannung zu verzichten und stattdessen mit teilweiser Einspannung bzw. mit freier Auflagerung zu rechnen oder
    c) der gesamte Erddruck von der Geländeoberfläche bis zum theoretischen Fußpunkt in die Umlagerung einzubeziehen oder
    d) die Trägerbohlwand wie eine durchlaufende Wand zu behandeln.

8. Bei den in den Absätzen 5, 6 und 7 genannten Lösungen sind folgende zusätzliche Nachweise erforderlich:

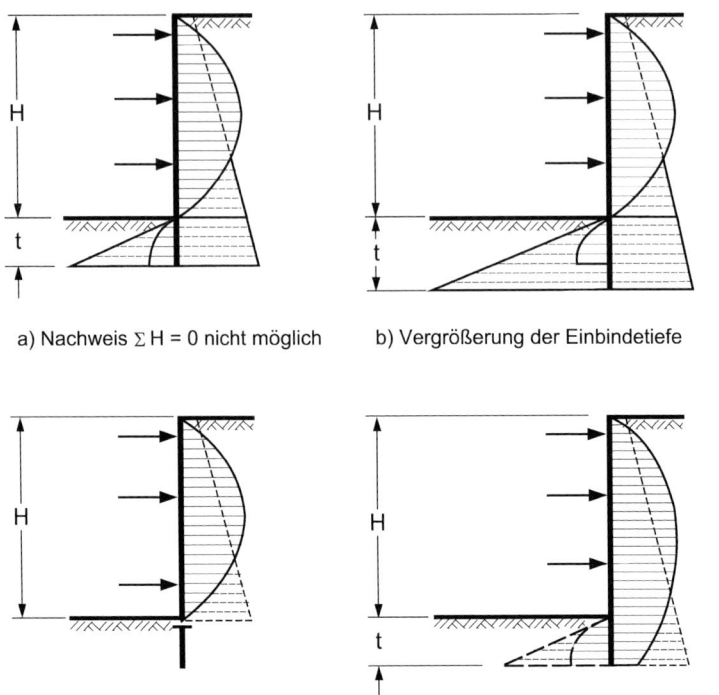

a) Nachweis $\Sigma H = 0$ nicht möglich

b) Vergrößerung der Einbindetiefe

c) Nachweis ohne Einbindung

d) Erddruckumlagerung bis zum Wandfuß

Bild EB 15-1 Nachweis $\sum H = 0$ bei Trägerbohlwänden

a) Wird die Einbindetiefe entsprechend Absatz 5 a), Absatz 6 a) oder Absatz 7 a) vergrößert, so ist erneut der Nachweis nach Absatz 1 zu erbringen. Eine erneute Ermittlung der Schnittgrößen ist nicht erforderlich, siehe Bild EB 15-1b).

b) Bei einer Trägerbohlwand ohne ausreichende Einbindung in den Untergrund entsprechend Absatz 6 b) ist nachzuweisen, dass die Bohlträger und Steifen bzw. Anker ohne jede Einbindung der Bohlträger in den Untergrund in der Lage sind, die oberhalb der Baugrubensohle wirkenden waagerechten Erddruckkräfte abzutragen. Auf den Nachweis nach Absatz 1 wird verzichtet. Man unterstellt dann eine Gewölbewirkung nach oben und unten in dem Bereich, in dem der Erdwiderstand nicht ausreicht, um den aktiven Erddruck aufzunehmen. Dies ist insbesondere bei nichtbindigem Boden der Fall. Die Sicherheit gegen Aufbruch der Baugrubensohle nach EB 10, Absatz 1 (Abschn. 4.9) ist nachzuweisen.

c) Bei einer Umlagerung des Erddrucks von der Geländeoberfläche bis zum Fußpunkt nach Absatz 6 c) bzw. bis zum theoretischen Fußpunkt nach Absatz 7 c) sind die Schnittgrößen neu zu ermitteln. Dabei braucht nur der Teil der Erddruckfigur angesetzt zu werden, der oberhalb der Baugrubensohle liegt. Der unterhalb der Baugrubensohle liegende Teil ist aber beim Nachweis nach Absatz 1 zu berücksichtigen, der für die veränderten Verhältnisse neu zu erbringen ist.

d) Ergibt sich bei der zusätzlichen Untersuchung für eine durchlaufende Wand entsprechend Absatz 5 b) bzw. Absatz 7 d) eine größere Einbindetiefe als in der ursprünglichen Berechnung, so ist dieser größere Wert maßgebend. Der Nachweis nach Absatz 1 entfällt. Auch eine erneute Ermittlung der Schnittgrößen ist nicht erforderlich.

9. Steht unterhalb der Baugrubensohle eine Schicht aus locker gelagertem nichtbindigem Boden an, dann sind zusätzliche Untersuchungen über das Verformungsverhalten von Wand und Boden anzustellen. Es kann dann zweckmäßig sein, den Abstand der Stützungspunkte zu verringern und auf das rechnerische Fußauflager zu verzichten. Die zu erwartende Bodenreaktion im Bereich der Einbindung der Bohlträger unterhalb der Baugrubensohle darf als Einwirkung behandelt werden.

6 Berechnungsansätze für Spundwände und Ortbetonwände

6.1 Lastbildermittlung für Spundwände und Ortbetonwände (EB 16)

1. Liegen die in EB 8 (Abschn. 3.1) genannten Voraussetzungen für das Absinken des Erddrucks vom Erdruhedruck auf den aktiven Erddruck vor, dann ist die Erddrucklast E_a nach EB 4 (Abschn. 3.2) und EB 6 (Abschn. 3.4) zunächst unter Berücksichtigung des Bodeneigengewichtes, großflächiger Gleichlast $p_k \leq 10\,\text{kN/m}^2$ und gegebenenfalls Kohäsion entsprechend der klassischen Erddrucktheorie mit charakteristischen Bodenkenngrößen zu ermitteln:

   – von der Geländeoberfläche bis zur Wandunterkante bei im Boden frei aufgelagerten Wänden,
   – von der Geländeoberfläche bis zum theoretischen Fußpunkt bei im Boden eingespannten Wänden.

   Bild EB 16-1 zeigt dazu das grundsätzliche Vorgehen ohne Berücksichtigung des Erddrucks aus weiteren Nutzlasten.

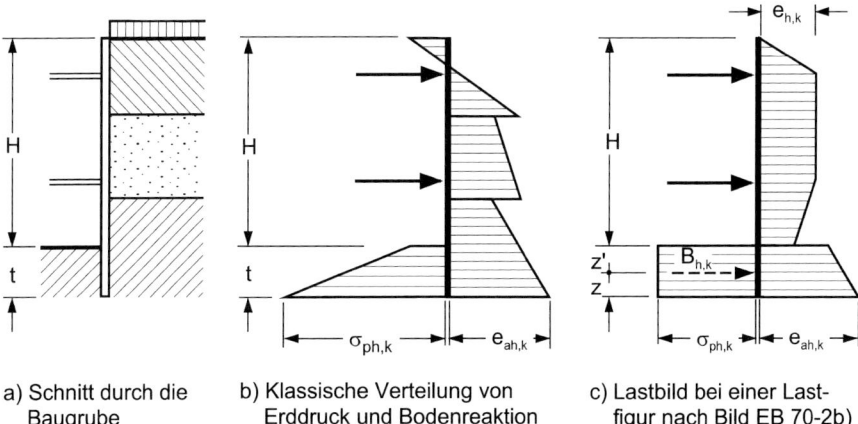

a) Schnitt durch die Baugrube   b) Klassische Verteilung von Erddruck und Bodenreaktion   c) Lastbild bei einer Lastfigur nach Bild EB 70-2b)

Bild EB 16-1 Lastbildermittlung für gestützte Spundwände und Ortbetonwände bei Ansatz des aktiven Erddrucks und freier Auflagerung in bindigem Boden

2. Bei nicht gestützten, im Boden eingespannten und bei nachgiebig gestützten Spundwänden und Ortbetonwänden (siehe EB 67, Abschn. 1.5) ist für den Nachweis der Einbindetiefe nach EB 80 (Abschn. 4.3) und bei der Ermittlung der Schnittgrößen nach EB 82 (Abschn. 4.4) stets die nach Absatz 1 ermittelte Erddruckverteilung anzusetzen. Bei der Untersuchung von Zwangsgleitflächen ist der untere Ausgangspunkt in der Regel in Höhe der Wandunterkante bzw. des theoretischen Fußpunktes anzunehmen.

3. Bei Spundwänden und Ortbetonwänden, die wenig nachgiebig gestützt sind, ist die nach Absatz 1 ermittelte Belastung (Bild EB 16-1b) entsprechend EB 5 (Abschn. 3.3) in eine einfache Lastfigur umzuwandeln, die der zu erwartenden Erddruckumlagerung entspricht. In der Regel genügt es, die Erddruckumlagerung auf den Bereich der Wandhöhe H von der Geländeoberfläche bis zur Aushubsohle bzw. bis zur Baugrubensohle zu beschränken. Sofern Gründe vorliegen, die eine Erddruckumlagerung aus dem Bereich unterhalb der Aushub- bzw. Baugrubensohle nach oben erwarten lassen, oder wenn eine solche Umlagerung durch konstruktive Maßnahmen begünstigt wird, kann es nach EB 5, Absatz 3 c) (Abschn. 3.3) angebracht sein, die Erddruckumlagerung auf die Höhe $H' > H$ zu erweitern, im äußersten Fall bis zur Wandunterkante bzw. zum theoretischen Fußpunkt. Im Hinblick darauf, ob die Wand im Boden frei aufgelagert oder eingespannt ist, braucht bei der Festlegung der Lastfigur nur insofern ein Unterschied gemacht zu werden, als im theoretischen Fußpunkt keine Verschiebung zu erwarten ist.

4. Als Anhalt für die Festlegung einer wirklichkeitsnahen Lastfigur für wenig nachgiebig gestützte Spundwände und Ortbetonwände dürfen die Angaben der Empfehlung EB 70 (Abschn. 6.2) verwendet werden. Eine rechteckförmige Lastfigur ist in den meisten Fällen nicht als wirklichkeitsnah anzusehen. Wird sie trotzdem gewählt, dann sind die damit verbundenen Fehler bei der Ermittlung der Querkräfte und der Auflagerkräfte durch angemessene Zuschläge auszugleichen. Hierzu siehe EB 17 in EAB, 3. Auflage [124] und in EAB 100 [125].

5. Größe und Verteilung des Erddrucks aus Nutzlasten sind nach EB 6 (Abschn. 3.4) und EB 7 (Abschn. 3.5) zu ermitteln. Wegen der unterschiedlichen Teilsicherheitsbeiwerte für ständige und veränderliche Einwirkungen, darf der Erddruck aus großflächigen Gleichlasten, die über $p_k = 10\,\text{kN/m}^2$ hinausgehen, und der Erddruck aus Streifenlasten q'_k und Linienlasten $\bar{q}_k$ nicht dem Erddruck nach Absatz 1 überlagert werden. Hierzu siehe jedoch EB 104, Absatz 2 (Abschn. 4.11).

6. Abhängig von der gewählten Einbindetiefe und der Steifigkeit der Wand darf die Fußstützung wie folgt angesetzt werden:

   a) als freie Auflagerung nach EB 19 (Abschn. 6.3) oder
   b) als Einspannung bzw. Teileinspannung im Boden nach EB 26 (Abschn. 6.4).

   Im Falle einer freien Auflagerung in bindigem Boden erhält man ein Lastbild entsprechend Bild EB 16-1c).

Erstellung von Baugruben
- Lockerungsbohrungen/Vorbohren
- Spundwandpressverfahren
- Spundwand rammen und ziehen (Vibrationsverfahren)

Gebr. Neumann
GmbH
Bauunternehmung

Schwabenstraße 42
26723 Emden

Tel.: 04921 92140
Fax: 04921 33551

E-Mail: info@gebr-neumann.de
Web: www.gebr-neumann.de

Seit 1863 GEMEINSAM ZUKUNFT BAUEN

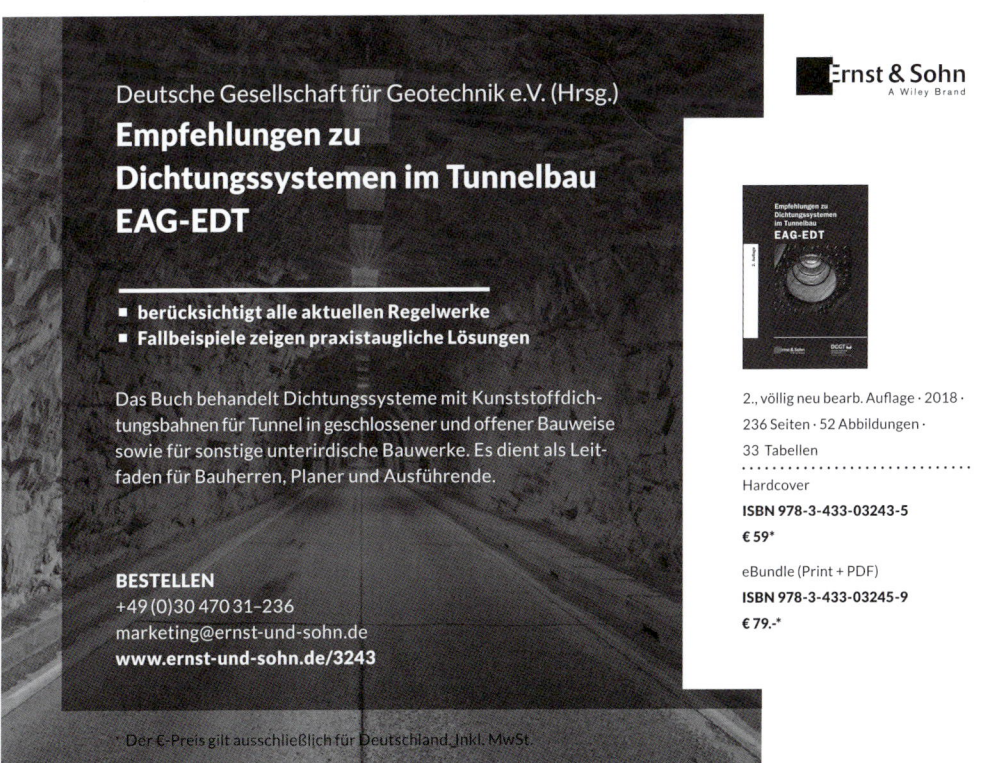

Deutsche Gesellschaft für Geotechnik e.V. (Hrsg.)
Empfehlungen zu Dichtungssystemen im Tunnelbau EAG-EDT

- berücksichtigt alle aktuellen Regelwerke
- Fallbeispiele zeigen praxistaugliche Lösungen

Das Buch behandelt Dichtungssysteme mit Kunststoffdichtungsbahnen für Tunnel in geschlossener und offener Bauweise sowie für sonstige unterirdische Bauwerke. Es dient als Leitfaden für Bauherren, Planer und Ausführende.

BESTELLEN
+49 (0)30 470 31–236
marketing@ernst-und-sohn.de
www.ernst-und-sohn.de/3243

2., völlig neu bearb. Auflage · 2018 ·
236 Seiten · 52 Abbildungen ·
33 Tabellen
Hardcover
ISBN 978-3-433-03243-5
€ 59*

eBundle (Print + PDF)
ISBN 978-3-433-03245-9
€ 79.-*

* Der €-Preis gilt ausschließlich für Deutschland. Inkl. MwSt

Deutsche Gesellschaft für Geotechnik e.V. (Hrsg.)

Geotechnisch-markscheiderische Untersuchung, Bewertung und Sanierung von altbergbaulichen Anlagen

Empfehlungen des Arbeitskreises Altbergbau

- **Praxisgerechte Darstellung einer komplexen Problemstellung**

Die Empfehlungen des Arbeitskreises Altbergbau geben eine systematische Anleitung zur Erkundung, Risikobewertung, Sicherung, Verwahrung und Nachnutzung von altbergbaulichen Hinterlassenschaften durch untertägige Bergwerke oder Tagebaue im Locker- und Festgestein.

2020 · 180 Seiten · 15 Abbildungen · 20 Tabellen

Hardcover
ISBN 978-3-433-03296-1   € 59*

eBundle (Print + PDF)
ISBN 978-3-433-03297-8   € 79*

BESTELLEN
+49 (0)30 470 31-236
marketing@ernst-und-sohn.de
www.ernst-und-sohn.de/3296

* Der €-Preis gilt ausschließlich für Deutschland. Inkl. MwSt.

Lösungen für den Hafen- und Wasserstraßenbau

Lösungen für den Gefahrenschutz

Lösungen für die Mobilitätsinfrastruktur

Lösungen für den Umweltschutz

Think steel first!
ArcelorMittal Stahlspundwände

ArcelorMittal Commercial RPS S.à r.l.
Spundwand | T +352 5313 3105 (Zentrale Luxemburg)
spundwand@arcelormittal.com | spundwand.arcelormittal.com

 ArcelorMittal Sheet Piling (group)

Stahlspundwände

Z Profile

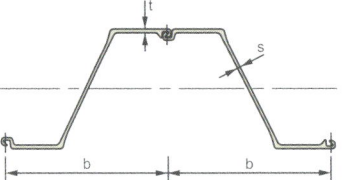

Gewicht (Wand)	von	94	bis	249 kg/m²
Wanddicke t	von	8,5	bis	24,0 mm
Wanddicke s	von	8,5	bis	17,0 mm
Breite b	von	630	bis	800 mm
W_{el}	von	1 205	bis	5 155 cm³/m

U Profile

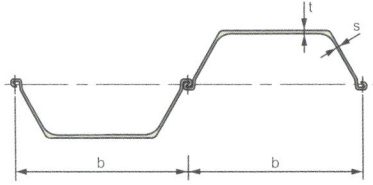

Gewicht (Wand)	von	70	bis	197 kg/m²
Wanddicke t	von	6,0	bis	20,5 mm
Wanddicke s	von	6,0	bis	11,4 mm
Breite b	von	400	bis	750 mm
W_{el}	von	625	bis	3 340 cm³/m

AS Profile

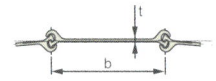

Gewicht (Wand)	von	128	bis	158 kg/m²
Wanddicke t	von	9,5	bis	13,0 mm
Breite b				500 mm
$R_{k,s}$	von	3 500	bis	6 000 kN/m

HZ®/ AZ® Spundwandsystem

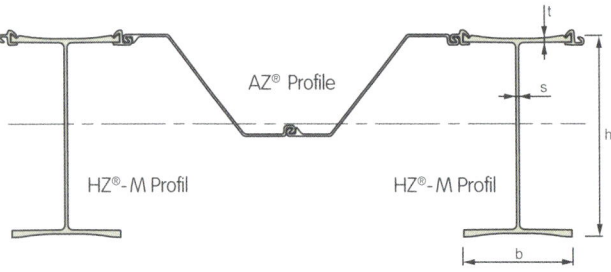

Gewicht (Profil)	von	261,8	bis	995,9 kg/m
Wanddicke t	von	18,9	bis	37,0 mm
Wanddicke s	von	13,0	bis	22,0 mm
Höhe h	von	631,4	bis	1 087,4 mm
Breite b	von	420	bis	460 mm
W_{el}	von	4 135	bis	46 280 cm³/m

spundwand.arcelormittal.com

6.2 Lastfiguren für gestützte Spundwände und Ortbetonwände (EB 70)

1. Sofern

   - die Geländeoberfläche waagerecht ist,
   - mitteldicht oder dicht gelagerter nichtbindiger Boden oder mindestens steifer bindiger Boden ansteht,
   - eine wenig nachgiebige Stützung entsprechend EB 67, Absatz 3 (Abschn. 1.5) vorliegt und
   - vor Einbau der jeweils nächsten Steifen- oder Ankerlage nicht tiefer ausgehoben wird, als im Bild EB 69-1 (Abschn. 5.2) dargestellt ist,

   dürfen bei Spundwänden und Ortbetonwänden auf der Grundlage von EB 5, Absätze 3 und 4 (Abschn. 3.3), in den Vorbauzuständen und im Vollaushubzustand für den Ansatz des Erddrucks aus Bodeneigengewicht, großflächiger Gleichlast $p_k \leq 10\,\text{kN/m}^2$ und gegebenenfalls Kohäsion nach EB 4 (Abschn. 3.2) die nachfolgend beschriebenen Lastfiguren verwendet werden. Die angegebenen Lastfiguren sind nur als Anhalt zu werten; sie sollen keineswegs andere wirklichkeitsnahe Lastfiguren ausschließen. Hierzu siehe auch [52].

   Die nachfolgend vorgeschlagenen Lastfiguren gehen von einer Umlagerung des Erddrucks von der Geländeoberfläche bis zur Baugrubensohle aus. Die klassische, mit der Tiefe zunehmende Verteilung des Erddrucks im Bereich von der Baugrubensohle bis zum Wandfuß bleibt unverändert.

2. Bei einmal gestützten Spundwänden und Ortbetonwänden dürfen folgende Lastfiguren als wirklichkeitsnah angenommen werden:

   a) ein durchgehendes Rechteck entsprechend Bild EB 70-1a), sofern die Steifen- oder Ankerlage nicht tiefer angeordnet ist als bei $h_k = 0{,}10 \cdot H$;
   b) ein auf halber Höhe abgestuftes Rechteck mit $e_{\text{ho,k}} : e_{\text{hu,k}} = 1{,}20$ entsprechend Bild EB 70-1b), sofern die Steifen- oder Ankerlage im Bereich von $h_k > 0{,}10 \cdot H$ bis $h_k = 0{,}20 \cdot H$ angeordnet ist;

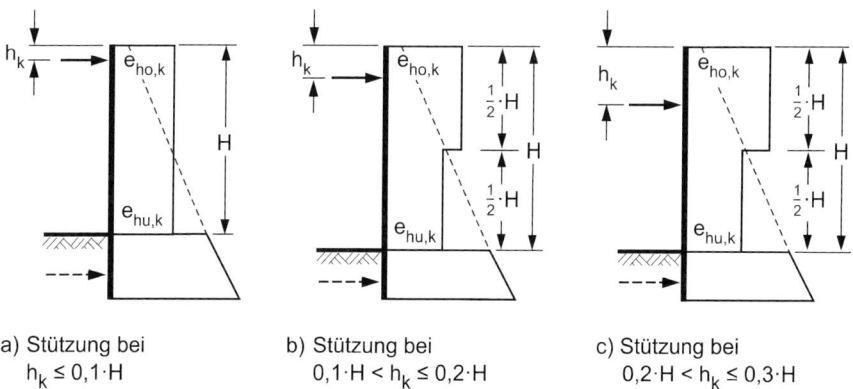

a) Stützung bei $h_k \leq 0{,}1 \cdot H$

b) Stützung bei $0{,}1 \cdot H < h_k \leq 0{,}2 \cdot H$

c) Stützung bei $0{,}2 \cdot H < h_k \leq 0{,}3 \cdot H$

Bild EB 70-1 Lastfiguren für einmal gestützte Spundwände und Ortbetonwände

c) ein auf halber Höhe abgestuftes Rechteck mit $e_{ho,k} : e_{hu,k} = 1{,}50$ entsprechend Bild EB 70-1c), sofern die Steifen- oder Ankerlage im Bereich von $h_k > 0{,}20 \cdot H$ bis $h_k = 0{,}30 \cdot H$ angeordnet ist.

Bei $h_k > 0{,}30 \cdot H$ wird als wirklichkeitsnahe Lastfigur ein Viereck nach Bild EB 5-1k) (Abschn. 3.3) mit der größten Ordinate in Höhe der Stützung empfohlen.

3. Bei zweimal gestützten Spundwänden oder Ortbetonwänden dürfen folgende Lastfiguren als wirklichkeitsnah angenommen werden:

   a) ein abgestuftes Rechteck mit dem Lastsprung in Höhe der unteren Steifenlage und dem Ordinatenverhältnis $e_{ho,k} : e_{hu,k} = 1{,}50$ entsprechend Bild EB 70-2a), sofern die obere Steifen- oder Ankerlage etwa in Höhe der Geländeoberfläche, die untere Lage in der oberen Hälfte der Höhe H angeordnet ist;
   b) eine viereckige Lastfigur mit $e_{ho,k} : e_{hu,k} = 2{,}00$ entsprechend Bild EB 70-2b), sofern die obere Steifen- oder Ankerlage etwa in Höhe der Geländeoberfläche, die untere Lage etwa bei der Hälfte der Höhe H angeordnet ist;
   c) ein abgeschrägtes Rechteck entsprechend Bild EB 70-2c), sofern die beiden Steifen- oder Ankerlagen sehr tief angeordnet sind.

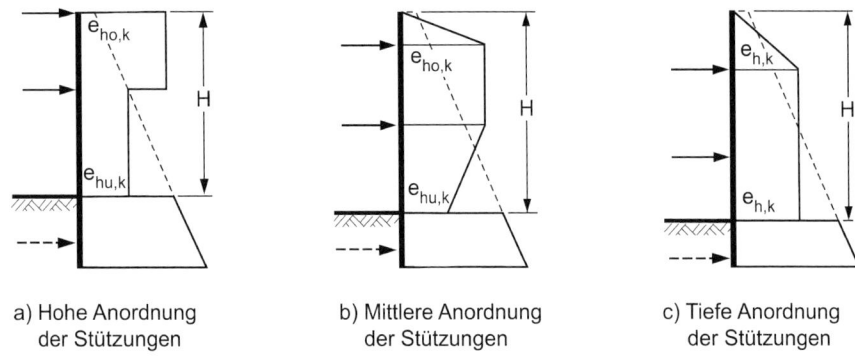

a) Hohe Anordnung der Stützungen
b) Mittlere Anordnung der Stützungen
c) Tiefe Anordnung der Stützungen

Bild EB 70-2 Lastfiguren für zweimal gestützte Spundwände und Ortbetonwände

4. Bei dreimal oder öfter gestützten Spundwänden oder Ortbetonwänden mit etwa gleichen Stützweiten darf die Lastfigur von *Lehmann* entsprechend Bild EB 70-3 als wirklichkeitsnah angenommen werden, allerdings mit der Festlegung der Knickpunkte in der Höhe von Stützungspunkten und mit einem Verhältnis $e_{ho,k} : e_{hu,k} = 2{,}00$. Die Resultierende der rechnerischen Belastung soll dabei im Bereich von $z_e = 0{,}40 \cdot H$ bis $z_e = 0{,}50 \cdot H$ liegen.

5. Die hier empfohlenen Lastfiguren berücksichtigen nicht den vorangegangenen Bauzustand. Bei genaueren Festlegungen ergibt sich die Lastfigur eines neuen Bauzustandes immer aus der Lastfigur des vorangegangenen Bauzustands und dem Erddruckzuwachs durch den zusätzlichen Aushubschritt. Dieser Erddruckzuwachs lagert sich überwiegend an der zuletzt eingebauten Stützung an [89, 90]. Dies ist insbesondere bei Baugruben in geschichtetem Boden zu beachten. Stützungen, die tiefer angeordnet sind als bei 30 % der Wandhöhe H, haben bei

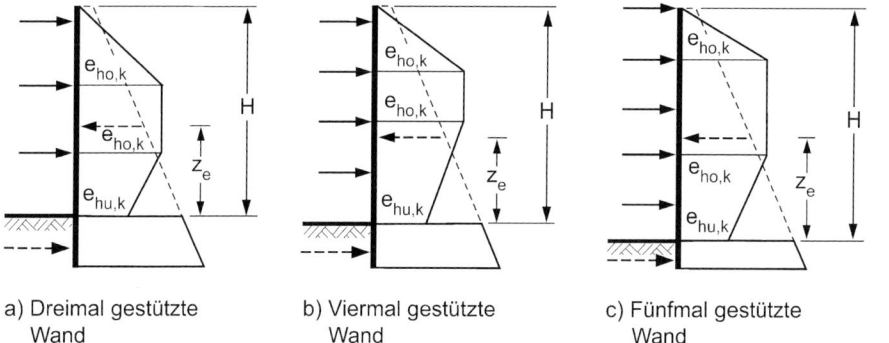

a) Dreimal gestützte Wand   b) Viermal gestützte Wand   c) Fünfmal gestützte Wand

Bild EB 70-3 Lastfiguren für dreimal oder öfter gestützte Spundwände und Ortbetonwände

zweimal oder öfter gestützten Wänden auf die Form der Lastfigur keinen nennenswerten Einfluss.

6. Sofern eine Erddruckumlagerung aus dem Bereich unterhalb der Aushub- bzw. Baugrubensohle nach oben erwartet oder durch konstruktive Maßnahmen begünstigt wird, ist die Lastfigur entsprechend der Steifigkeit der Wand, der zu erwartenden Verschiebung des Wandfußes und der Vorspannung der Steifen festzulegen.

6.3 Bodenreaktionen und Erdwiderstand bei im Boden frei aufgelagerten Spundwänden und Ortbetonwänden (EB 19)

1. Sofern die Relativbewegung zwischen Baugrubenwand und Erdreich sowie die Bedingung $V_k \geq B_{v,k}$ entsprechend EB 9, Absatz 1 (Abschn. 4.7) dies zulassen, darf bei freier Auflagerung von Spundwänden und Pfahlwänden der charakteristische Erdwiderstand wie folgt ermittelt werden:

   a) Der Neigungswinkel darf mit $\delta_{p,k} = -\varphi'_k$ angesetzt werden, sofern gekrümmte Gleitflächen nach Caquot, Kerisel und Absi [70] oder nach DIN 4085 bzw. gebrochene Gleitflächen nach dem von Weißenbach [71] und von Mao [91] modifizierten Ansatz nach Streck zugrunde gelegt werden.

   b) Ebene Gleitflächen dürfen nur zugrunde gelegt werden, wenn die Geländeoberfläche nicht ansteigt, der Reibungswinkel nicht größer ist als $\varphi'_k = 35°$ und bei Spundwänden und Pfahlwänden der Neigungswinkel von $\delta_{p,k} = -\varphi'_k$ auf $\delta_{p,k} = -\frac{2}{3} \cdot \varphi'_k$ herabgesetzt wird. Im Falle von Schlitzwänden siehe EB 89, Absatz 3 (Abschn. 2.3).

   Zur Vorzeichendefinition siehe Bild EB 19-1.

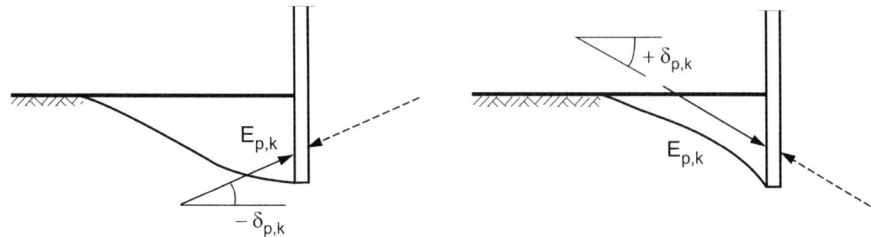

a) Negativer Neigungswinkel   b) Positiver Neigungswinkel

Bild EB 19-1 Vorzeichenregelung für den Neigungswinkel beim Erdwiderstand

2. Der Bemessungswert $E_{ph,d}$ des Erdwiderstands ergibt sich aus dem mit den Scherparametern φ'_k und c'_k ermittelten charakteristischen Erdwiderstand durch Division mit dem Teilsicherheitsbeiwert $\gamma_{R,e}$ nach EB 79 (Abschn. 2.4).

Es ist nachzuweisen, dass

$$\sum B_{h,d} \leq E_{ph,d}$$

ist. Dabei ist $\sum B_{h,d}$ der Bemessungswert der mit den Teilsicherheitsbeiwerten γ_G bzw. γ_Q multiplizierten charakteristischen Auflagerkraftanteile aus ständiger bzw. veränderlicher Einwirkung.

3. Bei Anwendung der in EB 79 (Abschn. 2.4) angegebenen Teilsicherheitsbeiwerte zur Ermittlung der Bemessungswerte des Erdwiderstands für die Aufnahme der Auflagerkraft im Boden darf unterstellt werden, dass bei nichtbindigen Böden und bei mindestens steifen bindigen Böden die Verschiebungen des Fußauflagers in der gleichen Größenordnung liegen wie die Bewegungen und Verformungen der übrigen Baugrubenwand. Zu den Verschiebungen in weichen bindigen Böden siehe EB 96 (Abschn. 12.7).

4. Der Angriffspunkt der resultierenden charakteristischen Auflagerkraft $B_{h,k}$ aus der Bodenreaktion $\sigma_{ph,k}$ bei freier Auflagerung der Wand im Boden darf im Fall nichtbindiger Böden bei $z' = 0,6 \cdot t$ und im Fall mindestens steifer bindiger Böden bei $z' = 0,50 \cdot t$ angenommen werden, sofern die damit verbundenen, in EB 11, Absatz 3 (Abschn. 4.2) beschriebenen Fehler hinnehmbar sind. Dem entspricht im einen Fall eine parabelförmige oder bilineare Verteilung nach EB 80 (Abschn. 4.3) Bild EB 80-1a) oder b), im anderen Fall eine annähernd rechteckförmige Verteilung nach Bild EB 80-1c). Anderenfalls ist mit der Bodenreaktion $\sigma_{ph,k}$ zu rechnen.

5. Sofern im Bereich unterhalb der Baugrubensohle mindestens mitteldicht gelagerter nichtbindiger oder mindestens steifer bindiger Boden ansteht und die geradlinig mit der Tiefe zunehmende Verteilung der Bodenreaktion gewählt wird, darf bei der Ermittlung der Wandbeanspruchungen, d. h. der Biegemomente, der Querkräfte, der Normalkräfte und der Auflagerkräfte,

- entweder eine verringerte Einbindetiefe t_0 oder
- eine Teileinspannung mit der Tiefe t_1' nach EB 26, Absatz 5 (Abschn. 6.4)

zugrunde gelegt werden. Diese verringerte Einbindetiefe t_0 bzw. die Tiefe t_1' darf auf der Grundlage von EB 82, Absatz 1 b) (Abschn. 4.4) mit dem reduzierten Teilsicherheitsbeiwert $\gamma_{R,e,red} = 1{,}00$ ermittelt bzw. nachgewiesen werden.

6. Sofern nach EB 11, Absatz 4 (Abschn. 4.2) die Gebrauchstauglichkeit eine Rolle spielt, kann es erforderlich sein, die zur Mobilisierung der Bodenreaktionen erforderliche Verschiebung zu berücksichtigen. Dazu dürfen die zu erwartenden Fußpunktverschiebungen mit Hilfe der Angaben in [94, 95] und [126] und DIN 4085 abgeschätzt werden. Die aus der Vorbelastung verbliebenen Erddruckspannungen $e_{0g,k}$ dürfen dabei in Anlehnung an Bild EB 102-1 (Abschn. 4.5) berücksichtigt werden. Gegebenenfalls ist zu iterieren, bis Bodenreaktionen und Verschiebungen zueinander passen.

7. Bei Spundwänden und bei Pfahlwänden mit gestaffeltem Fuß darf im Allgemeinen der gleiche Erdwiderstand wie bei der geschlossenen Wand in Rechnung gestellt werden. Ohne besonderen Nachweis darf jedoch nur jede zweite Doppelbohle bzw. jeder zweite Pfahl um 20 % der rechnerisch erforderlichen Einbindetiefe t, höchstens jedoch um 1,00 m verkürzt werden. Soll eine solche Kürzung bei den Tragbohlen von kombinierten Spundwänden oder bei den bewehrten Pfählen einer abwechselnd aus bewehrten und unbewehrten Pfählen hergestellten Pfahlwand vorgenommen werden, so ist stets ein entsprechender Nachweis für die Beanspruchung der Wand und die Aufnahme der Auflagerkraft durch den Erdwiderstand zu erbringen.

6.4 Fußeinspannung bei Spundwänden und Ortbetonwänden (EB 26)

1. Sofern eine Spundwand oder Ortbetonwand ausreichend tief in den Boden unterhalb der Baugrubensohle einbindet, darf bei der Ermittlung der Schnittgrößen bei bestimmten Voraussetzungen eine bodenmechanische Einspannung angesetzt werden. Diese Einspannung darf mit Hilfe des Lastansatzes von Blum [23] erfasst werden. Dabei ist zwischen nicht gestützten und gestützten Wänden zu unterscheiden:

    a) Bei nicht gestützten Wänden kommt in tragfähigem Boden die volle bodenmechanische Einspannung immer zustande, da sich die Wand bis zum Erreichen des Gleichgewichtszustands um einen Punkt oberhalb des Wandfußes dreht.
    b) Bei gestützten Wänden hängt der Grad der Einspannung vom Verformungsverhalten der Wand und des Bodens ab. Eine volle bodenmechanische Einspannung geht in diesem Fall rechnerisch davon aus, dass im theoretischen Fußpunkt weder eine Verschiebung noch eine Verdrehung auftritt.

In der Regel sind die Spundwandprofile bei gestützten Wänden ausreichend biegeweich, so dass sich bei mindestens mitteldicht gelagerten nichtbindigen Böden und bei mindestens steifen bindigen Böden eine volle bodenmechanische Einspannung ausbildet. Nur bei sehr steifen Profilen und geringen Stützweiten kommt unter Umständen die zur Mobilisierung der Ersatzkraft C erforderliche Rückdrehung des Wandfußes nicht oder nur teilweise zustande. Bei gestützten Ortbetonwänden im Lockergestein darf eine bodenmechanische Einspannung nur angesetzt werden, wenn die Stützung der Wand stark nachgeben kann.

2. Bei nicht gestützten im Boden eingespannten Spundwänden und Ortbetonwänden erhält man ein Lastbild entsprechend Bild EB 26-1b). Der Bemessungswert des Erdwiderstands ist nach EB 19 (Abschn. 6.3) zu ermitteln. Geben die bei diesem Ansatz zu erwartenden Kopfbewegungen z. B. im Hinblick auf eine Beschädigung von Leitungen oder Fahrbahnbefestigungen, auf eine Gefährdung von Straßen- oder Eisenbahnverkehr oder im Hinblick auf eine Einengung des vorgesehenen Arbeitsraumes Anlass zu Bedenken, so ist die Einbindetiefe zu vergrößern, um damit die Inanspruchnahme der Bodenreaktionen zu verringern, und gegebenenfalls ein stärkeres als das rechnerisch erforderliche Profil zu wählen. Dies gilt insbesondere dann, wenn im Einspannbereich locker gelagerter nichtbindiger Boden oder nur annähernd steifer bindiger Boden ansteht. Gegebenenfalls ist mit den neuen Abmessungen der Nachweis der Gebrauchstauglichkeit nach EB 83 (Abschn. 4.10) zu führen. Bei Baugrubenwänden im Bereich von Fundamentlasten und bei Baugruben in weichen Böden ist wegen der großen Verformungen eine nicht gestützte, nur im Boden eingespannte Wand in der Regel unzulässig, siehe EB 20 (Abschn. 9.1) bzw. EB 101 (Abschn. 12.12).

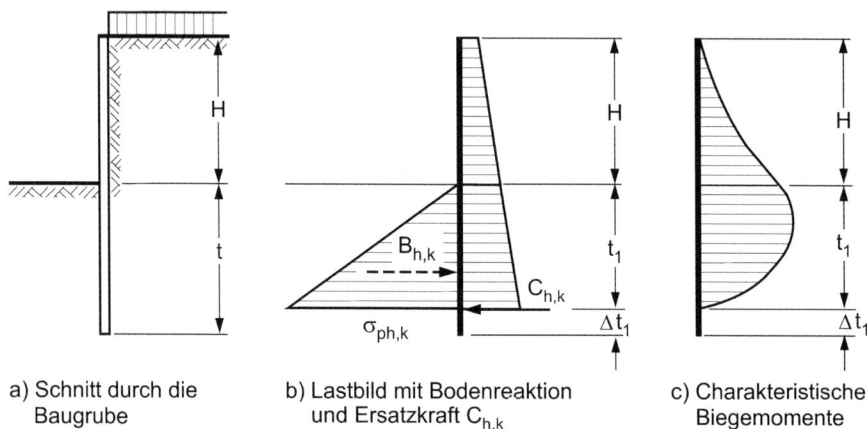

a) Schnitt durch die Baugrube

b) Lastbild mit Bodenreaktion und Ersatzkraft $C_{h,k}$

c) Charakteristische Biegemomente

Bild EB 26-1 System, Belastung und Momentenverlauf bei einer nicht gestützten, im Boden eingespannten Spundwand oder Ortbetonwand

3. Bei gestützten Spundwänden erhält man ein Lastbild entsprechend Bild EB 26-2b). Im Allgemeinen darf bei mitteldicht oder dicht gelagerten nichtbindigen Böden bzw. mindestens steifen bindigen Böden angenommen werden, dass

die zur bodenmechanischen Volleinspannung nach Blum gehörenden Verformungsbedingungen annähernd erfüllt sind. Bei locker gelagerten nichtbindigen Böden bzw. bei sehr steifen Spundwänden kann das unterschiedliche Verformungsverhalten von Wand und Boden in der Berechnung durch angemessene Abminderung des Erdwiderstands mit einem Anpassungsfaktor $\eta_{Ep} < 1$ berücksichtigt werden. Bei weichen Böden ist eine Einspannwirkung im Allgemeinen nicht in Rechnung zu stellen, siehe EB 96 (Abschn. 12.7).

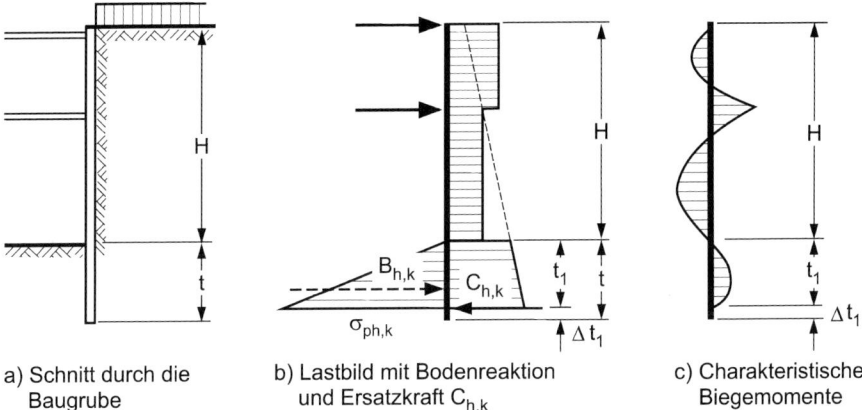

a) Schnitt durch die Baugrube

b) Lastbild mit Bodenreaktion und Ersatzkraft $C_{h,k}$

c) Charakteristische Biegemomente

Bild EB 26-2 System, Belastung und Momentenverlauf bei einer zweimal gestützten, im Boden eingespannten Spundwand

4. Bei gestützten Spundwänden mit einer Einbindetiefe $t_1' < t_1$ sind zwischen dem Grenzfall der vollen bodenmechanischen Einspannung und dem der freien Auflagerung verschiedene Zwischenzustände mit teilweiser Einspannung möglich und anwendbar. Für die Neigung der Endtangente gibt es in diesem Fall keine Begrenzung. Hierzu siehe auch EB 80, Absatz 5 b) (Abschn. 4.3).

5. Die für die Einspannung einer nicht gestützten Spundwand oder Ortbetonwand entsprechend Bild EB 26-1 erforderliche Einbindetiefe t_1 ist zur Aufnahme der statisch erforderlichen Ersatzkraft $C_{h,d}$ in der Regel ohne rechnerischen Nachweis mindestens um $\Delta t_1 = 0{,}20 \cdot t_1$ zu vergrößern. Wird ein genauerer Nachweis geführt, dann ist jedoch mindestens ein Zuschlag von $\Delta t_1 = 0{,}10 \cdot t_1$ zu wählen. Das Gleiche gilt für gestützte Spundwände nach Bild EB 26-2, sofern sich eine volle bodenmechanische Einspannung einstellen kann. Bei teilweiser Einspannung darf der Einbindetiefenzuschlag $\Delta t_1'$ näherungsweise zwischen dem bei Volleinspannung maßgebenden Wert Δt_1 und dem bei freier Auflagerung geltenden Wert $\Delta t_1 = 0$ in Abhängigkeit vom Verhältnis $t_1' : t_1$ geradlinig interpoliert werden.

6. Der im Absatz 5 genannte genauere Nachweis darf in Anlehnung an Lackner [2, 24] geführt werden und ergibt sich anhand von Bild EB 26-3 zu:

$$\Delta t_1 \geq C_{h,d}/2 \cdot e_{phC,d}$$

104 | 6 Berechnungsansätze für Spundwände und Ortbetonwände

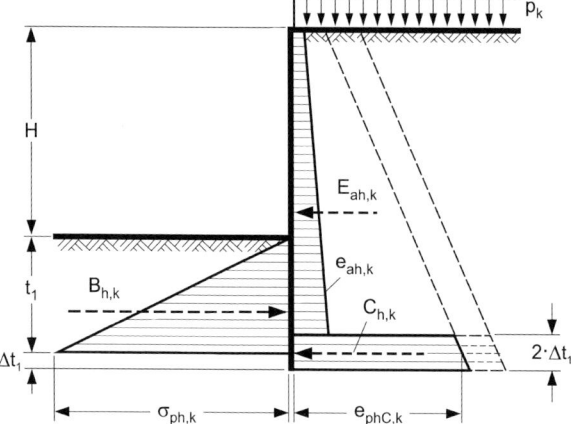

Bild EB 26-3 Aufnahme der Kraft $C_{h,k}$ am Fuß einer im Boden eingespannten Wand nach Lackner

mit

$$C_{h,d} = C_{Gh,k} \cdot \gamma_G + C_{Qh,k} \cdot \gamma_Q$$
$$e_{phC,d} = e_{phC,k}/\gamma_{R,e}$$
$$e_{phC,k} = (g_k + p_k) \cdot K_{pghC} + c'_k \cdot K_{pch}$$

Hierbei ist Folgendes zu beachten:

a) Die Vertikalspannung g_k in Höhe des theoretischen Fußpunktes ist aus dem Gewicht der aufliegenden Schichten, gegebenenfalls unter Berücksichtigung des Auftriebs, zu ermitteln.

b) Größe und Vorzeichen des Neigungswinkels $\delta_{C,k}$ ergeben sich aus dem Nachweis der Vertikalkomponente des mobilisierten Erdwiderstands nach EB 9, Absatz 3 b) (Abschn. 4.7). In der Regel ist der Neigungswinkel auf $\delta_{C,k} \leq \frac{1}{3} \cdot \varphi'_k$ zu begrenzen.

Anmerkung: Die Bemessungsgröße $C_{h,d}$ wird hier aus den charakteristischen Größen $C_{Gh,k}$ und $C_{Qh,k}$ ermittelt, die sich rechnerisch aus dem Lastansatz nach Blum ergeben und aus der $\sum H_k = 0$ aller charakteristischen Einwirkungen und Auflagerkräfte.

7. Gegebenenfalls kann die Einspannung im Untergrund auch mit einem Verformungswiderstand auf der Grundlage der elastischen Bettung ermittelt werden. Hierzu siehe EB 102 (Abschn. 4.5).

8. Sofern im Bereich unterhalb der Baugrubensohle mindestens mitteldicht gelagerter nichtbindiger Boden oder mindestens steifer bindiger Boden ansteht, darf bei der Ermittlung der Biegemomente, der Querkräfte und der Auflagerkräfte

   – entweder eine verringerte Einbindetiefe t_1 oder
   – eine verstärkte Teileinspannung mit der vorgegebenen Tiefe t'_1

zugrunde gelegt werden. Diese verringerte Einbindetiefe t_1 bzw. die Tiefe t_1' darf auf der Grundlage von EB 82, Absatz 1 b) (Abschn. 4.4) mit dem reduzierten Teilsicherheitsbeiwert $\gamma_{R,e,red} = 1{,}00$ ermittelt bzw. nachgewiesen werden.

9. Der Nachweis der Vertikalkomponente des mobilisierten Erdwiderstands ist nach EB 9 (Abschn. 4.7) zu erbringen, der Nachweis der Abtragung von Vertikalkräften in den Untergrund nach EB 84 (Abschn. 4.8).

10. Zur Staffelung von Spundwänden und Pfahlwänden siehe EB 19, Absatz 7 (Abschn. 6.3).

Baugruben sichern!
Mit Mikropfählen TITAN.

DIBt Zul. Nr. Z-34.14-209

smartTITAN
Mikropfähle online bemessen

- Einbau als Mikropfahl, Zugpfahl (Rückverankerung) oder Spritzbetonsicherung
- erschütterungsarm und schonend
- mit kleiner Gerätetechnik
- in unmittelbarer Nähe von Anschlussbebauung möglich

Weitere Infos: www.ischebeck.de

FRIEDR. ISCHEBECK GMBH
Loher Str. 31-79 | DE-58256 Ennepetal

7
Verankerte Baugrubenwände

7.1 Verankerungen (EB 107)

1. Für Verankerungen können Anker als auch Pfähle verwendet werden. Verpresssanker werden bei Baugrubenkonstruktionen zur Stützung von Baugrubenwänden und ggf. zur Verankerung von Baugrubensohlen im Wasser nach EB 62 (Abschn. 10.5) angeordnet. Zugpfähle werden bei Baugrubenkonstruktionen zur Verankerung von Baugrubensohlen im Wasser nach EB 62 (Abschn. 10.5) und zur Stützung von Baugrubenwänden nach EB 43 (Abschn. 14.12) angeordnet. Dabei kommen in der Regel Verdrängungspfähle, Verdrängungspfähle mit Mantelverpressung oder verpresste Mikropfähle zur Ausführung. Bei der Bemessung von Zugelementen wird im Handbuch EC 7 Band 1 zwischen Anker und Pfahl maßgeblich unterschieden. Mit dem Begriff Anker wird ein Zugelement bezeichnet, welches immer aus einem Ankerkopf, einer freien Stahllänge und einer Rückhaltekonstruktion besteht. Pfähle haben unabhängig von der Pfahlart keine freie Stahllänge und sind somit im Gegensatz zu Ankern nicht vorspannbar.

2. Mit der Unterscheidung in Anker und Pfahl ergeben sich nach dem Normenhandbuch EC 7, Band 1 unterschiedliche Teilsicherheitsbeiwerte für den Nachweis des Herauszieh-Widerstands des Verankerungselements. Auch gibt es Unterschiede in der Herstellung und Zulassung und daraus resultierend in der Verwendbarkeit, der Tragwirkung sowie der Ausführung und Bewertung von Probebelastungen (siehe Anhang A 11).

7.2 Größe und Verteilung des Erddrucks bei verankerten Baugrubenwänden (EB 42)

1. Größe und Verteilung des Erddrucks auf verankerte Baugrubenwände hängen in erster Linie davon ab, ob und gegebenenfalls mit welchen Kräften die Anker vorgespannt und festgelegt werden. Man erhält eine vom klassischen Erddruck abweichende Erddruckverteilung, z. B. eine Lastfigur nach Bild EB 5-1

Empfehlungen des Arbeitskreises „Baugruben", 6. Auflage. DGGT e. V. (Hrsg.)
©2021 Ernst & Sohn GmbH & Co. KG. Published 2021 by Ernst & Sohn GmbH & Co. KG

(Abschn. 3.3), in der Regel nur dann, wenn die Anker bei der Bemessung für aktiven Erddruck auf 80 %, bei der Bemessung für den Erdruhedruck auf 100 % der für den jeweils nächsten Bauzustand errechneten charakteristischen Beanspruchungen E_k festgelegt werden. Bei erhöhtem aktiven Erddruck darf entsprechend den Erddruckanteilen linear interpoliert werden, siehe EB 22 (Abschn. 9.5). Bei der Festlegung auf wesentlich geringere Kräfte und bei Zugpfählen ist die Verteilung des Erddrucks weitgehend vom Zusammenwirken örtlicher Gegebenheiten wie Nutzlasten, Bauwerkslasten, Bodenart, Steifigkeit der Wand, Länge und Dehnung der Verankerung, Nachgiebigkeit des Fußauflagers u. a. abhängig und nicht mehr ausreichend genau bestimmbar.

2. Innerhalb gewisser Grenzen, insbesondere auch abhängig von der Steifigkeit der Baugrubenwand, kann durch entsprechende Anordnung und Vorspannung der Anker eine frei gewählte Erddruckverteilung erzwungen werden. Soll eine starke Erddruckumlagerung nach oben erreicht werden, z. B. eine Lastfigur, deren Resultierende oberhalb der halben Baugrubentiefe liegt, so ist es bei mehrfach verankerten Baugrubenwänden außerdem erforderlich, die oberen Anker länger auszubilden als die unteren. Im Übrigen richtet sich die Länge der Verankerung nach dem Nachweis der Standsicherheit in der tiefen Gleitfuge entsprechend EB 44 (Abschn. 7.3) und dem Nachweis der Geländebruchsicherheit entsprechend EB 45 (Abschn. 7.4) sowie gegebenenfalls nach dem Ergebnis der Untersuchung der möglichen Wandverschiebungen entsprechend EB 46 (Abschn. 7.5).

3. In Ausnahmefällen können Ankeranordnung, Ankerlänge und Vorspanngrad so gewählt werden, dass eine nachgiebig gestützte Wand entsteht und zumindest bei verhältnismäßig steifen Wänden die klassische Erddruckverteilung maßgebend wird. Im Hinblick auf den Ansatz der Kohäsion und auf die Untersuchung des Einflusses von Nutzlasten gelten dann die gleichen Überlegungen wie bei nicht gestützten, nur im Boden eingespannten und bei nachgiebig gestützten Baugrubenwänden. Hierzu siehe EB 4, Absatz 5 (Abschn. 3.2), EB 6, Absatz 5 (Abschn. 3.4), EB 7, Absatz 1 (Abschn. 3.5), EB 12, Absatz 2 (Abschn. 5.1) und EB 16, Absatz 2 (Abschn. 6.1).

4. Werden zwei gegenüberliegende Baugrubenwände teilweise durch Anker, teilweise durch Steifen gestützt, so darf die Erddruckverteilung wie bei voll ausgesteiften Baugruben gewählt werden. Die Anker sind entsprechend vorzuspannen. Bei der Ermittlung der Schnittgrößen ist gegebenenfalls die unterschiedliche Nachgiebigkeit der Auflagerpunkte zu beachten.

5. Im Allgemeinen ist es zulässig, alle Anker im Falle der Bemessung für den aktiven Erddruck von vornherein bei 80 % der für den Vollaushubzustand errechneten charakteristischen Beanspruchungen E_k festzulegen, im Falle der Bemessung für einen höheren als den aktiven Erddruck bei bis zu 100 %. Nur wenn durch diese Maßnahmen eine Überbeanspruchung der Baugrubenkonstruktion oder eine zu starke Bewegung des Kopfes der Baugrubenwand zum Erdreich hin und damit eine Gefährdung von baulichen Anlagen oder Leitungen zu befürch-

ten ist, kann es erforderlich werden, die Anker zunächst nur mit der charakteristischen Ankerkraft festzulegen, die dem auf den Einbauzustand der Ankerlage folgenden Bauzustand entspricht, und sie dann den weiteren Bauzuständen entsprechend nachzuspannen.

7.3 Nachweis der Standsicherheit in der tiefen Gleitfuge (EB 44)

1. Bei verankerten Baugrubenwänden ist der Nachweis der Standsicherheit in der tiefen Gleitfuge zu führen. Er dient der Ermittlung der erforderlichen Verankerungslänge. Man geht dabei von der Vorstellung aus, dass die Verankerung zusammen mit der Wand und dem von ihnen erfassten Erdreich einen zusammenhängenden Bodenblock bilden, der im Bruchzustand auf einer nach oben gekrümmten Gleitfläche abrutscht und sich um einen tief gelegenen Punkt dreht (Bild EB 44-1). Bei der Untersuchung muss zunächst die Verankerungslänge gewählt und dann die Standsicherheit nachgewiesen werden.

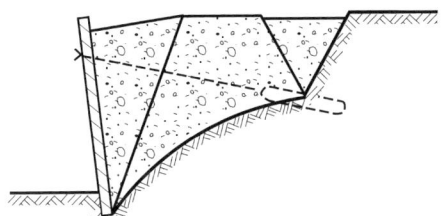

Bild EB 44-1 Bruch in der tiefen Gleitfuge nach Kranz [99]

2. Das nachfolgend beschriebene Berechnungsmodell geht auf das Verfahren von Kranz [99] zurück. Dieses ist ursprünglich für einmal verankerte, im Boden frei aufgelagerte Wände mit Ankerwänden und mit schlaffen Ankern abgeleitet worden. Darüber hinaus

    - trifft es auch für Zugpfähle und vorgespannte Anker zu, die auf den aktiven Erddruck oder einen erhöhten aktiven Erddruck bemessen wurden,
    - ist es mit der Erweiterung von Ranke und Ostermayer [17] eine gute Näherungslösung für mehrmals verankerte Wände,
    - lässt es sich auch auf im Boden eingespannte Wände übertragen.

3. Beim Verfahren von Kranz [99] wird die nach oben gekrümmte Gleitfläche durch eine ebene Gleitfläche ersetzt. Es kann auch als Standsicherheitsproblem für einen trapezförmigen Bodenkörper angesehen werden, der durch einen senkrechten Schnitt von der Baugrubenwand getrennt worden ist. Die an diesem Bodenkörper nach Bild EB 44-2a) angreifenden Kräfte setzen sich zusammen aus den Einwirkungen nach Absatz 8 und aus den Bodenreaktionen in der tiefen Gleitfuge nach Absatz 9, ohne dass diese Aufteilung das Ergebnis beeinflusst, da in beiden Fällen charakteristische Kräfte angesetzt werden. Aus dem zugehörigen Krafteck nach Bild EB 44-2b) ergibt sich der Widerstand, den das System

a) Kräfte am Gleitkörper
b) Krafteck (unmaßstäblich)

Bild EB 44-2 Ermittlung des Widerstands $R_{A,cal}$ beim Nachweis der Standsicherheit in der tiefen Gleitfuge

dem Abgleiten entgegensetzen kann, in Form der möglichen Ankerkraft $R_{A,cal}$. Einzelheiten sind in den nachfolgenden Absätzen erläutert.

4. Beim Nachweis der Standsicherheit in der tiefen Gleitfuge ist zu berücksichtigen, ob sich der gesamte zwischen den Ankern anstehende Boden an der Entstehung des in Absatz 1 genannten Bodenblockes beteiligt:

   a) Bei Verpressankern und Zugpfählen, deren Abstand a kleiner ist als die halbe Krafteinleitungsstrecke l_r, und bei Ankerwänden sowie Ankerplatten ist eine ausreichende Standsicherheit eingehalten, wenn für den Grenzzustand GEO-2 die Bedingung

   $$P_d \leq R_{A,d}$$

   erfüllt ist. Dabei ist:

   P_d der Bemessungswert der Beanspruchung der Verankerung,
   $R_{A,d}$ der Bemessungswert des Widerstands der Verankerung.

   Die Standsicherheit darf auch mit den waagerechten Komponenten der beteiligten Kräfte nachgewiesen werden. Maßgebend ist dann die Grenzgleichgewichtsbedingung

   $$P_{h,d} \leq R_{h,A,d}$$

   b) Sofern bei Verpressankern und Zugpfählen der Abstand a größer ist als die halbe Krafteinleitungsstrecke l_r, dann ist die mögliche Ankerkraft $R_{A,cal}$ in Anlehnung an die EAU, Empfehlung E10 [2] auf

   $$R_{A,red,cal} = \frac{1}{2} \cdot R_{A,cal} \cdot l_r / a$$

   abzumindern. Maßgebend ist dann die Grenzgleichgewichtsbedingung

   $$P_d \leq R_{A,red,d}$$

5. Der Bemessungswert der Beanspruchung der Verankerung ist aus dem Ansatz

$$P_d = P_{G,k} \cdot \gamma_G + P_{Q,k} \cdot \gamma_Q$$

zu ermitteln, der Bemessungswert des Widerstands aus dem Ansatz

$$R_{A,d} = R_{A,cal}/\gamma_{R,e}$$

Die Größen $P_{G,k}$ und $P_{Q,k}$ ergeben sich aus der Schnittgrößenermittlung an der Baugrubenwand. Falls nach EB 104, Absatz 5 (Abschn. 4.11) alle veränderlichen Einwirkungen, die über die großflächige Gleichlast $p_k \leq 10\,\text{kN/m}^2$ hinausgehen, mit dem Faktor f_q vergrößert werden, vereinfacht sich die Ermittlung des Bemessungswerts der Beanspruchung.

6. Als rückwärtige Begrenzung des abrutschenden Erdkörpers gilt:

   a) Bei durchgehenden Ankerwänden ist eine vom Fuß der Ankerwand ausgehende, senkrecht bis zur Geländeoberfläche reichende Ebene maßgebend.

   b) Bei einzelnen Ankerplatten ist eine entsprechende Ersatzankerwand um das Maß $\frac{1}{2} \cdot a_1$ vor den Ankerplatten anzunehmen, wobei mit a_1 der lichte Abstand zwischen den Ankerplatten bezeichnet wird.

   c) Bei Verpressankern und Zugpfählen ist die Ersatzankerwand in der Mitte der planmäßigen Krafteinleitungsstrecke anzunehmen.

   Die tiefe Gleitfuge geht bei Ankerwänden und Ankerplatten von deren Unterkante und bei Verpressankern vom Schwerpunkt der Krafteinleitungsstrecke aus. Bei am Kopf gezogenen, im Boden eingespannten Ankerelementen ist der Querkraftnullpunkt maßgebend.

7. Der Fußpunkt der tiefen Gleitfuge ist bei im Boden frei aufgelagerten Wänden in Höhe der Unterkante der Wand bzw. der Bohlträger anzunehmen. Im Übrigen gilt Folgendes:

   a) Die Lage des Fußpunkts in der Aufstandsebene ist wie folgt anzunehmen:
      - in der Wandachse bei Trägerbohlwänden und Spundwänden,
      - an der Wandrückseite bei Ortbetonwänden.

   b) Wird die Wand zur Aufnahme äußerer lotrechter Lasten oder aus anderen Gründen tiefer in den Untergrund eingebunden als es zur Aufnahme der waagerechten Auflagerkraft erforderlich wäre, dann gilt als Unterkante die Tiefe, die ohne Berücksichtigung der lotrechten Lasten ausreichen würde.

   c) Wird tatsächlich oder nach EB 15, Absatz 6 b) (Abschn. 5.5) nur rechnerisch auf eine Einbindung der Baugrubenwand in den Untergrund und damit auf ein Auflager unterhalb der Baugrubensohle verzichtet, so ist der Fußpunkt in der Tiefe anzunehmen, in der die unterhalb der Baugrubensohle angreifende Bemessungs-Erddruckkraft vom Bemessungs-Erdwiderstand aufgenommen werden kann. Hierzu siehe Bild EB 15-1c) (Abschn. 5.5).

   d) Ist bei steifen Wänden mit großer Beanspruchung aus Wasserdruck trotz einer Verlängerung der Wand

- zur Auftriebssicherung,
- zur Begrenzung von Strömungskräften oder
- zum Abdichten der Baugrube

mit Verschiebungen des Wandfußes zu rechnen, dann ist nach [96] der tatsächliche Wandfuß als Ausgangsgröße der tiefen Gleitfuge anzunehmen. Dies gilt nicht, wenn die Wände zum frühestmöglichen Zeitpunkt in Höhe der Baugrubensohle ausgesteift werden, z. B. durch eine Unterwasserbetonsohle oder durch eine tiefgelegene Düsenstrahlsohle.

e) Bei voller oder teilweiser bodenmechanischer Einspannung und bei elastischer Bettung der Wand im Boden gilt als rechnerischer Fußpunkt der Querkraftnullpunkt.

8. Bei der Ermittlung der charakteristischen Größen der Einwirkungen ist wie folgt vorzugehen:

a) Die Erddruckkraft $E_{a1,k}$ ergibt sich mit den gleichen charakteristischen Bodenkenngrößen, die auch bei der Ermittlung der Erddruckkraft $E_{a2,k}$, der Einbindetiefe und der Schnittgrößen zugrunde gelegt worden sind. Bei der Ermittlung von $E_{a1,k}$ ist stets die mögliche Nutzlast auf der Geländeoberfläche zu berücksichtigen. Bei Verpressankern ist $\delta_a = \beta$ zu setzen. Bei Ankerwänden und Ankerplatten darf mit $\delta_a = \frac{2}{3} \cdot \varphi'_k$ gerechnet werden.

b) Die charakteristische Last G_k aus Bodeneigengewicht ergibt sich aus den geometrischen Abmessungen des Gleitkörpers und den gleichen Wichten, die auch bei der Ermittlung der Erddruckkraft $E_{a2,k}$ zugrunde gelegt worden sind.

c) Die veränderliche Einwirkung $F_{Q,k}$ setzt sich aus zwei Teilen zusammen:

- Die veränderliche Einwirkung $F_{Q1,k}$ ist die Summe der Nutzlasten, die der Ermittlung der Erddrucklast $E_{a2,k}$ und der Verankerungskraft P_k zugrunde gelegt worden sind. Dies ist nach Bild EB 44-2a) der Anteil der Nutzlasten, der den aktiven Gleitkeil belastet. Dieser wird in der Regel von einer Gleitfläche mit dem Winkel $\vartheta_{a,k}$ begrenzt. Eine Gleitfläche unter dem Winkel $\vartheta_{z,k}$ kann maßgebend sein:

  - bei nachgiebig gestützten Wänden nach EB 6, Absatz 5 (Abschn. 3.4) und
  - bei Baugruben neben Gebäuden nach EB 28, Absatz 12 b) (Abschn. 9.3).

- Die veränderliche Einwirkung $F_{Q2,k}$ ist nach Bild EB 44-2a) die Summe der Nutzlasten, die im übrigen Bereich der Geländeoberfläche vom aktiven Gleitkeil bis zur gedachten Ankerwand liegen. Sie ist nur anzusetzen, sofern $\vartheta > \varphi'_k$ ist.

Die Einwirkung $F_{Q,k}$ im Bild EB 44-2b) entspricht der Kraft $F_{Q1,k}$ bei $\vartheta \leq \varphi'_k$ bzw. der Summe von $F_{Q1,k}$ und $F_{Q2,k}$ bei $\vartheta > \varphi'_k$.

9. Bei der Ermittlung der charakteristischen Größe der Bodenreaktionen in der tiefen Gleitfuge ist wie folgt vorzugehen:

a) Die charakteristische Kohäsionskraft C_k ergibt sich aus der gegebenenfalls vorhandenen Kohäsion c'_k mit der Gleitflächenlänge L aus dem Ansatz

$$C_k = c'_k \cdot L$$

b) Die charakteristische Reaktionskraft Q_k in der tiefen Gleitfuge ergibt sich aus dem Schnittpunkt der unter dem Winkel φ'_k zur Gleitflächennormalen verlaufenden Wirkungslinie mit der Wirkungslinie der Verankerungskraft $R_{A,cal}$ im Krafteck.

10. Bei mehrmals verankerten Baugrubenwänden darf der Standsicherheitsnachweis in Anlehnung an [17] geführt werden. Die Regelungen der Absätze 3 bis 9 werden dazu wie folgt ergänzt:

    a) In jedem Bauzustand ist jeder Mittelpunkt einer Krafteinleitungsstrecke einmal als Endpunkt einer tiefen Gleitfuge anzunehmen.
    b) Als Beanspruchungen P_k sind die charakteristischen Kräfte aller Verankerungen anzusetzen, deren Krafteinleitungsstrecke innerhalb des abrutschenden Erdkörpers bzw. innerhalb des aktiven Gleitkeils liegen, der die Erddruckkraft $E_{ag1,k}$ verursacht (Bild EB 44-3).
    c) Die Kräfte von Verankerungen, deren Krafteinleitungsstrecke von der tiefen Gleitfuge geschnitten werden, dürfen bei Annahme einer gleichmäßigen Verteilung der Mantelreibung entlang der Krafteinleitungsstrecke in einen Anteil vor und einen Anteil hinter dem Schnitt aufgeteilt werden. Der Anteil der Kraft, der innerhalb des Gleitkörpers abgetragen wird, ist als Beanspruchung zu behandeln. Das Gleiche gilt für die Kräfte von Verankerungen, die von der aktiven Gleitfläche hinter der Ersatzankerwand geschnitten werden.
    d) Sofern in Ausnahmefällen der Erddruck aus der Ersatzlast $F_{Q1,k}$ nach Absatz 7 c) infolge von Durchlaufwirkung die Verankerung entlastet, der als Endpunkt der tiefen Gleitfuge zugrunde gelegt worden ist, ist auch eine Untersuchung ohne diese Ersatzlast durchzuführen.
    e) Sofern nicht alle Verankerungen die gleiche Neigung aufweisen, ist der Mittelwert der Neigung zu ermitteln. Bei einer genauen Rechnung ist dazu die

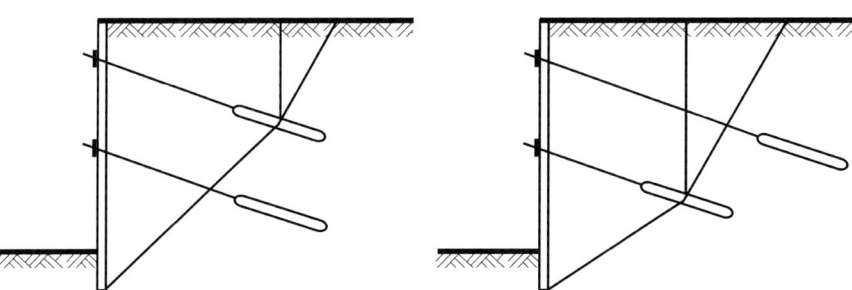

a) Unterer Anker liegt außerhalb der tiefen Gleitfuge

b) Oberer Anker liegt außerhalb der aktiven Gleitfläche

Bild EB 44-3 Beispiele für Verpressanker, deren Kräfte nicht als Einwirkungen berücksichtigt werden

Summe der lotrechten Komponenten und die Summe der waagerechten Komponenten der Kräfte der Verankerung zu ermitteln, die nach Absatz b) und Absatz c) als Beanspruchung zu behandeln sind. Wird der Mittelwert der Neigung geschätzt, so muss er auf der sicheren Seite liegen, d. h. gegebenenfalls größer sein als der genaue Mittelwert.

11. Bei verankerten Baugrubenwänden, die für einen erhöhten aktiven Erddruck oder für einen abgeminderten bzw. für den vollen Erdruhedruck bemessen worden sind, darf die Standsicherheit in der tiefen Gleitfuge im Grundsatz nach den gleichen Regeln wie für den aktiven Erddruck nachgewiesen werden. Die Regelungen der Absätze 3 bis 9 werden dazu jedoch wie folgt ergänzt:

    a) An die Stelle der aktiven Erddrucklast $E_{a2,k}$ tritt im Krafteck nach Bild EB 44-2b) die entsprechend den Angaben in EB 22 (Abschn. 9.5) bzw. EB 23 (Abschn. 9.6) ermittelte Erddrucklast $E_{2,k}$.

    b) An die Stelle der aktiven Erddrucklast $E_{a1,k}$ tritt im Krafteck nach Bild EB 44-2b) die Erddrucklast $E_{1,k}$. Sie wird entsprechend den Angaben in EB 22 (Abschn. 9.5) bzw. EB 23 (Abschn. 9.6) nach den gleichen Regeln ermittelt wie die Erddrucklast $E_{2,k}$.

Bei Baugrubenwänden genügen beim Nachweis der Standsicherheit in der tiefen Gleitfuge die für die vorübergehende Bemessungssituation BS-T angegebenen Teilsicherheitsbeiwerte. Bei höheren Ansprüchen hinsichtlich der Gebrauchstauglichkeit sind die Teilsicherheitsbeiwerte der Bemessungssituation BS-P in Ansatz zu bringen oder die Verformungen zu prognostizieren.

12. Bei einem Zugpfahl, der auf seiner gesamten Länge Kraft in den Baugrund abtragen kann, wird nur eine begrenzte Krafteinleitunglänge l_r außerhalb des aktiven Erddruckkeils angesetzt (Bild EB 44-4). Diese ist bei der Ermittlung von $R_{t,d}$ bzw. bei einer Pfahlprobebelastung zu berücksichtigen. Für weitere Hinweise

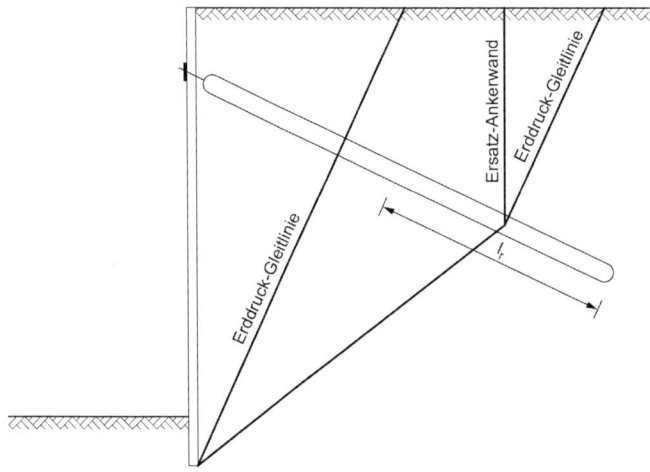

Bild EB 44-4 Nachweis der Standsicherheit in der tiefen Gleitfuge bei Pfählen

für den Nachweis der Sicherheit in der tiefen Gleitfuge von Verankerungen mit Zugpfählen, zur Berücksichtigung von wechselnden Bodenschichten und zur Berücksichtigung eines Wasserüberdrucks siehe EAU, Empfehlung E10 [2].

7.4 Nachweis der Geländebruchsicherheit (EB 45)

1. Bei verankerten Baugrubenwänden ist im Grundsatz auch der Nachweis der Geländebruchsicherheit zu erbringen. Wie die vorliegenden Erfahrungen allerdings zeigen, genügt es, diesen Nachweis auf Ausnahmefälle zu beschränken. Größere Abmessungen oder größere Verankerungslängen können sich zum Beispiel ergeben

    a) bei großen Geländeauflasten im Bereich der Verpressstrecken,
    b) wenn unterhalb des Fußpunkts der tiefen Gleitfuge ein Boden ansteht, dessen Scherfestigkeit geringer ist als in den darüberliegenden Schichten,
    c) bei Baugrubenwänden, die nicht oder nur wenig tiefer geführt sind als die Baugrubensohle,
    d) wenn die Rückseite der Wand stark zum Erdreich hin geneigt ist,
    e) wenn das Gelände hinter der Wand ansteigt,
    f) wenn das Gelände vor der Wand abfällt.

2. Beim Nachweis der Geländebruchsicherheit geht man von der Vorstellung aus, dass die Baugrubenwand durch die Verankerung mit dem hinter ihr anstehenden Erdreich zu einem monolithischen Körper verbunden ist, der auf einer nach unten gekrümmten Gleitfläche abrutscht (Bild EB 45-1). Im Gegensatz zum Nachweis der Standsicherheit in der tiefen Gleitfuge bewegt sich dabei der Wandfuß weiter nach vorne als der Wandkopf. Dies ist mit einer Drehung des monolithischen Körpers um einen hoch gelegenen Punkt verbunden. Der Nachweis der Geländebruchsicherheit zählt zum Grenzzustand GEO-3 nach EB 78, Absatz 5 (Abschn. 1.4). Eine ausreichende Sicherheit gegen Geländebruch ist eingehalten, wenn die Grenzzustandsbedingung

    $$E_{M,d} \leq R_{M,d}$$

    eingehalten ist, d. h. wenn die Summe $E_{M,d}$ der Bemessungswerte der einwirkenden Drehmomente höchstens so groß ist wie die Summe $R_{M,d}$ der widerstehenden Drehmomente.

3. Im Sinne des Grenzzustands GEO-3 erhält man die Bemessungswerte der maßgebenden Drehmomente wie folgt:

    a) Bei der Ermittlung der einwirkenden Drehmomente werden alle ständigen Lasten mit dem Teilsicherheitsbeiwert $\gamma_G = 1{,}00$, alle ungünstig wirkenden veränderlichen Lasten mit dem Teilsicherheitsbeiwert $\gamma_Q > 1{,}00$ nach Tab. 6.1 im Anhang A 6 multipliziert.
    b) Bei der Ermittlung der widerstehenden Drehmomente wird die Scherfestigkeit des Bodens mit den Teilsicherheitsbeiwerten $\gamma'_\varphi/\gamma_{\varphi u}$ bzw. γ'_c/γ_{cu} nach Tab. 6.3 im Anhang A 6 abgemindert.

4. Der Nachweis der Geländebruchsicherheit ist in der Regel mit kreisförmigen Gleitflächen zu führen. Nur in begründeten Fällen, z. B. wenn die Ausbildung einer tief in den Boden einschneidenden Kreisgleitfläche durch die unterschiedliche Scherfestigkeit oder durch die Neigung der anstehenden Bodenschichten verhindert wird, kann die Annahme von Gleitflächen erforderlich sein, die sich aus ebenen Teilstücken mit unterschiedlicher Neigung zusammensetzen [45, 54, 55]. Unabhängig davon ist aber ein steiler als unter dem Winkel $\vartheta_p = 45° - \frac{1}{2} \cdot \varphi'_k$ auslaufender Endteil einer Kreisgleitfläche stets durch die Endtangente unter dem Winkel ϑ_p bzw. durch den Erdwiderstand zu ersetzen. Weitere Hinweise finden sich in DIN 4084.

5. Der maßgebende Bruchmechanismus wird im Grundsatz durch zwei Punkte beeinflusst:

   a) Oben ist das Ende der Ankerkonstruktion maßgebend. Bei Ankerwänden und Ankerplatten berührt die maßgebende Gleitfläche die Rückseite der Ankerkonstruktion, siehe Bild EB 45-1a). Bei Verpressankern und Pfählen ist es ausreichend genau und in der Regel auf der sicheren Seite liegend, nach Bild EB 45-1b) in Anlehnung an EB 44, Absatz 5 d) (Abschn. 7.3) den Schwerpunkt der Krafteintragungsstrecke als wirksamen Endpunkt anzunehmen.

   b) Unten berührt die maßgebliche Gleitfläche im Allgemeinen den Fußpunkt der Baugrubenwand bzw. der Bohlträger. Bei Baugrubenwänden mit geringer Einbindetiefe nach EB 44, Absatz 6 c) (Abschn. 7.3) oder bei der in Absatz 1 b) beschriebenen Situation kann die maßgebende Gleitfläche auch tiefer verlaufen.

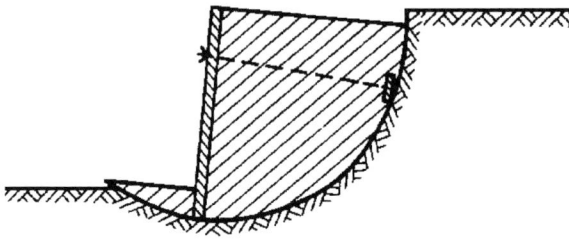

a) Verankerung mit einer Ankerwand

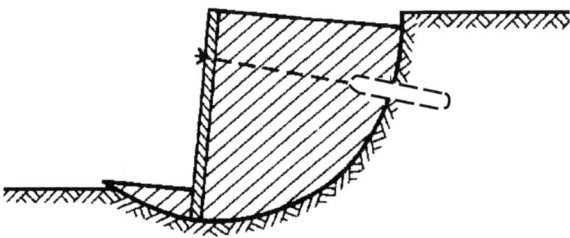

b) Verankerung mit Verpressankern

Bild EB 45-1 Geländebruch bei einer einmal verankerten Wand

Bei einer genaueren Untersuchung bei Verpressankern und Zugpfählen sind nach DIN 4084 sowohl Bruchmechanismen zu untersuchen, welche die Krafteintragungsstrecke vollständig einschließen, als auch Bruchmechanismen, welche die Krafteintragungsstrecke schneiden. In letzterem Fall dürfen die aktivierbaren Schnittkräfte als Widerstände berücksichtigt werden. Hierzu siehe Absatz 6.

6. Bei einer genaueren Untersuchung von einmal verankerten Wänden und immer bei mehrmals verankerten Wänden kann es erforderlich sein, auch Gleitflächen zu berücksichtigen, die einzelne Ankerlagen schneiden. In diesen Fällen ist Folgendes zu beachten:

   a) Das Drehmoment aus der in der geschnittenen Verankerung wirkenden Längskraft, bezogen auf den Gleitkreismittelpunkt, darf berücksichtigt werden, wenn es stützend wirkt; es muss berücksichtigt werden, wenn es die Standsicherheit verringert.
   b) Wird die Verankerung in der Krafteinleitungsstrecke geschnitten, so darf die wirksame Längskraft bei Annahme einer gleichmäßigen Verteilung der Mantelreibung entlang der Krafteinleitungsstrecke entsprechend aufgeteilt werden. Wirksam ist nur der Anteil der Kraft, der außerhalb des Gleitkreises in den Boden eingetragen wird.
   c) Die zusätzliche Reibungskraft in der Gleitfläche, die durch den wirksamen Anteil der Kraft in der Gleitfläche hervorgerufen wird, der außerhalb des Gleitkreises in den Boden eingetragen wird, darf als stützend in Rechnung gestellt werden.
   d) Außerdem dürfen auch die Querkräfte in den geschnittenen Konstruktionsteilen als dem Geländebruch entgegenwirkende Kräfte angesetzt werden. Diese Querkräfte dürfen jedoch nur so groß angenommen werden,
      – wie es der Fließzustand des Stahls unter Berücksichtigung der bereits vorhandenen Normal-, Biege- und Schubspannungen zulässt,
      – wie die angesetzte Querkraft von dem geschnittenen Konstruktionsteil ohne große Verschiebungen in das Erdreich abgetragen werden kann.

   Die an zweiter Stelle genannte Einschränkung gilt gegebenenfalls auch für die Tragglieder einer Trägerbohlwand.
   e) Die Angaben der Absätze a) bis d) gelten unabhängig von der Bauweise der Verankerung. In allen Fällen ist jedoch beim Ansatz der Längskraft zu unterscheiden, ob die Anker aufgrund ihres Schnittwinkels mit der Gleitfläche selbstspannend oder nicht selbstspannend sind. Einzelheiten dazu siehe DIN 4084.

7. Bei Baugrubenwänden genügen beim Nachweis der Geländebruchsicherheit die für die vorübergehende Bemessungssituation BS-T angegebenen Teilsicherheitsbeiwerte. Bei höheren Ansprüchen hinsichtlich der Gebrauchstauglichkeit sind die Teilsicherheitsbeiwerte der Bemessungssituation BS-P in Ansatz zu bringen.

7.5 Maßnahmen gegen mögliche Bewegungen von verankerten Baugrubenwänden (EB 46)

1. Wie aus vorliegenden Erfahrungen hervorgeht, sind bei verankerten Baugrubenwänden Bewegungen auch dann zu erwarten, wenn die Wände und ihre Verankerungsteile für einen erhöhten aktiven Erddruck oder für einen abgeminderten bzw. für den vollen Erdruhedruck bemessen und vorgespannt werden. Maßgebend hierfür sind die Verschiebungen und Verformungen des Erdkörpers, der fangedammartig von der Baugrubenwand und von einer Fläche eingeschlossen ist, welche die Punkte miteinander verbindet, in denen entsprechend EB 44, Absatz 7 (Abschn. 7.3) die Einleitung der Ankerkräfte in den Boden angenommen werden darf (Bild EB 46-1). Im Wesentlichen setzen sich die Bewegungen nach EB 83, Absätze 8 bis 11 (Abschn. 4.10) zusammen aus

   a) einer elastischen Verformung der Wand,
   b) einer Verkantung des fangedammartigen Erdkörpers,
   c) einer Schubverzerrung des Erdkörpers und des darunter anstehenden Bodens,
   d) einer waagerechten Verschiebung infolge Zusammendrückung des Bodens unterhalb der Baugrubensohle sowie
   e) einer zusätzlichen Entspannungsbewegung infolge der Baugrundentlastung beim Bodenaushub.

   Diese Bewegungen sind bei Baugruben in mindestens mitteldicht gelagertem, nichtbindigem Boden bzw. in mindestens steifem, bindigem Boden, insbesondere bei Tiefen von mehr als 10–12 m beobachtet worden [39, 51, 74].

   Mit der Bewegung des fangedammartigen Erdkörpers geht eine Verformung und Verschiebung der Geländeoberfläche einher.

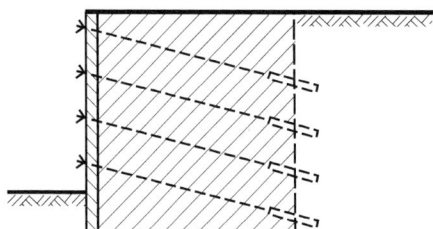

Bild EB 46-1 Ausbildung eines fangedammartigen Erdkörpers

2. Bei Baugruben im Wasser kann sich der Wandfuß mehr als üblich verschieben, wenn unterhalb einer Weichgelsohle nach Bild EB 62-1c) (Abschn. 10.5) die effektive Vertikalspannung infolge der Strömungskraft in der Weichgelsohle stark vermindert wird. Die Bodenreaktionskraft $B_{h,k}$ wird dann in der Bodenschicht oberhalb der Weichgelsohle auf die gegenüberliegende Baugrubenwand durchgeleitet und nicht in den tiefer liegenden Untergrund abgeleitet. So erfährt die gesamte Bodenschicht oberhalb der Weichgelsohle eine Zusammendrückung in-

folge der Bodenreaktionskraft $B_{h,k}$, die eine entsprechend große Verschiebung des Wandfußes nach sich ziehen kann [96].

3. Ergibt sich aus dem Nachweis der Gebrauchstauglichkeit nach EB 83 (Abschn. 4.10), dass bei einer verankerten Baugrubenwand, bei der die Ankerlängen nach EB 44 (Abschn. 7.3) ermittelt wurden, unzuträgliche Bewegungen der Wand zu erwarten sind, dann sind entsprechende Maßnahmen zu treffen, z. B.

   a) eine Verlängerung der Anker,
   b) der Ersatz von wenigstens einer Ankerlage durch eine Aussteifung,
   c) Ersatz der Anker durch Steifen in einigen Baugrubenquerschnitten zur Schaffung von Festpunkten [29],
   d) die abschnittsweise Herstellung von Baugrube und Bauwerk.

   Diese Aussteifungen sind für eine wesentlich höhere Last zu bemessen, als es ihrem Anteil an der rechnerischen Erddrucklast entspricht, z. B. für die zweifache Last. Gegebenenfalls ist die Beobachtungsmethode nach Handbuch Eurocode 7, Band 1 anzuwenden.

4. Unabhängig von den Maßnahmen nach Absatz 3 ist es im Bereich von Bauwerken stets zweckmäßig, die Anker zu spreizen und im Bereich der Krafteinleitungsstrecken in der Länge zu staffeln, sofern die Verpressstrecken nicht im Fels liegen. Mit der Spreizung wird gegebenenfalls erreicht, dass die gegenseitige Beeinflussung der Anker verringert wird. Durch eine Staffelung der Ankerlängen lässt sich im Allgemeinen die Gefahr eines sprunghaften Setzungsverlaufs hinter dem fangedammartigen Erdkörper ausschließen und stattdessen eine flachere Setzungsmulde erreichen.

   Im Fall einer Staffelung ist jeder zweite Anker unter Beibehaltung der Verpressstrecke zu verlängern. Sofern die Staffelung in einem Bereich liegt, wo mit Rücksicht auf ein Gebäude ein sprunghafter Setzungsverlauf vermieden werden muss, sollte die Summe der zusätzlichen Ankerlängen etwa 20 % der Summe der rechnerisch erforderlichen Ankerlängen im Bereich des betreffenden Abschnitts der Baugrubenwand betragen. Auf welche Ankerlagen die Verlängerungen verteilt werden, richtet sich nach den örtlichen Gegebenheiten und Anforderungen.

5. Sofern Bewegungen und Verformungen begrenzt werden sollen, wird empfohlen, bei verankerten Baugrubenwänden von Anfang an zumindest die waagerechten und senkrechten Bewegungen des Wandkopfes zu messen, sodass gegebenenfalls rechtzeitig Gegenmaßnahmen getroffen werden können. Bei Baugruben in weichen bindigen Böden und bei Baugruben neben Bauwerken sind außerdem Ankerkraftmessungen und Setzungsmessungen im Bereich der näheren Umgebung zweckmäßig.

6. Die im Absatz 1 genannten Wandbewegungen können durch eine besonders hohe Vorspannung der Anker nicht wesentlich verringert werden. Eine solche Vorspannung bewirkt im Wesentlichen nur einen Eigenspannungszustand zwi-

schen der Baugrubenwand und den Verpressstrecken, der die Bildung eines aktiven Erddruckgleitkeils und eine Auflockerung des Bodens verhindert. Eine hohe Vorspannung kann andererseits zu einer starken seitlichen Zusammendrückung des Erdkörpers, zu Schäden im Kellermauerwerk von benachbarten Gebäuden und zu besonders starken Setzungen hinter dem Krafteinleitungsbereich führen.

8
Baugruben mit besonderem Grundriss

8.1 Baugruben mit kreisförmigem Grundriss (EB 73)

1. Sofern die Tiefe einer kreisförmigen Baugrube nicht größer ist als der halbe Durchmesser, unterscheidet sich der räumliche Erddruck aus Bodeneigengewicht und großflächiger Gleichlast nur wenig vom Erddruck auf eine unendlich lange Baugrubenwand. Ist die Tiefe größer als der Durchmesser, dann liegt bei nachgiebigen Baugrubenkonstruktionen der räumliche Erddruck so weit unter dem Erddruck nach der klassischen Erddrucktheorie, dass der Unterschied in der Regel nicht mehr vernachlässigt werden kann, wenn eine wirtschaftliche Bauweise angestrebt wird.

2. Ähnlich wie beim Erddruck auf die unendlich lange Baugrubenwand richten sich Größe und Verteilung des Erddrucks aus Bodeneigengewicht und großflächiger Gleichlast nach dem Bauverfahren, der Steifigkeit der Wand und der Nachgiebigkeit der Stützung. Im Hinblick auf die Nachgiebigkeit des Gesamtsystems gelten in Anlehnung an EB 67 (Abschn. 1.5) folgende Abgrenzungen:

    a) Als unnachgiebige Systeme können in der Regel Schlitzwandlamellen und überschnittene Bohrpfähle angesehen werden, sofern sie einen geschlossenen Kreis bilden, der gleichzeitig die Aufgabe eines Druckrings übernimmt.
    b) Als annähernd unnachgiebige Systeme sind Baugrubenwände anzusehen, die zwar selbst eine gewisse Nachgiebigkeit besitzen, z. B. Spundwände und nicht überschnittene Bohrpfahlwände, aber durch annähernd unnachgiebige Druckringe gestützt sind.
    c) Als wenig nachgiebige Systeme können in der Regel alle Baugrubenwände angesehen werden, bei denen der Boden vor dem Verkleiden freigelegt wird, insbesondere Trägerbohlwände mit Bohlenausfachung, und die durch Ringe oder auf andere Weise gestützt sind.
    d) Als nachgiebige Systeme können alle Baugrubenwände angesehen werden, deren Standsicherheit allein auf der Einspannung im Untergrund beruht, z. B. Trägerbohlwände oder Spundwände ohne Stützung.

    Der Ausbau mit Tübbingen, Linerplates oder mit Spritzbeton kann je nach Abschachthöhe und Standfestigkeit des anstehenden Bodens als wenig nachgiebiges System oder als annähernd unnachgiebiges System angesehen werden. Das Gleiche gilt für Trägerbohlwände mit einer Spritzbetonausfachung oder geschalten Ortbetonausfachung, die eine ringförmige Lastabtragung sicherstellt.

3. Für die Ermittlung der Erddrucklast gilt:

   a) Bei unnachgiebigen Systemen nach Absatz 2 a) darf als oberer Grenzwert die Erdruhedrucklast E_0 und als unterer Grenzwert eine Erddrucklast von der Größe $E = \frac{1}{2} \cdot (E_0 + E_{aR})$ angesehen werden. E_{aR} ist die räumliche aktive Erddrucklast nach der modifizierten Elementscheibentheorie von Walz und Hock [81, 82].

   b) Bei annähernd unnachgiebigen Systemen nach Absatz 2 b) darf als oberer Grenzwert eine Erddrucklast von der Größe $E = \frac{1}{2} \cdot (E_0 + E_{aR})$, als unterer die räumliche Erddrucklast E_{aR} nach der modifizierten Elementscheibentheorie angesehen werden.

   c) Bei wenig nachgiebigen Systemen nach Absatz 2 c) darf als oberer Grenzwert eine Erddrucklast E_{aR} nach der modifizierten Elementscheibentheorie, als unterer Grenzwert eine Erddrucklast nach dem vereinfachten Ansatz von Beresanzew [83] angesehen werden.

   d) Bei nachgiebigen Systemen nach Absatz 2 d) darf die Erddrucklast nach dem vereinfachten Ansatz von Beresanzew ermittelt werden.

   e) Anstelle der modifizierten Elementscheibentheorie von Walz und Hock darf bei nichtbindigen Böden auch der Ansatz von Steinfeld [84] gewählt werden, sofern die Umhüllende der möglichen Erddruckverteilungen zugrunde gelegt wird.

   f) Der Ringverspannungsfaktor ist bei der Ermittlung des räumlichen Erddrucks nach der modifizierten Elementscheibentheorie mit $k_t = 0,5$ anzusetzen, wenn der obere Grenzwert gesucht wird, dagegen mit $k_t = 1,0$ bei der Ermittlung des unteren Grenzwerts. Sinngemäß gelten beim Ansatz nach Steinfeld die Ringverspannungsfaktoren $\lambda_s = 0,7$ und $\lambda_s = 1,0$.

   g) Damit die ungünstigsten Beanspruchungen an allen Stellen der Baugrubenkonstruktion erfasst werden, ist die Schnittgrößenermittlung in Verbindung mit dem Ansatz von Nutzlasten sowohl für den oberen als auch für den unteren Grenzwert des in Frage kommenden Falls durchzuführen.

   h) Bei Verbauarten, die keine Vertikallasten in den Baugrund abtragen können, wie z. B. bei Spritzbetonschächten, ist nach EB 89 (Abschn. 2.3) der Erddruckneigungswinkel mit $\delta_a = 0°$ anzusetzen.

   i) Hinsichtlich des Mindesterddrucks gilt EB 4, Absätze 3 bis 5 (Abschn. 3.2).

4. Bei unnachgiebigen Systemen entsprechend Absatz 3 a) ist anzunehmen, dass die Verteilung des Erddrucks nur wenig von der geradlinigen Zunahme mit der Tiefe abweichen wird. Liegen jedoch die Voraussetzungen für das Auftreten des aktiven Erddrucks vor, dann ist die Gesamtlast des räumlichen aktiven Erddrucks sinngemäß nach den Grundsätzen der Empfehlung EB 5 (Abschn. 3.3) über die Wandhöhe zu verteilen. Liegt die Gesamtlast des Erddrucks zwischen der Erdruhedrucklast E_{0h} und der räumlichen aktiven Erddrucklast E_{aR}, ist die

Erddruckverteilung zu interpolieren. Da nur wenige Messungen an kreisförmigen Baugruben vorliegen und aufgrund theoretischer Überlegungen nicht auszuschließen ist, dass im Fall des aktiven Erddrucks die Umlagerung nach oben weniger stark ausgeprägt ist als bei einer unendlich langen Baugrubenwand, empfiehlt es sich, mit zwei Grenzverteilungen zu rechnen und für die Bemessung der Einzelteile die jeweils größeren Schnittgrößen zugrunde zu legen. Als obere Grenze können die Lastbilder nach EB 69 (Abschn. 5.2) bzw. EB 70 (Abschn. 6.2) gewählt werden.

5. Unvorhergesehene Abweichungen von der Radialsymmetrie, z. B. Inhomogenitäten des Bodens, die in den Bodenaufschlüssen nicht erkannt worden sind, oder unplanmäßige geometrische Imperfektionen sind beim Lastansatz zu erfassen. Näherungsweise darf dazu entsprechend Bild EB 73-1 ein radial wirkender, nach einer Cosinus-Funktion verteilter Erddruck aus einer einseitigen Gleichlast $p_k = 10\,\text{kN/m}^2$ als ständig wirkend angesetzt werden, z. B. nach der Funktion $e_h = \max e_h \cdot \cos^2 \alpha$. Der Maximalwert $\max e_h$ ergibt sich im Grenzfall des Erdruhedruckes aus dem Ansatz $\max e_h = \max e_{0ph} = p_k \cdot K_{0gh}$, im Fall des aktiven Erddrucks aus dem Ansatz $\max e_h = \max e_{aph} = p_k \cdot K_{agh}$ wie bei einer unendlich langen Wand. Wird bei der Ermittlung der Erddrucklast aus Bodeneigengewicht ein Wert zwischen dem Erdruhedruck und dem aktiven Erddruck angesetzt, dann gilt dies auch beim Erddruck aus der einseitigen Nutzlast.

Der empfohlene Ansatz deckt geometrische Imperfektionen bei Konstruktionen ab, die ohne Druckring auskommen und bei denen die maximale Abweichung der Längen A und B der Hauptachsen $A : B \leq 1{,}03$ ist. Es ist durch örtliches Aufmaß zu prüfen, ob diese Bedingung eingehalten ist. Liegen die Mittelpunkte von überschnittenen Bohrpfählen oder die Längsachsen einzelner Schlitzwandlamellen nicht mehr auf einer Stützlinie, dann ist der Fehler durch konstruktive oder bauliche Maßnahmen zu beheben bzw. auszugleichen.

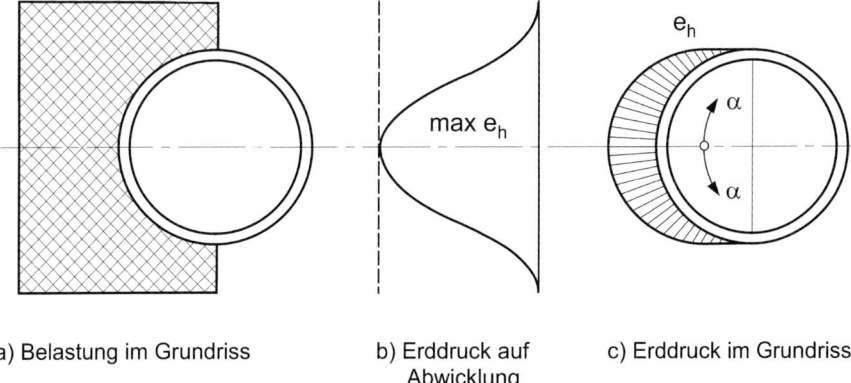

a) Belastung im Grundriss   b) Erddruck auf Abwicklung   c) Erddruck im Grundriss

Bild EB 73-1 Ansatz des Erddrucks aus einer einseitigen, großflächigen Gleichlast $p_k = 10\,\text{kN/m}^2$

124 | 8 Baugruben mit besonderem Grundriss

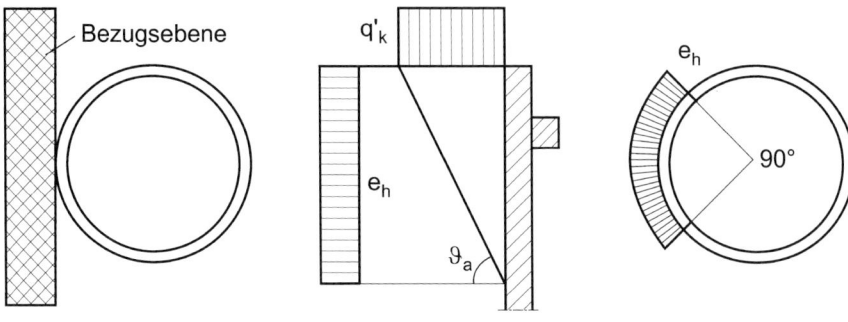

a) Belastung im Grundriss　　b) Belastung im Querschnitt　　c) Erddruck im Grundriss
　　　　　　　　　　　　　　　　(Beispiel)

Bild EB 73-2 Ansatz des Erddrucks aus einer Streifenlast q'_k

6. Soweit die Belastung aus Verkehr oder Baubetrieb über eine großflächige Gleichlast $p_k = 10\,\text{kN/m}^2$ nach Absatz 5 hinausgeht, brauchen nur tatsächlich mögliche Laststellungen berücksichtigt zu werden. Dabei kommen zwei Fälle in Frage:

   a) Wird die Belastung nach EB 55, Absatz 3 (Abschn. 2.6) oder nach EB 57, Absatz 4 (Abschn. 2.8) entsprechend Bild EB 73-2a) durch eine Streifenlast q'_k erfasst, ist der Erddruck in Anlehnung an EB 6 (Abschn. 3.4) und EB 7 (Abschn. 3.5) so zu ermitteln, als wäre eine Ebene maßgebend, welche die kreisförmige Baugrubenkonstruktion berührt. Der so ermittelte Erddruck darf ohne genaueren Nachweis näherungsweise entsprechend Bild EB 73-2c) auf einem Viertel des Umfangs der Baugrube als radial wirkende Belastung e_h angesetzt werden.

   b) Wird die Belastung nach EB 55 (Abschn. 2.6) oder EB 57 (Abschn. 2.8) entsprechend Bild EB 73-3a) durch Einzellasten erfasst, ist unter Berücksichtigung der zugehörigen Aufstandsflächen und der Lastausbreitung im Straßenoberbau und im Boden nach EB 3 (Abschn. 2.5) der Erddruck in Anleh-

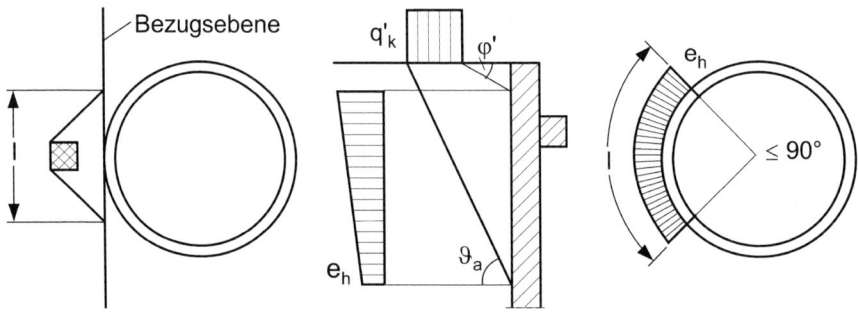

a) Belastung im Grundriss　　b) Belastung im Querschnitt　　c) Erddruck im Grundriss
　　　　　　　　　　　　　　　　(Beispiel)

Bild EB 73-3 Ansatz des Erddrucks aus einer Einzellast

nung an EB 6 (Abschn. 3.4) und EB 7 (Abschn. 3.5) so zu ermitteln, als wäre eine fiktive Ebene maßgebend, welche die kreisförmige Baugrubenkonstruktion berührt. Der ermittelte Erddruck darf ohne genaueren Nachweis näherungsweise entsprechend Bild EB 73-3c) als radial wirkende Belastung e_h auf die gleiche Länge l des Kreisumfangs angesetzt werden, die sich aus der Lastausbreitung nach Bild EB 73-3a) ergibt, maximal jedoch auf ein Viertel des Umfangs.

Wird der Erddruck aus Bodeneigengewicht als Erdruhedruck angesetzt, darf der Erddruck aus Nutzlasten in Anlehnung an EB 23 (Abschn. 9.6) nach der Theorie des elastischen Halbraums ermittelt werden; wird beim Erddruck aus Bodeneigengewicht ein Wert zwischen dem Erdruhedruck und dem aktiven Erddruck angesetzt, gilt dies auch für den Erddruck aus Nutzlast.

7. Bei der Ermittlung des Erddrucks infolge von Fundamentlasten bei Baugruben neben Bauwerken gelten sinngemäß die Angaben von Absatz 6:

    a) Bei Einzelfundamenten sind Lastausbreitung und Belastungslänge am Umfang der Baugrubenkonstruktion entsprechend Bild EB 73-3 anzunehmen.
    b) Bei Streifenfundamenten ist der ermittelte Erddruck nach Bild EB 73-4c) auf einem Viertel des Umfangs anzusetzen.

Im Übrigen wird auf Kap. 9 verwiesen.

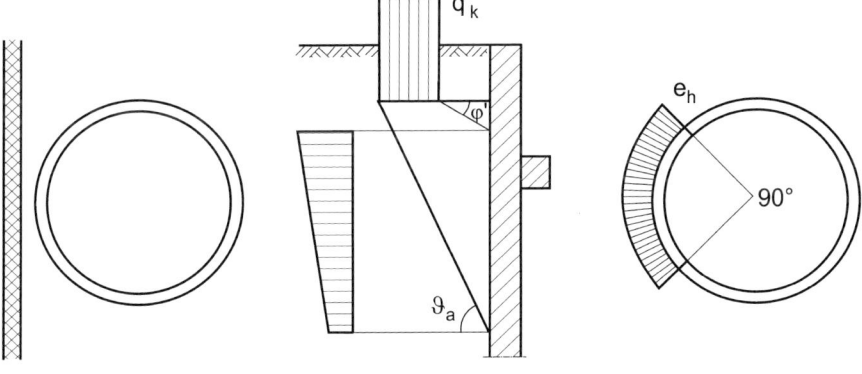

a) Belastung im Grundriss   b) Belastung im Querschnitt (Beispiel)   c) Erddruck im Grundriss

Bild EB 73-4 Ansatz des Erddrucks aus einem Streifenfundament

8. Die infolge der einseitigen Belastung nach Absatz 5 bis Absatz 7 auftretenden Bodenreaktionen sind entsprechend der Wechselwirkung zwischen dem Last-Verformungsverhalten der Baugrubenkonstruktion und dem Last-Verformungsverhalten des Bodens anzusetzen. Näherungsweise darf als Ersatz für die entsprechenden Bettungsreaktionen auf der gegenüberliegenden Seite ein Erddruck von gleicher Größe und Verteilung wie auf der Lastseite zugrunde gelegt werden. Bei höheren Ansprüchen an die Genauigkeit der ermittelten Schnittgrö-

ßen und Verformungen, z. B. bei Baugruben neben Bauwerken, sind genauere Verfahren anzuwenden. Sofern das Bettungsmodulverfahren zugrunde gelegt wird und keine genaueren Untersuchungen vorliegen, darf der Bettungsmodul näherungsweise aus dem Ansatz $k_{s,k} = E_{S,k}/r$ aus dem horizontalen Steifemodul des Bodens und dem Außenradius der Baugrubenkonstruktion ermittelt werden. Die resultierende Gesamtspannung aus der Belastungsspannung $e_{h,k}$ und aus der durch die Verschiebung aktivierten Bettungsreaktion $\sigma_{ph,k}$ darf nicht größer werden als die Hälfte des passiven Erddrucks $e_{ph,k}$.

9. Am Rand von Anfahröffnungen in der Baugrubenwand dürfen Bodenreaktionen infolge von Bettung nicht angesetzt werden. Näherungsweise darf angenommen werden, dass der Bettungsmodul von dem Wert Null am Ausbruchrand geradlinig ansteigt und in einer Entfernung von 1,0 m den Wert gemäß Absatz 8 erreicht.

10. Sofern der Boden unterhalb der Baugrubensohle zur Stützung der Wand herangezogen wird, darf unter Verzicht auf eine genauere Untersuchung des räumlichen Spannungszustands der Erdwiderstand wie bei einer unendlich langen Wand angesetzt werden.

11. Ringförmige oder polygonartige, biegesteife Aussteifungskonstruktionen sind für Biegung mit Normalkraft zu bemessen. Auf eine Untersuchung der Stabilität darf in der Regel verzichtet werden, sofern der Ring durch den Kontakt mit der Baugrubenwand am Ausweichen gehindert wird.

8.2 Baugruben mit ovalem Grundriss (EB 74)

1. Sofern die Längen A und B der Hauptachsen einer Baugrube mit gekrümmtem, aber nicht kreisförmigem Grundriss nach Bild EB 74-1 sich um mehr als 3 % unterscheiden, können die Abweichungen der Bettungsreaktionen gegenüber denen eines kreisförmigen Grundrisses im Allgemeinen nicht mehr vernachlässigt werden. Diese Abweichungen nehmen mit zunehmendem Verhältnis $A : B$ stark zu und erreichen bei mehr als $A : B = 1{,}5$ eine Größe, bei der Voraussetzungen und Untersuchungen erforderlich sind, die im Rahmen dieser Empfehlung nicht erfasst werden. Im Übrigen beschränkt sich der Geltungsbereich dieser Empfehlung auf korbbogenförmige Grundrisse, bei denen der Radius des größeren Krümmungskreises nicht größer ist als das 2,5-Fache des kleineren. Die nachfolgenden Ansätze gelten für korbbogenförmige Grundrisse nach Bild EB 74-1 mit dem Verhältnis $A : B < 1{,}5$, sofern keine genaueren Untersuchungen, z. B. mit numerischen Methoden [181], angestellt werden.

2. Größe und Verteilung des Erddrucks aus Bodeneigengewicht und großflächiger Gleichlast richten sich nach dem Bauverfahren, der Steifigkeit der Wand und der Nachgiebigkeit der Stützung. Im Hinblick auf die Nachgiebigkeit der Wand im Bereich des größeren Krümmungskreises gelten in Anlehnung an EB 67 (Abschn. 1.5) und EB 73 (Abschn. 8.1) folgende Abgrenzungen:

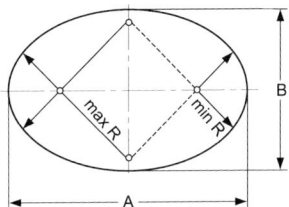

Bild EB 74-1 Baugruben mit korbbogenförmigem Grundriss

  a) Als annähernd unnachgiebige Systeme können in der Regel Schlitzwandlamellen und überschnittene Bohrpfähle angesehen werden, sofern sie einen geschlossenen Bogen bilden, der gleichzeitig die Aufgabe eines Druckringes übernimmt. Voraussetzung dafür ist, dass sich der Boden bei der Herstellung der Baugrubenwand nicht entspannen kann.
  b) Als wenig nachgiebige Systeme sind Baugrubenwände anzusehen, die zwar selbst eine gewisse Nachgiebigkeit besitzen, z. B. Spundwände und nicht überschnittene Bohrpfahlwände, aber durch annähernd unnachgiebige Druckringe gestützt sind.
  c) Als nachgiebige Systeme können in der Regel alle Baugrubenwände angesehen werden, bei denen der Boden vor dem Verkleiden freigelegt wird, insbesondere Trägerbohlwände mit Bohlenausfachung, und die durch Druckringe oder auf andere Weise oder gar nicht gestützt sind.

3. Die für die Bemessung maßgebende Erddrucklast ist wesentlich von der Nachgiebigkeit der beiden Korbbogenbereiche mit dem kleineren Radius abhängig. Bei einer genauen Berechnung ist von einem Ausgangsspannungszustand am unverformten System auszugehen, aus dem sich, gegebenenfalls iterativ, im Rahmen der Beziehungen zwischen dem Erddruck auf den Längsseiten, den Verformungen der Baugrubenkonstruktion und den Bettungsreaktionen auf den Schmalseiten ein Endzustand des Gleichgewichts entwickelt. Als Ausgangsspannungszustand ist der Erddruck in Abhängigkeit von der gewählten Bauweise wie bei kreisförmigen Baugruben anzunehmen. Dabei gilt als Radius des entsprechenden Kreises jeweils der Radius des Abschnittes des zugehörigen Korbbogens. Näherungsweise ergibt sich die mit den zu erwartenden Verformungen verbundene Abnahme der Belastung in den Bereichen mit dem größeren Krümmungsradius nach Absatz 4, die Zunahme in den Bereichen mit dem kleineren Krümmungsradius nach Absatz 9.

4. Für die Ermittlung der Erddrucklast im Bereich des größeren Krümmungskreises gilt:
  a) Bei annähernd unnachgiebigen Systemen nach Absatz 2 a) kann als oberer Grenzwert eine Erddrucklast von der Größe $E = \frac{1}{2} \cdot (E_0 + E_{aR})$, als unterer die räumliche Erddrucklast E_{aR} nach der modifizierten Elementscheibentheorie von Walz und Hock [81, 82] angesehen werden.
  b) Bei wenig nachgiebigen Systemen nach Absatz 2 b) kann als oberer Grenzwert eine Erddrucklast E_{aR} nach der modifizierten Elementscheibentheorie,

als unterer Grenzwert eine Erddrucklast nach dem vereinfachten Ansatz von Beresanzew [83] angesehen werden.

c) Bei nachgiebigen Systemen nach Absatz 2 c) kann die Erddrucklast nach dem vereinfachten Ansatz von Beresanzew ermittelt werden.

d) Anstelle der modifizierten Elementscheibentheorie von Walz und Hock darf bei nichtbindigen Böden auch der Ansatz von Steinfeld [84] gewählt werden, sofern die Umhüllende der möglichen Erddruckverteilung zugrunde gelegt wird.

e) Der Ringverspannungsfaktor ist bei der Ermittlung des räumlichen Erddrucks nach der modifizierten Elementscheibentheorie mit $k_t = 0{,}5$ anzusetzen, wenn der obere Grenzwert gesucht wird, dagegen mit $k_t = 1{,}0$ bei der Ermittlung des unteren Grenzwertes. Sinngemäß gelten beim Ansatz nach Steinfeld die Ringverspannungsfaktoren $\lambda_s = 0{,}7$ und $\lambda_s = 1{,}0$.

f) Damit die ungünstigen Beanspruchungen an allen Stellen der Baugrubenkonstruktion erfasst werden, ist die Schnittgrößenermittlung in Verbindung mit dem Ansatz von Nutzlasten sowohl für den oberen als auch für den unteren Grenzwert des in Frage kommenden Falles durchzuführen. Soweit hierbei eine große Belastung auf der Längsseite ungünstig ist, darf ein kleinerer Wert, als er sich nach den Absätzen a) und c) ergibt, dann angesetzt werden, wenn besondere Untersuchungen der Abhängigkeit der Erddrucklast von der zu erwartenden Wandbewegung dies rechtfertigen.

g) Bei Verbauarten, die keine Vertikallasten in den Baugrund abtragen können, z. B. bei ovalen Spritzbetonschächten, ist nach EB 89 (Abschn. 2.3) der Erddruckneigungswinkel mit $\delta_a = 0°$ anzusetzen.

h) Hinsichtlich des Mindesterddrucks gilt EB 4, Absätze 3 bis 5 (Abschn. 3.2).

5. Liegen die Voraussetzungen für das Auftreten des aktiven Erddrucks vor, dann ist die Gesamtlast des räumlichen aktiven Erddrucks sinngemäß nach den Grundsätzen der Empfehlung EB 5 (Abschn. 3.3) über die Wandhöhe zu verteilen. Liegt die Gesamtlast des Erddrucks zwischen der Erdruhedrucklast E_{0h} und der räumlichen aktiven Erddrucklast E_{aR}, dann ist die Erddruckverteilung zu interpolieren. Da nur wenige Messungen an korbbogenförmigen Baugruben vorliegen und aufgrund theoretischer Überlegungen nicht auszuschließen ist, dass im Fall des aktiven Erddrucks die Umlagerung nach oben weniger stark ausgeprägt ist als bei einer unendlich langen Baugrubenwand, empfiehlt es sich, mit zwei Grenzverteilungen zu rechnen und für die Bemessung der Einzelteile die jeweils größeren Schnittgrößen zugrunde zu legen. Als obere Grenze können die Lastbilder EB 69 (Abschn. 5.2) bzw. EB 70 (Abschn. 6.2) gewählt werden.

6. Sofern im Hinblick auf die Bemessung von Einzelteilen der Baugrubenkonstruktion ungünstige Einwirkungen zu erwarten sind, ist in Anlehnung an die Empfehlungen EB 55 bis EB 57 (Abschn. 2.6 bis 2.8) für die Belastung aus Verkehr oder Baubetrieb mindestens eine einseitige Gleichlast $p_k = 10\,\text{kN/m}^2$ als ständig wirkend anzusetzen. Der sich daraus ergebende Erddruck ist entsprechend Bild EB 74-2 im gesamten Einflussbereich der Gleichlast mit gleichbleibender, radial gerichteter Lastordinate anzusetzen, soweit er ungünstig

SteelWall®

Modulare Schlossprofile Serie LL:
Der Systembaukasten für Larssen-Spundbohlen

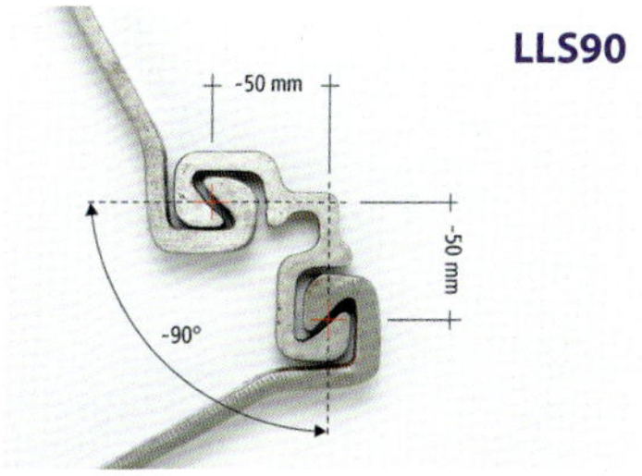

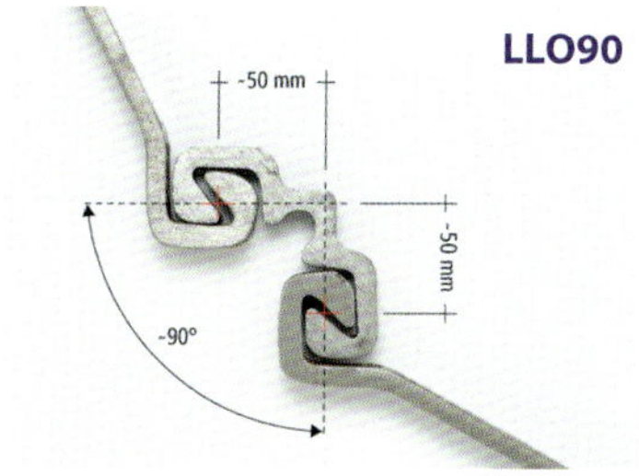

- Baukastensystem: Herstellung von Spundwandbauwerken ohne Schweißarbeiten und Passbohlen.
- Koordinierte Schlossprofilserie mit exakten Schenkellängen von 50 mm.
- Vollschlossprofile mit Verformungssteg; maximal sicher und sehr robust.
- Schwenkbereich ca. 10-20° je Profilschloss, abhängig von der Größe der Larssen Spundbohlenschlösser.
- Kompatibel mit Larssen U-, Hut- und Z-Spundbohlen aus asiatischer, amerikanischer und europäischer Produktion.
- Alle Schlösser sind untereinander kompatibel.
- Sehr haltbar und wiederverwendbar, daher perfekt für Vermietung.

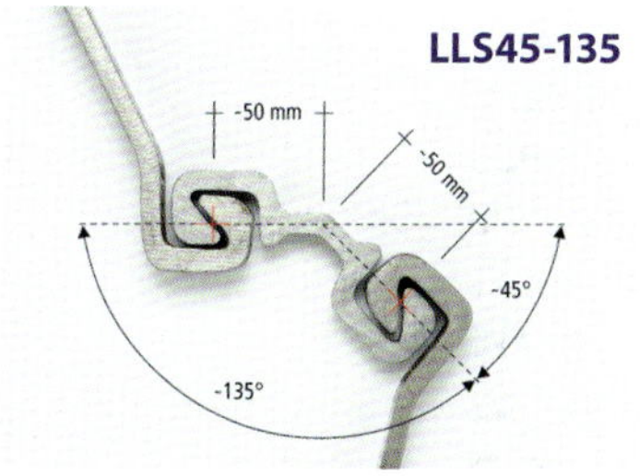

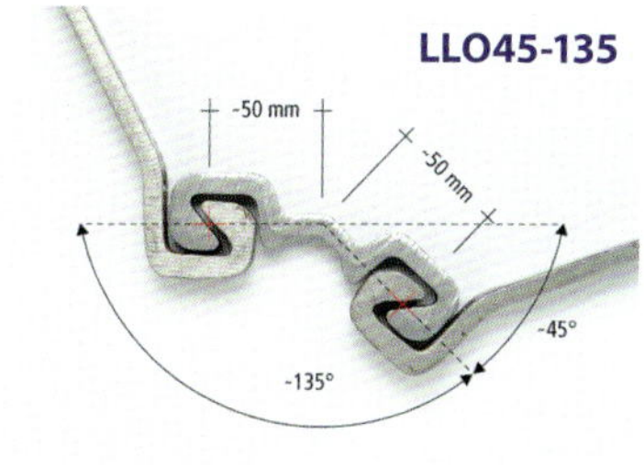

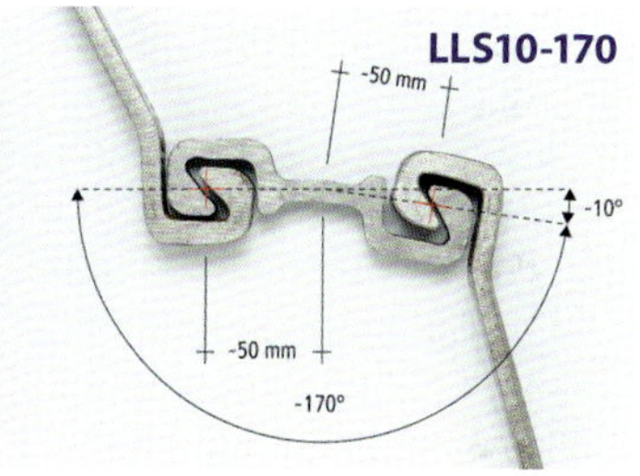

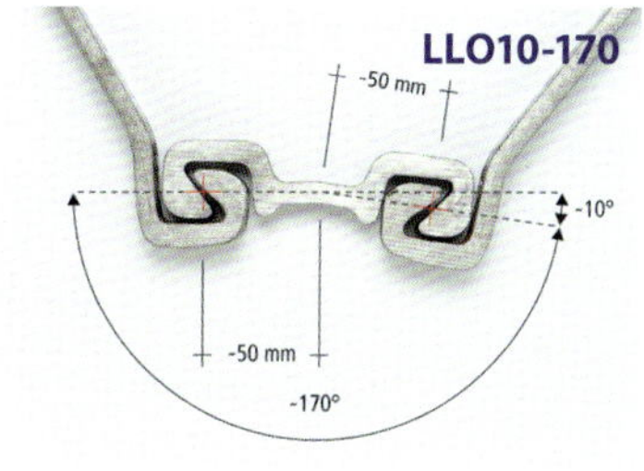

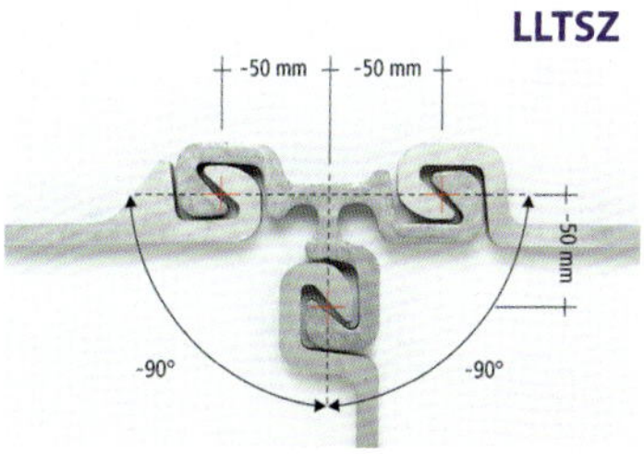

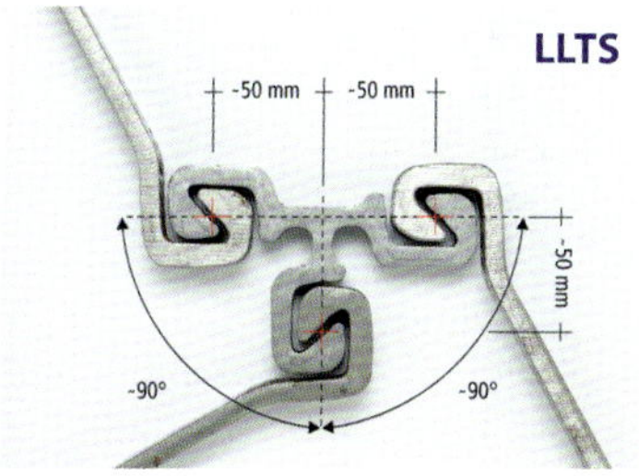

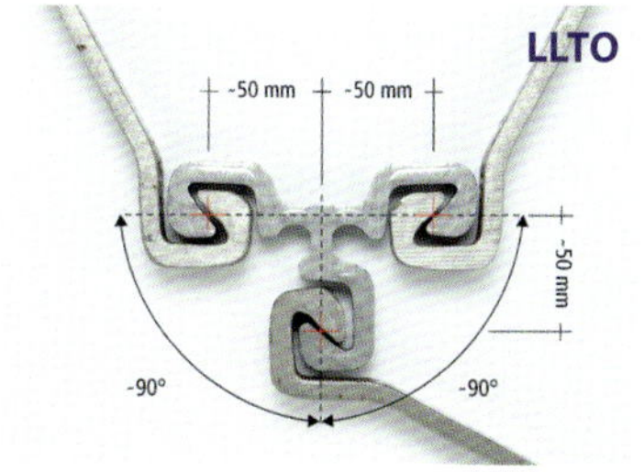

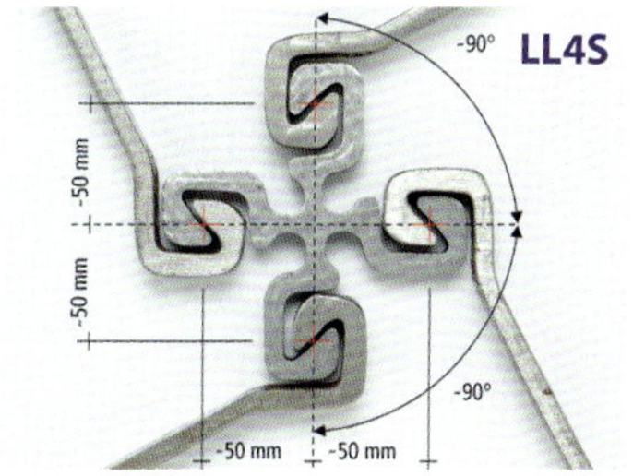

Schlossprofile für Spundwandkonstruktionen
Ecken, T-Profile, Kreuzverbindungen, Abzweigungen, Anschweißprofile

www.steelwall.eu

Schlossprofile für Rohrspundwände

Für Rohrspundwände, die im DTH-Verfahren eingebaut werden:
SteelWall Schlossprofile M22 + F40 = MF64

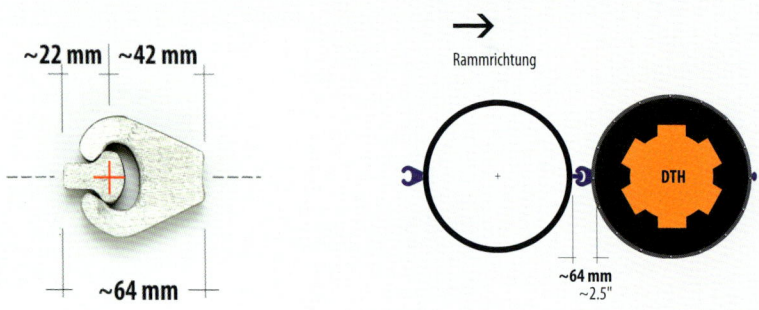

SteelWall Schlossprofile M35 + F40 = MF75

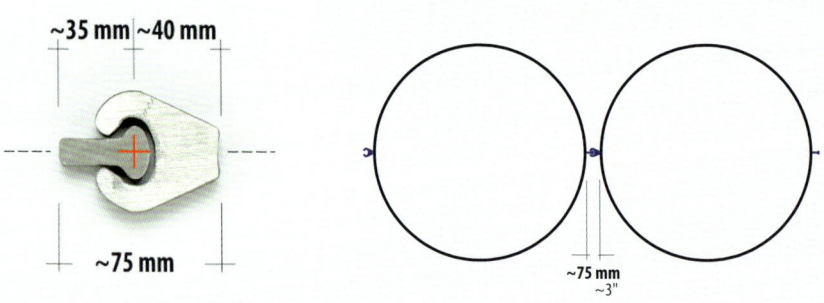

Schlossprofile für Spundwandkonstruktionen
Ecken, T-Profile, Kreuzverbindungen, Abzweigungen, Anschweißprofile

www.steelwall.eu

wirkt. Diese Lastordinate ergibt sich im Grenzfall des Erdruhedruckes aus dem Ansatz $e_h = e_{0ph} = p_k \cdot K_{0ph}$, im Fall des aktiven Erddrucks aus dem Ansatz $e_h = e_{aph} = p_k \cdot K_{aph}$ wie bei einer unendlich langen Wand. Wird bei der Ermittlung der Erddrucklast aus Bodeneigengewicht ein Wert zwischen dem Erdruhedruck und dem aktiven Erddruck angesetzt, dann gilt dies auch beim Erddruck aus der großflächigen Gleichlast p_k.

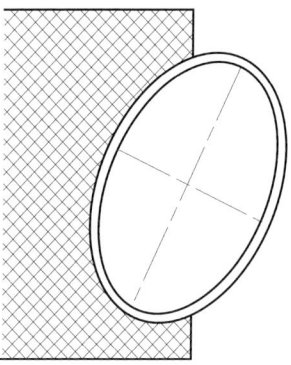
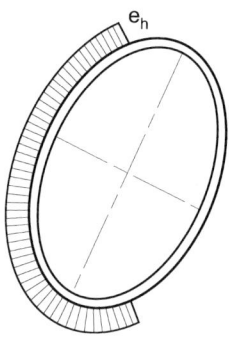

a) Belastung im Grundriss   b) Erddruck im Grundriss

Bild EB 74-2 Ansatz des Erddrucks aus einer einseitigen, unbegrenzten Flächenlast $p_k = 10\,\text{kN/m}^2$

7. Soweit die Belastung aus Verkehr oder Baubetrieb über die großflächige Gleichlast $p_k = 10\,\text{kN/m}^2$ nach Absatz 6 hinausgeht, brauchen nur tatsächlich mögliche Laststellungen berücksichtigt zu werden. Dabei kommen zwei Fälle in Frage:

   a) Wird die Belastung nach EB 55, Absatz 3 (Abschn. 2.6) oder nach EB 57, Absatz 4 (Abschn. 2.8) entsprechend Bild EB 74-3a) durch eine Streifenlast q'_k erfasst, dann ist der Erddruck in Anlehnung an EB 6 (Abschn. 3.4) und EB 7 (Abschn. 3.5) so zu ermitteln, als wäre eine fiktive Ebene maßgebend, welche die Baugrubenkonstruktion berührt. Der so ermittelte Erddruck kann ohne genaueren Nachweis näherungsweise entsprechend Bild EB 74-3c) als radial wirkende Belastung e_h angesetzt werden, aber nicht weiter als etwa auf ein Achtel des Gesamtumfangs nach jeder Seite vom Berührungspunkt aus, und auch nur, soweit der Erddruck ungünstig wirkt.

   b) Wird die Belastung nach EB 55 (Abschn. 2.6) oder EB 57 (Abschn. 2.8) entsprechend Bild EB 74-4a) durch Einzellasten erfasst, dann ist unter Berücksichtigung der zugehörigen Aufstandsflächen und der Lastausbreitung im Straßenoberbau und im Boden nach EB 3 (Abschn. 2.5) der Erddruck in Anlehnung an EB 6 (Abschn. 3.4) und EB 7 (Abschn. 3.5) so zu ermitteln, als wäre eine fiktive Ebene maßgebend, welche die Baugrubenkonstruktion berührt. Der ermittelte Erddruck kann ohne genaueren Nachweis näherungsweise entsprechend Bild EB 74-4c) als radial wirkende Belastung e_h auf die

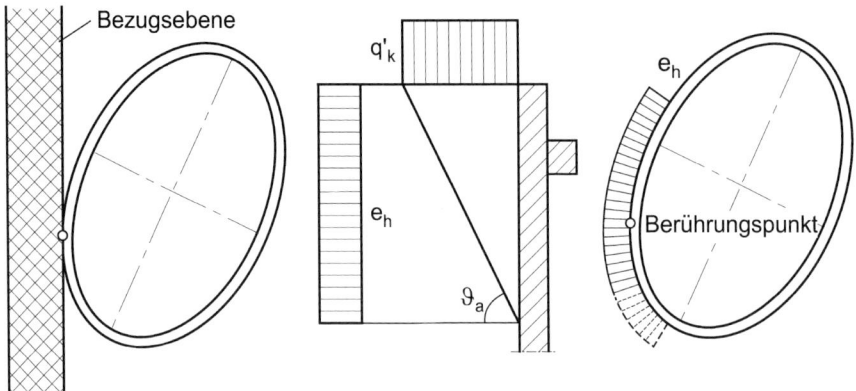

a) Belastung im Grundriss   b) Belastung im Querschnitt (Beispiel)   c) Erddruck im Grundriss

Bild EB 74-3 Ansatz des Erddrucks aus einer Streifenlast q'_k

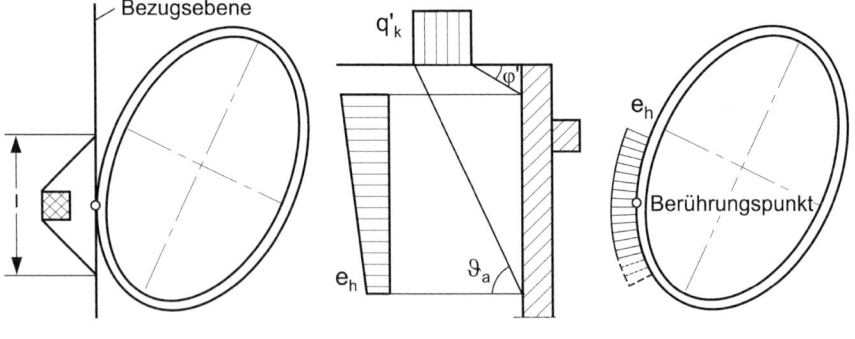

a) Belastung im Grundriss   b) Belastung im Querschnitt (Beispiel)   c) Erddruck im Grundriss

Bild EB 74-4 Ansatz des Erddrucks aus einer Einzellast

gleiche Länge l des Gesamtumfanges angesetzt werden, die sich aus der Lastausbreitung nach Bild EB 74-4a) ergibt, soweit er ungünstig wirkt.

Wird der Erddruck aus Bodeneigengewicht als Erdruhedruck angesetzt, dann darf der Erddruck aus Nutzlasten in Anlehnung an EB 23 (Abschn. 9.6) nach der Theorie des elastischen Halbraumes ermittelt werden; wird beim Erddruck aus Bodeneigengewicht ein Wert zwischen dem Erdruhedruck und dem aktiven Erddruck angesetzt, dann gilt dies auch für den Erddruck aus Nutzlast.

8. Bei der Ermittlung des Erddrucks infolge von Fundamentlasten gelten sinngemäß die Angaben von Absatz 7:

   a) Bei Einzelfundamenten sind Lastausbreitungen und Belastungslänge am Umfang der Baugrubenkonstruktion entsprechend Bild EB 74-4 zu ermitteln.

b) Bei Streifenfundamenten ist der ermittelte Erddruck nach Bild EB 74-5c) auf einem Viertel des Umfangs anzusetzen, soweit er ungünstig wirkt. Die entsprechende Länge ist je zur Hälfte in beiden Richtungen von dem Punkt aus abzutragen, der dem Fundament am nächsten liegt.

Im Übrigen wird auf Kap. 9 verwiesen.

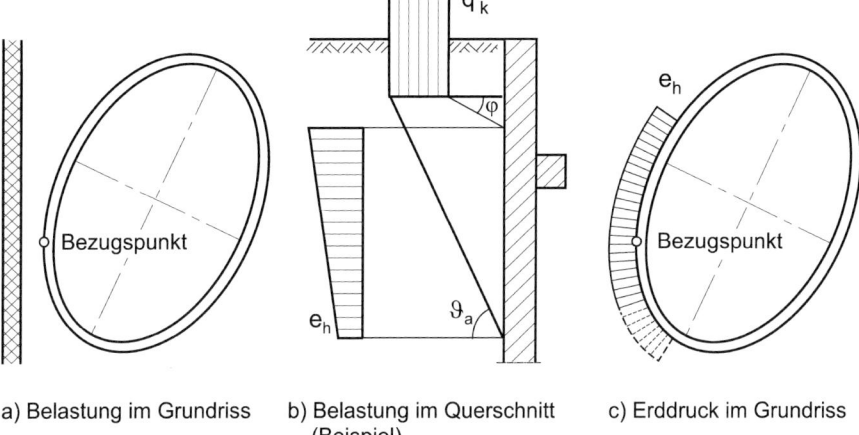

a) Belastung im Grundriss   b) Belastung im Querschnitt (Beispiel)   c) Erddruck im Grundriss

Bild EB 74-5 Ansatz des Erddrucks aus einem Streifenfundament

9. Zur Ermittlung der Schnittgrößen infolge der Erddrucklast aus Bodeneigengewicht nach Absatz 2 dürfen Bettungsreaktionen im Bereich des kleinen Krümmungskreises angesetzt werden. Das Gleiche gilt, wenn der Erddruck aus Lasten nach Absatz 6 bis Absatz 8 einseitig im Bereich des großen Krümmungskreises wirkt. In diesem Fall darf näherungsweise als Ersatz für die entsprechenden Bettungsreaktionen auf der gegenüberliegenden Seite ein Erddruck von der gleichen Größe und Verteilung wie auf der Lastseite zugrunde gelegt werden. Ergibt sich aus den Lasten nach Absatz 6 bis Absatz 8 eine Erddruckbelastung im Bereich des Krümmungswechsels, dann treten Bettungsreaktionen auch im Bereich des großen Krümmungsradius auf. Alle auftretenden Bodenreaktionen sind entsprechend der Wechselwirkung zwischen dem Last-Verformungsverhalten der Baugrubenkonstruktion und dem Last-Verformungsverhalten des Bodens anzusetzen. Sofern dazu das Bettungsmodulverfahren zugrunde gelegt wird und keine genaueren Untersuchungen vorliegen, darf der Bemessungswert des Bettungsmoduls näherungsweise aus dem Ansatz $k_{s,k} = E_{S,k}/r$ aus dem horizontalen Steifemodul des Bodens und dem maßgebenden Außenradius der Baugrubenkonstruktion ermittelt werden. Die resultierende Gesamtspannung aus der Belastungsspannung $e_{h,k}$ und aus der durch die Verschiebung aktivierten Bettungsreaktion $\sigma_{ph,k}$ darf nicht größer werden als die Hälfte des passiven Erddrucks $e_{ph,k}$. Bei der Ermittlung von Schnittgrößen für die maßgebenden Lastkombinationen ist die Wirkung einer Zugbettung auszuschließen.

10. Am Rand von Anfahröffnungen in der Baugrubenwand dürfen Bodenreaktionen infolge von Bettung nicht angesetzt werden. Näherungsweise darf angenommen werden, dass der Bettungsmodul von dem Wert Null am Ausbruchrand geradlinig ansteigt und in einer Entfernung von 1,0 m den Wert nach Absatz 9 erreicht.

11. Für die Abschätzung der Verformungen im Grenzzustand der Gebrauchstauglichkeit SLS nach dem Bettungsmodulverfahren sind obere und untere Grenzwerte des charakteristischen Werts des Bettungsmoduls zu berücksichtigen. Gegebenenfalls sind genauere Verfahren anzuwenden. Bei einseitigen Lasten sind die Bettungsreaktionen auf der gegenüberliegenden Seite zu berücksichtigen.

12. Sofern der Boden unterhalb der Baugrubensohle zur Stützung der Wand herangezogen wird, darf unter Verzicht auf eine genauere Untersuchung des räumlichen Spannungszustands der Erdwiderstand wie bei einer unendlich langen Wand nach EB 14 (Abschn. 5.3) bzw. EB 19 (Abschn. 6.3) angesetzt werden.

13. Ovale oder polygonartige, biegesteife Aussteifungskonstruktionen sind für Biegung mit Normalkraft zu bemessen. Auf eine Untersuchung der Stabilität darf in der Regel verzichtet werden, sofern der Ring durch den Kontakt mit der Baugrubenwand am Ausweichen gehindert wird.

8.3 Baugruben mit rechteckigem Grundriss (EB 75)

1. Grundsätzlich dürfen die Verbauwände und die Aussteifungen bzw. Verankerungen von Baugruben mit quadratischem oder rechteckigem Grundriss wie bei längserstreckten Baugruben konstruiert und berechnet werden. Im Interesse einer wirtschaftlichen Bemessung der Konstruktionsteile und einer realistischen Verformungsprognose ist es bei nichtbindigen Böden und bei mindestens steifen bindigen Böden aber auch zulässig, die infolge der räumlichen Wirkung auftretende Verminderung des Erddrucks zu berücksichtigen.

2. Zur wirklichkeitsnahen Ermittlung des räumlichen Trag- und Verformungsverhaltens von Baugruben mit (annähernd) rechteckigem Grundriss sind in der Regel numerische Berechnungen erforderlich [177, 178].

3. Für vereinfachte Untersuchungen dürfen für die Ermittlung der durch die räumliche Wirkung abgeminderten Erddrucklast im Grundsatz folgende Verfahren angewendet werden:

    a) Verfahren nach Absatz 3, die von Scherkräften an den Flankenflächen eines abrutschenden ebenen Erdkeils ausgehen,
    b) Verfahren nach Absatz 4, die von einem abrutschenden räumlichen Gleitkörper ausgehen.

    Die genannten Verfahren setzen eine Baugrubenkonstruktion voraus, die im Sinne von EB 67 (Abschn. 1.5) nicht oder nachgiebig gestützt oder wenig nachgiebig gestützt, aber ausreichend verformbar ist, um den Erdruhedruck auf den aktiven Erddruck absinken zu lassen. Die Berücksichtigung eines infolge der räumlichen Effekte verminderten Gesamterddrucks erfolgt durch den Ansatz eines gegenüber dem ebenen Erddruck E_h verringerten Erddrucks in den Abminderungsbereichen a_L bzw. a_B gemäß Walz [88].

4. Bei den Verfahren, die von Scherkräften an den Flankenflächen von abrutschenden Erdkeilen ausgehen, liegt als Gedankenmodell eine Baugrube nach Bild EB 75-1a) zugrunde, bei der sich an allen Seiten ein Erdkeil auf die Baugrube zubewegt, während die vier Eckbereiche keine Bewegung ausführen können. Somit werden in den Grenzflächen zwischen den abrutschenden Erdkeilen und den unbeweglichen Eckkörpern Reibungskräfte und gegebenenfalls Kohäsionskräfte mobilisiert, welche die Erdkörper auf den Baugrubenseiten beim Abrutschen behindern und die Gesamtlast des aktiven Erddrucks abmindern. Es dürfen nur Verfahren gewählt werden, welche die Größe dieser Kräfte nicht überschätzen. Hierzu siehe [85, 86] und DIN 4126. Sie bieten sich an, wenn die

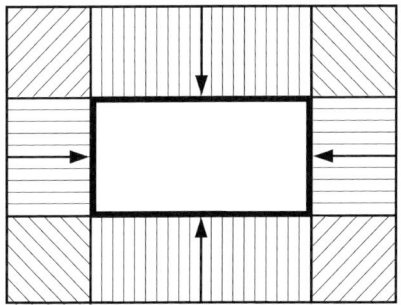
a) Seitenreibungsmodell

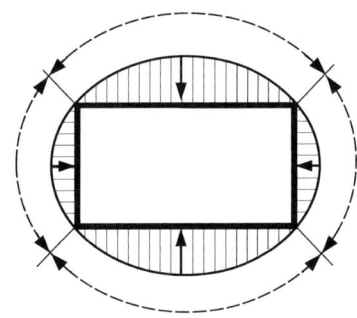
b) Gewölbemodell

Bild EB 75-1 Modelle zur Ermittlung des räumlichen Erddrucks bei rechteckigen Baugruben

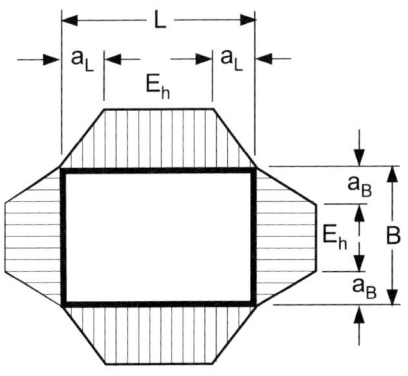

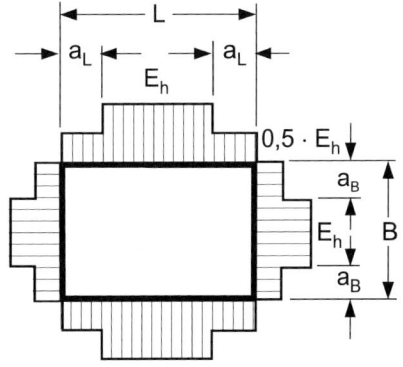

a) Erddruckansatz mit Abschrägungen   b) Erddruckansatz mit Abstufungen

Bild EB 75-2 Vereinfachter Ansatz für die Erddruckabminderung an Baugrubenecken

Ecken der Baugrubenwände ebenso nachgiebig sind wie die mittleren Bereiche der Baugrubenseiten z. B. bei Trägerbohlwänden. Die Verminderung des Gesamterddrucks kann entsprechend Bild EB 75-2a) in Form von Abschrägungen oder entsprechend Bild EB 75-2b) in Form von Abstufungen der ohne räumliche Wirkung ermittelten durchgehenden Erddrucklast E_h in die Bemessung der Einzelteile umgesetzt werden.

5. Bei den Verfahren, die von einem räumlichen Bruchkörper ausgehen, spielt die Ausbildung eines Gewölbes im Boden nach Bild EB 75-1b) die entscheidende Rolle für die Abminderung des Erddrucks. In Frage kommen die Verfahren von Karstedt [53] sowie Piaskowski und Kowalewski [87] bzw. die Angaben der DIN 4085. Die Verfahren auf der Grundlage von räumlichen Gleitkörpern bieten sich an, wenn die Ecken der Baugrubenwände weniger nachgiebig sind als die mittleren Bereiche der Baugrubenseiten z. B. Schlitz- oder Bohrpfahlwände und Spundwände mit Gurtung. Die Differenz zwischen der Gesamterddrucklast für die durchlaufende Wand und der Gesamterddrucklast nach einem der genannten Verfahren kann im Bereich der Baugrubenseiten entweder nach Bild EB 75-3a) in Form von Abschrägungen oder nach Bild EB 75-3b) in Form von Abstufungen der ohne räumliche Wirkung ermittelten durchgehenden Erddrucklast E_h in die Bemessung der Einzelteile umgesetzt werden. Es muss damit gerechnet werden, dass diese Differenz teilweise von der senkrecht dazu stehenden Wand aufgenommen wird.

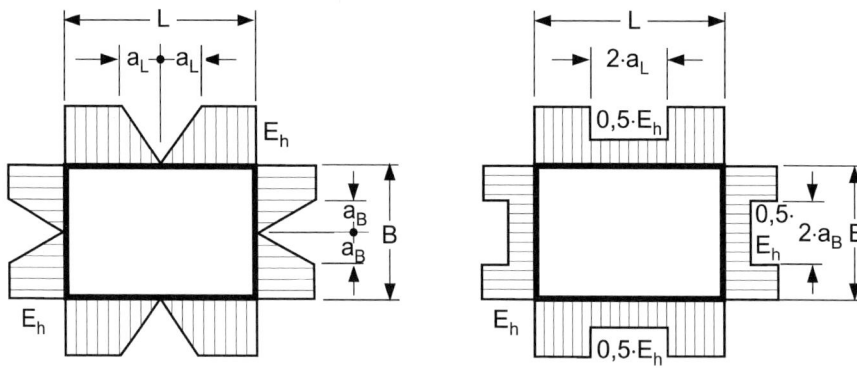

a) Erddruckansatz mit Abschrägungen   b) Erddruckansatz mit Abstufungen

Bild EB 75-3 Vereinfachter Ansatz für die Erddruckabminderung an Baugrubenseiten

6. Mit E_h ist in den Absätzen 2 und 3 die Erddrucklast aus Bodeneigengewicht, großflächiger Auflast $p_k \leq 10\,\text{kN/m}^2$ und gegebenenfalls Kohäsion nach EB 4 (Abschn. 3.2) in Verbindung mit EB 6 (Abschn. 3.4), EB 12 (Abschn. 5.1) und EB 16 (Abschn. 6.1) für eine durchlaufende Wand bezeichnet.

7. Vereinfacht darf die Erddrucklast E_h auf jeder Baugrubenseite entsprechend den Bildern EB 75-2a) und EB 75-3a) abgeschrägt oder entsprechend den Bil-

dern EB 75-2b) und EB 75-3b) auf $\frac{1}{2} \cdot E_h$ abgemindert werden. Die Längen, in deren Bereich eine Abminderung vorgenommen werden darf, ergeben sich nach Walz [88] in Abhängigkeit von der Tiefe H zu

$$a_L = (0{,}35 - 0{,}06 \cdot H : L) \cdot H \quad \text{auf den Seiten mit der Länge } L$$
$$a_B = (0{,}35 - 0{,}06 \cdot H : B) \cdot H \quad \text{auf den Seiten mit der Länge } B$$

Die Verteilung der Erddrucklast nach Bild EB 75-2 empfiehlt sich, wenn die Voraussetzungen nach Absatz 2 gegeben sind; die Verteilung der Erddrucklast nach Bild EB 75-3 empfiehlt sich, wenn die Voraussetzungen nach Absatz 3 gegeben sind.

Detailliertere Verteilungsvorschläge auf Grundlage von numerischen Berechnungen finden sich in [177, 180].

8. Ergibt sich bei schmalen Baugrubenstirnwänden (etwa ab $H > 2{,}5 \cdot B$) die Baugrubenlänge, auf der die Erddrucklast E_h abgemindert werden darf, zu $2 \cdot a_L > L$ bzw. zu $2 \cdot a_B > B$, dann ist die Gesamtlast mindestens mit

$$E_{hL}^* = \frac{1}{2} \cdot E_h \cdot L \quad \text{auf den Seiten mit der Länge } L$$
$$E_{hB}^* = \frac{1}{2} \cdot E_h \cdot B \quad \text{auf den Seiten mit der Länge } B$$

anzusetzen. Die Verteilung über die Baugrubenseiten ergibt sich nach den Absätzen 2 und 3 aus einer der drei im Bild EB 75-4 dargestellten Formen. Bei der Entscheidung für eine von diesen Formen ist die Nachgiebigkeit der Stützungen maßgebend. Die größte Erddrucklast ist da zu erwarten, wo die Bewegung am geringsten ist. Das Gleiche gilt sinngemäß für die Längsseiten von schachtartigen Baugruben.

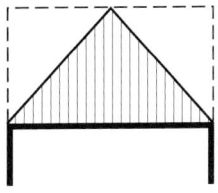
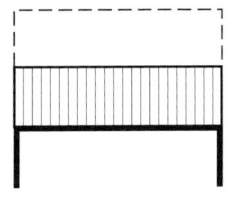
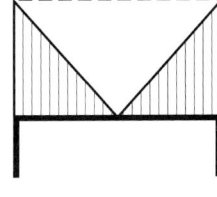

a) Abminderung an den Ecken b) Gleichlast c) Abminderung an den Seiten

Bild EB 75-4 Erddruck auf schmale Baugrubenseiten und schachtartige Baugruben

9. Wird eine Baugrubenwand ausnahmsweise nach EB 23 (Abschn. 9.6) für den Erdruhedruck bemessen, dann ist eine Abminderung des Erddrucks nicht berechtigt. Bei Ansatz eines erhöhten aktiven Erddrucks auf Baugrubenwände neben Bauwerken darf im Bereich der Abminderung ebenso zwischen dem Erdruhedruck und dem aktiven Erddruck interpoliert werden wie im Bereich ohne Abminderung. Hierzu siehe die Bilder EB 75-5 und EB 75-6. Mit E_h ist hier

die anteilige Bemessungserddrucklast aus Bodeneigengewicht nach EB 22 (Abschn. 9.5) bezeichnet. Bei Ansatz des aktiven Erddrucks im Bereich von Bauwerken nach EB 28 (Abschn. 9.3) bzw. nach EB 29 (Abschn. 9.4) sind die Absätze 2 bis 5 maßgebend.

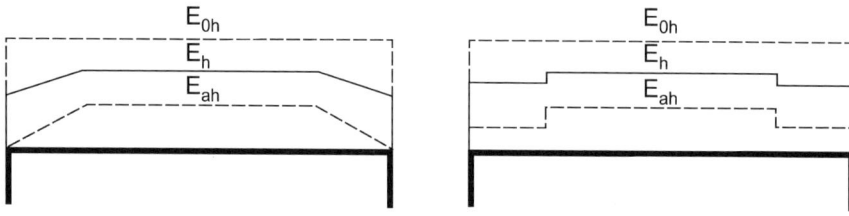

a) Erddruckansatz mit Abschrägungen b) Erddruckansatz mit Abstufungen

Bild EB 75-5 Ansatz des Erddrucks auf rechteckige Baugruben bei erhöhtem aktivem Erddruck mit Erddruckabminderung an den Baugrubenecken

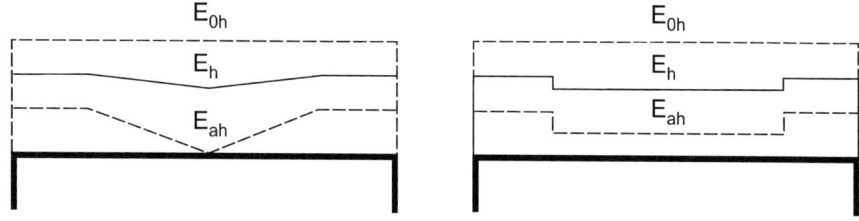

a) Erddruckansatz mit Abschrägungen b) Erddruckansatz mit Abstufungen

Bild EB 75-6 Ansatz des Erddrucks auf rechteckige Baugruben bei erhöhtem aktivem Erddruck mit Erddruckabminderung an den Baugrubenseiten

10. Die vereinfachten Ansätze für die Erddruckabminderung an Baugrubenecken (Bild EB 75-2) bzw. an Baugrubenseiten (Bild EB 75-3) geben die infolge der räumlichen Wirkung auftretende Verminderung des Erddrucks stark vereinfachend wieder. Zur Abbildung des räumlichen Trag- und Verformungsverhalten von im Grundriss rechteckigen Baugruben haben sich räumliche numerische Berechnungen bewährt, mit denen auch die Abhängigkeit von den geometrischen Abmessungen der Baugrube und den geotechnischen Verhältnissen berücksichtigt werden kann [157, 158, 179, 180]. Die sich hieraus ergebenden Verteilungen des Erddrucks weichen teilweise deutlich von den vereinfachten Ansätzen nach Bild EB 75-2 und Bild EB 75-3 ab.

11. Bei der konstruktiven Bemessung des Verbaus dürften die räumlichen Erddruckansätze nach Bild EB 75-2 bis EB 75-6 nicht in isoliert betrachteten, vertikal ebenen Schnitten zur Anwendung kommen, sondern nur in räumlichen statischen Systemen.

12. Für die Verteilung der verminderten Erddrucklast über die Wandhöhe im Bereich der Abschrägungen bzw. Abstufungen dürfen die gleichen Lastfiguren gewählt werden wie für die Erddrucklast E_h im Bereich ohne Abminderung.

13. Der Erddruck infolge von Einzellasten, Linienlasten oder Streifenlasten aus Straßen- und Schienenverkehr nach EB 55 (Abschn. 2.6), aus Baustellenverkehr und Baubetrieb nach EB 56 (Abschn. 2.7) und aus Baggern oder Hebezeugen nach EB 57 (Abschn. 2.8) sowie der Erddruck aus Bauwerkslasten nach EB 28 (Abschn. 9.3), EB 29 (Abschn. 9.4), EB 22 (Abschn. 9.5) und EB 23 (Abschn. 9.6) darf nicht abgemindert werden.

14. Sofern der Boden unterhalb der Baugrubensohle zur Stützung der Wand herangezogen wird, ist in der Regel der Erdwiderstand wie bei einer unendlich langen Wand anzusetzen. Eine räumliche Wirkung in den Eckbereichen darf nur aufgrund gesonderter Untersuchungen angesetzt werden.

9
Baugruben neben Bauwerken

9.1 Bautechnische Voraussetzungen und Maßnahmen (EB 20)

1. Sofern Bauwerke und Anlagen im Einflussbereich einer Baugrube stehen, sind die Auswirkungen im Hinblick auf die Standsicherheit und die Gebrauchstauglichkeit des Bauwerks zu untersuchen. Die erforderlichen Maßnahmen richten sich nach dem Abstand, der Gründungstiefe, dem baulichen Zustand, der Setzungsempfindlichkeit und der Nutzung des Bauwerks sowie nach den Bodenverhältnissen.

2. Die Empfehlungen für Baugruben neben Bauwerken sind sinngemäß auf Fälle zu übertragen, in denen durch die Baugrube empfindliche Anlagen, z. B. Leitungen und Maste, gefährdet werden können.

3. Bei Baugruben neben Bauwerken sind systembedingte Verformungen, die durch die Herstellung und durch die Verformung der Konstruktion entstehen, unvermeidbar. Es ist sicherzustellen, dass diese Verformungen die Standsicherheit des Nachbargebäudes nicht gefährden.

4. Nicht gestützte, im Boden eingespannte Baugrubenwände sind im Allgemeinen nicht zulässig, wenn die freie Wandhöhe im Ausstrahlungsbereich von Fundamentlasten liegt. Als Ausstrahlungsbereich wird der Bereich der Baugrubenwand bezeichnet, der unterhalb des Punkts liegt, an dem eine unter dem Winkel φ'_k geneigte, von der vorderen Fundamentunterkante ausgehende Linie die Baugrubenwand schneidet, s. Bild EB 28-1a) (Abschn. 9.3).

5. Bei ausgesteiften Baugrubenwänden sind die elastischen Verformungen der Steifen und die Anliegeverformungen der Aussteifung an die Wände zu berücksichtigen. Die Auswirkungen der elastischen Verformungen der Steifen und der Anliegeverformungen auf die Wandverschiebungen können z. B. durch Vorspannung der Steifen reduziert werden.

6. Bei Anordnung von Verpressankern zur Sicherung der Baugrubenwand vor Bauwerken treten bei Vorspannung der Verpressanker nur geringe Wandverschiebungen an diesen Stützungen auf.

Empfehlungen des Arbeitskreises „Baugruben", 6. Auflage. DGGT e. V. (Hrsg.)
©2021 Ernst & Sohn GmbH & Co. KG. Published 2021 by Ernst & Sohn GmbH & Co. KG

7. Bei kleinem Abstand der Baugrubenwand sind Schlitzwände, Bohrpfahlwände oder eingepresste Spundwände vorzusehen. Alternativ können auch Bodenverfestigungswände mit eingestellten Verbauträgern im Düsenstrahlverfahren gemäß DIN EN 12716 oder mit einer tiefreichenden Bodenstabilisierung gemäß DIN EN 14679 hergestellt werden.

8. Nur unter besonderer Sorgfalt und den nachfolgend aufgeführten Voraussetzungen dürfen Trägerbohlwände mit einer im Zuge des Aushubs eingebauten Ausfachung über der Baugrubensohle bei kleinem Abstand (Bild EB 20-1) neben Bauwerken hergestellt werden:

    – Die Bohlträger sind in verrohrte Bohrlöcher einzustellen und die Bohrlochverfüllung ist mit einem aushärtenden Stoff, z. B. Gemisch aus Boden und Bindemittel, vorzunehmen.
    – Die Ausfachung wird aus Spritzbeton oder Ortbeton hergestellt.

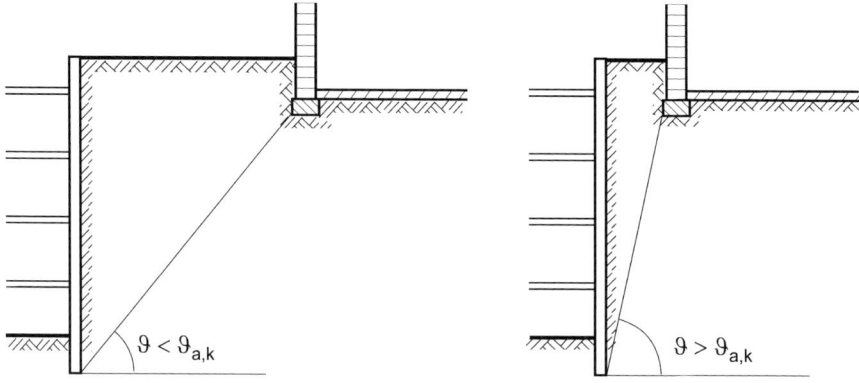

a) Großer Abstand der Bebauung   b) Kleiner Abstand der Bebauung

Bild EB 20-1 Abstand zwischen Baugrubenwand und Bauwerk

9. Eine Trägerbohlwand darf bei kleinem Abstand (Bild EB 20-1) ohne Zusatzmaßnahmen (z. B. mit einer Bodenverbesserung hinter der Trägerbohlwand) nicht eingesetzt werden bei

    – kohäsionslosen gleichkörnigen Böden,
    – weichen bindigen Böden,
    – vorhandenem Grund- oder Schichtenwasser,
    – geringem Abstand der Baugrubenwand vom Bauwerk oder
    – setzungsempfindlichen Bauwerken.

10. Bei setzungsempfindlichen Bauwerken kann es zweckmäßig sein, eine Unterfangung nach Kap. 13 vorzusehen oder den Boden hinter der Baugrubenwand zu verfestigen.

11. Bei der Wahl der Baugrubenkonstruktion ist zu beachten, dass wegen der zu erwartenden Auswirkungen bei der Herstellung nicht jedes System im Einzelfall gleich gut geeignet ist. Als Beispiele werden hier genannt:

- Bei Pfahlwänden in locker gelagerten, weichen oder zum Fließen neigenden Böden kann durch die unvermeidbare Sogwirkung, insbesondere unter Wasser, ein Bodenentzug eintreten, der zu Setzungen in der unmittelbaren Umgebung führt. Hierzu siehe auch EB 92, Absatz 3 (Abschn. 12.4).
- Bei suspensionsgestützten Bohrpfählen oder Schlitzwänden kann das Anschneiden von Hohlräumen, z. B. von Rohrleitungen, zum Abfluss der Suspension führen. Größere Hohlräume müssen durch eine ausreichende Erkundung ausgeschlossen werden.

12. Um die zu erwartenden Wandbewegungen möglichst gering zu halten, ist es zweckmäßig,

   - besonders steife Wände zu wählen,
   - Stahlbetondecken zur Stützung anzuordnen,
   - geringe Abstände zwischen den einzelnen Steifen- bzw. Ankerlagen vorzusehen,
   - das Vorauseilen des Aushubs vor dem Einbau der Steifen bzw. Anker auf das unabdingbar erforderliche Maß zu beschränken,
   - unter der Baugrubensohle eine Stützsohle mit einer Bodenverfestigung vorzusehen,
   - die Steifen bzw. Anker höher als auf 80 % der für den nächsten Bauzustand errechneten charakteristischen Beanspruchung vorzuspannen.

   Das Maß der Vorspannung richtet sich bei der Berechnung für aktiven Erddruck nach EB 8, Absatz 4 (Abschn. 3.1), bei der Berechnung für einen erhöhten aktiven Erddruck nach EB 22, Absatz 4 (Abschn. 9.5), bei der Berechnung für den Erdruhedruck nach EB 23, Absatz 8 (Abschn. 9.6).

13. Bei verankerten Baugrubenwänden kann es zweckmäßig sein, alle oder wenigstens einen Teil der Anker unter dem zu sichernden Bauwerk durchzuführen, damit die mit einer möglichen Fangedammwirkung verbundenen Bewegungen des Erdreichs ausreichend gering sind. Hierzu siehe EB 46, Absatz 1 (Abschn. 7.5), sowie [29, 39, 72].

14. Unabhängig von den Maßnahmen zur Sicherung der Baugrube kann es zweckmäßig sein, Sicherungsmaßnahmen am Bauwerk selbst zu treffen. Dazu gehören z. B.: Maßnahmen zur Verbesserung des Verbundes zwischen Längs- und Querwänden, das Rückverankern gefährdeter Bauwerksteile gegen solche Teile des Bauwerks, die nicht im Einflussbereich der Baugrube liegen sowie das Ausmauern von Öffnungen und das Anbringen von Zangen zum Versteifen von Wänden, deren Scheibenwirkung in Frage gestellt ist.

9.2 Berechnung der Baugrubenwand mit aktivem Erddruck bei Baugruben neben Bauwerken (EB 21)

1. Werden die Steifen oder Anker einer Baugrubenwand nicht stärker vorgespannt, als es in EB 8, Absatz 4 (Abschn. 3.1), angegeben ist, dann ist damit zu rechnen,

dass eine waagerechte Bewegung der Baugrubenwand in der Größenordnung von 1‰ der Wandhöhe auftritt. Mit dieser Wandbewegung können Setzungen des Bodens verbunden sein, die unmittelbar hinter der Baugrubenwand bis zu doppelt so groß sein können wie die waagerechten Wandbewegungen und erst in größerer Entfernung von der Baugrubenwand ausklingen [157, 158]. Sofern die Verformungen aus der Herstellung und den Wandbewegungen für das Bauwerk verträglich sind, darf die Baugrubenkonstruktion für den aktiven Erddruck bemessen werden.

2. Der aktive Erddruck darf auch bei Baugruben neben Bauwerken auf der Grundlage ebener Gleitflächen in der Regel mit dem Gleitflächenwinkel ϑ_a für Bodeneigengewicht ermittelt werden. Bei besonders großen Bauwerkslasten und ungünstig geschichtetem Boden kann es jedoch im Einzelfall erforderlich sein, die Größe des Erddrucks durch Variation des Gleitflächenwinkels und bei Schichtung unter Ansatz von gewichteten Mittelwerten für den Reibungswinkel und die Kohäsion, s. Beispiel 1 in [184], zu ermitteln. Waagerechte Bauwerkslasten sind stets zu berücksichtigen. Hierzu siehe sinngemäß EB 6, Absatz 6 (Abschn. 3.4), und EB 7, Absatz 5 (Abschn. 3.5).

3. Grundsätzlich ist zu unterscheiden zwischen

    – dem Erddruck $E_{ah,k}$ aus Bodeneigengewicht, großflächiger Gleichlast $p_k \leq 10\,\text{kN/m}^2$ und gegebenenfalls Kohäsion nach EB 4 (Abschn. 3.2) in Verbindung mit EB 6, Absatz 3 (Abschn. 3.4) und
    – dem Erddruck infolge von großflächigen Gleichlasten, die über $p_k = 10\,\text{kN/m}^2$ hinausgehen, sowie zusätzlichen Streifenlasten q'_k nach EB 55 bis EB 57 (Abschn. 2.6 bis 2.8).

    Nach EB 104, Absatz 5 (Abschn. 4.11) ist es jedoch in der Regel zulässig, diese Nutzlasten mit dem Faktor f_q zu vergrößern und dann wie ständige Einwirkungen zu behandeln, sofern sie sich ungünstig auswirken.

4. Größe und Verteilung des Erddrucks auf eine Baugrubenwand neben einem Bauwerk richten sich in starkem Maße nach dessen Abstand und Gründungstiefe. Dabei werden zwei Fälle unterschieden:

    a) großer Abstand der Bebauung, hierzu siehe EB 28 (Abschn. 9.3),
    b) kleiner Abstand der Bebauung, hierzu siehe EB 29 (Abschn. 9.4).

    Maßgebend für diese Einteilung ist, ob eine die vordere Ecke des Fundaments berührende Gerade flacher (Bild EB 20-1a) oder steiler (Bild EB 20-1b) geneigt ist als die unter dem Winkel $\vartheta_{a,k}$ geneigte Gleitfläche für Bodeneigengewicht.

5. Bei Trägerbohlwänden sind im Allgemeinen in die Umlagerungs-Lastfigur nach EB 28 (Abschn. 9.3) bzw. EB 29 (Abschn. 9.4) nur diejenigen Anteile des Erddrucks einzubeziehen, die oberhalb der Baugrubensohle auftreten. Beim Nachweis der Gleichgewichtsbedingung $\sum H = 0$ nach EB 15 (Abschn. 5.5) ist der unterhalb der Baugrubensohle auftretende Erddruck aus Bauwerkslast zu berücksichtigen (Bilder EB 28-1d) und e), Abschn. 9.3).

6. Der Ansatz des Erdwiderstands beim Nachweis der Einbindetiefe richtet sich

   a) nach EB 14 (Abschn. 5.3) bzw. EB 19 (Abschn. 6.3) im Falle der freien Auflagerung,
   b) nach EB 25 (Abschn. 5.4) bzw. EB 26 (Abschn. 6.4) im Falle der Einspannung im Boden.

   Zur Ermittlung der Schnittgrößen siehe EB 81 (Abschn. 4.1) und EB 82 (Abschn. 4.4).

7. Zum Nachweis des Gleichgewichts der Vertikalkräfte siehe EB 9 (Abschn. 4.7).

8. Zum Nachweis der Gebrauchstauglichkeit siehe EB 83 (Abschn. 4.10).

9.3 Ansatz des aktiven Erddrucks bei großem Abstand der Baugrubenwand zum Bauwerk (EB 28)

1. Liegen die in EB 21, Absatz 4 (Abschn. 9.2), genannten Voraussetzungen für die Annahme eines großen Abstands zwischen Baugrubenwand und Bebauung vor, so ist die Größe des Erddrucks auf zwei Wegen zu ermitteln:

   a) Die Erddrucklast $E_{ah,k}$ ergibt sich für eine Gleitfläche unter dem Winkel $\vartheta_{a,k}$, welche die Geländeoberfläche vor dem Bauwerk schneidet. Hierzu siehe Absatz 2.
   b) Die Erddrucklast $E_{zh,k}$ ergibt sich für eine Gleitfläche unter dem Winkel $\vartheta_{z,k}$, die nach Bild EB 28-1a) von der Hinterkante des Fundaments ausgeht. Hierzu siehe Absatz 3.

   Für die weitere Berechnung ist die größere Erddrucklast maßgebend.

2. Für die Größe und Verteilung der Erddrucklast E_{ah}, gelten die allgemeinen Regeln der Kap. 3 und 6.

3. Die Größe der Erddrucklast $E_{zh,k}$ ergibt sich in Anlehnung an EB 71 (Abschn. 3.6). Den Erddruck $E_{zBh,k}$ aus der Bauwerkslast erhält man aus der Erddrucklast $E_{zh,k}$, abzüglich der Erddrucklast $E_{ah,k}$ nach Absatz 2. Bei verhältnismäßig kleinem Winkel $\vartheta_{z,k}$ kann $E_{aBh,k}$ sehr klein oder auch zu null werden. Der Einflussbereich der Bauwerkslast darf näherungsweise entsprechend Bild EB 28-1a) angenommen werden. Die obere Begrenzung liegt somit zwischen der Höhe der Fundamentsohle und dem Punkt, in dem ein unter dem Winkel $\leq \varphi'_k$ zur Waagerechten von der Vorderkante des Fundaments ausgehender Strahl die Achse der Wand schneidet. Die untere Begrenzung liegt in Höhe des Wandfußes. Bei geneigt angreifender Fundamentlast ist auch die waagerechte Komponente zu berücksichtigen. Hierzu siehe sinngemäß EB 6, Absatz 6 (Abschn. 3.4), und EB 7, Absatz 5 (Abschn. 3.5).

9 Baugruben neben Bauwerken

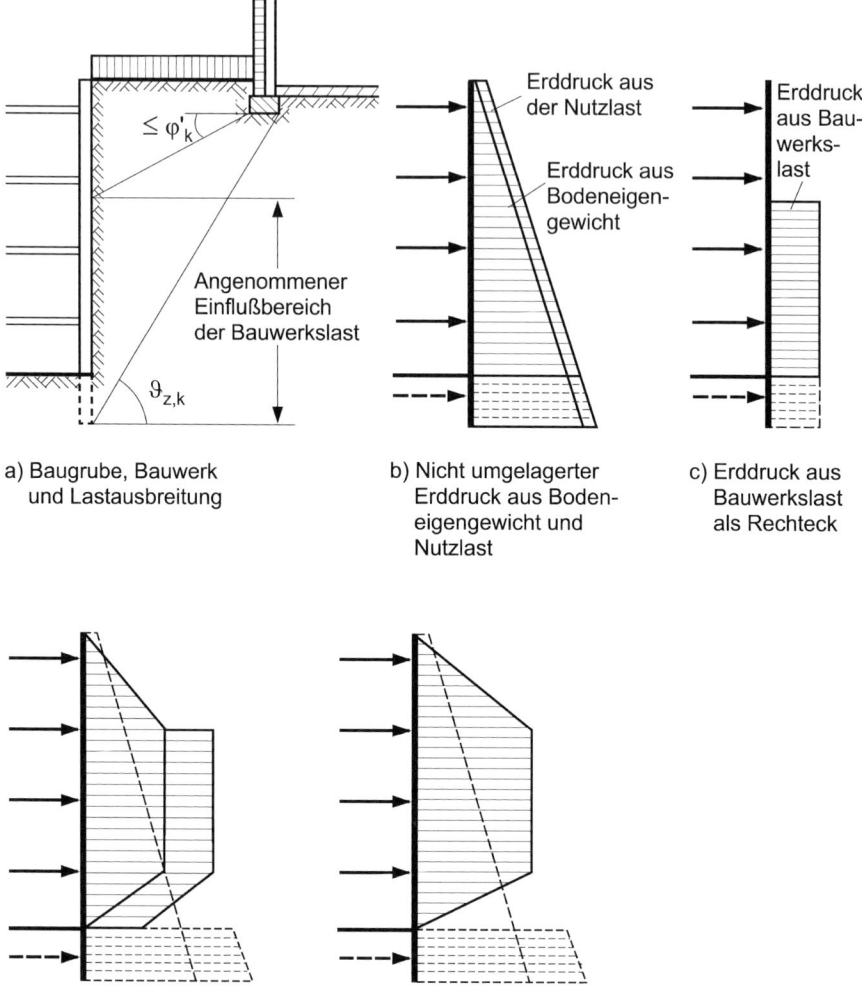

a) Baugrube, Bauwerk und Lastausbreitung

b) Nicht umgelagerter Erddruck aus Bodeneigengewicht und Nutzlast

c) Erddruck aus Bauwerkslast als Rechteck

d) Gesamterddruck in einer Lastfigur mit Lastsprung

e) Gesamterddruck in einer Lastfigur ohne Lastsprung

Bild EB 28-1 Verteilung des aktiven Erddrucks unter Berücksichtigung des Einflusses einer Bauwerkslast bei großem Abstand zwischen Baugrubenwand und Bauwerk (Beispiel für eine im Boden frei aufgelagerte Trägerbohlwand)

4. In der Regel darf der Anteil des Erddrucks $E_{ah,k}$ aus Bodeneigengewicht, großflächiger Gleichlast $p_k \leq 10\,\text{kN/m}^2$ und gegebenenfalls Kohäsion nach EB 4 (Abschn. 3.2) in Verbindung mit EB 6, Absatz 3 (Abschn. 3.4), in eine von der Geländeoberfläche bis zur Baugrubensohle reichende wirklichkeitsnahe Lastfigur umgewandelt werden. Die untere Begrenzung der Erddruckumlagerung darf auch in einem tiefer liegenden Punkt angenommen werden, wenn

a) bei Trägerbohlwänden nach EB 5, Absatz 3 b) (Abschn. 3.3), eine stärkere Erddruckumlagerung nach oben erforderlich ist, um den Nachweis $\sum H = 0$ nach EB 15, Absatz 6 c) oder Absatz 7 c) (Abschn. 5.5), führen zu können,
b) bei Spundwänden oder Ortbetonwänden nach EB 5, Absatz 3 c) (Abschn. 3.3), eine stärkere Erddruckumlagerung angestrebt und durch entsprechende Vorspannung der oberen Steifen- bzw. Ankerlagen unterstützt wird.

Der Erddruck aus der Bauwerkslast darf unter Berücksichtigung des entsprechend Absatz 3 angenommenen Einflussbereichs so in diese Lastfigur einbezogen werden, dass eine sprunghafte Änderung der Erddruckordinate im Bereich eines Auflagerpunkts liegt (Bild EB 28-1d), oder so, dass keine sprunghafte Änderung der Erddruckordinate auftritt (Bild EB 28-1e).

5. In der Regel ist es zulässig, die veränderliche Bauwerksnutzlast nach EB 104, Absatz 5 (Abschn. 4.11) mit dem Faktor f_q zu vergrößern und dann zusammen mit dem Bauwerkseigengewicht als eine einzige ständige Einwirkung zu behandeln.

9.4 Ansatz des aktiven Erddrucks bei kleinem Abstand der Baugrubenwand zum Bauwerk (EB 29)

1. Liegen die in EB 21, Absatz 4 (Abschn. 9.2) genannten Voraussetzungen für die Annahme eines kleinen Abstands zwischen Baugrubenwand und Bebauung vor, so ist es zweckmäßig, den Erddruck $E_{ah,k}$ aus Bodeneigengewicht, großflächiger Gleichlast $p_k \leq 10\,\text{kN/m}^2$ und gegebenenfalls Kohäsion, ersatzweise den Mindesterddruck nach EB 4, Absatz 5 (Abschn. 3.2) in Verbindung mit EB 6, Absatz 3 (Abschn. 3.4), getrennt für folgende Lastanteile zu ermitteln:

    a) für das Eigengewicht des zwischen Baugrubenwand und Bauwerk oberhalb der Fundamentsohle anstehenden Bodens und für die zwischen Baugrubenwand und Bauwerk wirksame Nutzlast,
    b) für das Eigengewicht des unterhalb der Fundamentsohle anstehenden Bodens, für das Eigengewicht des innerhalb des Bauwerks oberhalb der Fundamentsohle anstehenden Bodens und des Kellerfußbodens sowie für eine auf den Kellerfußboden wirkende Nutzlast.

2. Der Erddruck aus der Nutzlast und dem Eigengewicht des zwischen Baugrubenwand und Bauwerk oberhalb der Fundamentsohle liegenden Bodens wird entsprechend der in Bild EB 29-1a) von der Vorderkante des Fundaments ausgehenden, unter dem Winkel $\vartheta_{a,k}$ verlaufenden Gleitfläche angesetzt (Bild EB 29-1b). Dieser, gegebenenfalls unter Berücksichtigung von Kohäsion, ermittelte Erddruck wird entsprechend EB 12, Absatz 3 (Abschn. 5.1), bzw. EB 16, Absatz 3 (Abschn. 6.1), im Bereich zwischen der Geländeoberfläche und dem Schnittpunkt der angenommenen Gleitfläche mit der Baugrubenwand umgelagert (Bild EB 29-1d).

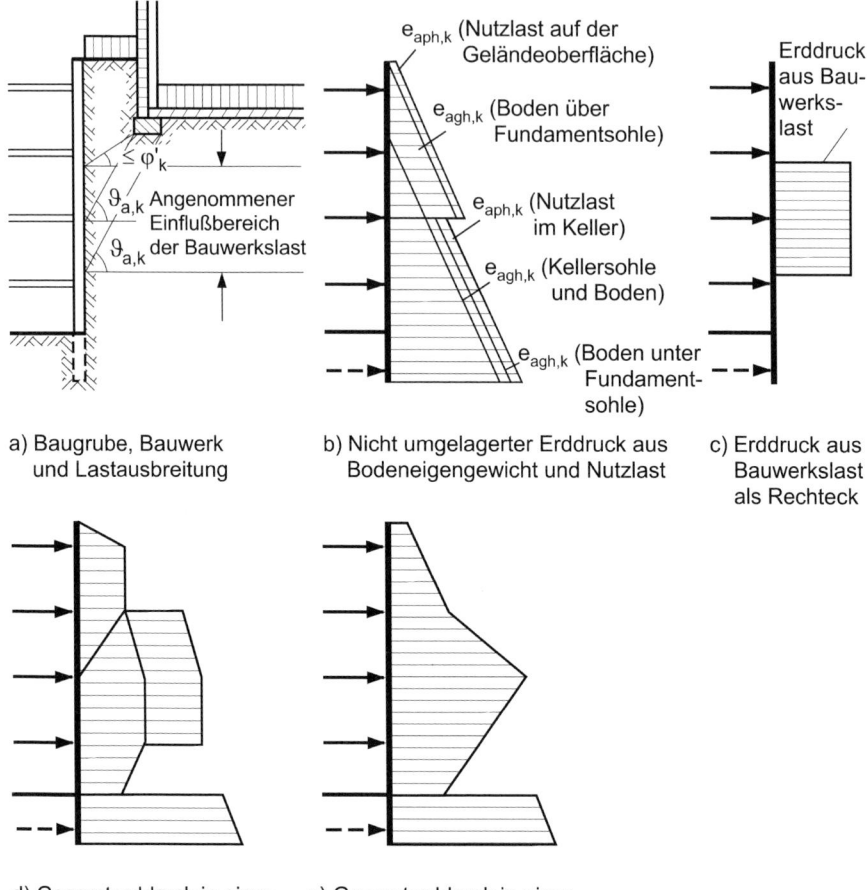

Bild EB 29-1 Verteilung des aktiven Erddrucks unter Berücksichtigung des Einflusses einer Bauwerkslast bei geringem Abstand zwischen Baugrubenwand und Bauwerk (Beispiel für eine im Boden frei aufgelagerte Spundwand oder Ortbetonwand)

3. Der, gegebenenfalls unter Berücksichtigung der Kohäsion, ermittelte Erddruck aus dem Eigengewicht des unterhalb der Fundamentsohle liegenden Bodens wird bei Trägerbohlwänden, sofern kein Sonderfall nach EB 15, Absatz 5 c) oder Absatz 6 c) (Abschn. 5.5) vorliegt, sowie bei Spundwänden und Ortbetonwänden im Bereich zwischen Fundamentsohle und Baugrubensohle umgelagert (Bild EB 29-1d). Das Eigengewicht des Bodens im Bereich des Bauwerks oberhalb der Fundamentsohle darf hierbei in eine Auflast umgerechnet und zusammen mit dem Eigengewicht der Kellersohle und einer etwa im Kellergeschoss vorhandenen Nutzlast $p_k \leq 10\,\text{kN/m}^2$ als Gleichlast angesetzt werden (Bild EB 29-1b).

4. Den Erddruck aus der Bauwerkslast $E_{aBh,k}$ erhält man in Anlehnung an die Angaben in EB 6, Absatz 3 (Abschn. 3.4) unter Annahme eines Gleitflächenwin-

kels $\vartheta_{a,k}$. Der Einflussbereich der Bauwerkslast darf näherungsweise entsprechend Bild EB 29-1a) angenommen werden, die Verteilung des Erddrucks aus der Bauwerkslast als Gleichlast entsprechend Bild EB 29-1c). Beeinflussen zwei oder mehr Fundamente die Größe des Erddrucks, so werden die Erddruckkräfte aus den einzelnen Fundamenten zunächst getrennt ermittelt und dann überlagert. Bei geneigt angreifender Fundamentlast ist auch die waagerechte Komponente zu berücksichtigen. Hierzu siehe sinngemäß EB 6, Absatz 6 (Abschn. 3.4) und EB 7, Absatz 5 (Abschn. 3.5).

5. Im Grundsatz ist der Erddruck $E_{aBh,k}$ aus Bauwerkslast in einen ständigen Anteil $E_{aBgh,k}$ aus Bauwerkseigengewicht und in einen veränderlichen Anteil $E_{aBqh,k}$ aus Bauwerksnutzlast aufzuteilen. Nach EB 104, Absatz 5 (Abschn. 4.11), ist es jedoch in der Regel zulässig, die Bauwerksnutzlast mit dem Faktor f_q zu vergrößern und dann zusammen mit dem Bauwerkseigengewicht als eine einzige ständige Einwirkung zu behandeln. Bei fehlenden Bestandsunterlagen dürfen die Anteile überschläglich ermittelt werden.

6. Die nach Absatz 2 bis Absatz 4 ermittelten Lastfiguren dürfen überlagert werden. Die dabei entstehende gesamte Lastfigur darf gem. Bild EB 29-1d) oder gem. Bild EB 29-1e) gewählt werden. Der Erddruck aus der Bauwerkslast darf unter Berücksichtigung des entsprechend Absatz 2 angenommenen Einflussbereichs in die Lastfigur für den unteren Erddruckanteil einbezogen werden.

9.5 Berechnung der Baugrubenwand mit erhöhtem aktivem Erddruck (EB 22)

1. Sollen die waagerechten Bewegungen einer Baugrubenwand und damit auch die Setzungen hinter der Wand mit den Maßnahmen nach EB 20, Absatz 4 (Abschn. 9.1), entsprechend EB 8, Absatz 3 (Abschn. 3.1), stärker beschränkt werden als in EB 21, Absatz 1 (Abschn. 9.2), angegeben, so ist die Baugrubenkonstruktion für einen erhöhten aktiven Erddruck zu bemessen.

2. Bei großem Abstand der Bebauung entsprechend EB 28 (Abschn. 9.3) ist in der Regel der Mittelwert

$$E_{h,k} = 0{,}50 \cdot (E_{0h,k} + E_{0Bh,k}) + 0{,}50 \cdot (E_{ah,k} + E_{aBh,k})$$

zwischen der Horizontalkomponente der Erdruhedrucklast $E_{0,k}$ und der Horizontalkomponente der aktiven Erddrucklast $E_{a,k}$ ausreichend. Bei nicht empfindlichen Bauwerken und Anlagen genügt die Erddrucklast

$$E_{h,k} = 0{,}25 \cdot (E_{0h,k} + E_{0Bh,k}) + 0{,}75 \cdot (E_{ah,k} + E_{aBh,k}),$$

bei empfindlichen Bauwerken und Anlagen ist es erforderlich, die Größe der Erddrucklast mit

$$E_{h,k} = 0{,}75 \cdot (E_{0h,k} + E_{0Bh,k}) + 0{,}25 \cdot (E_{ah,k} + E_{aBh,k})$$

anzusetzen. Die Größe der charakteristischen Erdruhedrucklasten und der charakteristischen aktiven Erddrucklasten sind nach Absatz 4 zu ermitteln.

3. Bei kleinem Abstand der Bebauung entsprechend EB 29 (Abschn. 9.4) gelten die Ansätze

   a) $E_{h,k} = 0{,}25 \cdot E_{0h,k} + 0{,}75 \cdot E_{ah,k} + E_{aBh,k}$ bei nicht empfindlichen Bauwerken und Anlagen,
   b) $E_{h,k} = 0{,}50 \cdot E_{0h,k} + 0{,}50 \cdot E_{ah,k} + E_{aBh,k}$ im Normalfall,
   c) $E_{h,k} = 0{,}75 \cdot E_{0h,k} + 0{,}25 \cdot E_{ah,k} + E_{aBh,k}$ bei empfindlichen Bauwerken und Anlagen.

   Die Größe der charakteristischen Erdruhedrucklast $E_{0h,k}$ und der charakteristischen aktiven Erddrucklasten sind nach Absatz 4 zu ermitteln. Mit dem angegebenen Ansatz von $E_{aBh,k}$ wird berücksichtigt, dass rechnerisch der aktive Erddruck aus Bauwerkslast größer ist als der Erdruhedruck aus Bauwerkslast.

4. Die in den Absätzen 2 und 3 genannten Größen ergeben sich wie folgt:

   a) Die Größe der charakteristischen Erdruhedrucklast $E_{0h,k}$ aus Bodeneigengewicht und großflächiger Gleichlast und gegebenenfalls Kohäsion sowie die Größe der charakteristischen Erdruhedrucklast $E_{0Bh,k}$ aus Bauwerkslast sind nach EB 18 (Abschn. 3.7) zu ermitteln.
   b) Die Größe der charakteristischen aktiven Erddrucklast $E_{ah,k}$ aus Bodeneigengewicht, großflächiger Gleichlast und gegebenenfalls Kohäsion, ersatzweise die Größe der Mindesterddrucklast, sowie die Größe der charakteristischen aktiven Erddrucklast $E_{aBh,k}$ bzw. $E_{zBh,k}$ infolge von Bauwerkslast sind bei großem Abstand der Bebauung entsprechend EB 28 (Abschn. 9.3) zu ermitteln, bei kleinem Abstand der Bebauung entsprechend EB 29 (Abschn. 9.4).

5. Im Falle eines Erddrucks, der zwischen dem aktiven Erddruck und dem Erdruhedruck liegt, darf angenommen werden, dass in ähnlicher Weise eine Erddruckumlagerung auftritt wie beim aktiven Erddruck, allerdings mit abnehmender Tendenz, je größer der Anteil des Erdruhedrucks an diesem anteiligen Erddruck ist. Dieser Erddruck darf daher ebenfalls in eine einfache Lastfigur umgewandelt werden, deren Knickpunkte oder Lastsprünge im Bereich der Auflagerpunkte (Bild EB 22-1d) liegen. Die Unterscheidung zwischen Bauwerken mit großem und Bauwerken mit kleinem Abstand von der Baugrubenwand nach EB 28 (Abschn. 9.3) und EB 29 (Abschn. 9.4) gilt sinngemäß auch für erhöhten aktiven Erddruck. Werden nur die im Einflussbereich der Bauwerkslast liegenden Steifen oder Anker besonders hoch vorgespannt, so ist dieser Erddruck noch stärker in diesem Bereich konzentriert anzunehmen (Bild EB 22-1e). Durch das erhöhte Vorspannen von Ankern oder Steifen dürfen benachbarte Bauwerke und Anlagen ohne Nachweis nicht zusätzlich belastet werden.

9.5 Berechnung der Baugrubenwand mit erhöhtem aktivem Erddruck (EB 22)

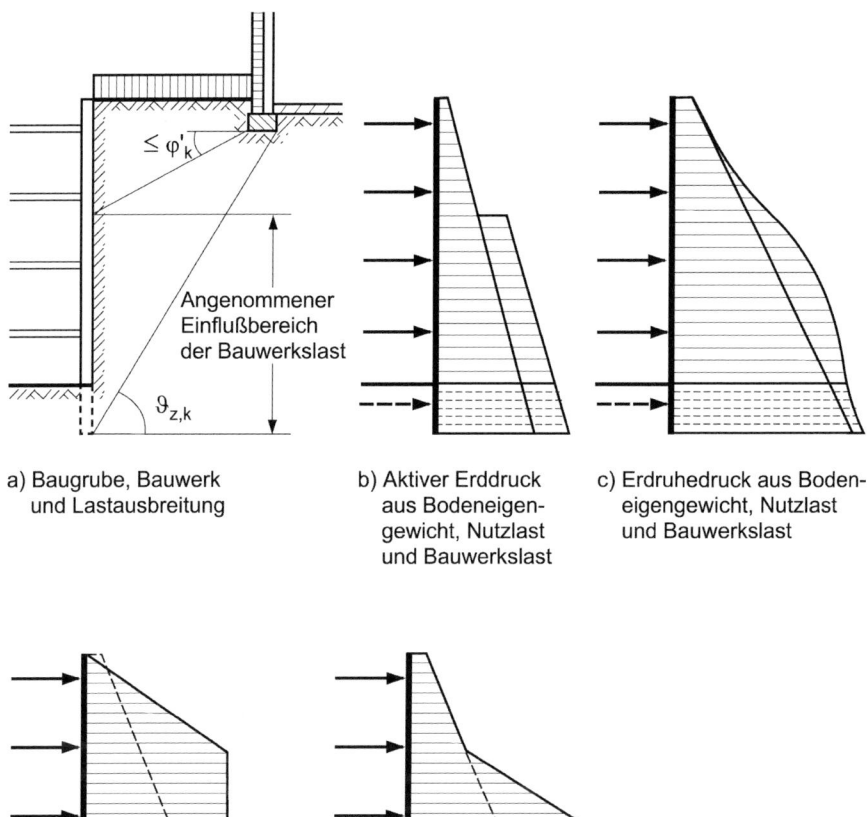

a) Baugrube, Bauwerk und Lastausbreitung

b) Aktiver Erddruck aus Bodeneigengewicht, Nutzlast und Bauwerkslast

c) Erdruhedruck aus Bodeneigengewicht, Nutzlast und Bauwerkslast

d) Erddruckverteilung bei Vorspannung aller Stützungen

e) Erddruckverteilung bei Vorspannung der beiden unteren Stützungen

Bild EB 22-1 Verteilung eines erhöhten aktiven Erddrucks unter Berücksichtigung einer Bauwerkslast bei großem Abstand zwischen Baugrubenwand und Bauwerk (Beispiel für eine im Boden frei aufgelagerte Trägerbohlwand)

6. Die Ermittlung des Erdwiderstands richtet sich

   a) nach EB 14 (Abschn. 5.3) bzw. EB 19 (Abschn. 6.3) im Falle der freien Auflagerung,
   b) nach EB 25 (Abschn. 5.4) bzw. EB 26 (Abschn. 6.4) im Falle der Einspannung im Boden,

jedoch mit der Maßgabe, dass zur Verringerung der Fußverschiebungen bei mindestens mitteldicht gelagerten nichtbindigen oder mindestens steifen bindigen Böden der Bemessungserdwiderstand mit dem Faktor

- $\eta_{Ep} \leq 0{,}6$ bei im Fußbereich aufgelösten Wänden,
- $\eta_{Ep} \leq 0{,}8$ bei im Fußbereich durchgehenden Wänden

abzumindern ist.

Steht weicher bindiger Boden im Wandfußbereich an, dann ist eine Konstruktion zu wählen, bei der keine Stützung durch den Boden benötigt wird.

7. Für den Nachweis der Einbindetiefe und die Ermittlung der Bemessungsschnittgrößen gelten die Angaben des Kapitels 4. Dabei ist der maßgebende Teilsicherheitsbeiwert für ständige Einwirkungen im gleichen Verhältnis aus den Teilsicherheitsbeiwerten γ_{E0g} und γ_G zusammenzusetzen wie die maßgebende charakteristische Erddrucklast $E_{h,k}$ nach Absatz 2 bei großem Abstand der Bebauung bzw. nach Absatz 3 bei kleinem Abstand der Bebauung. Maßgebend sind die Teilsicherheitsbeiwerte für Bemessungssituation BS-T oder BS-T/A in der Tab. 6.1 im Anhang A 6. Im Fall von Absatz 3 sind für den Anteil $E_{aBh,k}$ die Teilsicherheitsbeiwerte für aktiven Erddruck maßgebend.

8. Die Vertikalkomponenten des Erddrucks sind sinngemäß wie die Horizontalkomponenten anteilig aus den Vertikalkomponenten des Erdruhedrucks und des aktiven Erddrucks zusammenzusetzen. Es ist nachzuweisen, dass die senkrechte Komponente des Bemessungserddrucks von der Baugrubenwand nach EB 9 (Abschn. 4.7) ohne nennenswerte Setzungen in den Untergrund abgeleitet werden kann und dass die auftretenden Mitnahmesetzungen keine schädlichen Auswirkungen auf das benachbarte Bauwerk haben. Gegebenenfalls ist auf den Ansatz eines Erddruckneigungswinkels bei der Ermittlung des aktiven Erddrucks zu verzichten. Dadurch kommt es wegen der behinderten Ausbreitung der Bauwerkslast im Baugrund zu zusätzlichen Vertikallasten neben der Baugrubenwand, die zu unzulässigen Setzungen führen können. Hierzu siehe Bild EB 22-2.

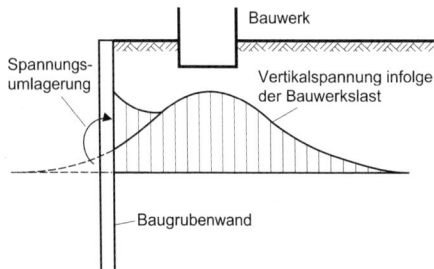

Bild EB 22-2 Spannungsumlagerung bei behinderter Lastausbreitung

9. Auch wenn als Erddruck ein erhöhter aktiver Erddruck zugrunde gelegt wird, ist bei Trägerbohlwänden der Nachweis $\sum H = 0$ nach EB 15 (Abschn. 5.5) zu führen. Der unterhalb der Baugrubensohle wirkende Erddruck ist dazu im glei-

chen Verhältnis aus dem aktiven Erddruck und dem Erdruhedruck zusammenzusetzen wie der oberhalb der Baugrubensohle wirkende Erddruck. Reicht der Einfluss einer Bauwerkslast bis unter die Baugrubensohle, so ist dies zu berücksichtigen. Für den Anpassungsfaktor beim Bemessungserdwiderstand gilt Absatz 6.

10. Im Allgemeinen ist es nicht erforderlich, die Steifen und Anker in jedem Bauzustand auf die neue rechnerische charakteristische Last vorzuspannen. Es genügt in der Regel, auch bei den Vorbauzuständen von vornherein die Steifen oder Anker für die im Vollaushubzustand auftretenden charakteristischen Stützkräfte vorzuspannen. Dabei nimmt man in Kauf, dass beim Vorspannen der zuletzt eingebauten Lage eine gewisse Entspannung in der darüber angeordneten Lage eintreten kann. Auch ein Nachspannen auf die bei den Rückbauzuständen möglicherweise auftretenden größeren Stützkräfte kann im Allgemeinen entfallen. Bei empfindlichen Bauwerken empfiehlt es sich jedoch, die Bewegungen des Bauwerks und der Baugrubenwand sowie die Beanspruchung der Steifen oder Anker durch Messungen zu kontrollieren und etwa erforderliche Nachspannmaßnahmen danach einzurichten.

11. Zum Nachweis der Gebrauchstauglichkeit siehe EB 83 (Abschn. 4.10). Die Hinweise auf eine mögliche Behinderung der Lastausbreitung und damit verbundene Setzungen im Absatz 8 sind zu beachten. Für genauere Untersuchungen wird die Anwendung der Finite-Elemente-Methode nach EB 103 (Abschn. 4.6) empfohlen.

9.6 Berechnung der Baugrubenwand mit Erdruhedruck (EB 23)

1. In der Regel empfiehlt es sich, bei empfindlichen Bauwerken und Anlagen neben der Baugrubenwand entsprechend EB 22, Absätze 2 und 3 (Abschn. 9.5), die Größe der Erddrucklast mit $E_{h,k} = 0{,}75 \cdot (E_{0h,k} + E_{0Bh,k}) + 0{,}25 \cdot (E_{ah,k} + E_{aBh,k})$ (bei großem Abstand der Bebauung) bzw. mit $E_{h,k} = 0{,}75 \cdot E_{0h,k} + 0{,}25 \cdot E_{ah,k} + E_{aBh,k}$ (bei kleinem Abstand der Bebauung) anzusetzen. Durch durchgehende Wände und darüber hinaus durch eine unnachgiebige Stützung entsprechend EB 67, Absatz 5 (Abschn. 1.5), kann eine Entspannung des Erdreichs verhindert werden und es ist angebracht, den Erdruhedruck auf die Baugrubenwand anzusetzen, auch wenn dies keine Gewähr dafür bietet, dass dadurch an benachbarten Bauwerken keine Setzungen auftreten werden.

2. Größe und Verteilung des Erdruhedrucks ergeben sich nach EB 18 (Abschn. 3.7). Für die Festlegung der Lastfigur gilt Folgendes:

    a) Der Erdruhedruck aus Bodeneigengewicht ist geradlinig mit der Tiefe zunehmend anzunehmen, wenn frühzeitig vor Erreichen der Baugrubensohle eine Sohlaussteifung hergestellt wird (Bild EB 23-1a). Wird das Erdreich un-

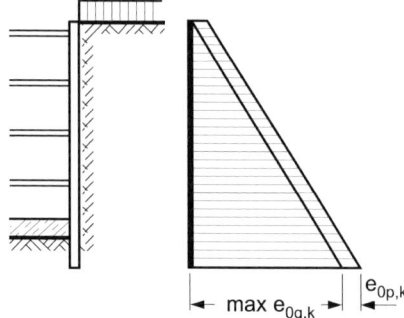 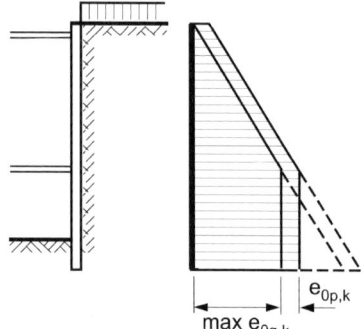

a) Erddruckverteilung bei mehrmals ausgesteifter Wand und Stützung des Wandfußes durch eine Sohlsteife

b) Erddruckverteilung bei zweimal ausgesteifter Wand und Stützung des Wandfußes durch den Boden

Bild EB 23-1 Lastbildermittlung für Ortbetonwände bei Ansatz des Erdruhedrucks

terhalb der Baugrubensohle zur Stützung der Wand herangezogen, so kann in diesem Bereich wegen der unvermeidbaren Bewegungen des Wandfußes nicht mehr der volle Erdruhedruck wirken. Es darf daher in diesem Falle bei Baugrubenwänden mit wenigstens zwei Steifen- oder Ankerlagen die Erddruckordinate von der untersten Lage ab als konstant angenommen werden (Bild EB 23-1b). Bei einmal gestützten Wänden ohne frühzeitig hergestellte Sohlaussteifung ist nicht zu erwarten, dass der volle Erdruhedruck erhalten bleibt. Eine Ausnahme bildet der Bauzustand vor Einbau der zweiten Steifenlage im Bild EB 23-1b) wegen der noch vorhandenen großen Einbindetiefe der Wand.

b) Der Erdruhedruck aus einer großflächigen Gleichlast $p_k \leq 10\,\text{kN/m}^2$ ist den im Absatz a) beschriebenen Lastfiguren mit einer über die ganze Wandhöhe gleichbleibenden Ordinate zu überlagern.

c) Der Erdruhedruck aus senkrechten oder waagerechten Bauwerkslasten darf in eine einfache Lastfigur umgewandelt werden. Sie soll etwa in der Höhe der Bauwerkssohle beginnen und ihre Resultierende soll etwa in der Höhe liegen, in der ein vom Schnittpunkt von Lastachse und Bauwerkssohle unter dem Winkel 45° zur Waagerechten ausgehender Strahl die Hinterkante der Baugrubenwand schneidet. Beispiele dazu siehe Bild EB 23-3.

d) Für die Ermittlung der charakteristischen Schnittgrößen darf die durch die Überlagerung der einzelnen Erdruhedruckanteile entstehende Lastfigur so vereinfacht werden, dass bei gleichbleibender Größe der Gesamtlast eine Lastfigur entsteht, die keine sprunghafte Änderung der Erddruckordinate aufweist (Bilder EB 23-2d und EB 23-2e) oder bei der eine sprunghafte Änderung der Erddruckordinate im Bereich eines Auflagerpunkts liegt. Dies gilt auch für den veränderlichen Anteil $E_{0Bh,k}$ des Erddrucks aus Bauwerkslast, wenn von der Vereinfachung nach EB 28, Absatz 5 (Abschn. 9.3), bzw. nach EB 29, Absatz 5 (Abschn. 9.4) Gebrauch gemacht wird.

9.6 Berechnung der Baugrubenwand mit Erdruhedruck (EB 23)

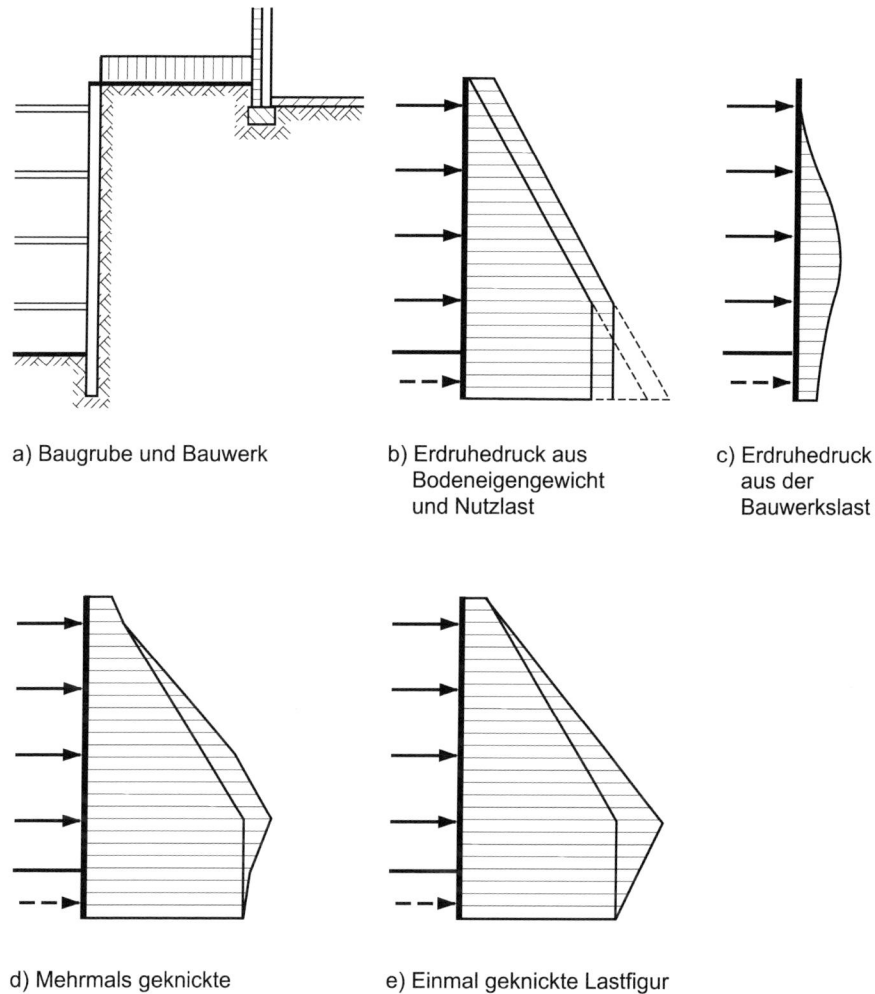

Bild EB 23-2 Verteilung des Erdruhedrucks auf eine im Boden frei aufgelagerte Spundwand oder Ortbetonwand bei Berücksichtigung des Einflusses einer Bauwerkslast (Beispiel für eine im Boden frei aufgelagerte Ortbetonwand)

3. Der Ansatz des Erdwiderstands richtet sich nach EB 19 (Abschn. 6.3), da bei einer biegesteifen Baugrubenwand eine bodenmechanische Einspannung im Boden nicht zustande kommt. Zur Verringerung der Fußverschiebung ist jedoch bei mitteldicht oder dicht gelagerten nichtbindigen Böden oder mindestens steifen bindigen Böden der Bemessungserdwiderstand mit dem Anpassungsfaktor $\eta_{Ep} \leq 0{,}5$ abzumindern. Steht unterhalb der Baugrubensohle locker gelagerter nichtbindiger Boden an, dann ist der Anpassungsfaktor noch weiter zu vermindern oder eine Konstruktion zu wählen, die keine Stützung durch den Boden erfordert.

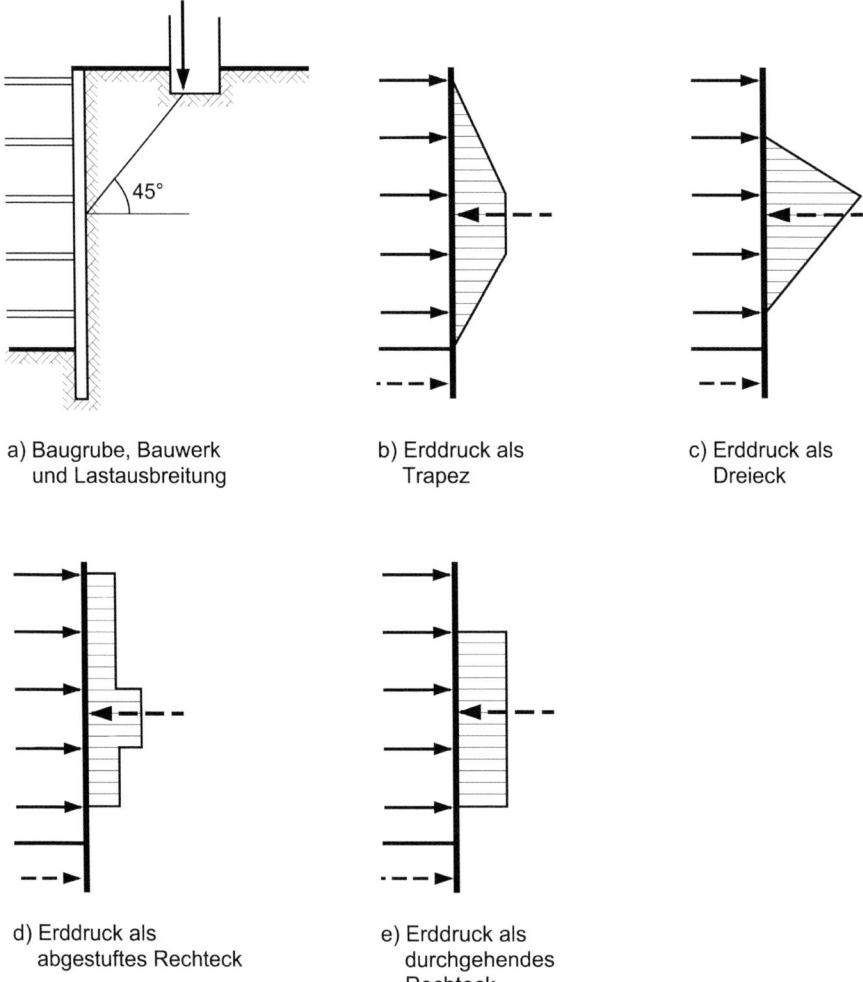

a) Baugrube, Bauwerk und Lastausbreitung
b) Erddruck als Trapez
c) Erddruck als Dreieck
d) Erddruck als abgestuftes Rechteck
e) Erddruck als durchgehendes Rechteck

Bild EB 23-3 Näherungsansatz für den Erdruhedruck aus Bauwerkslast bei unnachgiebigen Baugrubenwänden

4. Bei ausreichenden Verschiebungen der Wand unterhalb einer Sohlaussteifung darf eine Bodenreaktion auf der Erdseite angesetzt werden, die ein Stützmoment in Höhe der Sohlaussteifung zur Folge hat. Hierzu siehe auch Bild EB 63-3b) (Abschn. 10.6).

5. Für die Ermittlung der Einbindetiefe und der Bemessungsschnittgrößen gelten die Angaben des Kapitels 4. Dabei ist der Teilsicherheitsbeiwert γ_{E0g} für ständige Einwirkungen nach Tab. 6.1 im Anhang A 6 maßgebend.

6. Verformungen der Baugrubenwand können dazu führen, dass die wirklich auftretende charakteristische Erddruckverteilung von der entsprechend Bild EB 23-1 (Abschn. 9.6) angenommenen Verteilung des Erdruhedrucks abweicht.

Anstelle eines genauen Nachweises mit einem umgelagerten aktiven Erddruck nach EB 28 (Abschn. 9.3) oder EB 29 (Abschn. 9.4) ist es zulässig, die im oberen Drittel der Wand liegenden Steifen und Anker für charakteristische Stützkräfte zu bemessen, die um 30 % größer sind als die mit dem Erdruhedruck ermittelten Stützkräfte.

7. Es ist nachzuweisen, dass die Vertikalkomponenten des charakteristischen Erdruhedrucks aus Bodeneigengewicht (bei ansteigendem Gelände) und des Erdruhedrucks aus der Bauwerkslast an jedem Punkt der Baugrubenwand unter Ansatz des charakteristischen Erddruckneigungswinkels $\delta_{a,k}$ durch Wandreibung auf die Baugrubenwand übertragen und von dieser nach EB 9 (Abschn. 4.7) ohne nennenswerte Setzungen in den Untergrund abgeleitet werden können. Ist dieser Nachweis nicht möglich, dann ist eine Aufrechterhaltung des ursprünglichen Spannungszustands nicht gewährleistet und der Ansatz des Erdruhedrucks nicht gerechtfertigt.

8. Bei Ansatz des Erdruhedrucks sind die Wandverformungen durch Messungen zu überwachen. Steifen und Anker sind gleich beim Einbau auf die charakteristische Last vorzuspannen und ggf. nachzuspannen.

9. Zum Nachweis der Gebrauchstauglichkeit siehe EB 83 (Abschn. 4.10).

9.7 Gegenseitige Beeinflussung gegeneinander ausgesteifter Baugrubenwände bei Baugruben neben Bauwerken (EB 30)

1. Ist eine waagerecht ausgesteifte Baugrube nur auf einer Seite durch Erddruck aus Bauwerkslast beansprucht, dann können im Allgemeinen, sofern keine genauere Untersuchung angestellt wird, beide Wände und Steifen so bemessen werden, wie es die Berechnung für die Baugrubenwand neben dem Bauwerk ergibt. Ergeben sich z. B. bei einer Bebauung mit geringem Abstand von der Baugrubenwand (Bild EB 30-1), im oberen Teil von der mit dem Bauwerk belasteten Baugrubenseite her die geringeren Steifenkräfte, so sind die gleichen Überlegungen anzustellen wie bei beidseitiger Bebauung. Hierzu siehe Absätze 3 und 4.

2. Sind bei einer waagerecht ausgesteiften Baugrube, die nur auf einer Seite durch Erddruck aus Bauwerkslast beansprucht wird, die beiden Baugrubenwände unterschiedlich ausgebildet, so kann näherungsweise die dem Bauwerk gegenüberliegende Baugrubenwand für die gleichen Schnittgrößen bemessen werden wie die Baugrubenwand neben dem Bauwerk, sofern sie sich in Bezug auf Steifigkeit und Einbindetiefe nicht wesentlich von der Baugrubenwand neben dem Bauwerk unterscheidet. Sind in dieser Hinsicht größere Unterschiede vorhanden, so kann es erforderlich werden, für die dem Bauwerk gegenüberliegende Baugrubenwand besondere Untersuchungen anzustellen. Dabei sind die charakteristischen Auflagerkräfte der durch die Bauwerkslast beanspruchten Baugruben-

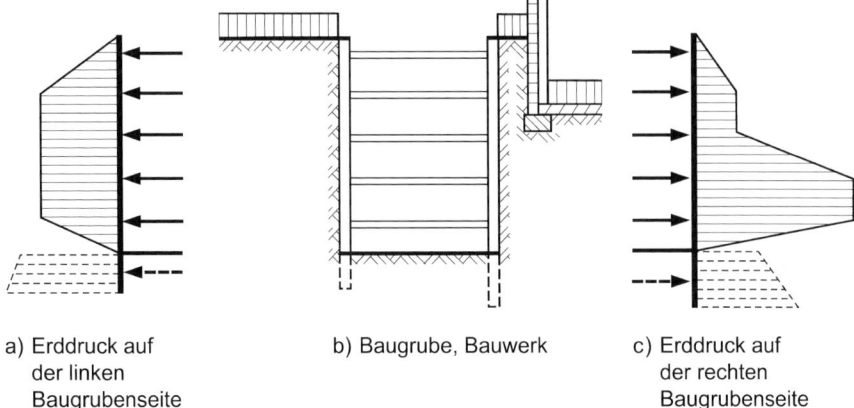

a) Erddruck auf der linken Baugrubenseite   b) Baugrube, Bauwerk   c) Erddruck auf der rechten Baugrubenseite

Bild EB 30-1 Einseitig durch ein Bauwerk belastete Baugrube mit waagerechter Aussteifung

wand als Belastung auf die dem Bauwerk gegenüberliegende Baugrubenwand aufzubringen. Die Lastfigur für diese Wand ist dann so zu wählen, wie es der Belastung, den Steifigkeitsverhältnissen und der Erddrucktheorie entspricht.

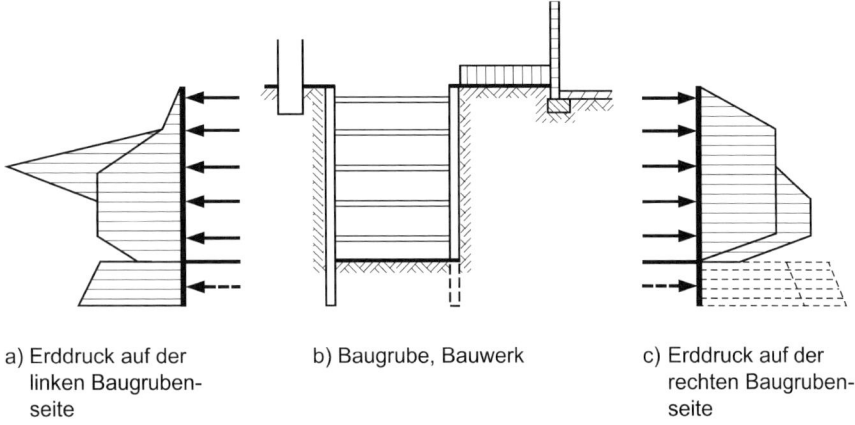

a) Erddruck auf der linken Baugrubenseite   b) Baugrube, Bauwerk   c) Erddruck auf der rechten Baugrubenseite

Bild EB 30-2 Beidseitig durch ein Bauwerk belastete Baugrube mit waagerechter Aussteifung

3. Bei waagerecht ausgesteiften Baugruben, die auf beiden Seiten durch Erddruck aus Bauwerkslast beansprucht sind, ist zunächst jede Baugrubenwand für sich zu untersuchen (Bild EB 30-2). Ergeben sich dabei auf den beiden Baugrubenseiten unterschiedliche Lastfiguren, so sind im Falle ähnlicher Steifigkeitsverhältnisse bei beiden Wänden die jeweils größeren Lastordinaten der anderen Seite zu übernehmen und beide Wände – abgesehen von dem Bereich unterhalb der Baugrubensohle – für die gleiche resultierende Lastfigur zu bemessen (Bilder EB 30-3 und EB 30-4). Unterscheiden sich die Steifigkeitsverhältnisse der beiden Baugrubenwände sehr stark voneinander, so sind die Lastfiguren jeweils

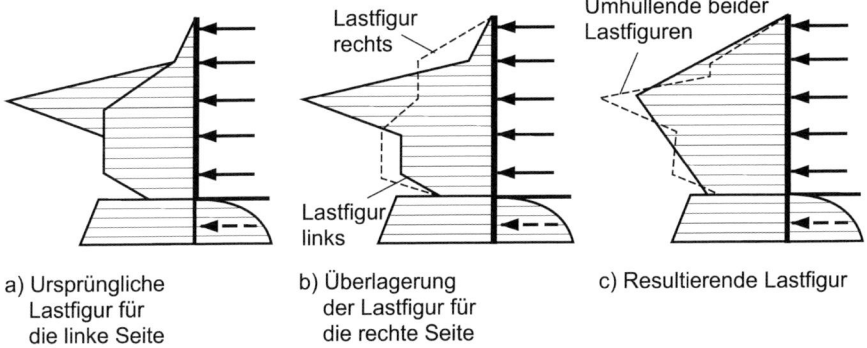

a) Ursprüngliche Lastfigur für die linke Seite
b) Überlagerung der Lastfigur für die rechte Seite
c) Resultierende Lastfigur

Bild EB 30-3 Überlagerung der Lastfiguren auf der linken Baugrubenseite

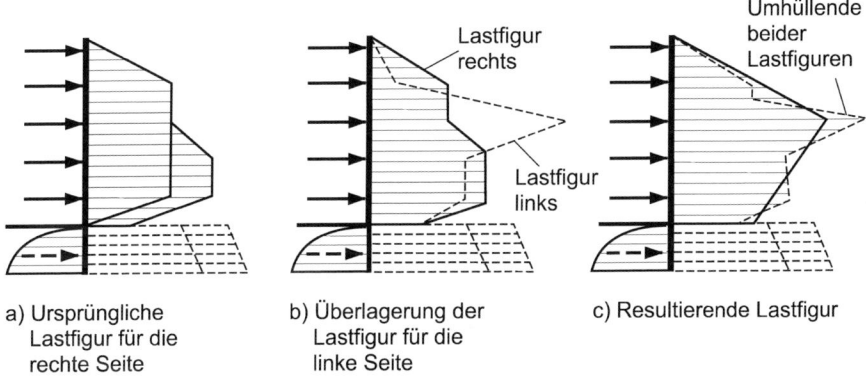

a) Ursprüngliche Lastfigur für die rechte Seite
b) Überlagerung der Lastfigur für die linke Seite
c) Resultierende Lastfigur

Bild EB 30-4 Überlagerung der Lastfiguren auf der rechten Baugrubenseite

so zu ergänzen, dass sich etwa die gleichen charakteristischen Auflagerkräfte ergeben.

4. Bei der Einleitung größerer Steifenkräfte aus einer gegenüberliegenden Baugrubenwand in die Baugrubenwand mit geringeren Erddrucklasten ist zu überprüfen, ob der höhere Erddruck aufgenommen und auch weitergeleitet werden kann.

Achim Hettler, Karl-Eugen Kurrer

Erddruck

- Sammlung von Arbeitsanleitungen und Anwendungshinweisen
- Kommentar zur DIN 4085
- historische Aufarbeitung der Entwicklung der Erddrucktheorie
- umfassende und konkurrenzlose Darstellung

Nach einer Darstellung der Entwicklung der Erddrucktheorie konzentriert sich das Buch auf aktuelle Berechnungsgrundlagen. Es bietet Grundbauingenieuren und Tragwerksplanern in Baufirmen, Ingenieurbüros sowie Bauverwaltung eine hilfreiche Sammlung von Arbeitsanleitungen.

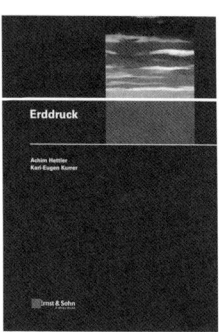

2019 · 394 Seiten · 261 Abbildungen · 14 Tabellen

Hardcover
ISBN 978-3-433-03274-9 € 89*

eBundle (Print + PDF)
ISBN 978-3-433-03275-6 € 79*

BESTELLEN
+49 (0)30 470 31-236
marketing@ernst-und-sohn.de
www.ernst-und-sohn.de/3274

Der €-Preis gilt ausschließlich für Deutschland. Inkl. MwSt.

10
Baugruben im Wasser

10.1 Allgemeines zu Baugruben im Wasser (EB 58)

1. Im Hinblick auf die unterschiedlichen Erscheinungsformen des Wassers im Zusammenhang mit Baugruben sind im Grundsatz folgende Fälle zu unterscheiden:
   - offene Gewässer,
   - freies Grundwasser,
   - gespanntes Grundwasser.

2. Bei Wasserhaltungen sind folgende Fälle zu unterscheiden:
   a) Bei einer Grundwasserabsenkung entsprechend Bild EB 58-1a) treten in dem für die Belastung der Baugrubenkonstruktion maßgebenden Bodenkörper Strömungskräfte auf. In diesem Zusammenhang ist EB 59 (Abschn. 10.2) bei der Ermittlung der Strömungskräfte und EB 60 (Abschn. 10.3) beim Standsicherheitsnachweis für die Baugrubenkonstruktion zu beachten.
   b) Bei einer Umströmung des Wandfußes entsprechend Bild EB 58-1b) treten auch nach oben gerichtete Strömungskräfte auf. In diesem Zusammenhang ist EB 59 (Abschn. 10.2) bei der Ermittlung der Strömungskräfte, EB 61 (Abschn. 10.4) beim Nachweis der Aufbruchsicherheit der Baugrubensohle und

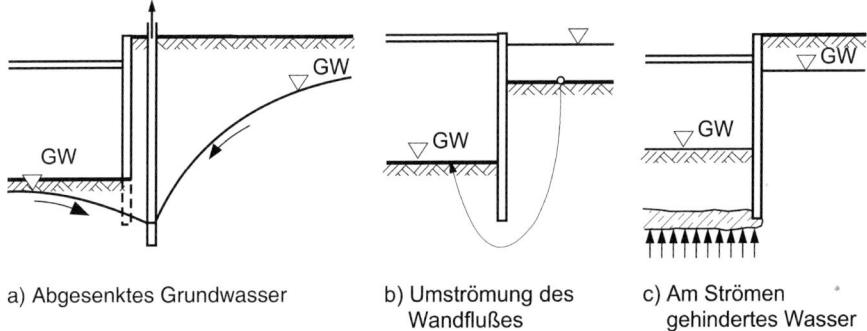

a) Abgesenktes Grundwasser   b) Umströmung des Wandflußes   c) Am Strömen gehindertes Wasser

Bild EB 58-1 Wirkungen des Wassers auf Baugrubenkonstruktionen

EB 63 (Abschn. 10.6) beim Standsicherheitsnachweis für die Baugrubenkonstruktion zu beachten.

c) Bei einer annähernd wasserundurchlässigen Schicht unterhalb der Baugrubensohle, z. B. im Fall einer tiefliegenden Dichtungssohle entsprechend Bild EB 58-1c), wird das Wasser am Zuströmen zur Baugrube gehindert und es stellt sich ein hydrostatischer Wasserdruck ein. In diesem Zusammenhang ist EB 62 (Abschn. 10.5) beim Nachweis der Sicherheit der Baugrubensohle gegen Aufschwimmen und EB 63 (Abschn. 10.6) beim Standsicherheitsnachweis für die Baugrubenkonstruktion zu beachten.

In Sonderfällen kann es zweckmäßig sein, z. B. beim Aushub für eine Unterwasserbetonsohle zumindest zeitweilig den Wasserstand innerhalb der Baugrube höher zu halten als außerhalb der Baugrube.

3. Bei Baugrubenwänden in nichtbindigen Böden sowie in weichen bis steifen bindigen Böden darf angenommen werden, dass der dichte Anschluss zwischen Baugrubenwand und Boden und damit das Strömungsnetz auch dann erhalten bleibt, wenn sich die Wand infolge des Erd- und Wasserdrucks um ein gewisses Maß verformt oder verschiebt. Steht jedoch hinter der Baugrubenwand ein Boden an, der keine ausreichende seitliche Verformbarkeit besitzt, z. B. ein felsartiger Boden bzw. ein fester oder halbfester bindiger Boden, der aufgrund seiner Scherfestigkeit zumindest vorübergehend ohne Stützung standfest ist, dann besteht die Möglichkeit, dass zwischen Baugrubenwand und Boden ein Spalt entsteht, in dem sich ein dem äußeren Wasserstand entsprechender hydrostatischer Wasserdruck einstellt.

4. Insbesondere in locker gelagerten Sand- und Schluffböden besteht die Gefahr eines Erosionsgrundbruchs, der mit einer verstärkten örtlichen Strömung an der Baugrubensohle beginnt, sich durch Ausspülen von Bodenteilchen schlauchartig rückschreitend fortsetzt und schließlich beim Erreichen einer stark wasserführenden Schicht oder des offenen Wassers zu einem plötzlichen Wassereinbruch führt. Der Erosionsgrundbruch ist rechnerisch schwer erfassbar und nur durch konstruktive Maßnahmen zu vermeiden. Hierzu siehe EAU, Empfehlung E 116 [2] und EB 64, Absatz 14 (Abschn. 10.7).

5. Eine für die Standsicherheit der Baugrubenwand gefährliche Verkürzung des Strömungswegs tritt ein, wenn beim Herstellen der Baugrubenwand zwischen den einzelnen Elementen der Wand undichte Stellen entstehen, die nicht rechtzeitig abgedichtet werden können. Eine ähnliche Erscheinung kann sich einstellen, wenn in wenig durchlässigen, leicht bindigen Bodenschichten tief in den Untergrund reichende, wasserführende Hohlräume vorhanden sind, z. B. schlecht verfüllte Bohrlöcher oder Löcher, die nach dem Ziehen von Pfählen entstanden sind. In diesem Falle sucht sich das Wasser unter hohem Druck wie beim Erosionsgrundbruch einen schlauchartigen Weg zur Baugrubensohle. Zu den möglichen konstruktiven Gegenmaßnahmen siehe EAU, Empfehlung E 116 [2] und EB 64, Absatz 14 (Abschn. 10.7).

geo team
Ingenieurgesellschaft mbH
Geotechnik, Tunnelbau und Umwelttechnik

- Baugruben
- Spezialtiefbau
- Grundwasserhaltung
- Wasserbau
- Injektionstechnik
- Erd-, Grund- und Felsbau
- universeller und maschineller Tunnelbau

Brandschachtstraße 2	Tel.: 0231 . 967 889 - 0	E-Mail: info@geo-team.info
44149 Dortmund	Fax: 0231 . 967 889 - 29	Web: www.geo-team.info
Prof. Dr.-Ing. Frank Könemann	Dr.-Ing. Lothar Maßmeier	Dr.-Ing. Klaus Haubrichs

Liebherr-Werk Nenzing GmbH (Hrsg.)

Kompendium Spezialtiefbau
Teil 1: Bohren

Verfahren, Geräte, Anwendungen, IT-Lösungen

- einige Themen werden erstmals in dieser Form dargestellt (Lufthebebohren, Imlochhammerbohren, IT-Lösungen)
- anschauliche Illustrationen und hochwertige Renderings

Ernst & Sohn
A Wiley Brand

2019 · 280 Seiten ·
150 Abbildungen · 20 Tabellen
Hardcover
ISBN 978-3-433-03279-4
€ 98*

BESTELLEN
+49 (0)30 470 31-236
marketing@ernst-und-sohn.de
www.ernst-und-sohn.de/3279

* Der €-Preis gilt ausschließlich für Deutschland. Inkl. MwSt.

Deutsche Gesellschaft für Geotechnik e.V. (Hrsg.)

EA-Pfähle

Empfehlungen des Arbeitskreises „Pfähle"

- Empfehlung mit Normencharakter
- fasst wichtige Erfahrungswerte für die Bemessung zusammen
- gilt auch für die Gründung von Offshore-Windenergieanlagen

Dieses Handbuch gibt einen vollständigen Überblick über Pfahlsysteme und ihre Anwendungen und Herstellung sowie die Berechnung nach dem neuen Sicherheitskonzept anhand zahlreicher Beispiele für Einzelpfähle, Pfahlroste und -gruppen. Die Empfehlungen gelten als Regeln der Technik.

2., wesentlich überarb. u. erw. Auflage · 2012 · 498 Seiten · 181 Abbildungen · 98 Tabelle

Hardcover
ISBN 978-3-433-03005-9   € 89*

BESTELLEN
+49 (0)30 470 31-236
marketing@ernst-und-sohn.de
www.ernst-und-sohn.de/3005

*Der €-Preis gilt ausschließlich für Deutschland. Inkl. MwSt.

geo-team

**Ingenieurgesellschaft mbH
Geotechnik, Tunnelbau und
Umwelttechnik**

- Baugruben
- Spezialtiefbau
- Grundwasserhaltung
- Wasserbau
- Injektionstechnik
- Erd-, Grund- und Felsbau
- universeller und maschineller Tunnelbau

Brandschachtstraße 2　　Tel.:　0231 . 967 889 - 0　　E-Mail:　info@geo-team.info
44149 Dortmund　　　　Fax:　0231 . 967 889 - 29　　Web:　　www.geo-team.info

Prof. Dr.-Ing. Frank Könemann　　Dr.-Ing. Lothar Maßmeier　　Dr.-Ing. Klaus Haubrichs

Deutsche Gesellschaft für Geotechnik e.V. (Hrsg.)

EA-Pfähle

Empfehlungen des Arbeitskreises „Pfähle"

- Empfehlung mit Normencharakter
- fasst wichtige Erfahrungswerte für die Bemessung zusammen
- gilt auch für die Gründung von Offshore-Windenergieanlagen

Dieses Handbuch gibt einen vollständigen Überblick über Pfahlsysteme und ihre Anwendungen und Herstellung sowie die Berechnung nach dem neuen Sicherheitskonzept anhand zahlreicher Beispiele für Einzelpfähle, Pfahlroste und -gruppen. Die Empfehlungen gelten als Regeln der Technik.

2., wesentlich überarb. u. erw. Auflage ·
2012 · 498 Seiten · 181 Abbildungen ·
98 Tabelle

Hardcover
ISBN 978-3-433-03005-9   € 89*

BESTELLEN
+49 (0)30 470 31-236
marketing@ernst-und-sohn.de
www.ernst-und-sohn.de/3005

*Der €-Preis gilt ausschließlich für Deutschland. Inkl. MwSt.

6. Es ist entsprechend EB 24, Absatz 1 e) (Abschn. 2.1) festzulegen, bis zu welchem höchsten Wasserstand die Baugrubenkonstruktion standsicher sein muss. Gegen höhere Wasserstände sind entsprechende Sicherungsmaßnahmen, z. B. eine kontrollierte Flutung entsprechend EB 64, Absatz 14 (Abschn. 10.7), vorzusehen.

7. Nach EB 65, Absatz 4 (Abschn. 10.8) sollte das Grundwasser innerhalb der Baugrube auf etwa 0,50 m unterhalb der Aushubsohle abgesenkt werden. In den nachfolgenden Bildern ist teilweise davon abweichend vereinfachend der rechnerische Grundwasserspiegel in Höhe der Baugrubensohle eingetragen.

8. Bei der Bemessung von Dichtsohlen aus Bodenverfestigungen ist die DIN 4093 zu beachten.

10.2 Strömungskräfte (EB 59)

1. Strömungskräfte treten immer dann auf, wenn entsprechend Bild EB 58-1a) oder Bild EB 58-1b) (Abschn. 10.1) ein Potentialunterschied vorhanden ist, der das Grundwasser zum Strömen veranlasst. Die Strömungskraft ist eine Massenkraft, die in Richtung des hydraulischen Gradienten infolge des Strömungswiderstands vom Wasser an das Korngerüst des Bodens abgegeben wird. Im Sonderfall der senkrechten Strömung wirkt sie wie eine Änderung der Wichte des durchströmten Bodens. Ist die Strömung von oben nach unten gerichtet, dann erhöht sich diese rechnerische Wichte, ist sie von unten nach oben gerichtet, dann verringert sich die rechnerische Wichte.

2. Die Strömungskräfte werden mit Hilfe des Grundwasserpotentials berechnet. Dieses kann im Grundsatz auf zwei Wegen ermittelt werden:

    a) Wird das Grundwasserpotential an beliebiger Stelle im Untergrund gesucht, dann wird das Strömungsnetz benötigt. Dieses erhält man in Anlehnung an EAU, Empfehlung E 113 [2] z. B. durch numerische Berechnungen auf der Grundlage der Potentialtheorie.

    b) Wird nur das Grundwasserpotential an einzelnen bestimmten Punkten, z. B. am Fuß einer Baugrubenwand, gesucht, dann kann bei gleichmäßig durchlässigem Boden auf Kurven- und Zahlentafeln oder auf einfache rechnerische Ansätze zurückgegriffen werden [26, 56–58, 188].
    Bei im Verhältnis zur Einbindetiefe sehr breiten Baugruben in isotropen Böden dürfen Strömungskräfte auch aus den Ansätzen der EAU und der DIN 4085 hergeleitet werden.

3. Die Strömungskräfte sind in homogenen Böden unabhängig von der Größe des Durchlässigkeitsbeiwerts. Maßgebend ist nicht die Menge des strömenden Wassers, sondern die Potentialdifferenz zwischen äußerem und innerem Wasserspiegel.

4. Im Hinblick auf unterschiedliche Durchlässigkeiten des Bodens gilt:

   a) Eine wechselnde Durchlässigkeit des Bodens in senkrechter Richtung infolge der Bodenschichtung ist bei der Ermittlung der Strömungskräfte immer zu berücksichtigen, da sich der Potentialabbau stets auf die weniger durchlässigen Schichten konzentriert. Hierzu siehe EB 61, Absatz 6 (Abschn. 10.4). Insbesondere ist zu prüfen, ob eine horizontale Zuströmung von Wasser in den durchlässigeren Schichten möglich ist.

   b) Bei einem Verhältnis der waagerechten zur senkrechten Durchlässigkeit $k_h/k_v \leq 3$ infolge der natürlichen Anisotropie des Bodens ist in der Regel dieser Unterschied nicht anzusetzen. In Zweifelsfällen z. B. bei langen waagerechten Stromlinien ist bei der Untersuchung die Anisotropie zu berücksichtigen [159, 160].

   c) Bei der numerischen Berechnung des Strömungsnetzes sind die Randbedingungen der Grundwasserströmung insbesondere hinsichtlich der Zuströmbedingungen wirklichkeitsnah zu modellieren.

5. Zur rechnerischen Ermittlung des Einflusses von strömendem Grundwasser auf Wasserüberdruck, Erddruck und Erdwiderstand siehe EB 63 (Abschn. 10.6).

10.3 Baugruben mit abgesenktem Grundwasser (EB 60)

1. Wird zur Trockenhaltung einer Baugrube das Grundwasser entsprechend Bild EB 58-1a) (Abschn. 10.1) abgesenkt, sind die Strömungskräfte beim Standsicherheitsnachweis zu berücksichtigen.

2. Bei stark durchlässigen Böden verläuft die Spiegellinie in der Regel so flach, dass das Wasser keinen Einfluss auf den Erddruck ausübt. Bei Schluff und Feinsand kann die Absenkkurve jedoch so steil verlaufen, dass sie die maßgebende Gleitfläche schneidet und die Größe des aktiven Erddrucks beeinflusst (Bild EB 60-1a). Dieser Zustand tritt gegebenenfalls nur kurzzeitig während der Absenkphase des Grundwasserspiegels auf. Er ist dann in die Bemessungssituation BS-T/A einzuordnen.

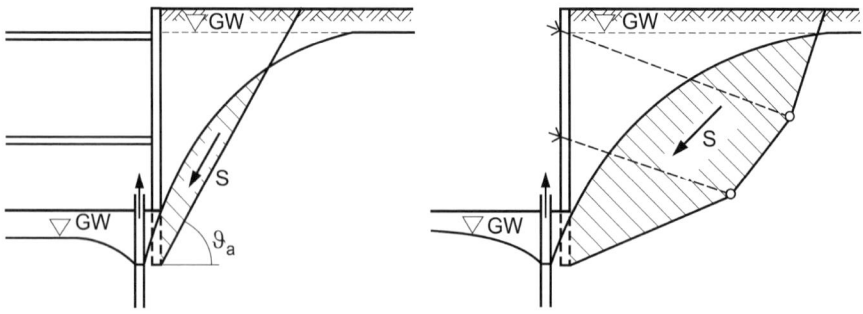

a) Strömung im aktiven Erdkeil   b) Strömung im Verankerungsbereich

Bild EB 60-1 Strömungskräfte infolge von Grundwasserabsenkung

10.3 Baugruben mit abgesenktem Grundwasser (EB 60)

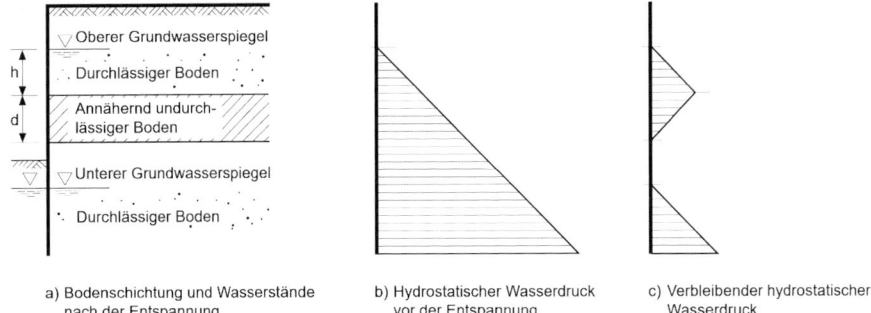

a) Bodenschichtung und Wasserstände nach der Entspannung
b) Hydrostatischer Wasserdruck vor der Entspannung
c) Verbleibender hydrostatischer Wasserdruck

Bild EB 60-2 Wasserdrücke vor und nach der Entspannung unter einer annähernd undurchlässigen Bodenschicht

3. Bei Bodenschichten mit geringer Durchlässigkeit und bei mehreren Grundwasserstockwerken ist eine vollständige Absenkung des Grundwasserspiegels oft nur mit zusätzlichen Maßnahmen möglich. Durch das verbleibende obere Grundwasser entsprechend Bild EB 60-2a) ergeben sich folgende Wirkungen:

   a) Im oberen Grundwasserstockwerk bleibt der Wasserdruck bestehen.
   b) Es tritt in der wenig durchlässigen Schicht ein Strömungsgefälle $i_a = h/d$ auf. Dadurch vergrößert sich die rechnerische Wichte dieser Schicht von $\gamma_a = \gamma' + \gamma_w$ auf $\gamma_a = \gamma' + i_a \cdot \gamma_w$.

   Der verbleibende Wasserdruck ist im Bild EB 60-2c) dargestellt.

4. Bei der Ermittlung des Erdwiderstands ist in der Regel davon auszugehen, dass innerhalb der Baugrube das Grundwasser in Höhe der Baugrubensohle anstehen kann und der Boden somit voll unter Auftrieb steht. Die Wirkung der Grundwasserabsenkung und damit der Ansatz der Wichte des erdfeuchten Bodens darf nur dann berücksichtigt werden, wenn entsprechend EB 66, Absatz 1 (Abschn. 10.9) Sicherungsmaßnahmen gegen Ausfall der Pumpen getroffen werden, und auch dann nur insoweit, wie die zu erwartende Absenkkurve dies rechtfertigt. Wird unterhalb der Baugrubensohle eine bindige Bodenschicht trotz einer Wasserhaltung von unten durch gespanntes Grundwasser belastet, dann ist die Abminderung der Wichte durch die Strömungskraft zu berücksichtigen und die Sicherheit gegen Aufbruch der Sohle entsprechend EB 61 (Abschn. 10.4) bzw. EB 62 (Abschn. 10.5) nachzuweisen.

5. Schneidet die Absenkungskurve entsprechend Bild EB 60-1b) den Bereich des Bodens, der für die Standsicherheit maßgebend ist, so ist der Einfluss der Strömungskraft sowohl beim Nachweis der Standsicherheit in der tiefen Gleitfuge nach EB 44 (Abschn. 7.3) als auch beim Nachweis der Geländebruchsicherheit nach EB 45 (Abschn. 7.4) zu berücksichtigen.

6. Durch Absenken des Grundwasserspiegels oder Entspannen des Grundwassers erhöht sich die rechnerische Wichte eines wassergesättigten bindigen Bodens von γ' auf γ_r. Dies wirkt sich ähnlich aus wie eine Belastung der Geländeober-

fläche und verursacht bei weichen bindigen Bodenschichten unter Umständen erhebliche Setzungen, wodurch Gebäude im Bereich der Absenkung in Mitleidenschaft gezogen werden können. Gegebenenfalls ist auf die Grundwasserabsenkung zu verzichten und eine andere Bauweise zu wählen.

10.4 Nachweis der Sicherheit gegen hydraulischen Grundbruch (EB 61)

1. Bei Baugruben in wasserdurchlässigem Boden kann die Baugrubensohle durch einen hydraulischen Grundbruch aufbrechen, sofern außer einer offenen Wasserhaltung innerhalb der Baugrube keine weiteren Maßnahmen (siehe Absatz 10) ergriffen werden. Ein hydraulischer Grundbruch tritt ein, wenn die nach oben gerichteten Strömungskräfte ebenso groß werden wie die Summe aus Bodeneigenlast unter Auftrieb und zusätzlichen Rückhaltekräften. Hierzu siehe Absatz 5.

2. Die im Bereich des untersuchten Bruchkörpers wirkenden Strömungskräfte sind nach EB 59, Absatz 2 (Abschn. 10.2) zu ermitteln. Eine zusätzliche Erhöhung der aufwärts gerichteten Strömungskraft ergibt sich in Baugrubenecken und bei schmalen Baugruben [56, 57, 59] nach Bild EB 61-1. Soll die Sicherheit gegen hydraulischen Grundbruch an allen Stellen einer rechteckigen Baugrube gleich groß sein, dann müssen die Baugrubenwände an den Ecken tiefer geführt werden oder es sind andere Maßnahmen vorzusehen. Hierzu siehe [117]. Mit abnehmender Baugrubenbreite vergrößert sich ebenfalls die erforderliche Einbindetiefe. Ob sich eine räumliche Wirkung der Strömungskräfte einstellt, die zu einer Vergrößerung der erforderlichen Einbindetiefe der Wand führt, hängt wesentlich von der Baugrubengeometrie und der Mächtigkeit der wasserführenden Schicht ab. In Zweifelsfällen sind besondere Untersuchungen durchzuführen.

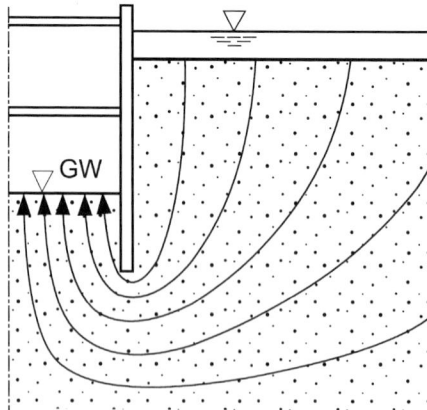

Bild EB 61-1 Verengung des Durchflussquerschnitts im Bereich einer nach oben gerichteten Strömung bei schmalen Baugruben

3. Zu berücksichtigen ist gegebenenfalls die Möglichkeit einer Verkürzung des Strömungswegs, z. B. durch eine Spaltbildung entsprechend EB 58, Absatz 3 (Abschn. 10.1). Bei einer Staffelung des Wandfußes ist für den Nachweis der Sicherheit gegen hydraulischen Grundbruch bei ebener Betrachtung stets die geringere Einbindetiefe maßgebend.

4. Beim Nachweis der Sicherheit gegen hydraulischen Grundbruch werden in der Regel keine Bodenwiderstände berücksichtigt, sondern nur Einwirkungen. Die Strömungskraft als ungünstige ständige Einwirkung und die Eigenlast des Bodens als günstige ständige Einwirkung. Der hydraulische Grundbruch ist als Versagen infolge des Verlusts des Gleichgewichts dem Grenzzustand HYD zugeordnet. Um eine ausreichende Sicherheit gegen hydraulischen Grundbruch zu erreichen, ist bei homogenem Boden nachzuweisen, dass die Bedingung

$$S_k \cdot \gamma_H \leq G'_{stb,k} \cdot \gamma_{G,stb}$$

erfüllt ist (Handbuch Eurocode 7 Band 1, Abschn. 10.3).

Dabei ist:

S_k die charakteristische Strömungskraft innerhalb des durchströmten Bodenkörpers,

γ_H der Teilsicherheitsbeiwert für die Strömungskraft bei günstigem bzw. ungünstigem Untergrund im Grenzzustand HYD nach Tab. 6.1 im Anhang A 6,

$G'_{stb,k}$ die charakteristische Eigenlast des durchströmten Bodenkörpers unter Auftrieb,

$\gamma_{G,stb}$ der Teilsicherheitsbeiwert für günstige ständige Einwirkungen im Grenzzustand HYD nach Tab. 6.1 im Anhang A 6.

Als durchströmter Bodenkörper wird in der Regel ein rechteckiger Bodenkörper entsprechend Bild EB 61-2 angesetzt, dessen Breite gleich der halben Einbindetiefe ist [60]. Der Ansatz gilt grundsätzlich für einen homogenen Boden. Für einen geschichteten Boden, Böden mit Kohäsion oder Auflastfilter sind genauere Untersuchungen erforderlich [189] bis [191]. Einfacher und auf der sicheren Seite liegend ist der Standsicherheitsnachweis für eine Stromlinie entlang der Wand [61]. Reibungskräfte zwischen Bruchkörper und Baugrubenwand

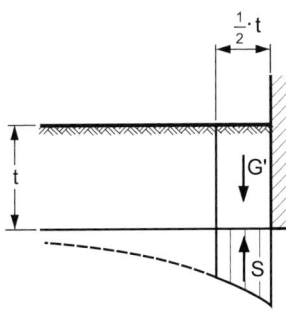

Bild EB 61-2 Nachweis der Sicherheit gegen hydraulischen Grundbruch nach Terzaghi und Peck [60]

dürfen nur aufgrund besonderer Untersuchungen berücksichtigt werden. Der Nachweis der Sicherheit gegen hydraulischen Grundbruch erfordert besondere Fachkunde und Erfahrungen auf dem Gebiet der Geotechnik.

5. Wie die Erfahrungen zeigen, genügt bei bindigem Boden eine geringere Einbindetiefe als bei nichtbindigem Boden, um einen hydraulischen Grundbruch infolge Umströmung des Wandfußes zu verhindern. Rechnerisch lässt sich ein entsprechender Nachweis nur erbringen, wenn die Kohäsion an den freien Seitenflächen und die Zugfestigkeit des Bodens an der Unterseite des angenommenen Bruchkörpers angesetzt werden. Dazu sind besondere Fachkunde und Erfahrung auf dem Gebiet der Geotechnik erforderlich. Der berechtigte Einwand, dass die Zugfestigkeit örtlich durch schwach bindige oder nichtbindige Einlagerungen verloren gehen kann, darf gegebenenfalls durch einen Nachweis gegen Aufschwimmen in Anlehnung an EB 62 (Abschn. 10.5) ausgeräumt werden. Hierbei wird in Höhe der Unterkante der Baugrubenwände eine wasserführende Schicht angenommen. Sofern dieser Nachweis nicht geführt werden kann, sind Entspannungsbohrungen bzw. Überlaufbrunnen nach Absatz 10 a) anzuordnen, um die Strömungskräfte auf der Innenseite der Baugrube abzubauen.

6. Werden Bodenschichten mit unterschiedlicher Durchlässigkeit durchströmt, konzentriert sich der Potentialabbau auf die weniger durchlässigen Schichten. Dabei sind im Grundsatz folgende Fälle zu unterscheiden:

    a) In Bezug auf die Sicherheit gegen hydraulischen Grundbruch wirkt es sich ungünstig aus, wenn eine weniger durchlässige Schicht entsprechend Bild EB 61-3a) unterhalb der Baugrubensohle ansteht. In diesem Fall darf nur der Strömungsweg durch diese weniger durchlässige Schicht in Rechnung gestellt werden.
    b) Besonders ungünstig wirkt es sich aus, wenn diese weniger durchlässige, gegebenenfalls bindige Schicht entsprechend Bild EB 61-3b) von einer durchlässigen Schicht unterlagert wird, die ihrerseits mit der oberen durchlässigen Schicht hydraulisch in Verbindung steht.
    c) Liegt entsprechend Bild EB 61-3c) die weniger durchlässige Schicht über der durchlässigen, dann darf der damit verbundene günstige Effekt nur bedingt berücksichtigt werden, weil die seitliche Zuströmung die Sicherheit gegen hydraulischen Grundbruch entscheidend ungünstig beeinflussen kann. Außerdem ist die Filterstabilität der durchlässigen Schicht nachzuweisen [79]. Im Übrigen wird im Sinn der Beobachtungsmethode nach Handbuch Eurocode 7, Band 1 empfohlen, die Veränderung der Porenwasserdrücke zu messen.

7. Bei Baugruben im Grundwasser ist die Gefahr eines hydraulischen Grundbruchs geringer als bei Baugruben im offenen Wasser, wenn sich eine Absenkkurve ausbildet und dadurch der Wasserüberdruck im Bereich der Baugrube kleiner wird. Maßgebend für den Nachweis der Sicherheit gegen hydraulischen Grundbruch ist jedoch die Absenkkurve, die sich während des jeweiligen Aushubschritts kurzfristig einstellt. Bei geringer Durchlässigkeit des Bodens, insbesondere bei

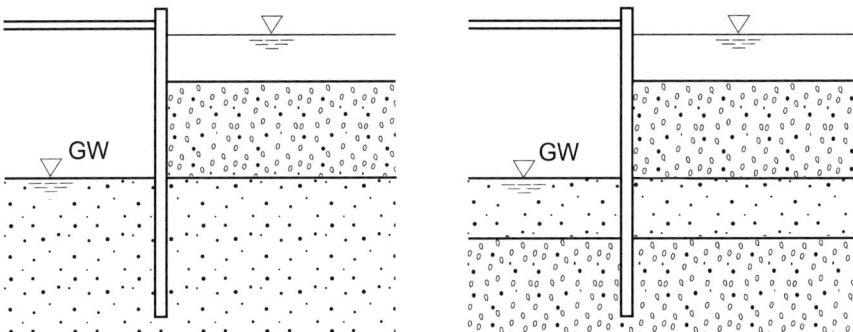

a) Durchlässigere Schicht oben   b) Wenig durchlässige Zwischenschicht

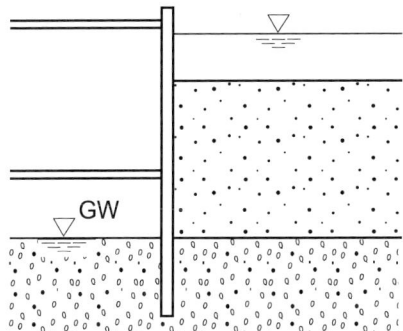

c) Durchlässigere Schicht unten

Bild EB 61-3 Baugruben mit unterschiedlich durchlässigen Bodenschichten

Schluff und Feinsand, ist in der Regel mit dem Potential bei nicht abgesenktem Grundwasserspiegel zu rechnen.

8. Die für den Nachweis der Sicherheit gegen hydraulischen Grundbruch benötigten Teilsicherheitsbeiwerte $\gamma_{G,dst}$ und $\gamma_{G,stb}$ sind für den Grenzzustand HYD der Tab. 6.1 im Anhang A 6 zu entnehmen. Hinsichtlich des Teilsicherheitsbeiwerts γ_H für die Strömungskraft bei günstigem bzw. bei ungünstigem Untergrund gilt:

a) Als günstiger Untergrund sind Kies, Kiessand und mindestens mitteldicht gelagerter Sand mit Korngrößen über 0,2 mm sowie mindestens steifer toniger bindiger Boden anzusehen.

b) Als ungünstiger Untergrund sind locker gelagerter Sand, Feinsand, Schluff und weicher bindiger Boden anzusehen.

c) Bei ungünstigem Untergrund dürfen die für günstigen Untergrund angegebenen Teilsicherheitsbeiwerte verwendet werden, wenn eine mechanisch filterfeste und hydraulisch wirksame Bodenschicht von mindestens 0,3 m Dicke vorhanden ist. Für die Bodenschicht ist die Filterstabilität [161] nachzuweisen.

Bei ungünstigem Untergrund ist zu prüfen, ob die Gefahr eines Erosionsgrundbruchs (siehe Handbuch Eurocode 7, Band 1, Abs. 10.4 und 10.5) besteht. Gegebenenfalls sind Gegenmaßnahmen vorzusehen. Hierzu siehe EAU, Empfehlung E 116 [2].

9. Aufgrund der Gefahr von Fehleinschätzungen und des einhergehenden hohen Gefahrenpotentials ist der rechnerische Nachweis der Sicherheit gegenüber einem hydraulischen Grundbruch immer zu führen, vereinfachte Ansätze, z. B. die in früheren Auflagen der EAB in EB 61 angegebenen, dürfen nicht verwendet werden.

10. Ergibt die Untersuchung keine ausreichende Sicherheit gegen hydraulischen Grundbruch, so stehen außer einer Vergrößerung der Einbindetiefe im Wesentlichen folgende Maßnahmen zur Auswahl:

   a) die Anordnung von Überlaufbrunnen (Entspannungsbrunnen) innerhalb der Baugrube, siehe Abschn. 10.8, Absatz 6,
   b) die Anordnung von Schwerkraft- oder Vakuumbrunnen innerhalb der Baugrube,
   c) eine teilweise oder volle Grundwasserabsenkung oder Grundwasserentspannung,
   d) das Aufbringen eines Belastungsfilters

   oder es ist ein anderes Baugrubensystem, z. B. eine Trogbaugrube oder die Druckluftbauweise, zu wählen.

10.5 Nachweis der Sicherheit gegen Aufschwimmen (EB 62)

1. Für Trogbaugruben ist der Nachweis einer ausreichenden Sicherheit gegen Aufschwimmen zu erbringen [168, 192]. Im Wesentlichen trifft dies in folgenden Fällen zu:

   a) Die Baugrubenwände sind so tief geführt, dass sie in eine in Höhe der Baugrubensohle anstehende annähernd wasserundurchlässige Bodenschicht einbinden (Bild EB 62-1a), die von einem durchlässigen Boden unterlagert wird. In diesem Fall sind Entspannungsbrunnen innerhalb der Baugrube nach EB 65, Absätze 6 und 7 (Abschn. 10.8) erforderlich, sofern eine Inhomogenität der annähernd wasserundurchlässigen Schicht nicht ausgeschlossen werden kann.
   b) In größerer Tiefe unter der Baugrubensohle steht eine ausreichend dicke, annähernd wasserundurchlässige Bodenschicht an (Bild EB 62-1b), die von einer durchlässigen Bodenschicht unterlagert wird.
   c) In ausreichender Tiefe unter der Baugrubensohle wird, z. B. durch Injektion, durch das Düsenstrahlverfahren oder durch Vereisung, eine Dichtsohle eingebaut (Bild EB 62-1c).

d) Die Baugrube erhält eine Unterwasserbetonsohle mit (Bild EB 62-1d) oder ohne Verankerung.

e) Es wird eine mit Boden überdeckte mittelhochliegende verankerte Injektions- oder Düsenstrahlsohle vorgesehen (Bild EB 62-1e).

Als annähernd wasserundurchlässig gilt eine Schicht, wenn sie eine Durchlässigkeit aufweist, die um mindestens zwei Zehnerpotenzen kleiner ist als die Durchlässigkeit des übrigen Bodens.

2. Es muss stets eine ausreichende Sicherheit gegen Aufschwimmen sichergestellt sein. Wird die Dichtsohle nicht mit Zugpfählen (Bild EB 62-1a), b) und c) gehalten, dann ist nachzuweisen, dass im Grenzzustand UPL die Bedingung

$$V_{dst,k} \cdot \gamma_{G,dst} \leq (G_{B,k} + G_{W,k} + T_k + P_{v,k}) \cdot \gamma_{G,stb}$$

erfüllt ist. Dabei ist:

$V_{dst,k}$ die an der Unterfläche der annähernd wasserundurchlässigen Bodenschicht oder der Dichtsohle angreifende lotrechte Komponente des charakteristischen hydrostatischen Wasserdrucks auf die Sohle ($u_{S,k}$) und die Wand ($u_{W,k}$),

$\gamma_{G,dst}$ der Teilsicherheitsbeiwert für ungünstige ständige Einwirkungen im Grenzzustand UPL nach Tab. 6.1 im Anhang A 6,

$G_{B,k}$ der untere charakteristische Wert aus dem Eigengewicht des überlagernden Bodens einschließlich der ggf. vorhandenen Dichtsohle nach Bild EB 62-1,

$G_{W,k}$ der charakteristische Wert aus dem Eigengewicht der Baugrubenwand einschließlich der Aussteifung,

$\gamma_{G,stb}$ der Teilsicherheitsbeiwert für günstige ständige Einwirkungen im Grenzzustand UPL nach Tab. 6.1 im Anhang A 6,

T_k der charakteristische Wert der Vertikalkomponente des auf die Baugrubenwände einwirkenden Erddrucks als ständige, abwärts gerichtete Einwirkung nach Bild EB 62-1,

$P_{v,k}$ der charakteristische Wert der Vertikalkomponente der Ankerkraft, zur Sicherung der Baugrubenwände, als ständige abwärts gerichtete Einwirkung.

Die Kräfte T_k und $P_{v,k}$ werden als abwärts gerichtete Einwirkungen und nicht als Widerstände behandelt, da sie nicht als Folge des aufwärts gerichteten Wasserdrucks entstehen. Zu den Einschränkungen bei Ansatz der abwärts gerichteten Einwirkungen siehe Absätze 7 bis 10.

3. Beim Ansatz der Einwirkungen aus dem Eigengewicht der Baugrubenwand $G_{W,k}$ des vertikalen Erddrucks T_k und eines möglichen vertikalen Ankerkraftanteils $P_{v,k}$ ist die Übertragung der Kräfte in der Fuge zwischen Wand und Dichtsohle nachzuweisen.

10 Baugruben im Wasser

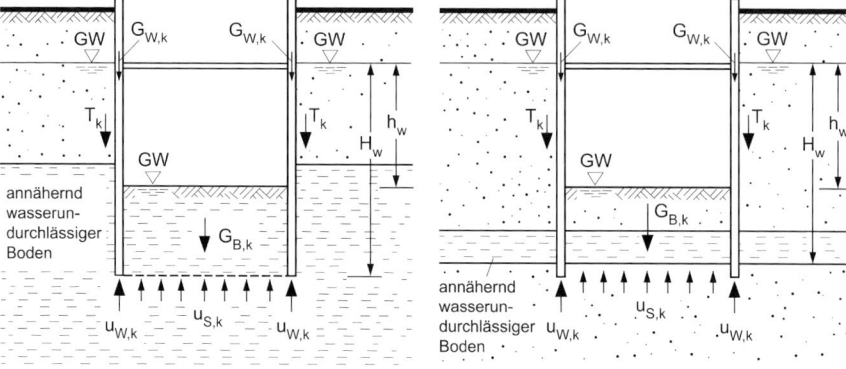

a) Sohldichtung mit annähernd wasserundurchlässiger dicker Bodenschicht

b) Sohldichtung mit annähernd wasserundurchlässiger tiefliegender Bodenschicht

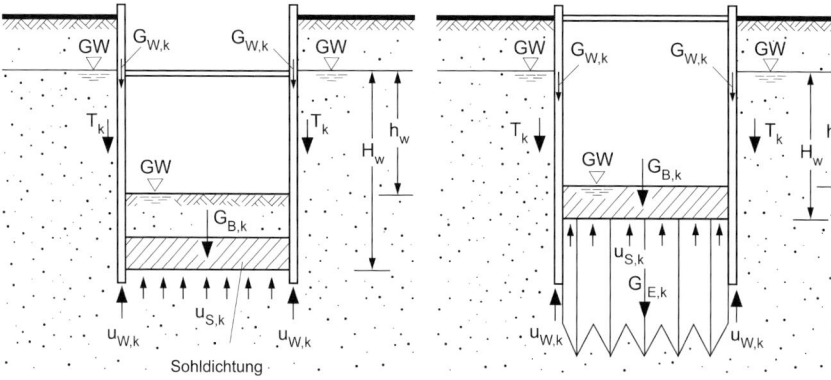

c) Künstliche tiefliegende Sohldichtung

d) Sohldichtung mit einer verankerten Unterwasserbetonsohle

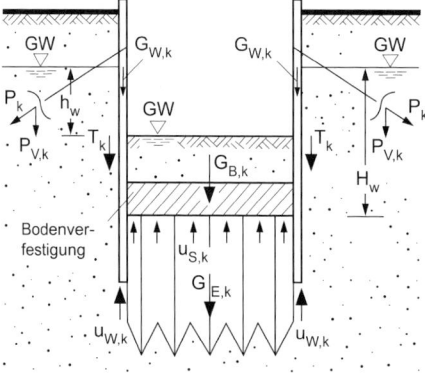

e) Sohldichtung mit einer verankerten mittelhoch liegenden Bodenverfestigung

Bild EB 62-1 Ansatz der Kräfte beim Nachweis der Sicherheit gegen Aufschwimmen

4. Für den Nachweis der Bedingung in Absatz 2 können die günstig wirkenden Kräfte, $G_{W,k}$, T_k und $P_{v,k}$ am Gesamtsystem der Trogbaugrube nur angesetzt werden, wenn nachgewiesen werden kann, dass diese Auftriebskraft $V_{dst,k}$ infolge $u_{S,k}$ zu den Baugrubenwänden übertragen werden kann. In der Regel dürfen die günstig wirkenden Kräfte unter Ausnutzung der Gewölbewirkung in der Betonsohle nur bei schmalen Baugruben oder im Randfeld bis zur ersten Zugpfahlreihe gemäß den Bildern EB 62-1c), d) und e) berücksichtigt werden.

5. Wirkt beim Nachweis der Sicherheit gegen Aufschwimmen ein Widerstand aus der Verankerung einer Sohle mit Zugpfählen, dann sind stets zwei Grenzfälle zu untersuchen: Zum einen die Tragfähigkeit der einzelnen Zugpfähle nach Absatz a), zum anderen die Tragfähigkeit der Zugpfähle unter Berücksichtigung der Gruppenwirkung nach Absatz b).

   a) Mit der Annahme, dass die Tragfähigkeit der einzelnen Zugelemente maßgebend ist, ist für den Grenzzustand GEO-2 die ausreichende Sicherheit gegen Herausziehen nachzuweisen. Der für diesen Nachweis benötigte Bemessungswert $F_{t,d}$ der Zugbeanspruchung ist aus dem Ansatz

   $$F_{t,d} = V_{dst,k} \cdot \gamma_G - (G_{B,k} + G_{W,k} + T_k + P_{v,k}) \cdot \gamma_{G,inf}$$

   für das Gesamtsystem und mit

   $$F_{t,i,d} = V_{dst,i,k} \cdot \gamma_G - G_{B,i,k} \cdot \gamma_{G,inf}$$

   für den Einzelpfahl in der Pfahlgruppe zu ermitteln.
   Dabei ist

$F_{t,d}$	der Bemessungswert der Beanspruchung der Zugpfahlgruppe gemäß Bild EB 62-1d) und e),
$F_{t,i,d}$	der Bemessungswert der Beanspruchung eines Zugpfahles,
$V_{dst,i,k}$	die charakteristische hydrostatische Wasserdruckkraft $u_{S,k}$ auf die Sohle für das Rasterfeld $l_a \cdot l_b$ (siehe Bild EB 62-2),
$G_{B,i,k}$	der charakteristische Wert aus dem Eigengewicht des überlagernden Bodens einschließlich der Dichtungsschicht für das Rasterfeld $l_a \cdot l_b$,
γ_G	der Teilsicherheitsbeiwert für ständige Beanspruchung nach Tab. 6.1 Anhang A 6,
$\gamma_{G,inf}$	der Teilsicherheitsbeiwert $\gamma_{G,inf} = 1,0$ für günstige ständige Auflasten.

   Der Nachweis einer ausreichenden Sicherheit gegen Versagen ist erbracht, wenn bei einer Pfahlgruppe.

   $$F_{t,d} \leq R_{t,d}$$

und bei dem einzelnen Zugpfahl

$$F_{t,i,d} \leq R_{t,i,d}$$

erfüllt ist. Dabei ist:

$R_{t,d}$ der Bemessungswert des Zugpfahlwiderstands der Pfahlgruppe nach EB 86 (Abschn. 14.11),

$R_{t,i,d}$ der Bemessungswert des einzelnen Zugpfahlwiderstands nach EB 86 (Abschn. 14.11).

Zu den Einschränkungen beim Ansatz der abwärts gerichteten Einwirkung siehe Absätze 2 bis 10.

b) Für den Zugpfahl ist für den Grenzzustand UPL eine ausreichende Sicherheit gegen Aufschwimmen nachzuweisen. Der Nachweis ist erbracht, wenn die Bedingung für die Pfahlgruppe

$$V_{dst,k} \cdot \gamma_{G,dst} \leq (G_{B,k} + G_{W,k} + T_k + P_{v,k} + G_{E,k}) \cdot \gamma_{G,stb}$$

und für den einzelnen Zugpfahl

$$V_{dst,i,k} \cdot \gamma_{G,dst} \leq (G_{B,i,k} + G_{E,i,k}) \cdot \gamma_{G,stb}$$

erfüllt ist. Dabei ist

$G_{E,k}$ die charakteristische Gewichtskraft des an einer Zugpfahlgruppe angehängten Bodenkörpers unter Auftrieb,

$G_{E,i,k}$ die charakteristische Gewichtskraft des an einen Zugpfahl angehängten Bodenkörpers unter Auftrieb.

Zu den Einschränkungen beim Ansatz der abwärts gerichteten Einwirkung siehe Absätze 2 bis 10.

6. Für die Ermittlung der charakteristischen Auftriebskraft $V_{dst,k}$ bzw. $V_{dst,i,k}$ ist der volle hydrostatische Druck $u_{S,k} = \gamma_w \cdot H_w$ auf die Sohlfläche anzusetzen, der sich aus dem Bemessungswasserstand ergibt. Die maßgebende Sohlfläche ist die Unterseite der annähernd wasserundurchlässigen Schicht. Die rechnerische Unterseite ist so hoch anzusetzen, dass alle möglichen Unebenheiten auf der sicheren Seite liegend berücksichtigt sind. Sofern das Gewicht $G_{W,k}$ angesetzt wird, ist auch der auf die Unterseite der Baugrubenwände einwirkende Wasserdruck $u_{W,k}$ bei der Ermittlung des charakteristischen Wertes der Auftriebskraft $V_{dst,k}$ zu berücksichtigen. Dabei sind die ggf. unterschiedlichen Wandtiefen zu beachten.

7. Für die Ermittlung des charakteristischen Wertes der Eigenlast $G_{B,k}$ und $G_{W,k}$ nach Bild EB 62-1 gilt:

a) Die Wichte von Beton darf höchstens mit $23\,kN/m^3$ und von Stahlbeton höchstens mit $24\,kN/m^3$ angenommen werden.

10.5 Nachweis der Sicherheit gegen Aufschwimmen (EB 62)

b) Der charakteristische Wert der Eigenlast des Bodens $G_{B,k}$ innerhalb der Baugrube ist oberhalb des Wasserspiegels mit der Wichte des feuchten Bodens und unterhalb mit der Sättigungswichte zu ermitteln. Der Wasserstand in der Baugrube ist auf der sicheren Seite liegend niedrig anzunehmen.

c) Der charakteristische Wert der Eigenlast der Baugrubenwand $G_{W,k}$ ist wie folgt zu ermitteln:
  – bei einer Spundwand aus dem Stahlgewicht der Wand,
  – bei einer Schlitz- oder Bohrpfahlwand mit der Grundrissfläche und der Wandhöhe,
  – bei Aussteifungen mit dem Gewicht der Steifen und der Gurtung, wenn sie im jeweiligen Bauzustand wirken.

d) Der charakteristische Wert der Wichte von Injektions- und Düsenstrahlkörpern ist gleich der Wichte des Bodens anzusetzen, wenn die Wichte nicht gesondert nachgewiesen wird.

8. Die Kraft T_k ergibt sich mit

$$T_k = \eta_z \cdot E_{ah,k} \cdot \tan \delta_{a,k}$$

mit dem Anpassungsfaktor

$\eta_z = 0{,}8$ bei BS-T

$\eta_z = 0{,}9$ bei BS-A

Der aktive Erddruck $E_{ah,k}$ auf die Baugrubenwand darf nur als unterer charakteristischer Wert angesetzt werden (siehe hierzu Handbuch Eurocode 7, Band 1, Abschn. 10.2).

9. Bei der Ermittlung der Vertikalkomponente $P_{v,k}$ der Zugkraft von vorgespannten Ankern, welche die Baugrubenwand stützen, darf nur die Festlegekraft P_f angesetzt werden.

10. Die charakteristische Eigenlast $G_{E,i,k}$ des von einer Sohlverankerung erfassten Bodens darf mit den in Bild EB 62-2 dargestellten geometrischen Verhältnissen aus dem Ansatz

$$G_{E,i,k} = \eta_z \cdot \gamma' \cdot l_a \cdot l_b \cdot \left(L - 1/3 \cdot \cot\varphi \cdot \sqrt{(l_a^2 + l_b^2)} \right)$$

ermittelt werden.

Dabei sind:

$G_{E,i,k}$ die charakteristische Gewichtskraft des an ein Zugelement angehängten Bodens,

L die Länge des Zugelements ab Unterfläche der Sohle,

l_a das größere Rastermaß der Zugelemente,

l_b das kleinere Rastermaß der Zugelemente,

γ' der untere charakteristische Wert der Wichte des Bodens unter Auftrieb,

η_z gemäß Absatz 8.

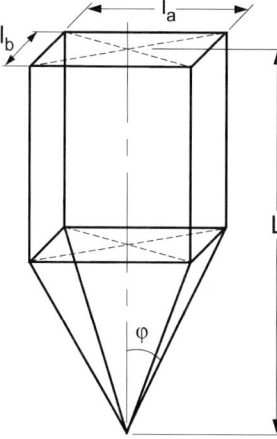

Bild EB 62-2 Geometrie des an einen einzelnen Zugpfahl angehängten Bodens

Weitere Ansätze zur Sohlverankerung und dem angehängten Boden finden sich in [162].

Wird der Nachweis für eine Zugpfahlgruppe geführt, ist die Anzahl n der Zugpfähle zu berücksichtigen.

11. Für Sohlverankerungen mit Zugpfählen liegen Erfahrungen mit verpressten Mikro- und RI-Pfählen vor. Der maximale Pfahlabstand sollte 3,5 m nicht überschreiten.

12. Bei der Bemessung der verankerten dichten Sohle ist der Ausfall eines Zugpfahles für den Grenzzustand STR mit der Bemessungssituation BS-A mit den Teilsicherheiten nach Tab. 6 für die Nachbarpfähle nachzuweisen.

13. Zusätzlich zum Nachweis der Sicherheit gegen Aufschwimmen ist auch der Nachweis der Sicherheit gegen hydraulischen Grundbruch nach EB 61 (Abschn. 10.4) zu erbringen, wenn

    a) die Baugrubenwände nur wenig tief in die annähernd wasserundurchlässige Schicht einbinden (Bild EB 62-1a),
    b) die Baugrubenwände in eine Schicht einbinden, deren Durchlässigkeit weniger als zwei Zehnerpotenzen kleiner ist als die des darüber liegenden Bodens.

14. Besteht die annähernd wasserundurchlässige dichtenden Schicht aus feinkörnigem und die darüber liegende Schicht aus grobkörnigem Boden, dann ist die Filterstabilität nachzuweisen [79].

15. Mit der Anordnung einer mit Zugpfählen verankerten Dichtsohle können Hebungen verbunden sein, die deutlich über das hinausgehen, was nach EB 83, Absatz 13 (Abschn. 4.11) bereits bei Baugruben im Trockenen zu erwarten ist. Hierzu siehe [137, 141] und EB 83, Absatz 11 (Abschn. 4.11).

Durch diese Hebungen entstehen in relativ steifen Dichtsohlen Zwängungsbeanspruchungen, die ggf. in der Bemessung zu berücksichtigen sind [163].

10.6 Standsicherheitsnachweis für Baugrubenwände im Wasser (EB 63)

1. Sofern eine Umströmung des Wandfußes verhindert wird, ist als charakteristische Belastung der Baugrubenwände auf der Außenseite der volle hydrostatische Wasserdruck vom freien Wasserspiegel bzw. vom Grundwasserspiegel bis zum Wandfuß und auf der Innenseite der hydrostatische Wasserdruck vom abgesenkten Grundwasserspiegel bis zum Wandfuß anzusetzen (Bild EB 63-1b).

Die Wasserdruckdifferenz zwischen der Wasserdruckbelastung auf der Außenseite und der Innenseite der Baugrubenwand wird nach Handbuch Eurocode 7, Band 1, Abs. 9.6 A(8) als eine einzige ständige charakteristische Einwirkung behandelt.

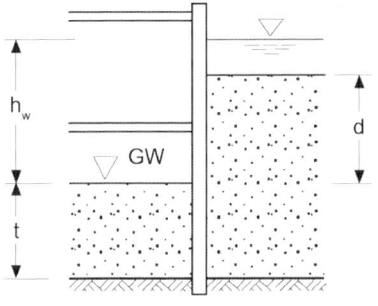

a) Bezeichnungen

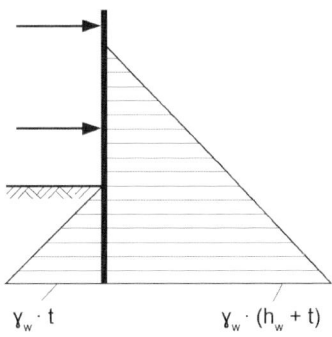

b) Wasserdruck

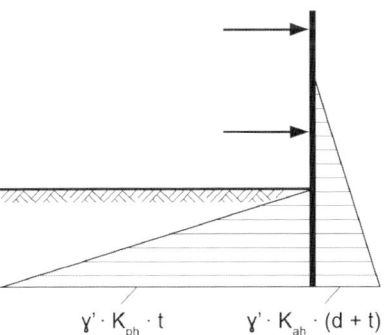

c) aktiver Erddruck und Erdwiderstand

Bild EB 63-1 Wasserdruck, aktiver Erddruck und Erdwiderstand bei einer nicht umströmten Baugrubenwand im Wasser (vereinfachte Darstellung)

2. Wird der Wandfuß umströmt, ist dies stets zu berücksichtigen. Bei homogenem Baugrund können folgende Ansätze angenommen werden:

a) Der Wasserdruck auf die Außenseite der Baugrubenwand nimmt wie folgt ab:

$$\Delta w_a(z_a) = i_a \cdot z_a \cdot \gamma_w$$

Der Wasserdruck auf die Innenseite nimmt wie folgt zu (Bild EB 63-2b):

$$\Delta w_p(z_p) = i_p \cdot z_p \cdot \gamma_w$$

b) Der Erddruck auf die Außenseite der Baugrubenwand nimmt infolge der Erhöhung der Wichte durch die Strömungskraft zu (Bild EB 63-2c):

$$\Delta \gamma'_a = i_a \cdot \gamma_w$$

c) Der Erdwiderstand auf der Innenseite nimmt infolge der Verringerung der Wichte ab:

$$\Delta \gamma'_p = i_p \cdot \gamma_w$$

Zur Ermittlung der Strömungskräfte siehe EB 59 (Abschn. 10.2). In Bild EB 63-2 ist vereinfachend ein jeweils geradliniger Abbau des Potentialunterschieds mit i_a auf der aktiven Erddruckseite und mit i_p auf der passiven

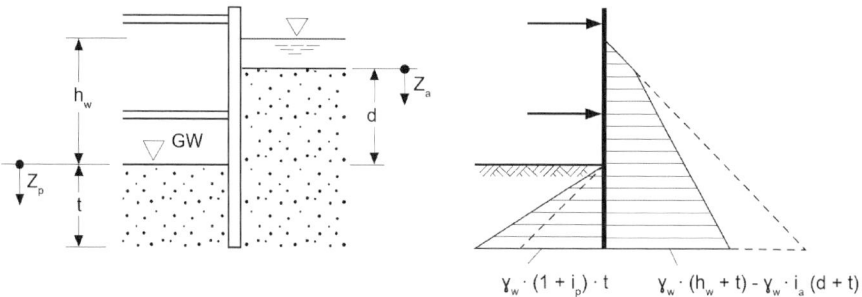

a) Bezeichnungen   b) Wasserdruck

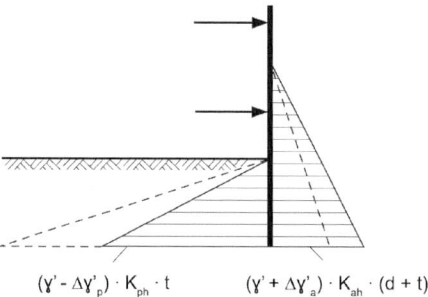

c) aktiver Erddruck und Erdwiderstand

Bild EB 63-2 Wasserdruck, aktiver Erddruck und Erdwiderstand bei einer umströmten Baugrubenwand im Wasser (vereinfachte Darstellung)

Erddruckseite dargestellt. Das hydraulische Gefälle i_a und i_p kann aus dem ermittelten Potentialunterschied auf der jeweiligen Seite vom Wandfuß aus linear berechnet werden.

3. Eine Erddruckumlagerung nach EB 5 (Abschn. 3.3) ist auch dann zu erwarten, wenn der Boden ganz oder teilweise unter Auftrieb steht. Sie erfasst jedoch nicht den Erddruckzuwachs infolge von Strömung. Als ausreichende Näherung darf er jedoch in die Umlagerungsfigur einbezogen werden.

4. Bei Baugruben im offenen Wasser sind neben Wasserdruck und Erddruck gegebenenfalls auch Zusatzlasten nach EB 24, Absatz 4 (Abschn. 2.1) oder außerplanmäßige Lasten nach EB 24, Absatz 5, anzusetzen. Insbesondere kommen dafür in Frage:

    a) Wellenstoß, siehe EAU, Empfehlung E 135 [2],
    b) Anlegekräfte von Schiffen, siehe EAU, Empfehlungen E 38 und E 12 [2],
    c) Stoßkräfte durch Eisschollen, siehe [62],
    d) Druckkräfte durch Ausbildung einer geschlossenen Eisdecke, siehe [62].

   Weitere Angaben über den Ansatz von Eislasten sind in EAU, Empfehlung E 177 [2] enthalten.

5. Für den Ansatz der Bodenreaktionen, für die Ermittlung der Schnittgrößen und für die Bemessung der Einzelteile gelten im Grundsatz die gleichen Regelungen wie für Baugruben im Trockenen. Werden die Bodenreaktionen bis zu einer tiefliegenden, annähernd wasserundurchlässigen Schicht für die Stützung der Baugrubenwand am Wandfuß in Anspruch genommen, dann darf der Neigungswinkel des für den Standsicherheitsnachweis benötigten Erdwiderstands mit höchstens $\delta_{p,k} = -20°$ angesetzt werden. Die zum üblicherweise angesetzten Wandreibungswinkel $\delta_p = -\varphi$ gehörende, nach unten weisende Gleitfuge erfasst in bzw. unterhalb der annähernd wasserundurchlässigen Schicht nur eine Bodenschicht mit geringer Vertikalspannung. Hierzu siehe auch [96].

   Eine mit dem Düsenstrahlverfahren hergestellte Sohle bildet ein Wandauflager, so dass die Bodenreaktionen oberhalb der Dichtungsschicht nur entsprechend der auftretenden Wandverformungen in Anspruch genommen werden können.

6. Bei der Schnittgrößenermittlung darf wie folgt vorgegangen werden:

    a) Entsprechend EB 24 (Abschn. 2.1) in Verbindung mit EB 79 (Abschn. 2.4) ist der Ansatz des vereinbarten Bemessungswasserstands der Bemessungssituation BS-T zugeordnet, der Ansatz des Wasserstands, bei dem die Baugrube überflutet wird oder geflutet werden muss, der Bemessungssituation BS-T/A.
    b) Sofern entsprechend EB 11, Absatz 2 (Abschn. 4.2) nur der Standsicherheitsnachweis im Grenzzustand STR und GEO-2 betroffen ist, darf nach EB 80, Absatz 9 (Abschn. 4.3) in den Vorbauzuständen mit der Einbindetiefe gerechnet werden, mit der sich die Grenzgleichgewichtsbedingungen erfüllen lassen.

c) Da der Wasserdruck in der Regel ungünstige Auswirkungen hat und als ständige Einwirkung behandelt werden darf, kann er mit dem durch Auftrieb verminderten Erddruck nach EB 104, Absatz 4 (Abschn. 4.11) in einer gemeinsamen Lastfigur zusammengefasst werden. Bei der Ermittlung der Vertikalkräfte ist allerdings zu beachten, dass nur der Erddruckanteil mit Wandreibung zustande kommt. Nicht zweckmäßig ist die gemeinsame Lastfigur, wenn die Schnittgrößen mit der klassischen Erddruckverteilung ermittelt werden und eine Erddruckumlagerung durch Zuschläge zu den ermittelten Auflagerkräften ersetzt werden soll.

Der Ersatz der zu erwartenden Bodenreaktionen durch ein festes Auflager bei der Festlegung des statischen Systems nach EB 11, Absatz 3 (Abschn. 4.2) ist in der Regel nicht zulässig.

7. Abweichend von EB 11, Absatz 2 b) (Abschn. 4.2), wonach jeder Bauzustand für sich gerechnet werden darf, sollten bei einer gleichzeitigen, grundlegenden Veränderung der Belastung und des statischen Systems beim Wechsel von einem Bauzustand zum nächsten die Schnittgrößen des neuen Bauzustands durch Überlagerung der Schnittgrößen des vorherigen Bauzustands mit den durch die Veränderung verursachten Schnittgrößen ermittelt werden. Dies ist der Fall, wenn nach dem Einbringen einer Unterwasserbetonsohle die Baugrube gelenzt wird [97]. Hierzu siehe Bild EB 63-3.

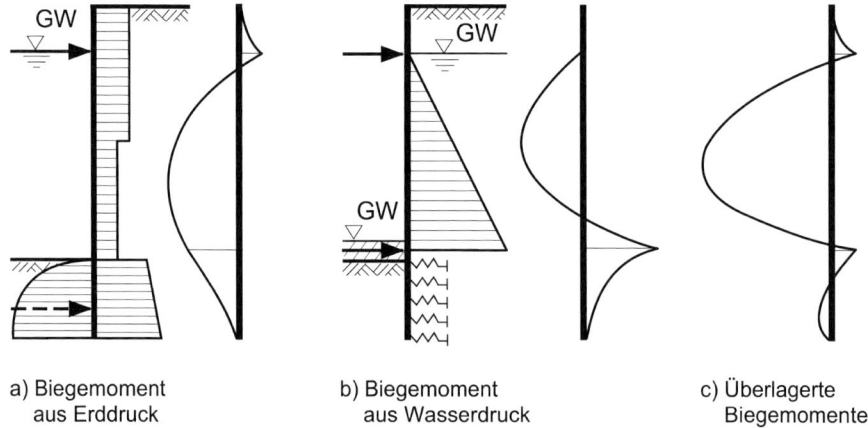

a) Biegemoment aus Erddruck

b) Biegemoment aus Wasserdruck

c) Überlagerte Biegemomente

Bild EB 63-3 Ermittlung der Biegemomente bei gleichzeitiger Änderung der Belastung und des statischen Systems (Beispiel)

8. Bei Baugruben im offenen Wasser bzw. im Grundwasser überwiegt in der Regel die Beanspruchung aus Wasserdruck. Da dieser im Gegensatz zum Erddruck keine Vertikalkomponente aufweist, fehlt zumindest bei nicht gestützten und bei ausgesteiften Baugrubenwänden für den Nachweis der Vertikalkomponente des mobilisierten Erdwiderstands nach EB 9 (Abschn. 4.7) eine wesentliche von oben nach unten wirkende Einwirkung. Dadurch ergeben sich deutlich größere Einbindetiefen als bei Baugruben im Trockenen bzw. im abgesenkten Grund-

wasser. Darüber hinaus reicht bei im Boden eingespannten Wänden der übliche Einbindetiefenzuschlag von $\Delta t_1 = 0{,}20 \cdot t_1$ nach EB 26, Absatz 5 (Abschn. 6.4) nicht aus. Er ist auf $\Delta t_1 = 0{,}40 \cdot t_1$ zu vergrößern oder nach EB 26, Absatz 8 zu ermitteln.

9. Zur Vermeidung von Wandbewegungen bei später ansteigendem Außenwasserstand sind Anker zur Stützung von Baugrubenwänden in der Regel mindestens bei 80 %, höchstens jedoch bei 100 % der Gebrauchslast festzulegen. Die durch die Ankervorspannung hervorgerufene Bewegung des Wandkopfs erzeugt zunächst auf der Wandrückseite einen erhöhten aktiven Erddruck, der durch den später ansteigenden Wasserdruck ganz oder teilweise auf den kleineren, gegebenenfalls nach oben umgelagerten aktiven Erddruck abgebaut wird.

10. Zum Standsicherheitsnachweis von Zellenfangedämmen und Kastenfangedämmen siehe die Empfehlungen E 100 und E 101 der EAU [2], zum Standsicherheitsnachweis von elastischen Dalben die Empfehlung E 69.

10.7 Konstruktion und Bauausführung bei Baugruben im Wasser (EB 64)

1. Für Baugruben im offenen Wasser oder im Grundwasser kommen nur Baugrubenwände mit ausreichender Dichtigkeit in Frage, z. B. Spundwände, Schlitzwände und überschnittene Bohrpfahlwände. Ist die normale Dichtigkeit von Spundwandschlössern nicht ausreichend, so können Spundwandprofile mit werkseitig eingebrachter Schlossdichtung eingesetzt werden. Ist damit zu rechnen, dass infolge von Hindernissen im Untergrund in größerem Umfang Spundbohlen aus dem Schloss laufen, dann ist es zweckmäßig, in der Rammflucht vor dem Rammen einen Bodenaustausch vorzunehmen. Sofern der Bodenaustausch bis in den Bereich der Einbindetiefe der Wand reicht, ist dies zu beachten, insbesondere beim Nachweis gegen hydraulischen Grundbruch.

2. Können einzelne Spundbohlen, Schlitzwandlamellen oder Pfähle nicht bis zur vorgesehenen Tiefe eingebracht werden, so sind zusätzliche Maßnahmen vorzusehen oder zusätzliche Nachweise zu erbringen, die eine ausreichende Sicherheit gegen hydraulischen Grundbruch sicherstellen.

3. Beim Nachweis der Sicherheit gegen Aufschwimmen nach EB 62 (Abschn. 10.5) für eine Baugrube, deren Wände in eine annähernd wasserundurchlässige Schicht einbinden, wird ein dichter Anschluss der Wände an diese Schicht vorausgesetzt. Eine ausreichende Einbindung der Wände in eine dichte Bodenschicht ist auch durch bauseitige Kontrollen sicherzustellen und ist abhängig vom Boden und vom Bauverfahren.

4. Eine Dichtsohle entsprechend EB 62, Absätze 1 c) und 1 e) (Abschn. 10.5) sollte in der Regel mindestens 0,8 m dick ausgeführt werden. Die Erosionssicherheit des Injektions- oder Düsstoffs muss nachgewiesen werden.

Der planmäßig zu erreichende Durchmesser der Düsenstrahlsäulen oder die Ausbreitung bei Injektionen ist durch Eignungsversuche örtlich nachzuweisen. Das Raster ist so anzuordnen, dass sich unter Berücksichtigung des zu erwartenden Durchmessers und der Toleranzen die einzelnen Düsenstrahlsäulen oder Injektionskörper mit Sicherheit überschneiden.

Abweichungen sind durch Anpassung des Bohrrasters zu berücksichtigen.

5. Bei der Herstellung von Dichtsohlen mit dem Düsenstrahlverfahren ist die Lage der Düsachse und der Düsdurchmesser von besonderer Bedeutung für die Dichtigkeit der Sohle. In der Regel ist deshalb die Düs- bzw. Bohrachse in ihrer Lage und Vertikalität einzumessen.

6. Fehlstellen in tiefliegenden Dichtsohlen führen in der Regel nur zu höheren Restwassermengen. Bei verankerten mittelhochliegenden oder hochliegenden Düsenstrahlsohlen können entsprechend große Fehlstellen zu einem hydraulischen Grundbruch führen. Hochliegende Düsenstrahlsohlen sollten zur Erosionssicherheit eine zweite Dichtung (redundantes System) erhalten. Mittelhochliegende Düsenstrahlsohlen sollten in Abhängigkeit von überlagerndem Boden eine ausreichende Überdeckung erhalten [144]. Bindige Böden sind als Überdeckung ungeeignet.

7. In Baugruben, die eine Unterwasserbetonsohle erhalten, ist das Wasser innerhalb der Baugrubenwände zunächst nur so weit abzusenken, wie es mit Rücksicht auf die Sicherheit gegen hydraulischen Grundbruch und die Belastbarkeit der Baugrubenkonstruktion zulässig ist. Während des Einbringens des Betons und der Zeit der Erhärtung darf der Wasserspiegel innerhalb der Baugrube nicht niedriger gehalten werden als außerhalb. Für die Herstellung und das Einbringen des Unterwasserbetons gilt das DBV-Merkblatt „Unterwasserbeton" [143] in Verbindung mit den Bestimmungen der DIN 1045-2, DIN EN 206-1 und DIN EN 13670 in Verbindung mit DIN 1045-3 sowie [138].

8. Vor dem Aushub einer Trogbaugrube bzw. vor dem Lenzen bei einer Unterwasserbetonsohle sind Pumpversuche zur Feststellung der Dichtigkeit durchzuführen. Die Baugrubenwände werden beim Pumpversuch bereits durch Wasserdruck belastet und die dadurch eintretenden Verformungen sind insbesondere bei Baugruben neben Bauwerken zu überprüfen.

Der Pumpversuch wird in 3 Phasen eingeteilt [185]:
 – Absenkung,
 – Beharrung,
 – Wiederanstieg.

Bei ausreichender Dichtigkeit kann auf den Wiederanstieg verzichtet werden.

9. Die Absenkung im Pumpversuch sollte mindestens $0{,}5 \cdot h_w$ gemäß Bild EB 62-1 betragen. Gegegebenenfalls sind Maßnahmen gegen die unter 8. genannten Verformungen erforderlich.

10. Bei Unterwasserbetonsohlen sind beim Einspülen von Boden durch Fehlstellen in der Sohle und den Wänden diese sofort im Zuge der Absenkung beim Pumpversuch abzudichten. Bei anderen Sohldichtungen müssen Fehlstellen in den Wänden im Zuge des Aushubs sofort abgedichtet werden.

    Bei mittelhochliegenden und tiefliegenden Dichtsohlen ist die Lokalisierung von kleinen Fehlstellen in der Sohle äußerst schwierig [146].

    Durch Dichtschotts sind Lokalisierungen von Fehlstellen in den Wänden und in der Dichtsohle besser möglich.

11. Zur Ausführung der Verankerungselemente sowie zu den zu erwartenden Verformungen siehe [138, 141, 145]. Wird beim Nachweis der Sicherheit gegen Aufschwimmen die Vertikalkomponente des Erddrucks, die Vertikalkomponente von Ankern und das Eigengewicht der Baugrubenwand berücksichtigt, so ist eine einwandfreie Kraftübertragung zwischen Sohle und Wand sicherzustellen, z. B. durch ausreichende Rauigkeit der Wand, durch Nuten in Ortbetonwänden oder angeschweißte Knaggen bei Spundwänden.

12. Als Sicherung gegen einen plötzlichen Wassereinbruch durch Fehlstellen in der Baugrubenwand und gegen die in EB 58, Absatz 3 (Abschn. 10.1) genannte Möglichkeit einer Spaltbildung hinter der Baugrubenwand hat sich bei Baugruben im offenen Wasser die Anordnung eines Fangedamms nach Bild EB 64-1 bewährt. Zumindest sollte eine lückenlose Sicherung der Gewässersohle mit Sandsäcken entlang der Baugrubenwand vorgesehen werden. Diese Maßnahmen eignen sich auch als Sicherung gegen den Erosionsgrundbruch nach EB 58, Absatz 5 (Abschn. 10.1).

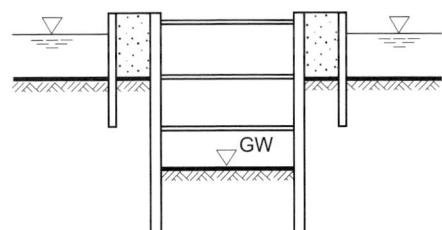

Bild EB 64-1 Sicherung einer Baugrube durch Fangedämme

13. Zeigen sich beim Aushub des Bodens Quellen, so sind unverzüglich Sicherungsmaßnahmen einzuleiten, z. B.

    - Aufbringen von grobkörnigem Boden,
    - teilweises Fluten der Baugrube,
    - wenn sofort möglich, Entspannung des Wasserdrucks.

    Anschließend sind Sanierungsmaßnahmen durchzuführen.

14. Für den Fall, dass sich ein erkannter Gefahrenzustand anders nicht beseitigen lässt, sollten rechtzeitig Maßnahmen für eine gezielte Flutung der Baugrube vor-

bereitet werden. Bei der Flutung ist dafür zu sorgen, dass das einströmende Wasser keinen Schaden anrichten kann. Langgestreckte und großflächige Baugruben sollten darüber hinaus durch Schottwände in Abschnitte unterteilt werden, damit von einem plötzlichen Wassereinbruch nur ein begrenzter Teil der Baugrube betroffen ist.

15. Manchmal kann es auch aus wirtschaftlichen Gründen zweckmäßig sein, eine Baugrube zu fluten, anstatt sie für einen ungewöhnlich hohen, selten auftretenden Wasserstand zu bemessen.

16. Wenn Zusatzlasten und außerplanmäßige Belastungszustände nach EB 63, Absatz 4 (Abschn. 10.6) vermieden werden sollen, können folgende Maßnahmen bei Baugruben im offenen Wasser zweckmäßig sein:

    a) Anordnung von Dalben zur Aufnahme des Anlegestoßes von Schiffen oder Anschüttung einer Sandbank zur Fernhaltung von Schiffen,
    b) laufendes Brechen einer Eisdecke entlang der Baugrubenwand,
    c) Anordnung von Dalben und Schwimmbalken zur Ablenkung von Eisschollen und dergleichen,
    d) Sicherung der Gewässersohle gegen Kolkbildung entsprechend EAU, Empfehlung E 83 [2].

10.8 Wasserhaltung (EB 65)

1. Im Wesentlichen kommen folgende Arten der Wasserhaltung in Frage:

    a) Trogbaugrube mit Restwasserhaltung,
    b) Grundwasserabsenkung durch eine offene Wasserhaltung,
    c) Grundwasserabsenkung durch eine geschlossene Wasserhaltung,
    d) Grundwasserentspannung.

2. Die Herstellung einer Trogbaugrube ist zweckmäßig, wenn für eine Absenkung des Grundwassers die Entnahmewassermengen begrenzt werden, wenn Setzungsschäden durch die Grundwasserabsenkung eintreten können oder eine Grundwasserabsenkung mit einer offenen oder geschlossenen Wasserhaltung infolge einer Grundwasserkontamination nicht zulässig ist.

3. Bei der offenen Wasserhaltung wird das von den Seiten und von unten in die Baugrube eindringende Wasser in Dränungen gesammelt, in Pumpensümpfen zusammengeführt und abgepumpt. Die offene Wasserhaltung ist geeignet bei geringen Absenktiefen. In Böden, die zum Fließen neigen, sind besondere Maßnahmen erforderlich, z. B. das Andeckverfahren, bei dem kleine Bereiche nur kurzfristig freigelegt und dann sofort mit Filtermaterial abgedeckt werden.

4. Bei der geschlossenen Wasserhaltung wird das Wasser in Brunnen, die innerhalb oder außerhalb der Baugrube angeordnet sein können, gefasst und abgepumpt. Im Grundsatz werden zwei Arten unterschieden:

a) Schwerkraftanlagen sind zweckmäßig, wenn das Wasser infolge seiner Schwerkraft in die Brunnen fließt, z. B. bei Sand und Kies.
b) Der Einsatz einer Vakuum-Wasserhaltung ist erforderlich, wenn bei Feinsand oder Grobschluff die Schwerkraft nicht ausreicht, das Wasser in die Filterbrunnen fließen zu lassen.

Hierzu siehe [1] und [64]. Innerhalb der Baugrube sollte der abgesenkte Grundwasserspiegel mindestens 0,5 m unter der Aushubsohle liegen.

5. Innerhalb von Trogbaugruben sind offene Wasserhaltungen und Wasserfassungen durch Brunnen möglich. Bei Weichgelinjektionen können sich die Porenräume zusetzen und den Zulauf zu Brunnen und auch Dränagen verringern. Es sollten z. B. Reservebrunnen und zusätzliche Dränageleitungen vorgehalten werden.

6. Eine Grundwasserentspannung kann erforderlich sein, wenn

    a) eine Schicht mit geringerer Durchlässigkeit unterhalb der Baugrubensohle nicht in der Lage ist, einem von unten in einer wasserführenden Schicht wirkenden Überdruck standzuhalten, siehe EB 62 (Abschn. 10.5);
    b) sich anders der Nachweis der Sicherheit gegen hydraulischen Grundbruch nach EB 61 (Abschn. 10.4) nicht führen lässt;
    c) in bindigen Böden durchlässige nicht bindige Böden eingelagert sind.

    Für eine Grundwasserentspannung kann es auch genügen, innerhalb der Baugrube in ausreichend engem Abstand Überlaufbrunnen anzuordnen, in denen das Grundwasser bis in die Höhe der Baugrubensohle hochsteigt, wo es gesammelt und abgepumpt werden kann.

7. Bei der Verwendung von Überlaufbrunnen nach Absatz 6 ist Folgendes zu beachten:

    a) Ebenso wie bei einer Grundwasserabsenkung ist auch bei einer Grundwasserentspannung der Wasserandrang für die vorhandene hydrogeologische Situation rechnerisch zu ermitteln und das Fassungsvermögen sowie die Anzahl der Überlaufbrunnen sind darauf abzustimmen.
    b) In der Regel sind Überlaufbrunnen ebenso wie Grundwasserabsenkungsbrunnen mit Filterrohren auszubauen. Werden sie bei geringem Wasserandrang als Kiespfähle ausgeführt, dann ist die Filterstabilität nachzuweisen.
    c) Der Abbau des Wasserüberdrucks ist mit Pegeln bzw. Porenwasserdruckaufnehmern zu überwachen.
    d) Überlaufbrunnen sind in der Regel nach dem Auflassen mit geeignetem Material zu verdämmen.
    e) Zur Havariesicherheit ist auf eine ausreichende Dimensionierung der Brunnen bzw. Entspannungsbohrungen zu achten.

8. Zur Grundwasserrückführung mit Hilfe von Schluckbrunnen siehe [65] und [66].

10.9 Überwachungsmaßnahmen bei Baugruben im Wasser (EB 66)

1. Wenn durch einen kurzfristigen Ausfall der Wasserhaltungsanlage die Standsicherheit einer Baugrube gefährdet wird oder ein großer wirtschaftlicher Schaden zu erwarten ist, dann sind folgende Einrichtungen zu schaffen:

    a) zwei voneinander unabhängige Energiequellen, z. B. Anschluss an das öffentliche Netz und Notstromaggregat,
    b) automatische Umschalteinrichtungen für die Stromversorgung der Pumpen,
    c) automatische Umschaltung bei Ausfall einer Pumpe auf nicht in Betrieb befindliche Brunnen,
    d) optische oder akustische Signalanlagen,
    e) Anzeigegeräte für die Beurteilung der Förderleistung der Pumpen.

    Die Einrichtungen nach b) bis e) werden zweckmäßigerweise in einer Schalt- und Steuerzentrale zusammengefasst. Es ist sicherzustellen, dass diese Zentrale ständig überwacht wird, ein zuverlässiges Meldesystem besteht und ein ausreichender Bestand an Ersatzteilen zur Verfügung steht.

    Wenn kurzfristige Störungen oder Unterbrechungen keine Gefahr nach sich ziehen, können einfachere Anlagen für Energieversorgung, Schaltung und Überwachung ausreichen.

2. Alle für die Beurteilung der Wasserhaltung wichtigen Einflüsse sollten regelmäßig beobachtet und aufgezeichnet werden, z. B.

    - der Wasserstand offener Gewässer,
    - die erreichte Absenkung innerhalb der Baugrube und in ihrer unmittelbaren Umgebung,
    - die Menge des geförderten Wassers.

    Bei einer möglichen Beeinträchtigung von Wasserrechten ist auch die Reichweite der Absenkung zu kontrollieren. Das Gleiche gilt, wenn die Gefahr besteht, dass Setzungen auftreten. In diesem Fall sind auch Setzungsmessungen an Gebäuden und an Festpunkten im Gelände vorzusehen.

3. Es kann zweckmäßig sein, während des Aushubvorgangs laufend den Wasserstand bzw. bei wenig durchlässigen Böden den Porenwasserdruck im Boden unterhalb der jeweils erreichten Aushubsohle zu messen, damit Unregelmäßigkeiten rechtzeitig erkannt werden.

11
Baugruben in nicht standfestem Gebirge

11.1 Allgemeine Festlegungen für Baugruben in nicht standfestem Gebirge (EB 38)

1. Unter Gebirge wird hier Fels einschließlich der Trennflächen verstanden. Der Nachweis der Standsicherheit wird mit Hilfe felsmechanischer Untersuchungen auf der Grundlage von Starrkörpermechanismen erbracht. Ist danach ein Gebirgsanschnitt nicht ausreichend standsicher, dann ist eine Stützung erforderlich entweder

   a) in Form einer Lagesicherung einzelner abrutschgefährdeter Gesteinskörper durch gezielt angeordnete oder flächig verteilte Felsnägel bzw. Felsanker, oder

   b) in Form einer flächenhaften, gestützten Verkleidung, insbesondere dann, wenn bei stark zerlegtem oder verwittertem Gebirge neben der durch das Trennflächengefüge vorgegebenen Kinematik aus Hauptklüften und Hauptschichtflächen weitere Bruchmechanismen möglich sind.

   Die Kraft, mit der ein Gebirgsanschnitt gestützt werden muss, wird als Gebirgsstützkraft bezeichnet. Die Einwirkung des Gebirges auf den Baugrubenverbau wird im Folgenden als Gebirgsdruck bezeichnet.

   Die nachfolgenden Empfehlungen für Baugruben in nicht standfestem Gebirge gehen von den Anforderungen an ein Stützbauwerk und somit vom Grenzzustand STR und GEO-2 aus.

2. Während bei der Ermittlung des aktiven Erddrucks entsprechend EB 8, Absatz 4 (Abschn. 3.1) eine Wandbewegung erforderlich ist, um den Erdruhedruck auf den aktiven Erddruck absinken zu lassen, ist bei der Ermittlung des Gebirgsdrucks davon auszugehen, dass Verformungen weitgehend verhindert werden müssen, damit die Anfangsfestigkeit bzw. die Festigkeit des vorhandenen Felsverbands erhalten bleibt. Werden Bewegungen zugelassen, dann kann die Anfangsfestigkeit überwunden und eine geringere Scherfestigkeit maßgebend werden mit der Folge einer möglichen Zunahme des Gebirgsdrucks. Die Baugrubenverkleidung und ihre Stützung sind daher so auszubilden, dass Bewegungen

möglichst vermieden werden. Alle stützenden Teile sind unverzüglich nach dem Anschneiden des Gebirges einzubauen und satt an die freigelegte Fläche anzuschließen. Steifen bzw. Anker sind unmittelbar nach ihrem Einbau in der Regel auf die volle charakteristische Ankerbeanspruchung P_k vorzuspannen.

3. Damit die Eigenschaften des Gebirges bei der Planung und Konstruktion der Baugrube wirklichkeitsnah eingeschätzt werden können, müssen

    - gewinnungstechnische Besonderheiten, wie Lösen durch Baggern, Fräsen, Meißelarbeit, Bohrungen, Sprengungen,
    - die Felsarten und deren genetische Einheit, Korngröße, mineralogische Zusammensetzung, Poren- und Hohlraumanteil,
    - die geologische Struktur, z. B. sedimentärer, metamorpher, magmatischer Fels,
    - die Trennflächen, insbesondere die Art der Trennfläche, Raumstellung, Abstand, Durchtrennungsgrad, Rauigkeit, Öffnungsweite, Gebirgsdurchlässigkeit, Kluftfüllung, Anzahl der Kluftscharen und Kluftkörpergröße,
    - die Verwitterung des Gesteins, ob verfärbt, zerfallen, zersetzt,
    - die Veränderlichkeit des Gesteins unter Wasserbedeckung,
    - die Wasserverhältnisse

    durch Aufschlüsse nach Handbuch Eurocode 7, Band 2 untersucht und während des Aushubs, z. B. durch Schürfe, möglichst vorlaufend überprüft werden. Hierzu siehe auch DIN EN ISO 14689-1.

4. Größe und Verteilung des Gebirgsdrucks sind, abgesehen von der Stützung und der Art der Verkleidung der Baugrubenwand, im Wesentlichen abhängig von

    - der Raumstellung der Trennflächen,
    - dem Durchtrennungsgrad des Gebirges,
    - der Rauigkeit und Beschaffenheit der Oberfläche der Trennflächen,
    - der Ausdehnung und dem Abstand der Trennflächen,
    - dem Verwitterungsgrad,
    - der Gesteinsfestigkeit,
    - der Scherfestigkeit in den Trennflächen bzw. in den Schicht- bzw. Kluftfüllungen

    und der daraus sich ergebenden Gebirgsfestigkeit.

5. Ergänzend zu Absatz 4 gilt Folgendes:

    a) Die Gesteinsfestigkeit ist an einer ausreichenden Anzahl von Proben, durch einaxiale Druckversuche nach DIN 18141-1 und der Empfehlung Nr. 1 des AK „Versuchstechnik Fels" der DGGT [128] zu bestimmen oder mit Punktlastversuchen nach der Empfehlung Nr. 5 des AK „Versuchstechnik Fels" der DGGT [164] abzuschätzen. Die Art der Ermittlung der Gesteinsfestigkeit ist anzugeben und ggf. als Schätzung zu kennzeichnen. Mit Daten über das Trennflächengefüge ist eine Abschätzung der Gebirgsfestigkeit möglich [129].

b) Kleinmaßstäbliche Scherversuche an Trennflächen-Proben können ebenfalls wertvolle Hinweise auf die Gebirgsfestigkeit geben.
c) Die Scherfestigkeit in den Schicht- bzw. Kluftfüllungen kann nach den Methoden der Bodenmechanik bestimmt werden. Reicht die entnommene Bodenmenge dafür nicht aus, so sollte wenigstens die Kornzusammensetzung der Schicht- bzw. Kluftfüllung bestimmt werden.

Zur genaueren Bestimmung des Scherwiderstands in möglichen Gleitflächen eignen sich großmaßstäbliche Versuche entsprechend der Empfehlung Nr. 4 des AK „Versuchstechnik im Fels" der DGEG [78]. Damit können die Unregelmäßigkeiten der Gefügeeigenschaften erfasst werden.

6. Die im ungestörten Zustand vorhandenen Eigenschaften des Gebirges können sich durch äußere Einflüsse verändern. So können z. B.

   - durch Sprengungen verursachte Erschütterungen,
   - durch den Zutritt von Luft oder Wasser bzw. durch Entspannungsbewegungen des Gebirges verursachte Zerfallserscheinungen oder auch Quellerscheinungen,
   - durch Druckumlagerungen verursachte Änderungen des Porenwasserdrucks in der Kluftfüllung und ein damit verbundenes plastisches Fließen

   einen Einfluss auf Größe und Verteilung des Gebirgsdrucks ausüben. Außerdem sind die Hinweise in EB 4, Absatz 5 (Abschn. 3.2) zu beachten.

7. Bei vollflächig verkleideten Baugrubenwänden ist für die Ableitung des anfallenden Kluft- und Schichtwassers zu sorgen. Anderenfalls ist zusätzlich zu dem Gebirgsdruck auch der Wasserdruck zu berücksichtigen. Dabei ist in der Regel der hydrostatische Wasserdruck bis zum Wandfuß anzusetzen. Gegebenenfalls muss das Gebirge – auch bei nicht vollflächig verkleideten Baugrubenwänden – durch Horizontalbohrungen oder einer dem Aushub voreilenden Grundwasserabsenkung entwässert werden.

8. Die Elemente der Baugrubenverkleidung sind auf den Gebirgsdruck zu bemessen, der sich nach EB 39 (Abschn. 11.2) und EB 40 (Abschn. 11.3) ergibt, wobei die Teilsicherheitsbeiwerte der Tab. 6.1 im Anhang A 6 für den Grenzzustand STR und GEO-2 nach EB 78, Absatz 4 (Abschn. 1.4) maßgebend sind.

9. Die zur Stützung des Gebirgsanschnitts erforderlichen Steifen bzw. Verpressanker sind für die Bemessungsbeanspruchungen E_d zu bemessen, die sich nach EB 39 (Abschn. 11.2) und EB 40 (Abschn. 11.3) ergeben. Maßgebend hierfür sind

   - EB 52 (Abschn. 14.7) bei Steifen,
   - EB 86 (Abschn. 14.11) bei Verpressankern.

10. Die Länge von Verpressankern richtet sich nach dem Gebirge, in dem die Verpressstrecken liegen:

    a) Steht auf der ganzen Wandhöhe Festgestein an, dann genügt es, wenn die Verpressstrecken hinter der maßgebenden Gleitfläche liegen.

b) Liegen die Verpressstrecken im Lockergestein oder in einem entfestigten, völlig verwitterten oder zersetzten Gebirge, dann ergibt sich die Ankerlänge sinngemäß aus dem Nachweis der Standsicherheit in der tiefen Gleitfuge nach EB 44 (Abschn. 7.3) bzw. aus dem Nachweis der Geländebruchsicherheit nach EB 45 (Abschn. 7.4).

11.2 Größe des Gebirgsdrucks (EB 39)

1. Bei der Ermittlung des Gebirgsdrucks ist in der Regel von den vorhandenen Trennflächen auszugehen. Zu unterscheiden sind hierbei drei Gleitflächenarten:

    a) in vorhandenen Schichtflächen verlaufende Gleitflächen (Bild EB 39-1a),
    b) parallel zu vorhandenen Kluftflächen verlaufende Gleitflächen (Bild EB 39-1b),
    c) treppenförmig in Schichtflächen und Kluftflächen verlaufende Gleitflächen (Bilder EB 39-2a) und EB 39-2b).

   Bei geringem Abstand der Trennflächen und hohem Durchtrennungsgrad der Kluftflächen und damit im Vergleich zum Gleitkörper kleinen Abmessungen der Kluftkörper kann es auch erforderlich sein, eine Erddruckermittlung wie im Falle von Lockergestein durchzuführen.

2. Bei durchgehenden Gleitflächen, die entsprechend Bild EB 39-1a) in einer Schichtfläche verlaufen, ist die Scherfestigkeit des durchtrennten Gesteins in der Gleitfläche maßgebend, bei unterschiedlichen Gesteinen die Scherfestigkeit der jeweils schwächeren Schicht. Diese kann gegebenenfalls nur einige Millimeter dick und zu Lockergestein zerfallen sein und als Gleitschicht zwischen den festeren Gesteinsschichten wirken. Im Übrigen gelten diese Hinweise auch für abgetreppte Gleitflächen, sofern entsprechend Bild EB 39-2a) die Gleitbewegung in den Schichtflächen auftritt.

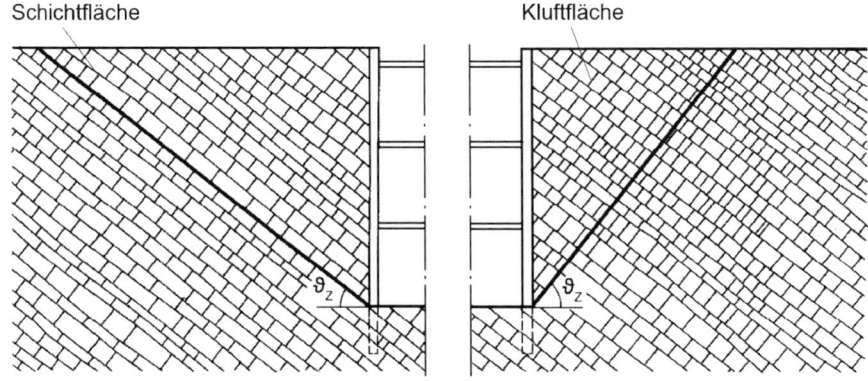

a) Gleitfläche in einer Schichtfläche   b) Gleitfläche parallel zu den Kluftflächen

Bild EB 39-1 Durchgehende Gleitflächen bei Baugruben in nicht standfestem Gebirge

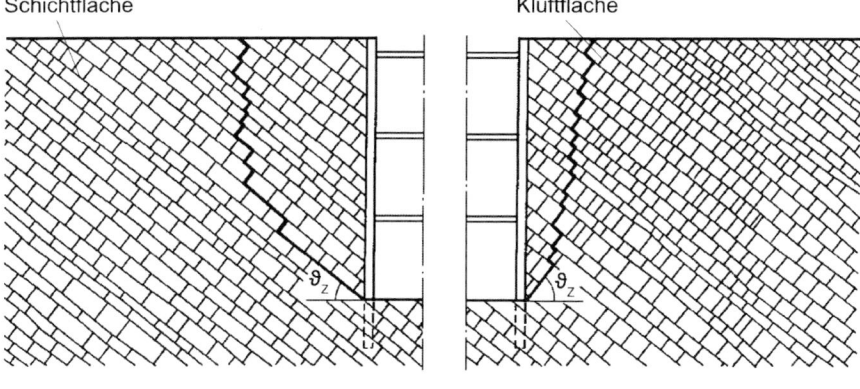

a) Gleitbewegung in Schichtflächen   b) Gleitbewegung in Kluftflächen

Bild EB 39-2 Treppenförmige Gleitflächen bei Baugruben in nicht standfestem Gebirge

3. Bei Gleitflächen, die entsprechend Bild EB 39-1b) parallel zu den Kluftflächen verlaufen, sind folgende Möglichkeiten zu unterscheiden:

   a) Sofern sichergestellt und nachgewiesen wird, dass in allen Bauzuständen durch eine entsprechend ausgebildete Verkleidung und Stützung der Baugrubenwand in den Trennflächen keine Bewegungen auftreten und somit die Materialbrücken nicht durchtrennt werden, ist für die Ermittlung des Gebirgsdrucks die Gesteinsscherfestigkeit in den Materialbrücken maßgebend.

   b) Liegen diese Voraussetzungen nicht vor, dann muss davon ausgegangen werden, dass infolge unvermeidbarer Bewegungen die Materialbrücken durchtrennt werden. Es sind dann für die Ermittlung des Gebirgsdrucks die Scherfestigkeit der Kluftfüllung im Bereich der vorhandenen Klüfte und die Scherfestigkeit der Materialbrücken nach ihrer Durchtrennung anteilig maßgebend. Bei hohem Durchtrennungsgrad ist die Scherfestigkeit der Kluftfüllung allein maßgebend.

   c) In beiden Fällen ist nachzuweisen, dass sich der aus einer abgetreppten Gleitfläche nach Bild EB 39-2b) ergebende Gebirgsdruck vom Verbau aufgenommen werden kann. Maßgebend für dessen Ermittlung ist die Scherfestigkeit der Kluftfüllung.

   Ist in den Fällen b) und c) bei hohem Durchtrennungsgrad keine Kluftfüllung vorhanden, darf mit der Scherfestigkeit des durchtrennten Gesteins gerechnet werden.

4. Die Scherfestigkeit des Gesteins und der Schicht- bzw. Kluftfüllungen ist in der Regel nach EB 38, Absätze 5 und 6 (Abschn. 11.1) zu bestimmen. Liegen entsprechende Untersuchungen nicht vor, darf der charakteristische Wert des Reibungswinkels des Füllmaterials abhängig von der Kornzusammensetzung wie folgt abgeschätzt werden:

a) $\varphi'_k = 30°$ bei sandigem Material,
b) $\varphi'_k = 20°$ bei schluffigem Material,
c) $\varphi'_k = 10°$ bei tonigem Material.

Auf den zusätzlichen Ansatz von Kohäsion ist in der Regel zu verzichten. Bei unter Porenwasserdruck stehenden Gleitschichten ist dieser zu berücksichtigen; dabei kann es erforderlich werden, die Scherfestigkeit mit $\varphi_{u,k} = 0$ anzunehmen. Der Ansatz der Scherfestigkeit $c_{u,k}$ des undränierten Bodens in diesen Gleitflächen ist nur aufgrund besonderer Untersuchungen zulässig.

5. Verläuft im Grundriss die Falllinie rechtwinklig bzw. die Streichlinie parallel zur Baugrubenwand, können die gleichen Berechnungsansätze verwendet werden wie bei der Ermittlung des Erddrucks aus Bodeneigengewicht bei Annahme einer Zwangsgleitfläche nach Bild EB 6-1b) (Abschn. 3.4). Ein Neigungswinkel zwischen der Richtung des Gebirgsdrucks und der Normalen auf die Wand darf dabei nur angenommen werden, wenn eine einwandfreie Abtragung der Vertikalkräfte in den Untergrund gewährleistet ist. Hierzu siehe EB 84 (Abschn. 4.8).

6. Verläuft im Grundriss die Falllinie nicht rechtwinklig bzw. die Streichlinie nicht parallel zur Baugrubenwand, so verringert sich der erforderliche Gebirgsstützdruck. Dafür aber tritt bei einer Abweichung vom rechten Winkel eine parallel zur Baugrubenwand gerichtete Kraftkomponente auf, deren sichere Ableitung nachzuweisen ist. Außerdem ist in diesem Falle zu prüfen, ob aufgrund der vorgegebenen Trennflächen Verschneidungen, d. h. Schnittkanten auftreten, die rechtwinklig oder schiefwinklig zum Verbau hin einfallen. Die dadurch gebildeten Teilgleitkörper können örtlich einen stärkeren Druck auf die Baugrubenwand ausüben als er für den Gesamtgleitkörper errechnet wird. Hierzu siehe u. a. [33] und [34].

7. Sofern keine genaueren Untersuchungen oder ausreichende örtliche Erfahrungen vorliegen, sollte unabhängig von der rechnerischen Ermittlung des Gebirgsdrucks nach Absatz 2 oder Absatz 3 analog zu den Angaben in EB 4, Absatz 3 (Abschn. 3.2) ein rechnerischer Mindestgebirgsdruck auf die Baugrubenverkleidung nicht unterschritten werden, der sich in Anlehnung an die Festlegungen beim Erddruck mit dem Ersatzreibungswinkel $\varphi'_{Ers,k} = 40°$ ergibt. Dies gilt auch in dem Fall, dass die Streichlinie schiefwinklig zur Baugrubenwand gerichtet ist. Der Ersatzreibungswinkel darf mit $\varphi'_{Ers,k} = 45°$ angenommen werden, wenn die zu erwartende Größe des Gebirgsdrucks durch langfristige Messungen bei ähnlichen Verhältnissen hinreichend bekannt ist und im Einzelfall am Verbau überprüft wird.

8. Ergibt sich wegen der unterschiedlichen Ausbildung der Gleitflächen auf der einen Seite einer ausgesteiften Baugrube ein größerer Gebirgsdruck als auf der anderen, so ist die größere Belastung für die Bemessung der gesamten Baugrubenkonstruktion maßgebend, sofern nicht ohnehin der rechnerische Mindestgebirgsdruck anzusetzen ist.

11.3 Verteilung des Gebirgsdrucks (EB 40)

1. Da Größe und Verteilung des Gebirgsdrucks von dem jeweils vorhandenen Störungsgrad des Gebirges abhängen, lassen sich feste Regeln wie bei der Bestimmung der Erddruckverteilung bei Lockergestein nicht angeben. Es ist jeweils auf der Grundlage der festgestellten örtlichen Gegebenheiten ein sinnvoller, auf der sicheren Seite liegender Lastansatz für den Gebirgsdruck zu wählen.

2. Steht auf der ganzen Höhe der Wand Festgestein an, wird wegen der in diesem Falle zumeist anzunehmenden Starrkörperbewegungen der nach EB 39 (Abschn. 11.2) ermittelte Gebirgsdruck in der Regel als Rechteck verteilt angenommen. Im Bereich von Lockergestein oberhalb des Felses und bei entfestigtem, völlig verwittertem oder zersetztem Gebirge darf eine Erddruckverteilung entsprechend den Regeln im Lockergestein angenommen werden. Wegen der möglichen Druckumlagerungen ist es in jedem Falle zu empfehlen, die Stützkräfte im Bereich der oberen Wandhälfte bzw. im Bereich der Überlagerung des Felses mindestens für eine Belastung aus einer rechteckigen Lastfigur zu ermitteln.

3. Die nach den Vorgaben nach Absatz 2 ermittelten Schnittgrößen sind zum Ausgleich der verhältnismäßig groben Annahmen über die Verteilung des Gebirgsdrucks in der Regel unabhängig von der Art der Baugrubenverkleidung um 30 % zu erhöhen. Nur wenn bei vergleichbaren Verhältnissen gewonnene Messergebnisse über die Verteilung des Gebirgsdrucks vorliegen und die darauf beruhende Lastfigur durch weitere Messungen überprüft wird, kann auf diese Zuschläge verzichtet werden.

4. Es wird empfohlen,
   - alle Steifen bzw. Anker vorzuspannen und bei der charakteristischen Ankerbeanspruchung P_k nach EB 38, Absatz 2 (Abschn. 11.1) festzulegen,
   - in repräsentativen Querschnitten Messungen durchzuführen, damit Abweichungen von den Berechnungsannahmen rechtzeitig bemerkt und Zusatzmaßnahmen getroffen werden können.

11.4 Belastbarkeit des Gebirges durch Auflagerkräfte am Wandfuß (EB 41)

1. Der Widerstand des Gebirges vor dem Fuß einer durchgehenden Baugrubenwand kann analog zum Gebirgsdruck ermittelt werden. Maßgebend ist entweder eine Gleitfläche in einer Schichtfläche oder eine Gleitfläche, die parallel zu den Kluftflächen verläuft. Im einen Fall ist die Untersuchung nach EB 39, Absatz 2, im anderen die Untersuchung nach EB 39, Absatz 3 (Abschn. 11.2), maßgebend. Wenn Grundwasser im Bereich des Wandfußes auftreten kann, ist gegebenenfalls die Wirkung von Auftrieb und/oder Strömung zu berücksichtigen.

2. Grundsätzlich sind zur Vermeidung von Verformungen die Bohrlöcher mit hydraulisch erhärtendem Material, z. B. Beton, Kalkmörtel oder Dämmer, zu verfüllen. Für die Ermittlung des Widerstands des Gebirges vor Bohlträgern ist dann der Durchmesser des Bohrlochs maßgebend. Eine räumliche Wirkung darf nur in Rechnung gestellt werden, wenn Durchtrennungsgrad, Anzahl der Kluftscharen, Kluftfüllung und Kluftrichtung dies rechtfertigen. Ohne besonderen Nachweis darf als Ersatzbreite für die räumliche Wirkung nicht mehr als die Hälfte der Einbindetiefe, höchstens jedoch das Zweifache des Bohrlochdurchmessers der ausbetonierten Bohrlöcher angesetzt werden.

3. Bei Trägerbohlwänden und Baugrubenwänden mit vergleichbarer Abstützung unterhalb der Baugrubensohle ist zu prüfen, ob aufgrund vorgegebener Trennflächen Verschneidungen auftreten, die vom ausbetonierten Bohrloch aus nach oben zur Baugrubensohle verlaufen. Die dadurch gebildeten Teilgleitkörper können – vor allem bei geringer Einbindetiefe – für die Ermittlung des Gebirgswiderstandes maßgebend sein.

4. Ein negativer Neigungswinkel zwischen der Angriffsrichtung und der Normalen auf die Wand darf bei der Ermittlung des Widerstands des Gebirges nur insoweit angesetzt werden, als die Bedingung $\sum V_k = 0$ nach EB 9 (Abschn. 4.7) dies erlaubt.

5. Die Lage der Auflagerkraft bei einer Stützung der Baugrubenwand unterhalb der Baugrubensohle darf in Anlehnung an EB 14, Absatz 4 (Abschn. 5.3) bzw. EB 19, Absatz 4 (Abschn. 6.3) wie bei nichtbindigen Böden angenommen werden.

6. Bei der Ermittlung des Bemessungswiderstands sind auf den charakteristischen Widerstand des Gebirges die Teilsicherheitsbeiwerte in Tab. 6.2 des Anhangs A 6 anzuwenden.

12
Baugruben in weichen Böden

12.1 Anwendungsbereich der Empfehlungen EB 91 bis EB 101 (EB 90)

1. Die Empfehlungen EB 91 bis EB 101 gelten für Baugruben, bei denen weicher feinkörniger Boden im Einflussbereich der Baugrube ansteht. Die Bezeichnung „weicher Boden" ist nachfolgend als Oberbegriff zu verstehen und nicht an eine Definition der Zustandszahl allein gebunden.

2. Bei weichen Böden im Sinne von Absatz 1 handelt es sich vornehmlich um feinkörnige Böden, z. B. Seeton, Beckenschluff, aufgeweichte Geschiebe- und Auelehme sowie organische Böden wie Seekreide, Faulschlamm, Mudde, Klei und zersetzter Torf. Weiche Böden sind in der Regel normalkonsolidiert, teilweise aber auch unter Eigengewicht noch nicht vollständig auskonsolidiert.

3. Jede der nachfolgend genannten Bodeneigenschaften für sich allein lässt in der Regel darauf schließen, dass ein weicher Boden im Sinne von Absatz 1 vorliegt:
    - breiige oder flüssige Konsistenz ($I_C < 0{,}50$),
    - Scherfestigkeit des undränierten Bodens $c_{u,k} \leq 20\,\mathrm{kN/m^2}$,
    - große Erschütterungsempfindlichkeit (Sensitivität),
    - hoher Wassergehalt ($w \geq 35\%$ bei Böden ohne organische Bestandteile bzw. $w \geq 75\%$ bei Böden mit organischen Bestandteilen),
    - thixotrope Eigenschaften,
    - Neigung zum Fließen.

4. Folgende Bodeneigenschaften geben einen Hinweis darauf, dass ein weicher Boden im Sinne von Absatz 1 vorliegen kann:
    - weiche Konsistenz ($0{,}75 > I_C \geq 0{,}50$),
    - charakteristische Scherfestigkeit des undränierten Bodens $40\,\mathrm{kN/m^2} \geq c_{u,k} \geq 20\,\mathrm{kN/m^2}$,
    - vollständige oder nahezu vollständige Wassersättigung.

    Die Entscheidung ob es sich im Einzelfall um einen weichen Boden im Sinne von Absatz 1 handelt ist durch den Sachverständigen für Geotechnik festzulegen.

Empfehlungen des Arbeitskreises „Baugruben", 6. Auflage. DGGT e. V. (Hrsg.)
©2021 Ernst & Sohn GmbH & Co. KG. Published 2021 by Ernst & Sohn GmbH & Co. KG

12.2 Baugrunduntersuchungen bei weichen Böden (EB 94)

1. Für die Erkundung des Baugrunds im Zusammenhang mit Baugruben in weichen Böden im Sinne von EB 90 (Abschn. 12.1) ist die geotechnische Kategorie GK 3 nach Handbuch Eurocode 7, Band 1 zugrunde zu legen.

2. Von besonderer Bedeutung für den Entwurf von Baugrubenkonstruktionen in weichen Böden ist die Kenntnis des vorhandenen und des möglicherweise zu erwartenden Porenwasserdrucks. Im Rahmen der geotechnischen Untersuchungen ist zu klären und anzugeben,

   a) ob der anstehende weiche Boden unter seinem Eigengewicht bereits konsolidiert ist bzw. ob durch vorhergegangene Baumaßnahmen ein Porenwasserüberdruck entstanden ist,
   b) ob durch die Veränderungen beim Aushub der Baugrube in maßgebenden Bereichen des Bodens ein Porenwasserüberdruck zu erwarten ist.

   Aufgrund dieser Feststellungen ergibt sich dann im Einzelfall die Entscheidung, ob die Berechnung auf der Grundlage der Scherfestigkeit des dränierten oder des undränierten Bodens oder einer zwischen diesen Grenzen liegenden Scherfestigkeit durchzuführen ist, siehe auch Anhang A 11.

3. Die Empfehlungen für die Ermittlung der Scherfestigkeit weicher Böden sind in Anhang A 11 zusammengestellt.

12.3 Böschungen in weichen Böden (EB 91)

1. Böschungen in weichen Böden dürfen ohne rechnerischen Standsicherheitsnachweis bis zu einer Baugrubentiefe von 3,00 m mit einer Neigung bis zu $\beta = 45°$ angelegt werden, sofern folgende Grundvoraussetzungen eingehalten sind:

   a) Die charakteristische Scherfestigkeit des undränierten Bodens beträgt $c_{u,k} \geq 20\,\text{kN/m}^2$.
   b) Eingelagerte wasserführende Schichten oder Bänder werden rechtzeitig vor Beginn des Aushubs entwässert.
   c) Keine starken Erschütterungen im Einflussbereich der Böschung.
   d) Das Gelände hinter der Böschungskante steigt auf einer Breite gleich der fünffachen Aushubtiefe, maximal der zweifachen Tiefe der Weichschicht unter der Aushubsohle, mit maximal 1 : 20 an.
   e) Ein Streifen von mindestens 1,50 m hinter der Böschungskante ist von Nutzlasten freizuhalten, die Nutzlasten sind auf $10\,\text{kN/m}^2$ zu begrenzen.
   f) Hinsichtlich der Abstände aus Straßen- und Baustellenbetrieb gelten die Begrenzungen nach EB 57, Absatz 1 (Abschn. 2.8) sofern ein tragfähiger Straßenunterbau von insgesamt mindestens 0,50 m Dicke über dem weichen Bo-

den ansteht. Andernfalls sind die Abstände nach EB 57, Absatz 1, um 1,00 m zu vergrößern.

Die mit dem Anlegen der Böschung verbundenen Bewegungen des Bodens müssen hinnehmbar sein.

Die zusätzlich zur Sicherstellung der Standsicherheit erforderlichen bautechnischen Maßnahmen richten sich nach Absatz 2 bis Absatz 4.

2. Bei Böschungen oberhalb des Grundwasserspiegels in weichen Böden, die mindestens eine weiche Konsistenz oder eine charakteristische Scherfestigkeit des undränierten Bodens $c_{u,k} \geq 20\,\text{kN/m}^2$ aufweisen wird empfohlen, die Oberfläche gegen Erosion zu schützen.

3. Bei Böschungen oberhalb des Grundwasserspiegels in weichen Böden, die eine breiige Konsistenz aufweisen, ist der Aushub nur abschnittsweise mit unmittelbar folgender Böschungssicherung z. B. mit einer Böschungsfußsicherung durch Belastungsfilter oder mittels Stützkörper vorzunehmen.

4. Eine Böschung, die in den Bereich unterhalb des Grundwasserspiegels einschneidet, ist in der Regel nur dann ausreichend standsicher, wenn der Boden z. B. durch eine Vakuum-Wasserhaltung stabilisiert wird.

5. Sofern die in Absatz 1 angegebenen Randbedingungen nicht erfüllt sind, ist unter Ansatz der nach EB 94 (Abschn. 12.2) und Anhang A 11 ermittelten Scherfestigkeit des weichen Bodens die Böschungsstandsicherheit nachzuweisen. Dabei ist EB 99, Absatz 3 (Abschn. 12.10) zu beachten.

12.4 Verbaukonstruktionen in weichen Böden (EB 92)

1. In weichen Böden kommen nur Verbaukonstruktionen in Frage, bei denen der Boden nicht verflüssigt wird. Spundwände, Bohrpfahlwände und Schlitzwände sind grundsätzlich geeignet, hinsichtlich besonderer Anforderungen an das Einbringen oder die Herstellung siehe die Absätze 2 bis 4. Wände mit einer im Zuge des Aushubes eingebrachten Ausfachung sind als Baugrubenverkleidung in weichen Böden ungeeignet.

2. Beim Einbringen von Spundwänden ist das Einpressverfahren bevorzugt anzuwenden. Sofern die Spundbohlen mittels Schlag- oder Vibrationsrammung eingebracht werden, sollte die Verfahrenseignung auf der Grundlage von Probeeinbringungen geprüft und die einzuhaltenden Ramm- und Erschütterungsparameter festgelegt werden.

3. Für die Herstellung von Bohrpfahlwänden ist Folgendes zu beachten:

    a) Bei Herstellung der Pfahlbohrungen ist ein erschütterungsarmes Bohrverfahren zu wählen. Ein unplanmäßiger Bodenentzug ist durch folgende Maßnahmen zu verhindern:

- Bohrung unter Wasserauflast,
- ausreichendes Voreilmaß des Bohrrohres (mindestens einfacher Pfahldurchmesser),
- Verzicht auf Überschnitt der Bohrkrone,
- Verwendung von Bohrkronen mit Schneiden anstelle von Zähnen,
- Sogwirkung auf die Bohrlochsohle ist möglichst gering zu halten,
- Bei der Betonage ist das Bohrrohr so zu ziehen, dass immer eine Frischbetonhöhe von mindestens dem einfachen Pfahldurchmesser im Bohrrohr sichergestellt ist

b) Im Grundsatz kommt eine überschnittene Bohrpfahlwand in Frage.

4. Für die Herstellung von Schlitzwänden in weichen Böden ist Folgendes zu beachten:

   a) Der Abstand zu benachbarten Gebäuden, die in dem weichen Boden gegründet sind, sollte mehr als die halbe Schlitztiefe, mindestens aber 5 m betragen bzw. der Schlitz außerhalb des Grundbruchkörpers liegen.
   b) Beim Nachweis der Schlitzstabilität ist zu beachten, dass in weichen Böden keine Gewölbebildung unterstellt werden kann. Somit ist der ebene Erddruck ohne Berücksichtigung einer räumlichen Tragwirkung des Bodens in Ansatz zu bringen. Darüber hinaus ist neben dem Anfangszustand des unkonsolidierten Bodens auch der Endzustand des konsolidierten Bodens zu untersuchen.
   c) Die Standsicherheit des offenen Schlitzes sollte nach Absatz 5 an einem Probeschlitz überprüft werden.
   d) Weiterhin kann die Schlitzabfolge, der Frischbetondruck und die Betoniertechnik Einfluss auf die Beanspruchung des weichen Bodens haben, siehe [139].
   e) Bei Schlitzwänden in weichen Böden ist die Auswirkung des Suspensionsdrucks hinsichtlich eines möglichen Suspensions- bzw. Betonmehrverbrauchs infolge Volumenzunahme zu berücksichtigen.

5. Das gewählte Einbring- bzw. Herstellungsverfahren sollte vor oder mit Beginn der Bauarbeiten auf dem vorgesehenen Baugrundstück in ausreichender Entfernung zu einer eventuell vorhandenen Nachbarbebauung probeweise eingesetzt werden. Auswirkungen sind zu dokumentieren und zu berücksichtigen.

6. Verankerungen von Baugruben in weichen Böden sind so anzuordnen, dass die Verpressstrecken der Anker in tragfähigem Boden liegen. Das Herstellungsverfahren von Verankerungen ist darauf auszurichten, dass ein Entzug, eine Aufweichung oder eine Entfestigung des Bodens vermieden wird.

12.5 Bauvorgang bei weichen Böden (EB 93)

1. Bei Baugruben in weichen Böden sind die nachfolgend beschriebenen Vorgehensweisen zweckmäßig [100, 176]. Sie gehen von dem ungünstigsten Fall aus,

dass von Geländeoberfläche bis zur Wandunterkante weicher Boden ansteht. Liegen teilweise günstigere Bodenverhältnisse vor, dürfen die erforderlichen Maßnahmen entsprechend angepasst werden.

2. Unabhängig von der Baugrubentiefe ist vor Beginn des Aushubs eine durchlaufende Stützkonstruktion anzuordnen, die in der Lage ist, Erddruckkräfte aus dem Bereich des jeweils freigelegten Streifens auf die benachbarten Bereiche umzulagern. Hierzu eignet sich z. B. ein Kopfbalken, s. Bild EB 93-1 und Bild EB 93-2.

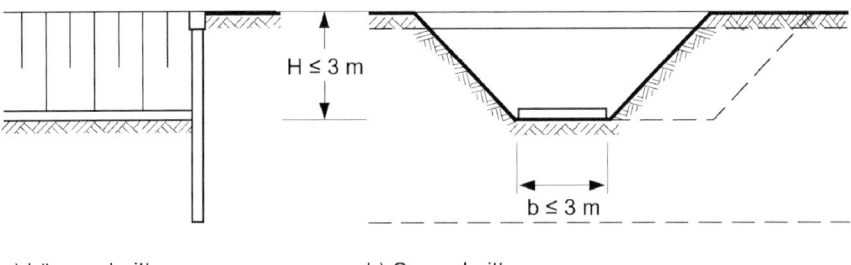

a) Längsschnitt   b) Querschnitt

Bild EB 93-1 Nicht gestützte Baugrubenwand in weichem Boden nach Einbau des ersten Unterbetonstreifens

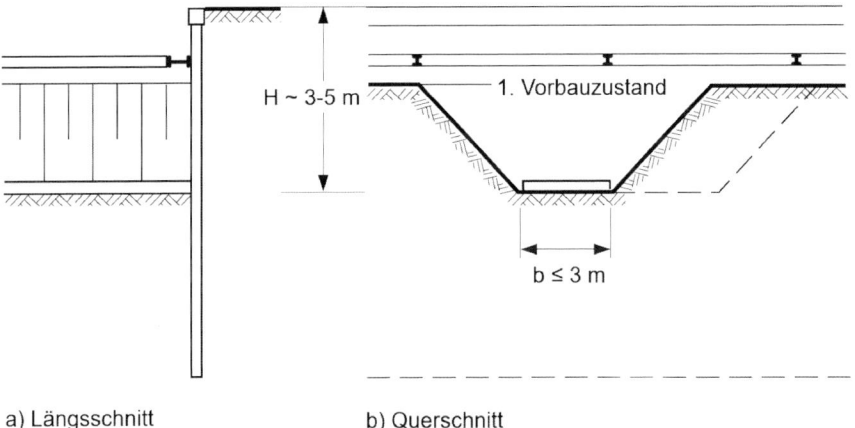

a) Längsschnitt   b) Querschnitt

Bild EB 93-2 Einmal gestützte Baugrubenwand in weichem Boden nach Einbau des ersten Unterbetonstreifens

3. Bei Baugruben geringer Tiefe, in der Regel bis zu 3 m, und begrenzter Flächenausdehnung kann wie folgt vorgegangen werden:

   a) Innerhalb einer Tagesleistung wird parallel zur Schmalseite der Baugrube ein maximal 3 m breiter geböschter Graben ausgehoben und unterhalb der geplanten Baugrubensohle ein aussteifender Unterbetonstreifen zwischen den gegenüberliegenden Baugrubenwänden hergestellt, s. Bild EB 93-1.

   b) In Eckbereichen kann es zweckmäßig sein, die aussteifenden Unterbetonstreifen diagonal anzuordnen.

c) Für die bei dieser Bauweise unvermeidlichen Kopfverformungen ist der Nachweis der Gebrauchstauglichkeit zu führen. Sofern die Kopfverformungen nicht hingenommen werden können, sind die Gräben senkrecht zu verbauen oder nahe der Geländeoberfläche Aussteifungen anzuordnen.

Gegebenenfalls kann es zweckmäßig sein, in größerem Abstand voneinander mehrere aussteifende Unterbetonstreifen in verbauten Gräben herzustellen bevor die aussteifenden Unterbetonstreifen in einseitig geböschten Gräben ergänzt werden.

4. Bei Baugruben mittlerer Tiefe, in der Regel 3–5 m, ist eine Aussteifung der Wand erforderlich. Bei begrenzter Flächenausdehnung kann dann wie folgt vorgegangen werden:

    a) Der Einbau der Steifen erfolgt abschnittsweise, gegebenenfalls mit streifenweisem Voraushub, in Anlehnung an Absatz 3.
    b) Nach Einbau der Steifen abschnittsweise Endaushub und Einbau von Unterbeton in Anlehnung an Absatz 3.

   Im Bild EB 93-2 ist eine einmal ausgesteifte Baugrubenwand im Zustand nach Einbau des ersten Unterbetonstreifens dargestellt.

5. Bei Baugruben großer Tiefe, in der Regel mehr als 5 m, kann es erforderlich sein, vor Beginn des Aushubs ein Fußauflager der Baugrubenwand in Form einer z. B. mittels Düsenstrahlverfahren [102, 104] herzustellenden Scheibe zu schaffen. Die Stützung der Baugrubenwände oberhalb der Baugrubensohle im Zuge des Aushubvorganges erfolgt in Anlehnung an Absatz 4.

6. Bei der Herstellung der aussteifenden Unterbetonstreifen nach Absatz 3 bzw. Absatz 4 ist Folgendes zu beachten:

    a) Der aussteifende Unterbeton sollte mit Rücksicht auf einen zügigen Arbeitsablauf mit schnell erhärtendem Beton hergestellt werden.
    b) Die Dicke des Unterbetons richtet sich nach dem statischen Nachweis, sollte aber 0,20 m nicht unterschreiten.
    c) Der Einbau einer Dränschicht unter dem Unterbeton wird empfohlen.
    d) Die Verschiebungen der Wand während der Aushubarbeiten sind zu beobachten. Bei unbefriedigendem Ergebnis ist die ursprünglich gewählte Grabenbreite zu verringern oder auf eine der in Absatz 3 c) genannten Bauweisen umzustellen.

7. Ist der Bauvorgang nach Absatz 3 oder nach Absatz 4 aufgrund der Grundrissabmessungen der Baugrube nicht möglich, ist zunächst eine geböschte Baugrube mit ausreichendem Abstand zur geplanten Verbauachse zu errichten und im Anschluss die Verbauwand gegen den teilfertiggestellten Rohbau auszusteifen (Kernbauweise). Die Lastableitung im Bauzustand über den Rohbau ist nachzuweisen.

8. Weiche Böden sind besonders empfindlich gegen mechanische Beanspruchungen. Um der Gefahr einer Verflüssigung des weichen Bodens zu begegnen, dürfen weiche Böden nicht befahren, bei extremen Verhältnissen nicht einmal ungeschützt betreten werden. Sofern ein Befahren aus baupraktischen Gründen erforderlich wird, sind entsprechende Arbeitsebenen herzustellen.

9. Weiche Böden und besonders Böden mit Bänderung unter dem Grundwasserspiegel neigen stark zum Fließen. Für die in den Absätzen 3, 4 und 6 beschriebenen Bauvorgänge mit vorübergehender Zuhilfenahme von Böschungen und Bermen ist oftmals eine Stabilisierung des weichen Bodens, z. B. durch Vakuumbrunnen bzw. Vakuumlanzen, erforderlich [103]. Hierzu siehe EB 100, Absatz 3 und Absatz 4 (Abschn. 12.11).

10. Alle Aus- und Umsteifungsmaßnahmen sind verformungsarm, in der Regel mit Hilfe hydraulischer Pressen, in kleinen Teilabschnitten vorzunehmen.

11. Bei Baugruben in weichen Böden besteht die Gefahr des lokalen Aufbruchs mit Hebungen der Baugrubensohle. In der Folge können auch Setzungen außerhalb der Baugrube eintreten. Um der damit verbundenen Gefahr von Setzungsschäden an benachbarten baulichen Anlagen zu begegnen, ist je nach den Randbedingungen eine der in Absatz 4, Absatz 5 und Absatz 6 beschriebenen Maßnahmen oder eine Kombination dieser Maßnahmen zu ergreifen. Darüber hinaus sind eine Verankerung der abschnittsweise eingebrachten aussteifenden Unterbetonstreifen oder der im Vorweg im Düsenstrahlverfahren hergestellten Sohlplatte sowie eine Verlängerung der Wand über das für eine Fußabstützung erforderliche Maß hinaus als zusätzliche Maßnahmen zu erwägen, siehe auch Bild EB 99-1 (Abschn. 12.10).

12.6 Erddruck auf Baugrubenwände in weichen Böden (EB 95)

1. Zur Ermittlung der Größe der Erddrucklast und zur Wahl der Verteilung des Erddrucks auf Baugrubenwände in weichen Böden gelten die gleichen Grundsätze wie bei Baugruben in steifen bis halbfesten Böden, sofern nachfolgend keine davon abweichenden Regelungen getroffen werden.

2. Abweichend von den Ausführungen in [105] und [112] mit einer Berücksichtigung der Scherparameter $\varphi_{u,k}$ und $c_{u,k}$ des undränierten Bodens sowie der totalen Spannungen bei der Ermittlung des Erddruckes auf Baugrubenwände in weichen, unkonsolidierten Böden wird nachfolgend das Konzept der effektiven Spannungen verfolgt [119, 176]. Dies wird dadurch begründet, dass beim Konzept der totalen Spannungen

    – bis zu einer von der Größe $c_{u,k}$ abhängigen Tiefe rechnerisch kein Erddruck wirksam ist,

- Erddruck und Erdwiderstand in gleicher Weise mit der Tiefe zunehmen und dadurch bei zunehmender Einbindetiefe im Boden die rechnerische Sicherheit gegen Versagen des Fußauflagers immer kleiner wird, siehe auch [132].

3. Die nachfolgenden Regelungen gehen davon aus, dass entsprechend Anhang A 11 die Scherfestigkeit als Reibungswinkel berücksichtigt wird, wahlweise in Form

   a) des im Scherversuch ermittelten Winkels der Gesamtscherfestigkeit $\varphi'_{s,k}$,
   b) eines Ersatzreibungswinkels ers $\varphi_{s,k}$ auf der Grundlage der Scherfestigkeit $c_{u,k}$,
   c) des Winkels der Gesamtscherfestigkeit $\varphi'_{s,k}$ auf der Grundlage der Scherfestigkeit $c_{u,k}$.

   Zum Ansatz des Wasserüberdrucks und gegebenenfalls des Porenwasserüberdrucks siehe EB 97 (Abschn. 12.8).

4. Die Ermittlung des Erdruhedrucks erfolgt im Grundsatz gemäß EB 18 (Abschn. 3.7), wobei als vereinfachter Ansatz

   $$K_0 = 1 - \sin \varphi'_{s,k}$$

   mit dem Winkel der Gesamtscherfestigkeit angesetzt werden darf.

   Alternativ dürfen empirische Näherungsansätze für die Ermittlung des Erdruhedruckbeiwerts verwendet werden [112, 176].

5. Für den Ansatz des Erdruhedrucks gilt Folgendes:

   a) Oberhalb der Baugrubensohle ist nur dann der Erdruhedruck anzusetzen, wenn eine biegesteife Baugrubenwand angeordnet wird, deren Bewegung am Wandkopf und in Höhe der Aushubsohle durch konstruktive Maßnahmen weitestgehend vermieden wird.
   b) Unterhalb der Baugrubensohle ist nur dann der Erdruhedruck anzusetzen, wenn eine biegesteife Baugrubenwand angeordnet wird, deren Bewegung in Höhe der Aushubsohle und am Wandfuß weitestgehend vermieden wird oder sogar gegen den Boden gerichtet zu erwarten ist. Letzteres ist z. B. der Fall, wenn eine im Düsenstrahlverfahren hergestellte aussteifende Sohlplatte als einzige Stützung vorhanden ist.
   c) Bei Anordnung von biegeweichen Baugrubenwänden in Kombination mit vor dem Aushub eingebrachten oder hoch vorgespannten Stützungen ist zu prüfen, ob der Ansatz des Erdruhedrucks im Einklang mit den rechnerischen Wandverschiebungen steht.

6. Die Ermittlung des aktiven Erddrucks erfolgt im Grundsatz gemäß EB 4 (Abschn. 3.2). Bei weichen Böden darf unterstellt werden, dass zwischen Baugrubenwand und Boden eine Adhäsion wirksam ist. Vereinfachend ist es zulässig, anstelle dieser Adhäsion den Erddruckneigungswinkel $\delta_{a,k} = 1/3 \cdot \varphi_k$ anzusetzen, mit $\varphi_k = \varphi'_k$ bzw. $\varphi'_{s,k}$ oder $\varphi_k = $ ers $\varphi_{s,k}$ nach Anhang A 11.

7. Für den Ansatz des aktiven Erddrucks gilt Folgendes:

   a) Der aktive Erddruck ist dann anzusetzen, wenn die erste Stützung verhältnismäßig tief eingebaut wird oder die Stützung der Wand durch eine streifenweise eingebrachte Sohle erfolgt.
   b) Sofern bei der Ermittlung des Erddrucks undränierte Verhältnisse angenommen werden und der Ersatzreibungswinkel ers $\varphi_{s,k}$ nach Anhang A 11 bestimmt wird, kann bei sehr kleiner Scherfestigkeit der aktive Erddruck größer werden als der Erdruhedruck. In diesem Fall darf für die Ermittlung der Wandbelastung der Erdruhedruck zugrunde gelegt werden.

8. Bei Baugruben in weichen Böden ist in der Regel mit dem Auftreten der klassischen Erddruckverteilung zu rechnen. Wird jedoch eine vorgespannte Stützung am Wandkopf vorgesehen, ist von einer Erddruckumlagerung auszugehen. Der Erddruck von Geländeoberfläche bis Aushubsohle ist dabei in eine Trapezfigur, maximal in ein Rechteck umzuwandeln. Wenn Zweifel bestehen, ob mit oder ohne Erddruckumlagerung zu rechnen ist, sind im Grundsatz beide Fälle zu untersuchen. Auf die zusätzliche Untersuchung mit umgelagertem Erddruck nach Bild EB 96-1 (Abschn. 12.7) darf jedoch verzichtet werden, wenn die Steifen- oder Ankerkräfte um 30 % vergrößert werden.

12.7 Bodenreaktionen bei Baugrubenwänden in weichen Böden (EB 96)

1. In Abhängigkeit der auftretenden Wandverschiebung kann die Bodenreaktion unterhalb der Baugrubensohle jeden Wert zwischen dem aktiven Erddruck und dem Erdwiderstand im Grenzzustand annehmen. Beim Ansatz der Bodenreaktionen werden folgende Fälle unterschieden:

   a) Bauzustände ohne aussteifende Sohle nach Bild EB 96-1,
   b) Zustände mit einer streifenweise im Zuge des Aushubs eingebrachten aussteifenden Sohle nach Bild EB 96-2,
   c) Zustände mit einer vorab von der Geländeoberfläche aus eingebrachten aussteifenden Sohle nach den Bildern EB 96-3 und EB 96-4.

   Die Lastbilder gehen davon aus, dass nicht nur der aktive Erddruck und der Erdruhedruck, sondern entsprechend EB 95, Absatz 3 (Abschn. 12.6) auch der Erdwiderstand zur Aufnahme der Bodenreaktion mit dem Winkel der Gesamtscherfestigkeit $\varphi'_{s,k}$ bzw. mit dem Ersatzreibungswinkel ers $\varphi_{s,k}$ ermittelt worden sind.

2. In Bauzuständen ohne aussteifende Sohlplatte nach Bild EB 96-1 darf vor dem Wandfuß ein linear zunehmender Erdwiderstand als Bodenreaktion in Ansatz gebracht werden. In Anlehnung an EB 95, Absatz 6 (Abschn. 12.6) darf hierbei anstelle einer Adhäsion vereinfachend der Erddruckneigungswinkel $\delta_{p,k} = -1/3 \cdot \varphi_k$ angesetzt werden, sofern nicht der Sonderfall nach Bild EB 99-2 (Abschn. 12.10) vorliegt.

202 | 12 Baugruben in weichen Böden

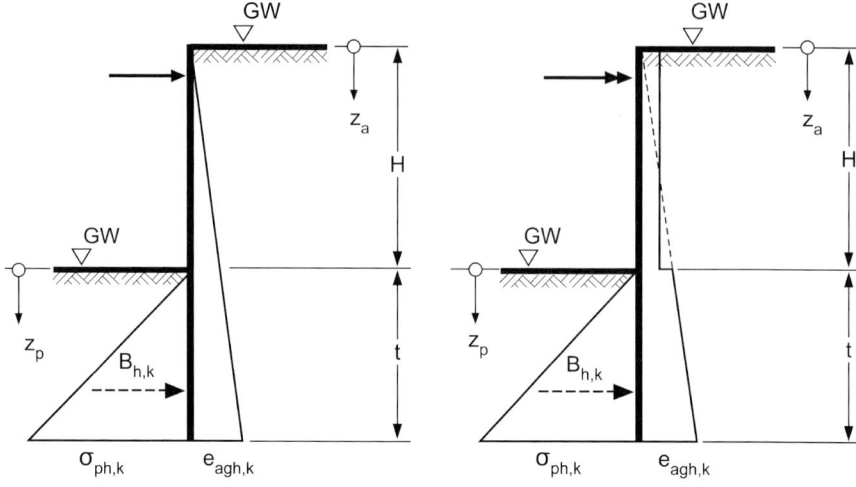

Bild EB 96-1 Mögliche Lastbilder für einmal gestützte Wände ohne Stützung in Höhe der Baugrubensohle

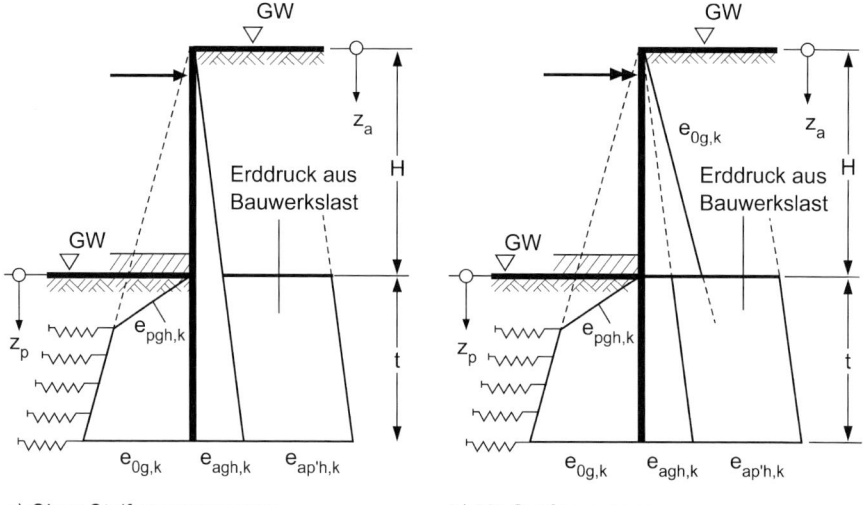

Bild EB 96-2 Mögliche Lastbilder für einmal gestützte Wände mit abschnittsweise eingebrachter aussteifender Sohle

Im Übrigen ist Folgendes zu beachten:

a) Bei nicht gestützten Wänden ist wegen der zu erwartenden Kopfbewegungen eine bodenmechanische Einspannung im weichen Boden nur bei geringer Aushubtiefe möglich.

b) Bei gestützten Wänden darf wegen der Steifigkeitsverhältnisse von Baugrubenwand und Boden eine bodenmechanische Einspannung in weichem Boden auf keinen Fall angesetzt werden.

12.7 Bodenreaktionen bei Baugrubenwänden in weichen Böden (EB 96)

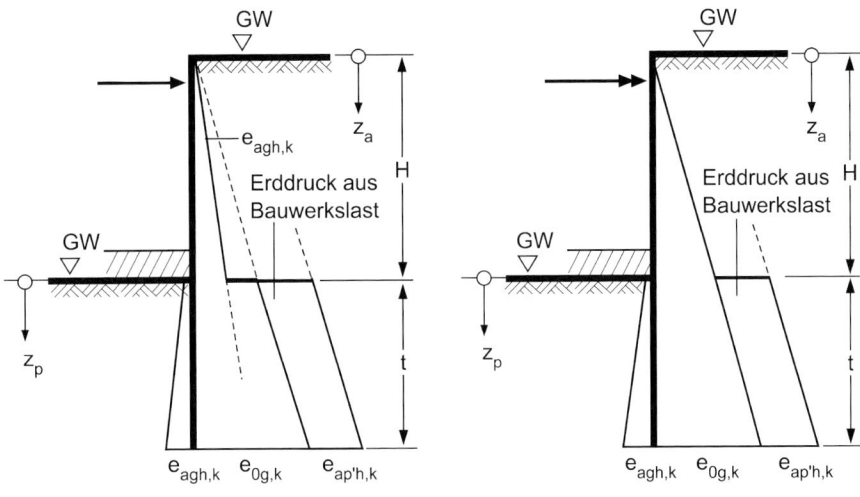

a) Ohne Steifenvorspannung   b) Mit Steifenvorspannung

Bild EB 96-3 Mögliche Lastbilder für einmal gestützte, verformungsarme Wände mit einer vorab von der Geländeoberfläche aus eingebrachter aussteifender Sohle

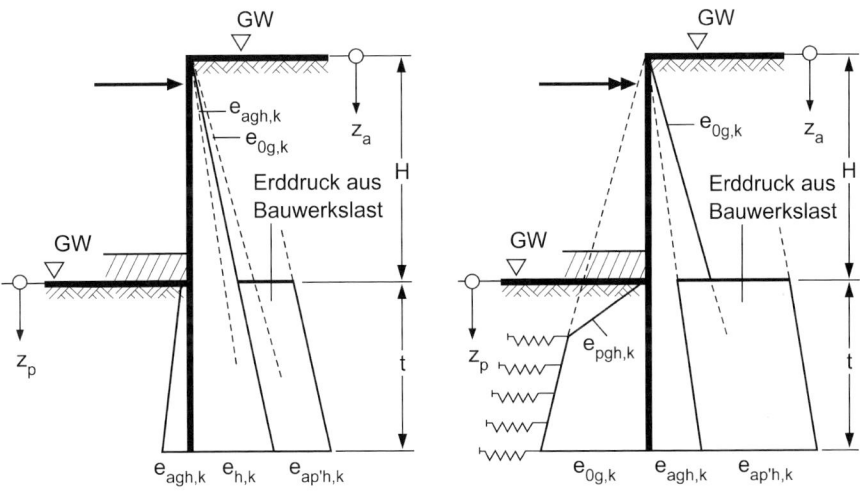

a) Ohne Steifenvorspannung   b) Mit Steifenvorspannung

Bild EB 96-4 Mögliche Lastbilder für einmal gestützte, biegeweiche Spundwände mit einer vorab von der Geländeoberfläche aus eingebrachten aussteifenden Sohle

3. Zur Einhaltung der Grenzzustände der Tragfähigkeit und der Gebrauchstauglichkeit sind zusätzlich zum Nachweis nach EB 80, Absatz 5 bis 10 (Abschn. 4.3), für die Fälle nach Bild EB 96-1 folgende Nachweise zu führen:

   a) Mit Rücksicht auf den Einfluss von Anisotropie mit dem Anpassungsfaktor $\eta_{R,e} \leq 0{,}50$, siehe auch [108] und [132]

   $$B_{h,k} \leq E_{ph,k} \cdot \eta_{R,e}$$

b) Mit Rücksicht auf den Gebrauchszustand zur Begrenzung der Wandverschiebung mit dem Anpassungsfaktor $\eta_{R,e} \leq 0{,}75$

$$B_{h,k} \leq E_{0g,k} + (E_{ph,k} - E_{0g,k}) \cdot \eta_{R,e}$$

Der Anpassungsfaktor $\eta_{R,e}$ ist dabei aufgrund örtlicher Erfahrungen so festzulegen, dass die zu erwartenden Verschiebungen der Wand im Einbindebereich hinnehmbar sind. Dazu ist Sachkunde und Erfahrung auf dem Gebiet der Geotechnik erforderlich. Eine Abminderung der Auflagerkraft $B_{h,k}$ auf einen Wert, der einem Erdwiderstandsbeiwert $K_{ph,mob} \leq 1{,}00$ entspricht, ist jedoch nicht sinnvoll.

4. In Bauzuständen mit einer im Zuge des Aushubvorgangs streifenweise eingebrachten aussteifenden Sohlplatte nach Bild EB 96-2 wird das Gleichgewicht der Horizontalkräfte in erster Linie durch die Stützung durch die Sohlplatte sichergestellt. Es darf näherungsweise unterstellt werden, dass der ursprüngliche unterhalb der Baugrubensohle vorhandene Erdruhedruck erhalten geblieben ist und im Bereich unmittelbar unterhalb der Sohlplatte aufgrund der Aushubentlastung durch den Grenzwert $e_{ph,k}$ des mit $\delta_{p,k} = 0$ ermittelten Erdwiderstands begrenzt ist. Sofern

   a) die Summe der Einwirkungen infolge Erd- und Wasserdruck unterhalb der Baugrubensohle geringer als der Erdruhedruck bzw. im Bereich unmittelbar unterhalb der Sohlplatte der Erdwiderstand ist, ist die rechnerisch zu berücksichtigende Bodenreaktion auf die Summe der Einwirkungen zu beschränken.

   b) die Summe der Einwirkungen infolge Erd- und Wasserdruck unterhalb der Baugrubensohle größer als der Erdruhedruck ist, darf die über den Erdruhedruck hinausgehende Bodenreaktion nach dem Bettungsmodulverfahren gemäß EB 102, (Abschn. 4.5) unter Berücksichtigung des Abminderungsfaktor $\eta_{R,e}$ nach Absatz 3 ermittelt werden.

5. In Bauzuständen mit einer vorab von der Geländeoberfläche aus eingebrachten aussteifenden Sohle nach den Bildern EB 96-3 und EB 96-4 wird das Gleichgewicht der Horizontalkräfte durch die Stützung der aussteifenden Sohle sichergestellt. Es ist Folgendes zu beachten:

   a) Da die Sohle vor Beginn des Aushubs eingebracht wurde, erfolgt eine Drehung der Wand um die untere Stützung. Dadurch kann sich der Boden unterhalb der Sohlplatte entspannen, so dass nach den Bildern EB 96-3 und EB 96-4a) nur noch der aktive Erddruck wirksam ist, wobei die Sohlplatte als Auflast berücksichtigt werden kann.

   b) Nur wenn eine biegeweiche Wand angeordnet ist, die Steifen oder Anker stark vorgespannt werden und die Summe der Einwirkungen unterhalb der Sohlplatte, z. B. infolge der Wirkung von Bauwerkslasten oder infolge eines Wasserüberdrucks, so groß ist, dass sich die Wand zur Baugrube hin zurück-

biegt, kann es gerechtfertigt sein, nach Bild EB 96-4b) den nach Absatz 3 a) ermittelten Erdruhedruck und gegebenenfalls nach Absatz 3 b) eine über den Erdruhedruck hinausgehende Bodenreaktion anzusetzen

6. Die genannten Rechenansätze eignen sich für die Ermittlung der Schnittgrößen, nicht aber für die Ermittlung der erforderlichen Einbindetiefe unterhalb der aussteifenden Sohlplatte. Für den Nachweis einer ausreichenden Einbindetiefe gilt Folgendes:

   a) In Bauzuständen mit einer im Zuge des Aushubvorgangs streifenweise eingebrachten aussteifenden Sohlplatte darf angenommen werden, dass hierfür die Gesamtlänge der Wand ausreicht, die sich im Zustand vor Einbau der aussteifenden Betonsohle nach Absatz 3 in Verbindung mit EB 98, Absatz 2 (Abschn. 12.9) ergibt.
   b) In Bauzuständen mit einer vor Beginn des Aushub eingebrachten aussteifenden Sohlplatte ergibt sich die erforderliche Mindesteinbindetiefe aus dem Nachweis der Geländebruchsicherheit oder gegebenenfalls dem Nachweis der Sicherheit gegen Aufbruch der Baugrubensohle bzw. gegen hydraulischen Grundbruch, vergleiche auch EB 99 (Abschn. 12.10).

12.8 Berücksichtigung des Wasserdrucks bei weichen Böden (EB 97)

1. Bindet die Wand in eine gering durchlässige Schicht ein, ist davon auszugehen, dass wassergesättigter weicher Boden unter Auftrieb steht und ein hydrostatischer Wasserdruck wirksam ist.

2. Bindet die Wand nicht in eine gering durchlässige Schicht ein, dann sind nach EB 63 (Abschn. 10.6) bei der Behandlung des Wasserdrucks unterschiedliche Ansätze zulässig:

   a) Vereinfachend darf der hydrostatische Wasserdruck in Ansatz gebracht werden.
   b) Berücksichtigung der Umströmung des Wandfußes gemäß EB 63, Absatz 2 (Abschn. 10.6).

3. Sofern weiche bindige Böden unter Belastung noch nicht vollständig konsolidiert sind, ist der Wasserdruck nach Absatz 2 um den vorherrschenden Porenwasserüberdruck zu vergrößern. Teilkonsolidierte Zustände können durch die Bestimmung des Konsolidierungsgrades berücksichtigt werden. In weichen Böden kann neben dem Porenwasserüberdruck infolge Belastung auch ein natürlicher Porenwasserüberdruck z. B. bei ausgedehnten Sandbändern oder aus artesischer Herkunft vorhanden sein.

12.9 Berücksichtigung der Bauzustände bei Baugruben in weichen Böden (EB 98)

1. Für den Nachweis der Bauzustände, die sich nach EB 93 (Abschn. 12.5) örtlich und zeitlich begrenzt einstellen, sind folgende Zustände statisch nachzuweisen:

   a) der Zustand, in dem der erste Graben auf beiden Seiten geböscht ist und

   b) der Zustand, in dem der Aushubstreifen auf einer Seite durch Unterbeton begrenzt, auf der anderen Seite geböscht ist.

2. Die vorübergehende räumliche Tragwirkung im Boden im Bauzustand nach Aushub des ersten Grabens mit $b \leq 3$ m kann vereinfachend für eine rechnerische Ersatzebene nachgewiesen werden, die nach Bild EB 98-1 bei zwei Dritteln der Höhe der vorgesehenen Grabentiefe liegt.

   Der Grundwasserstand innerhalb der Baugrube ist bei diesem Nachweis in Höhe der tatsächlich vorgesehenen Aushubsohle anzusetzen.

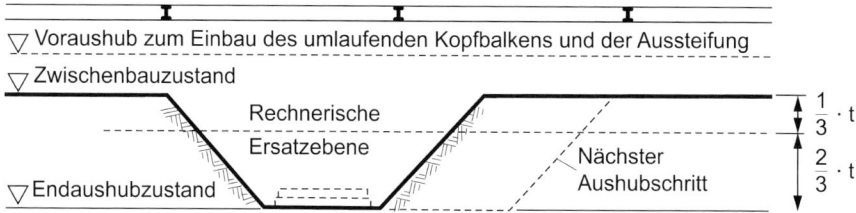

Bild EB 98-1 Rechnerische Ersatzebene für den Zwischenzustand mit Graben b ≤ 3 m

12.10 Weitere Standsicherheitsnachweise bei Baugruben in weichen Böden (EB 99)

1. Baugruben mit weichem Boden unterhalb der Baugrubensohle sind durch einen möglichen Aufbruch der Baugrubensohle gefährdet, siehe auch EB 10, Absatz 1 (Abschn. 4.9) bzw. [52] und [117]. In der Regel wird der Nachweis der Aufbruchsicherheit der Baugrubensohle mit der Scherfestigkeit $c_{u,k}$ des undränierten Bodens geführt, siehe hierzu auch Bild EB 99-1a).

   a) Für Baugruben mit der Tiefe H und der Breite $B > 0{,}20 \cdot H$ in homogenem, wassergesättigtem Boden nach Bild EB 99-1 ist analog zu EB 10, Absatz 1 (Abschn. 4.9) die Grenzzustandsbedingung

   $$G_{B,d} + G_d + Q_d \leq R_{n,d} + T_d$$

   einzuhalten [130]. Der Bemessungswert des vertikalen Widerstandes aus Kohäsion ergibt sich aus dem Ansatz

   $$T_d = \frac{c_{u,k} \cdot (H + t_g)}{\gamma_{R,v}}$$

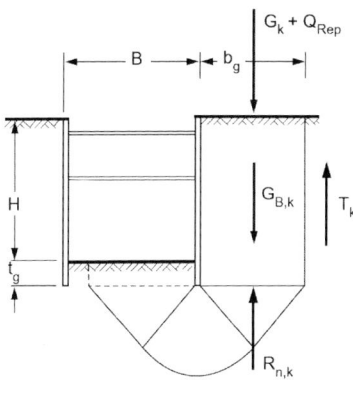
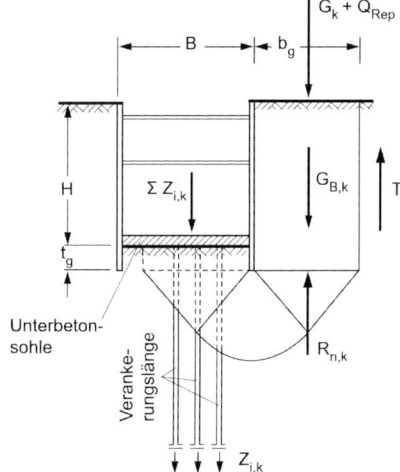

a) ohne Zugpfahlverankerung b) mit Zugpfahlverankerung

Bild EB 99-1 Aufbruch der Baugrubensohle

der Bemessungswert des Grundbruchwiderstandes aus dem Ansatz

$$R_{n,d} = \frac{b_g \cdot (\gamma \cdot t_g + 5{,}14 \cdot c_{u,k})}{\gamma_{R,v}}$$

Die Wichte ist hierbei oberhalb des Grundwasserspiegels mit γ und unterhalb mit γ_r einzusetzen.

b) Wenn effektive Wichten bei der Berechnung der Bodeneigenlast und des Grundbruchwiderstandes in Ansatz gebracht werden ist zusätzlich die hydrostatische Wasserdruckdifferenz als ungünstige Einwirkung zu berücksichtigen. Alternativ kann auch eine Nachweisform unter Berücksichtigung der Strömungskraft in Verbindung mit der wirksamen Wichte nach EB 59 (Abschn. 10.2) gewählt werden.

c) Die Breite b_g ergibt sich wie folgt:
  – Ohne seitliche Auflasten erhält man die maßgebende Breite $b_g = B$, sofern die Scherfestigkeit des undränierten Bodens $c_{u,k}$ über die Tiefe konstant ist.
  – Bei seitlichen Auflasten bzw. veränderlicher Scherfestigkeit $c_{u,k}$ ist die Breite zur Auffindung des maximalen Ausnutzungsgrades zu variieren [130].

d) Bei verankerten Baugrubensohlen ist die Grenzzustandsbedingung nach Absatz 1 a) für den Nachweis der Aufbruchsicherheit um den Bemessungswert einer äquivalenten Auflast Z_d aus den Zugpfählen im Bereich des Aufbruchkörpers nach Bild EB 99-1b) zu erweitern

$$G_{B,d} + G_d + Q_d \leq R_{n,d} + T_d + Z_d$$

Der Bemessungswert Z_d ergibt sich nach Bild EB 99-1b) aus

$$Z_d = \sum Z_{i,k}/\gamma_{R,v}$$

Für die Bemessung der die äquivalente Auflast erzeugenden Zugpfähle ist die Grenzzustandsbedingung

$$\sum Z_{i,k} \cdot \gamma_G \leq \sum R_{t,i,k}/\gamma_{s,t}$$

einzuhalten. Bei der Ermittlung der charakteristischen Zugpfahlwiderstände $R_{t,i,k}$ sind als Verankerungslänge nur die Pfahlmantelreibungsflächen unterhalb der Aufbruchfigur anzusetzen.

2. Bei Baugruben in weichen Böden ist der Nachweis der Geländebruchsicherheit zu führen. Dabei ist Folgendes zu beachten:

   a) Befinden sich keine baulichen Anlagen im Einflussbereich der Baugrube, darf der Nachweis der Geländebruchsicherheit unter Ansatz der Teilsicherheitsbeiwerte für die Bemessungssituation BS-T geführt werden.
   b) Ist dies nicht der Fall wird empfohlen, die Teilsicherheitsbeiwerte für die Bemessungssituation BS-P zugrunde zu legen und den Ausnutzungsgrad der Scherfestigkeit der weichen Böden auf $\mu \leq 0{,}80$ zu begrenzen [165].

3. Bei verankerten Baugrubenwänden ist die Standsicherheit in der tiefen Gleitfuge nach EB 44 (Abschn. 7.3) nachzuweisen.

4. Beim Nachweis der Standsicherheit in der tiefen Gleitfuge ist der Fußpunkt der tiefen Gleitfuge unter Berücksichtigung von Zwangsgleitflächen zu variieren, siehe auch EB 44 (Abschn. 7.3). Befinden sich baulichen Anlagen im Einflussbereich der Verankerung wird empfohlen, den Ausnutzungsgrad der Scherfestigkeit der weichen Böden in Anlehnung an Absatz 3 auf $\mu \leq 0{,}80$ zu begrenzen.

5. Bei Baugruben, bei denen im Einbindebereich der Wand weicher Boden ansteht ist die Abtragung von Vertikallasten in den Untergrund nicht sichergestellt. Daher ist bei der Ermittlung des aktiven Erddruckes für den tragfähigen Boden der Erddruckneigungswinkel mit $\delta_{a,k} = 0$ anzusetzen.

6. Bei ausgesteiften Baugruben nach Bild EB 99-2a) ist der Nachweis der ausreichenden Einbindetiefe in der tragfähigen Deckschicht zu erbringen. Dabei ist der Erddruckneigungswinkel zu $\delta_{p,k} = 0$ anzusetzen.

7. Bei verankerten Baugrubenwänden nach Bild EB 99-2b) ist eine ausreichende Gleitsicherheit

$$E_{ah,d} + W_{ü,d} \leq E_{ph,d} + R_{t,d} \quad \text{bzw.} \quad K_d$$

nachzuweisen. Ein Ausnutzungsgrad $\mu < 1{,}0$ kann erforderlich sein, um die zu erwartenden Verschiebungen zu begrenzen. Der Erdwiderstand in der Deckschicht ist abweichend vom Nachweis der Vertikalkomponente des mobilisierten Erdwiderstands nach EB 9 (Abschn. 4.7) mit dem Erddruckneigungswinkel $\delta_{p,k} = 0$ zu ermitteln. Für den Gleitwiderstand gilt entweder

$$R_{t,k} = G_k \cdot \tan \varphi_k$$

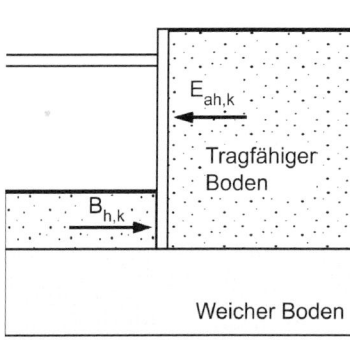 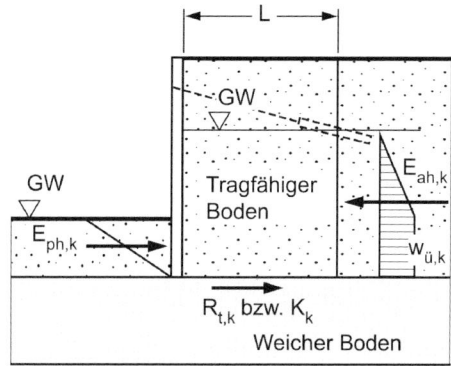

a) Ausgesteifte Wand b) Verankerte Wand

Bild EB 99-2 Baugrube mit weichem Boden unterhalb des Wandfußes

mit $\varphi_k = \varphi'_{s,k}$ bzw. mit $\varphi_k = \text{ers}\,\varphi_{s,k}$ nach EB 95, Absatz 3 (Abschn. 12.6) oder

$$K_k = c_{u,k} \cdot L$$

Der kleinere Wert ist maßgebend.

12.11 Wasserabsenkungen bei Baugruben in weichen Böden (EB 100)

1. Bei weichen Böden sind erhebliche Setzungen zu erwarten, wenn die effektiven Spannungen durch Wasserabsenkungen wesentlich erhöht werden. Dies ist bei der Planung von Wasserabsenkungen zu berücksichtigen.

2. Bei weitreichenden Sandbänderungen in weichen Böden sind deren Auswirkungen auf die Wasserhaltung besonders zu berücksichtigen.

3. In der Regel unterliegt der Grundwasserspiegel jahreszeitlichen Schwankungen. Grundwasserabsenkungen auf den niedrigsten aus der Vergangenheit bekannten Stand sind unbedenklich.

4. Innerhalb einer wasserdichten Baugrubenumschließung ist es zulässig, eingelagerte Bänder aus Feinsand oder Grobschluff zu entwässern bzw. den vorhandenen gespannten Wasserspiegel abzusenken. Um die Auswirkungen der Wasserhaltungsmaßnahmen außerhalb der Baugrube gering zu halten ist sicherzustellen, dass die eingelagerten Bänder durch die Baugrubenumschließung gekapselt sind.

5. Für Wasserhaltungsmaßnahmen in weichen Böden sind Vakuumfilterbrunnen einzusetzen, wenn eine Schwerkraftentwässerung nicht ausreicht oder zusätzlich ein Verfestigungseffekt erzielt werden soll.

6. Der örtliche begrenzte Einsatz von Vakuumlanzen zur Stabilisierung von Böschungen, z. B. beim Herstellen der Gräben zum Einbringen von Unterbetonstreifen nach EB 93, Absatz 3 bzw. Absatz 4 (Abschn. 12.5) ist in der Regel im Hinblick auf benachbarte bauliche Anlagen unbedenklich.

7. Restschichtwasser und Oberflächenwasser sind oberhalb der Baugrubensohle durch eine filterstabile Flächendränung in Pumpensümpfe abzuleiten.

8. Die Auswirkungen der Wasserhaltungsmaßnahmen innerhalb und außerhalb der Baugrube sind zu überwachen.

12.12 Gebrauchstauglichkeit von Baugrubenkonstruktionen in weichen Böden (EB 101)

1. Die Gebrauchstauglichkeit von Baugrubenkonstruktionen hängt ab von

    – der zutreffenden Erkundung und Einschätzung der gegebenen Situation,
    – der Wahl einer geeigneten Verbau- und Sohlkonstruktion,
    – der Wahl eines geeigneten Bauverfahrens,
    – wirklichkeitsnahen Ansätzen für Berechnung und Bemessung,
    – der fachgerechten Ausführung und Überwachung der Bauarbeiten.

    Sofern auch nur bei einer der genannten Abhängigkeiten ein Mangel auftritt, ist im Gegensatz zu Baugruben in tragfähigem Boden davon auszugehen, dass schwerwiegende Auswirkungen in der Umgebung auftreten und diese eine Reichweite haben können, die ein Mehrfaches der Baugrubentiefe beträgt, siehe z. B. Bild EB 101-1.

2. Bei Baugruben im Einflussbereich baulicher Anlagen sind neben den Wandverformungen vor allem die Baugrundbewegungen zu beschränken. Hierzu gibt es im weichen Boden nur die Möglichkeit, den Primärspannungszustand des Baugrunds weitgehend aufrechtzuerhalten. Es ist von entscheidender Bedeutung, dass eine Entspannung und Entfestigung des weichen Bodens hinter der Baugrubenwand sowie unterhalb der Baugrubensohle gering gehalten wird. Dazu kommen im Grundsatz folgende Maßnahmen in Betracht:

    a) Die bestmögliche Erhaltung des Primärspannungszustands hinter der Baugrubenwand kann durch Wahl einer steifen Verbauwand und Anordnung einer festen Abstützung in Geländehöhe sowie auf Höhe des Wandfußes erzielt werden, siehe z. B. Bild EB 101-1b).
    b) Die bestmögliche Erhaltung des Primärspannungszustands unterhalb der Baugrubensohle kann durch Anordnung einer zusätzlichen Sicherung der Baugrubensohle gegen Hebungen durch Ballast, durch Sohlgewölbe oder durch Zugpfähle bzw. Zuganker erzielt werden, siehe z. B. Bild EB 101-1b) und c).

12.12 Gebrauchstauglichkeit von Baugrubenkonstruktionen in weichen Böden (EB 101)

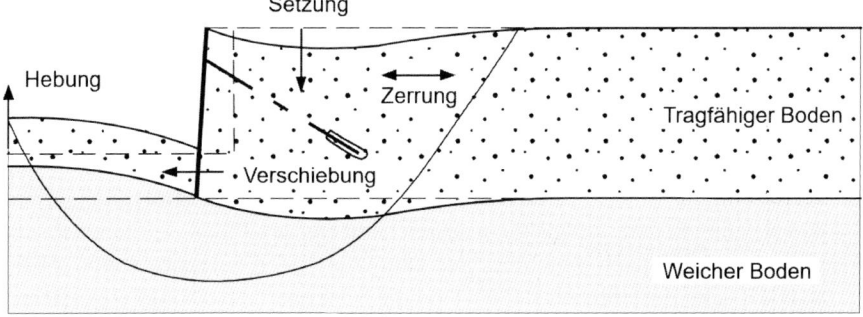

a) Ohne Sohlsicherung

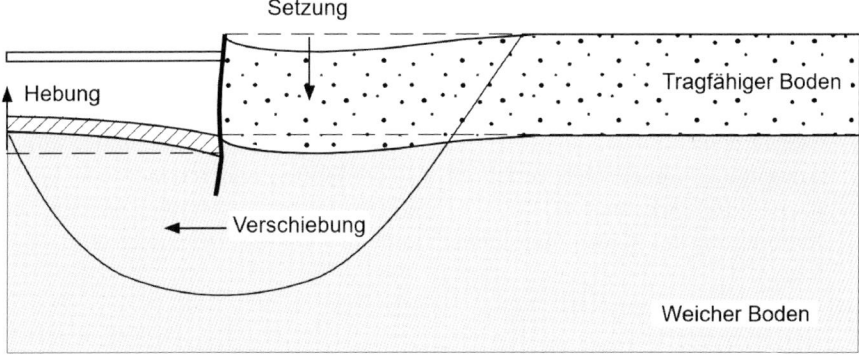

b) Mit Sohlaussteifung

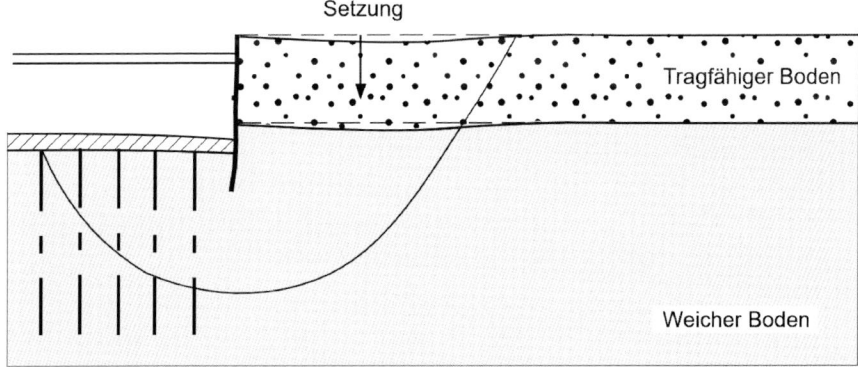

c) Mit Sohlaussteifung und Sohlverankerung

Bild EB 101-1 Bodenbewegungen in Abhängigkeit von der Sohlsicherung

Die günstige Wirkung einer Sohlaussteifung bzw. einer Sohlverankerung wird zusätzlich gesteigert, wenn diese nicht streifenweise nach Erreichen der Baugrubensohle eingebaut wird, sondern bereits vor Aushubbeginn.

3. Vor Beginn der Bauarbeiten ist in einem ausreichend weiten Umkreis um die geplante Baugrube an bestehenden baulichen Anlagen eine Beweissicherung vorzunehmen. Alle folgenden Phasen des Bauablaufs mit Einwirkungen auf den weichen Boden sind in einem ausreichend eng gewähltem zeitlichen Raster bis ausreichend nach Abschluss der Baumaßnahmen zu beobachten. Sobald sich kritische Zustände einstellen, sind die Aushubarbeiten sofort einzustellen und, bei fortgeschrittenem Aushub, umgehend Stützbermen zu schütten bzw. die Baugrube teilweise aufzufüllen.

4. Die Herstellung von Baugruben in weichem Boden ohne Setzungserscheinungen an benachbarten baulichen Anlagen ist nur in Ausnahmefällen möglich. In der Regel sind Verformungen infolge des Aushubvorgangs unvermeidbar. Insbesondere die Verformungen des Baugrunds lassen sich mit herkömmlichen analytischen Berechnungen nicht ausreichend genau ermitteln. Diese können durch Anwendung numerischer Verfahren, z. B. der Finite-Elemente-Methode (FEM) nach EB 103 (Abschn. 4.6) [175, 176] und [166], zutreffend ermittelt werden. Die Kalibrierung des Berechnungsmodells anhand von Messergebnissen wird empfohlen.

Achim Hettler, Theodoros Triantafyllidis, Anton Weißenbach

Baugruben

- das Buch zeigt, welche Nachweise mit welchen Methoden zu erbringen sind
- wertvoller Ratgeber für die tägliche Praxis in der Geotechnik und im übrigen Konstruktiven Ingenieurbau

Das gegenüber der zweiten Auflage vollständig überarbeitete Buch behandelt die Bemessung von Baugruben, die Dimensionierung der Baugrubenwände und zugehöriger Einzelteile sowie Baugrubenkonstruktionen. Berechnungsbeispiele erläutern die Anwendung der vorgestellten Verfahren.

3., vollständig überarbeitete Auflage · 2018 · 434 Seiten · 224 Abbildungen · 50 Tabellen

Hardcover
ISBN 978-3-433-03244-2 € 89*

eBundle (Print + PDF)
ISBN 978-3-433-03261-9 € 119*

BESTELLEN
+49 (0)30 470 31-236
marketing@ernst-und-sohn.de
www.ernst-und-sohn.de/3244

*Der €-Preis gilt ausschließlich für Deutschland. Inkl. MwSt.

Auf unsere Stärken bauen

Keller Grundbau GmbH
Kaiserleistraße 8
63067 Offenbach
Deutschland

Telefon +49 (0)69 80 51-0

info.de@keller.com

Wir verwirklichen Lösungen für Ihre Baugrund-, Gründungs- und Grundwasserprobleme. Komplexe Grundbauaufgaben wickeln wir gerne ab und greifen dabei auf selbst entwickelte Verfahren und eine breite Palette moderner Technologien zurück.

Fragen Sie uns, wir beraten Sie gern!

www.kellergrundbau.de

13
Unterfangungen

13.1 Bautechnische Voraussetzungen und Maßnahmen bei Unterfangungen (EB 108)

1. Unterfangungen können herkömmlich aus Mauerwerk, Beton oder Stahlbeton gemäß DIN 4123 hergestellt werden. Alternativ ist die Ausführung der Unterfangung durch eine Bodenverfestigung (Bild EB 108-1) mit dem Düsenstrahlverfahren nach DIN EN 12716 oder durch eine Bindemittelinjektion nach DIN EN 12715 möglich [185].

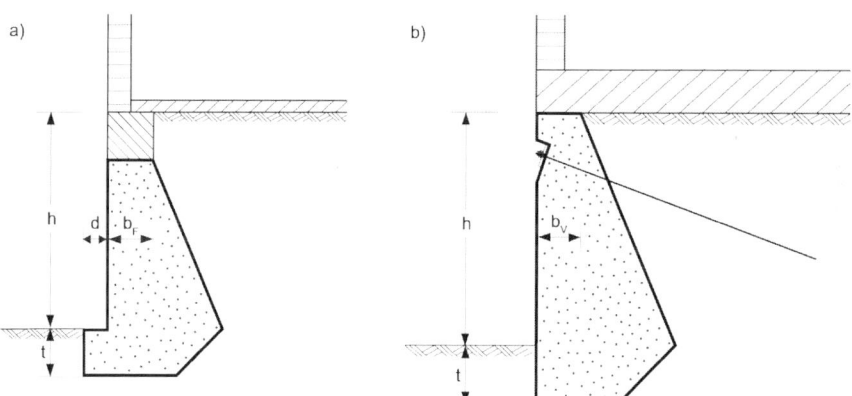

Bild EB 108-1 a) Unverankerter Unterfangungskörper mit Sporn, b) verankerter Unterfangungskörper ohne Sporn, Darstellung der statisch erforderlichen Abmessungen

2. Das gewählte Verfahren zur Herstellung der Verfestigung ist durch den Sachverständigen für Geotechnik zu bestätigen.

3. Für die Planung und Bauvorbereitung einer Unterfangung durch eine Bodenverfestigung ist DIN 4123:2013-04, Abschnitt 6 zu berücksichtigen.

4. Da die Bodenverfestigung nicht überall die gleichen Eigenschaften besitzt, entsteht ein Unterfangungskörper, dessen Festigkeit, Steifigkeit und Durchlässigkeit streuen.

Empfehlungen des Arbeitskreises „Baugruben", 6. Auflage. DGGT e. V. (Hrsg.)
©2021 Ernst & Sohn GmbH & Co. KG. Published 2021 by Ernst & Sohn GmbH & Co. KG

5. Der gedüste oder injizierte Unterfangungskörper muss im Mittel mindestens die statisch erforderlichen Abmessungen aufweisen (Bild EB 108-2). Dabei darf ein Flächenausgleich unter dem Fundament nach Bild EB 109-3 berücksichtigt werden.

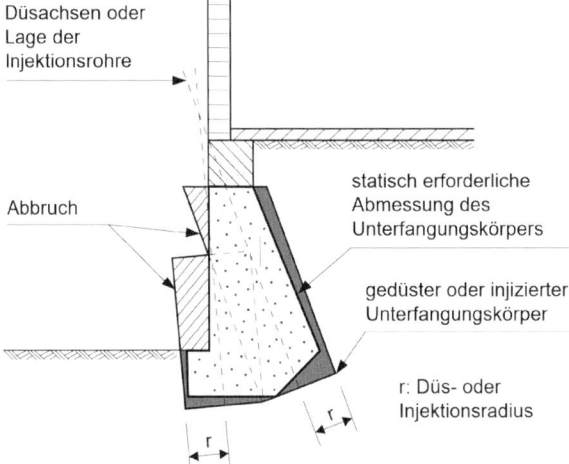

Bild EB 108-2 Tatsächliche und statisch erforderliche Abmessungen des Unterfangungskörpers

6. Wenn die Dichtigkeit der Unterfangung gegen Wasserdruck > 10 kN/m² relevant ist, sind die Bohrungen durch Neigungsmessungen zu kontrollieren (siehe DIN EN 12716:2019-3, Anhang D).

7. Beim Einsatz des Düsenstrahlverfahrens ist eine Lastumlagerung z. B. durch eine Wandscheibe oder ein bewehrtes Fundament über dem unverfestigten Düskörper nachzuweisen.

8. Bei der Herstellung des Unterfangungskörpers durch eine Injektion sind die Einflüsse bei den Bohrungen für den Einbau der Manschettenrohre auf die Standsicherheit des Fundaments gering.

13.2 Standsicherheit und Gebrauchstauglichkeit von Unterfangungen (EB 109)

1. Wenn das zu unterfangende Bauwerk in Betrieb ist, sind die Teilsicherheitsbeiwerte der Bemessungssituation BS-P bei allen Nachweisen anzusetzen. Für Unterfangungskörper, die unter Bauwerken angeordnet werden, die nicht in Betrieb sind, darf für die Bauzustände die Bemessungssituation BS-T berücksichtigt werden.

2. Vor Beginn der Unterfangungsarbeiten ist für das zu unterfangende Fundament eine ausreichende Grundbruchsicherheit nachzuweisen. Es ist die ungünstige-

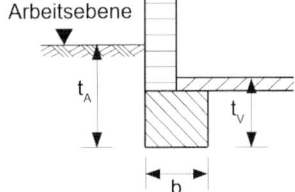

Bild EB 109-1 Fundamenteinbindungen vor Beginn der Unterfangungsarbeiten

re Einbindung t_A oder t_V (Bild EB 109-1) zu berücksichtigen. Bei nicht ausreichender Standsicherheit sind vor Beginn der Unterfangungsarbeiten zusätzliche Sicherungen vorzunehmen.

3. Das zu unterfangende Fundament muss eine ausreichende Festigkeit besitzen. Gegebenenfalls ist das Fundament zu ertüchtigen.

4. Einwirkungen auf den Unterfangungskörper sind nach EB 24 (Abschn. 2.1) anzusetzen. Einwirkungen sind i. d. R. Gebäudelasten, Erd- und Wasserdruck sowie das Eigengewicht des Unterfangungskörpers.

5. Für den Unterfangungskörper sind die Nachweise gegen Kippen, Gleiten und Grundbruch zu führen. Der Nachweis der Gesamtstandsicherheit nach DIN 4084 ist insbesondere dann erforderlich, wenn hinter dem Unterfangungskörper hohe Lasten außerhalb des Einflussbereichs für den Erddruck vorhanden sind.

6. Es ist nachzuweisen, dass die resultierende Sohldruckkraft unter Ansatz der statisch erforderlichen Abmessungen bei Ansatz der ständigen charakteristischen Einwirkungen innerhalb der 1. Kernweite und bei ungünstigen veränderlichen charakteristischen Einwirkungen innerhalb der 2. Kernweite liegt.

7. Bei einer Spornbreite $d > t/2$ (Bild EB 108-1a) ist die Einleitung der Spornkraft aus der Sohlspannung unter dem Sporn in der senkrechten Fuge im Übergang zum Unterfangungskörper nachzuweisen.

8. Erfahrungen haben gezeigt, dass sich die Mitnahmesetzungen des unterfangenen Bauwerks bei Unterfangungskörpern mit oder ohne Sporn nicht unterscheiden.

9. Eine stützende Horizontalkraft am Kopf des Unterfangungskörpers darf angesetzt werden, wenn

    – die Reibung vom Unterfangungskörper auf das Fundament übertragen und auch weitergeleitet werden kann. Es muss ausgeschlossen werden, dass eine Gleitschicht z. B. eine Schwarzdichtung oder Folie am Fundament vorhanden ist und

    – die aus dem Unterfangungskörper eingeleitete Kraft auf einer Sohlfläche der Länge a (Bild EB 109-2) abgetragen werden kann.

10. Werden Unterfangungskörper mit Ankern oder Steifen ohne durchgehende Gurtung gestützt, sind horizontal liegende Gewölbe im Unterfangungskörper nach-

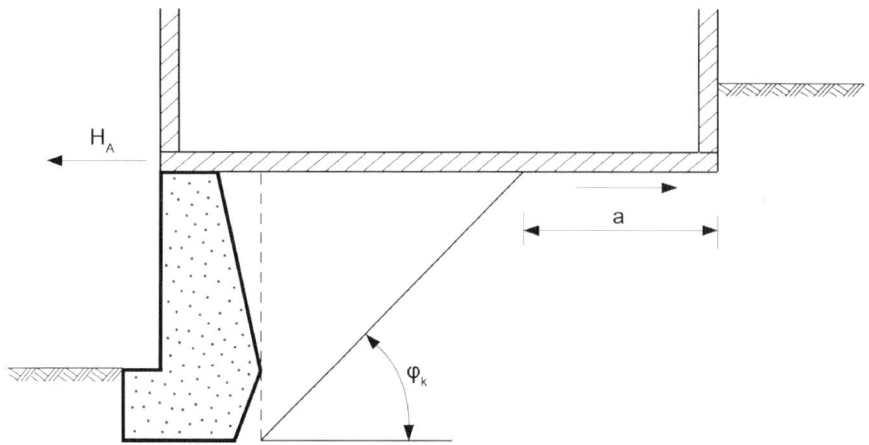

Bild EB 109-2 Darstellung der Krafteinleitung bei Ansatz einer Horizontalstützung.
H_A – In die Sohlplatte eingeleitete Horizontalkraft aus der Stützung des Unterfangungskörpers, a – Lasteinleitungsbereich für die Horizontalkraft H_A,
φ_k – charakteristischer Reibungswinkel des Bodens.

zuweisen. Es ist sicherzustellen, dass der horizontale Gewölbeschub in den Endfeldern aufgenommen werden kann.

11. Bei Verankerungen mit Mikropfählen darf eine Krafteinleitung über Verbundspannungen zwischen Bodenverfestigung und dem Mikropfahl angesetzt werden. Die Verbundspannung ist mit Zugversuchen gemäß DIN 4093 nachzuweisen. Der Verbundbereich muss eine Länge von mindestens 1 m aufweisen.

12. Der Nachweis für den Ausfall einer Verankerung am Kopf des Unterfangungskörpers darf am unverankerten Unterfangungskörper ohne Einhaltung der Lage der Resultierenden im Kernbereich geführt werden.

13. Die Herstellung einer Bodenverfestigung unter Bauwerken führt zu herstellungsbedingten Verformungen [187]. Diese Verformungen sind bei der Planung abzuschätzen. Dabei sind das Herstellungsverfahren, die Bodenverhältnisse, die Höhe des Unterfangungskörpers und das System des zu unterfangenden Bauwerks zu berücksichtigen.

14. Setzungen des unterfangenen Bauwerks sind infolge Tieferlegung des Gründungshorizonts durch die Unterfangung bei mindestens mitteldichten rolligen oder steifen bindigen Böden gering und dürfen vernachlässigt werden. Werden jedoch die Bauwerkslasten durch den Unterfangungskörper in Bodenschichten mit geringer Steifigkeit abgetragen, sind die Setzungen infolge der zusätzlichen Vertikalspannungen in diesen Schichten zu berücksichtigen.

15. Gründungen von Bauwerken sind in der Regel mit einer Breite $b_t \geq 50$ cm gemäß Bild EB 109-3 zu unterfangen.

16. Bodenverfestigungen haben i. d. R. keine höhere Wichte als der feuchte Boden.

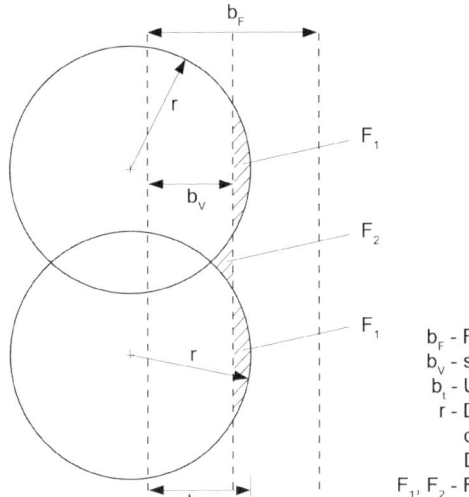

Bild EB 109-3 Unterfangungsbreite an der Fundamentsohle

b_F - Fundamentbreite
b_v - statisch erforderliche Abmessung
b_t - Unterfangungstiefe an der Fundamentsohle
r - Düs- oder Injektionsradius für die charakteristische Außenabmessung der Düs- oder Injektionssäule nach DIN 4093
F_1, F_2 - Flächen für den Flächenausgleich $F_1 \equiv F_2$

13.3 Erddruck bei Unterfangungen (EB 110)

1. Neben den Einwirkungen aus dem unterfangenen Fundament sind auch Einwirkungen aus im Einflussbereich liegenden Fundamenten beim Erddruck zu berücksichtigen (Bild EB 110-1). In der Regel ist der Erddruck auf eine senkrechte Ersatzwand hinter dem Unterfangungskörper für das Bodeneigengewicht und großflächigen Auflasten g und p gemäß Bild EB 110-1 mit einem Erddruckneigungswinkel $\delta_k = 0°$ anzusetzen. Für den Erddruck aus Quer- und Längswänden darf ein Erddruckneigungswinkel von $\delta_k = \varphi_k/2$ gewählt werden. Dabei ist EB 29 (Abschn. 9.4) zu berücksichtigen.

2. In der Regel ist ein erhöhter aktiver Erddruck mit $E = 0{,}5\,(E_a + E_0)$ für das Bodeneigengewicht anzusetzen, in Ausnahmefällen der Erdruhedruck.

3. Neben dem Erddruck aus Vertikallasten können z. B. auch folgende Horizontallasten auf den Unterfangungskörper wirken:

   – Gewölbeschübe aus Gebäudekonstruktionen,
   – Einwirkungen aus Wind auf Gebäude mit einer Gebäudebreite $< 1{,}5 \times$ Gebäudehöhe und sonstige Horizontallasten, z. B. bei Industriegebäuden mit Kranbahnen.

4. Bei mit Steifen oder Ankern gestützten Unterfangungen dürfen die vereinfachten Lastfiguren für Spundwände und Ortbetonwände gemäß EB 70 gewählt werden, wenn die Voraussetzungen für eine Erddruckumlagerung gemäß EB 70, Absatz 1 erfüllt sind. Die Erddruckumlagerung darf bis zur statisch erforderlichen Einbindung der Unterfangung angenommen werden.

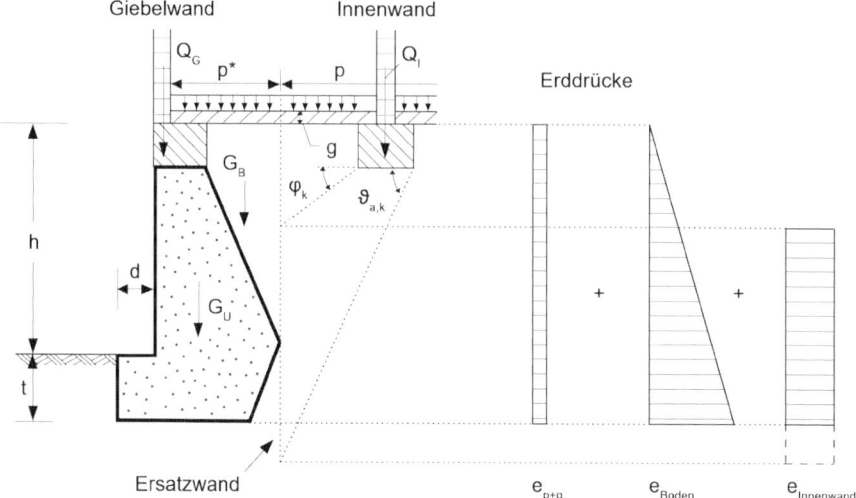

Bild EB 110-1 Einwirkungen und Erddrücke auf einem Unterfangungskörper.
Q_G – Gewichtskraft aus der Giebelwand und dem Fundament, Q_i – Gewichtskraft aus der Innenwand und dem Fundament, g – Eigengewicht der Bodenplatte, p – Verkehrslast auf der Bodenplatte, p^* – Verkehrslast, die keinen Erddruck erzeugt,
G_u – Unterfangungskörpergewicht, G_B – Gewicht infolge g und ggf. p^* und Bodengewicht über dem Unterfangungskörper.

5. Für die Bodenreaktion darf nur der Erddruck $e_{0g,k}$ bzw. $e_{ph,k}$ unmittelbar unterhalb der Baugrubensohle gem. Bild EB 102-1 (Abschn. 4.5) beim Grundbruch- und Gleitsicherheitsnachweis mit $\delta_k = 0°$ angesetzt werden.

6. Der Erddruck aus Querwänden darf abweichend von DIN 4085 vereinfacht gemäß Bild EB 110-2 berechnet werden. In der Regel ist es ausreichend, bei konstanter Belastung der Querwand diese bis zu einem Neigungswinkel $90° - \varphi_k$ zu berücksichtigen. Überschneiden sich die Lastbereiche aus Quer- und Längswänden, darf der Erddruck aus Quer- und Innenwänden vereinfacht aus einer Gleichlast ermittelt werden.

13.4 Hinweise zur Bauausführung bei Unterfangungen (EB 111)

1. Vor dem Aushub bzw. der Beanspruchung der Unterfangung ist die Festigkeit an Probekörpern gemäß DIN 4093 zu ermitteln. Die Abmessungen des Unterfangungskörpers sind beim Düsen gemäß DIN EN 12716:2019-03 (Anhang C) und bei Injektionen durch Kernbohrungen zu kontrollieren [185].

2. Bei der Herstellung des Unterfangungskörpers und beim Aushub sind die Verschiebungen des unterfangenen Gebäudeteils mindestens täglich zu kontrollieren. Weitere Messungen sind entsprechend Kap. 15 zu planen.

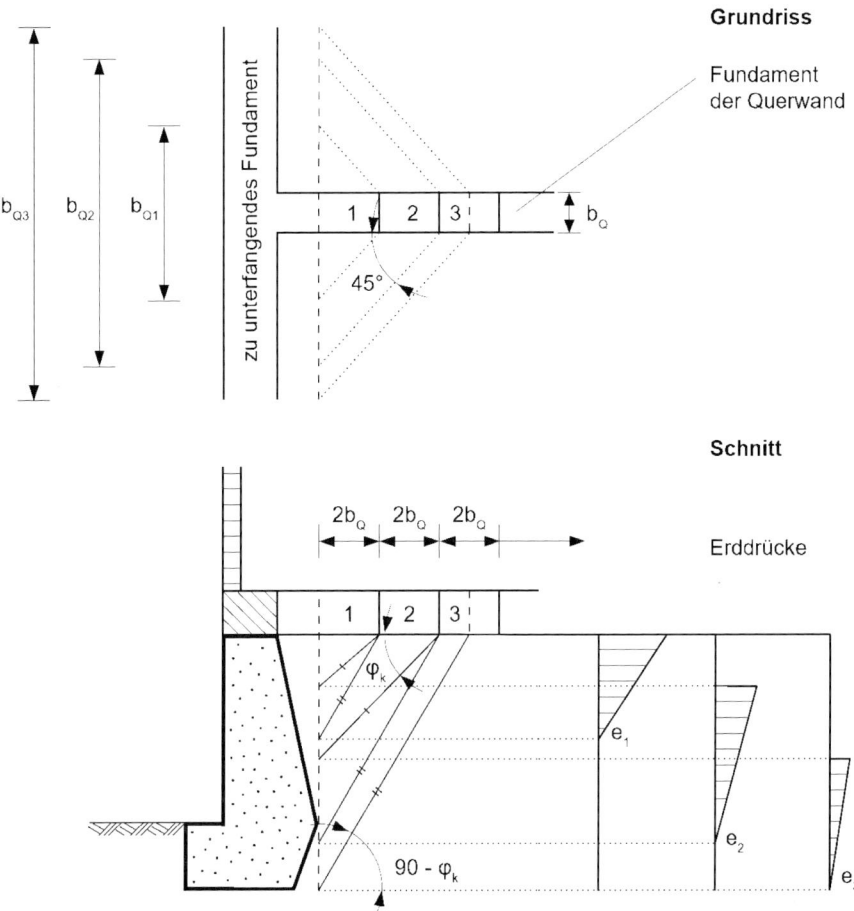

Bild EB 110-2 Erddruck aus einer Querwand

3. Die Durchmesser von Düssäulen dürfen bei Unterfangung einer Wandscheibe gemäß EB 108, Absatz 7 (Abschn. 13.1), ohne weiteren Nachweis 1,5 m nicht überschreiten.

4. Die Durchmesser von Düssäulen sind unter Berücksichtigung der Abmessungen und des Zustands des Fundaments und der möglichen Lastumlagerung im aufgehenden Tragwerk zu wählen. Die Düsfächer, d. h. hintereinander angeordnete Düssäulen, sind im Pilgerschrittverfahren herzustellen. Düsfächer dürfen bei gesicherter Lastumlagerung über dem Fundament täglich im Achsabstand $\geq 4 \times a$ hergestellt werden (a = Rasterabstand der Düsfächer). Diese Abstände dürfen für den Lückenschluss verkürzt werden.

5. Anker und Steifen sind so vorzuspannen, dass der Unterfangungskörper nicht verschoben wird. Liegt die Stützung im oberen Bereich des Unterfangungskörpers, darf die Vorspannkraft maximal 60 % der berechneten Stützkraft betragen.

14
Nachweis der Tragfähigkeit der Einzelteile

14.1 Materialkenngrößen und Teilsicherheitsbeiwerte für Bauteilwiderstände (EB 88)

1. Die Materialkenngrößen und Teilsicherheitsbeiwerte für Bauteilwiderstände im Grenzzustand der Tragfähigkeit STR und GEO-2 richten sich nach

    – DIN EN 1992-1-1 und zugeh. NA bei Bauteilen aus Beton oder Stahlbeton, siehe Anhang A 7,
    – DIN EN 1993-1-1 und zugeh. NA bei Bauteilen aus Stahl, siehe Anhang A 8,
    – DIN EN 1993-5 und zugeh. NA bei Pfählen und Spundwänden aus Stahl, siehe Anhang A 8,
    – DIN EN 1995-1-1 und zugeh. NA bei Bauteilen aus Holz, siehe Anhang A 9.

2. Zur Übernahme der Teilsicherheitsbeiwerte aus den in Absatz 1 genannten Regelwerken ist Folgendes zu bemerken:

    a) Zur Definition der Bemessungssituationen siehe EB 24 (Abschn. 2.1) und EB 79 (Abschn. 2.4).
    b) Da die im Absatz 1 genannten Regelwerke weder zwischen Dauerbauwerken und Bauwerken für vorübergehende Zwecke noch zwischen ständigen und vorübergehenden Situationen unterscheiden, gelten die angegebenen Teilsicherheitsbeiwerte auch für die Bemessungssituationen BS-T, BS-T/A sowie BS-A, soweit im Einzelfall nichts Anderes geregelt ist.
    c) Die Teilsicherheitsbeiwerte für die Bemessungssituation BS-P sind in die Tab. 6.1 und 6.2, Anhang A 6 aufgenommen, aber in Klammern gesetzt worden, weil sie nach EB 79, Absatz 1 (Abschn. 2.4) für Baugrubenkonstruktionen in der Regel nicht maßgebend sind.

3. Die in EN 1992-1-1 für Bauteile aus Beton oder Stahlbeton angegebenen Materialkenngrößen und Teilsicherheitsbeiwerte sind im Anhang A 7 zusammengestellt.

4. Die in DIN EN 1993-1-1 für Bauteile aus Stahl angegebenen Materialkenngrößen und Teilsicherheitsbeiwerte sind im Anhang A 8 zusammengestellt. Im Einzelnen wird auf Folgendes hingewiesen:

a) Die Angaben für Spundwandstahl sind der DIN EN 1993-5 entnommen worden.
b) Die Ermittlung der ausgewiesenen Schubfestigkeiten erfolgt sinngemäß nach DIN EN 1993-1
c) Beim Nachweis der Tragfähigkeit sind alle Schwächungen der Stahlprofile durch Bohrungen, querlaufende Schweißnähte oder stärkere Abrostungen zu berücksichtigen.
d) Zu den Beanspruchungen und den Beanspruchbarkeiten von Verbindungen siehe DIN EN 1993-1-8.
e) Bei der Festlegung der Steifigkeiten darf mit den vollen Tabellenwerten der Stahlprofile gerechnet werden.

5. Die in DIN EN 338 für Bauteile aus Holz angegebenen Materialkenngrößen und Teilsicherheitsbeiwerte sind im Anhang A 9 zusammengestellt. Im Einzelnen wird auf Folgendes hingewiesen:

a) Die Güteklassen C 24 und C 30 entsprechen etwa den früheren Güteklassen S 10/MS 10 bzw. GK II und S 13 bzw. GK I.
b) Die angegebenen Materialkenngrößen und Teilsicherheitsbeiwerte setzen die Verwendung von neuen oder neuwertigen Hölzern voraus.
c) Der Modifikationsfaktor zur Berücksichtigung der Nutzungsklasse und Klasse der Lasteinwirkungsdauer bei Vollholz darf zu $k_{\text{mod}} = 1{,}00$ angenommen werden.

14.2 Tragfähigkeit der Ausfachung von Trägerbohlwänden (EB 47)

1. Für die Ausfachung von Trägerbohlwänden ist die Sicherheit gegen Materialversagen entsprechend der Grenzzustandsbedingung

$$E_d \leq R_d$$

für die nach Kapitel 5 ermittelten Bemessungswerte der Beanspruchungen nachzuweisen. Hierbei beinhaltet der Bemessungswert E_d die Beanspruchung aus der ungünstigsten Kombination von Schnittgrößen aus Einwirkungen, der Bemessungswert R_d den Bauteilwiderstand. Im Einzelnen richtet sich der Nachweis nach dem verwendeten Material.

a) Im Fall einer Holzbohle mit einachsiger Biegung nach Absatz 5 ergibt sich für den Nachweis der Biegenormalspannungen

$$\text{aus} \quad E_d = \sigma_{m,d} = \frac{M_d}{W_{y,n}} \quad \text{und} \quad R_d = f_{m,d} = \frac{k_{\text{mod}} \cdot f_{m,k}}{\gamma_M}$$

die allgemeine Bemessungsgleichung zu

$$\sigma_{m,d} \leq f_{m,d}$$

INDUSTRIEBAU | HOCHBAU | BRÜCKENBAU | WASSERBAU | SPEZIALTIEFBAU | BRANDSCHUTZ

Bautechnische Prüfungen · Objektplanung für Ingenieurbauwerke · Tragwerksplanung · Beratung / Gutachten · Brandschutzplanung / -prüfung · Bauphysik · Bauüberwachung

IDN
Ingenieurbüro
DOMKE Nachf.
Partnerschaft
Beratender Ingenieure mbB

Prüfingenieure für Baustatik

	www.idn-du.de	Tel.: 0203 - 75 840-0	Mannesmannstr. 161	47259 Duisburg
Tel.: 05921- 72 933-18	Hauptstraße 1	48529 Nordhorn	Tel.: 0231- 44 20 30-7	Schleefstraße 4	44287 Dortmund

---

Ernst & Sohn
A Wiley Brand

Henner Türke
Statik im Erdbau
Klassiker des Bauingenieurwesens

- unveränderter Nachdruck von 1999
- inkl. Nachweise von Böschungen, Dämme sowie Stützmauern in übersichtlichen Tafeln
- Erdbaumechanik ist eine beständige Grundlage der Statik im Erdbau

In diesem Buch werden Berechnungsverfahren und Versagenszustände sowie die Nachweise für Böschungen, Dämme sowie Stützmauern vorgestellt und anhand ausgewählter

BESTELLEN
+49 (0)30 470 31-236
marketing@ernst-und-sohn.de
www.ernst-und-sohn.de/3237

2017 · 306 Seiten · 396 ·
111 Tabellen
Hardcover
ISBN 978-3-433-03237-4 € 59.-*

Der €-Preis gilt ausschließlich für Deutschland. Inkl. MwSt.

Gerd Möller

Geotechnik

Set: Grundbau und Bodenmechanik

- für jeden Bauingenieur, auch Berufsanfänger
- Berücksichtigt das aktuellste Regelwerk
- 40 Bemessungs- und Berechnungsbeispiele

Das Geotechnik-Set besteht aus den beiden Bänden Bodenmechanik und Grundbau. Beide Bände basieren auf dem aktuellen Regelwerk, erhalten zahlreiche Beispielen und sind eine wertvolle Orientierungshilfe in der Planungs- und Gutachterpraxis.

3. Auflage · 2017 · 1185 Seiten · 2 Bücher

Softcover
ISBN 978-3-433-03176-6 € 98*

SET: Teil 1 + 2

BESTELLEN
+49 (0)30 470 31-236
marketing@ernst-und-sohn.de
www.ernst-und-sohn.de/3176

*Der €-Preis gilt ausschließlich für Deutschland. Inkl. MwSt.

Dabei ist:

$f_{m,k}$ die charakteristische Biegefestigkeit nach Anhang A 9,
γ_M der Teilsicherheitsbeiwert nach Anhang A 9,
k_{mod} der Modifikationsbeiwert, hier $k_{mod} = 1{,}00$ nach EB 88, Absatz 5 (Abschn. 14.1),
M_d das Bemessungsmoment nach Absatz 2 bis 4,
$W_{y,n}$ das Nettowiderstandsmoment.

b) Bei Ausfachungen aus Stahl siehe sinngemäß EB 48 (Abschn. 14.3) und EB 49 (Abschn. 14.4).

c) Bei Ausfachungen aus Stahlbeton siehe sinngemäß EB 50 (Abschn. 14.5).

2. Der für die Ermittlung der Biegebeanspruchung maßgebende charakteristische Erddruck ergibt sich wie folgt:

a) Beim Ansatz von aktivem Erddruck aus Bodeneigengewicht, großflächiger Gleichlast $p_k \leq 10\,\text{kN/m}^2$ und gegebenenfalls Kohäsion nach EB 4 (Abschn. 3.2) sind die Lastfiguren nach EB 69 (Abschn. 5.2) maßgebend, mit der auch die Schnittgrößen in den Bohlträgern ermittelt werden. Wird als Lastfigur ein Dreieck oder die klassische Erddruckverteilung gewählt, so darf entsprechend Bild EB 47-1a) die Spitze bzw. entsprechend Bild EB 47-1b) der Maximalwert abgeschnitten werden. Die verbleibende Ordinate des Erddrucks muss jedoch mindestens zwei Drittel der ursprünglichen Ordinate betragen.

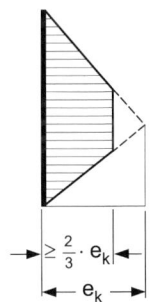
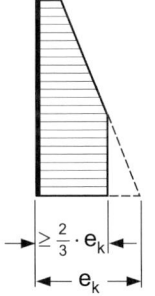

a) Dreieckförmige Lastfigur

b) Klassische Lastfigur

Bild EB 47-1 Abminderung des Erddrucks aus Bodeneigengewicht, großflächiger Gleichlast und gegebenenfalls Kohäsion bei der Bemessung einer Ausfachung

b) Kommt zu den Einwirkungen nach Absatz a) der Einfluss einer Bauwerkslast hinzu, dann ist die Lastfigur maßgebend, die sich bei Ansatz von aktivem Erddruck aus den Angaben in EB 28 (Abschn. 9.3) bzw. EB 29 (Abschn. 9.4), bei Ansatz eines erhöhten aktiven Erddruckes aus den Angaben in EB 22 (Abschn. 9.5) ergibt.

c) Kommt zu den Einwirkungen nach Absatz a) und gegebenenfalls Absatz b) der Einfluss von Nutzlasten hinzu, die über $p_k = 10\,\text{kN/m}^2$ hinausgehen, dann darf der charakteristische Erddruck aus Nutzlasten zu der Lastfigur nach Absatz a) bzw. Absatz b) so überlagert werden, dass im Bereich der Last-

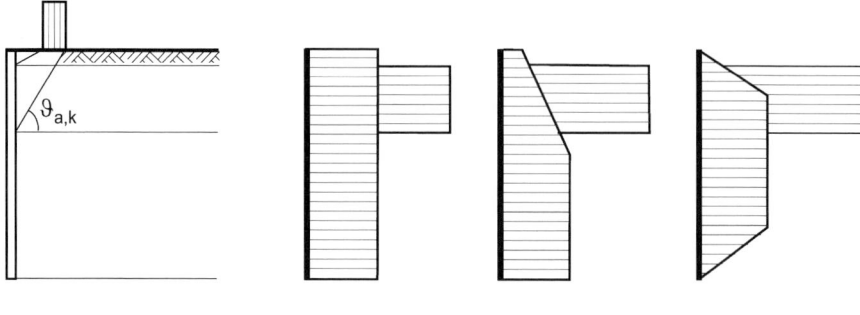

a) Lastausbreitung   b) Mögliche Lastfiguren (Beispiele)

Bild EB 47-2 Ansatz des Erddrucks aus Nutzlasten bei der Bemessung einer Ausfachung

ausbreitungsgrenzen nach EB 7, Absatz 2 (Abschn. 3.5) bzw. EB 28, Absatz 3 (Abschn. 9.3) entsprechend Bild EB 47-2 eine Gleichlast entsteht.

Die Dicke der Ausfachung darf der gewählten Lastfigur angepasst werden.

3. In der Regel ist der charakteristische Erddruck von Bohlträger zu Bohlträger als Gleichlast anzusetzen. Der Einfluss der Gewölbewirkung des Bodens zwischen den Bohlträgern und damit die geringere Belastung der Ausfachung in der Feldmitte darf berücksichtigt werden, wenn

   - ein mitteldicht oder dicht gelagerter nichtbindiger Boden oder ein mindestens steifer bindiger Boden ansteht,
   - die Bohlträger eingerammt bzw. eingerüttelt werden oder bei in Bohrlöcher gestellten Bohlträgern das Verfüllungsmaterial so gut verdichtet wird, dass eine kraftschlüssige Verbindung zwischen den Bohlträgern und dem anstehenden Erdreich entsteht. Wenn der Boden nicht ausreichend verdichtet werden kann, ist eine Bindemittelzugabe erforderlich, und
   - die Ausfachung ohne Vorbiegung hinter den baugrubenseitigen Flanschen eingebaut wird.

   Hierzu siehe auch [53].

   Bei dreieckförmigen Lastfiguren und bei der klassischen Lastfigur darf der Einfluss der Gewölbewirkung auf die nach Bild EB 47-1 verbleibende Erddruckordinate bezogen werden. Wird auf die rechnerische Berücksichtigung der Gewölbewirkung verzichtet, dann darf das mit der Gleichlast ermittelte Biegemoment um 20 % abgemindert werden.

   Zur rechnerischen Berücksichtigung der Gewölbewirkung darf für die Bemessung der Ausfachung vereinfachend eine Erddruckverteilung angesetzt werden, die aus zwei Dreiecken mit der Ordinate Null in Mitte der Ausfachung besteht.

4. Im Allgemeinen darf bei der Bemessung einer aus Einzelteilen, z. B. Holzbohlen, Stahlbetonfertigteilen oder Kanaldielen bestehenden Ausfachung die Vertikalkomponente des Erddrucks vernachlässigt werden. Dies gilt jedoch nicht,

a) wenn nach Absatz 3 der Einfluss der Gewölbewirkung des Bodens berücksichtigt wird, oder

b) wenn die Einzelteile der Ausfachung senkrecht angeordnet und durch Riegel gestützt werden.

Die gegebenenfalls zu berücksichtigende Vertikalkomponente des Erddrucks ergibt sich aus der nach Absatz 2 bzw. Absatz 3 ermittelten Horizontalkomponente, multipliziert mit dem Tangens des charakteristischen Erddruckneigungswinkels $\delta_{a,k}$.

5. Für die Ermittlung der Bemessungsbeanspruchungen kommen folgende Wege in Frage:

   a) Die nach Absatz 2 bzw. Absatz 3 ermittelte größte Lastordinate wird näherungsweise in einen Anteil aus ständigen und einen Anteil aus veränderlichen Einwirkungen aufgeteilt. Damit erhält man die charakteristischen Biegebeanspruchungen $M_{G,K}$ und $M_{Q,K}$. Die Bemessungsbeanspruchung ergibt sich dann zu

   $$M_d = M_{G,k} \cdot \gamma_G + M_{Q,k} \cdot \gamma_Q$$

   b) Der charakteristische Erddruck aus Nutzlast wird vor der Überlagerung mit dem Erddruck aus Bodeneigengewicht, großflächiger Gleichlast $p_k \leq 10\,\text{kN/m}^2$ und gegebenenfalls Kohäsion nach EB 4 (Abschn. 3.2) sowie Bauwerkslast mit dem Faktor f_q nach EB 104, Absatz 5 (Abschn. 4.11) multipliziert. Die Bemessungsbeanspruchung ergibt sich dann aus der charakteristischen Beanspruchung M_K zu

   $$M_d = M_k \cdot \gamma_G$$

6. Ein rechnerischer Nachweis der beim Prüfen, Überspannen oder Lösen von Steifen oder Ankern auftretenden Beanspruchungen der Ausfachung darf entfallen. Während der Ausführung dieser Arbeiten ist jedoch das Verhalten der Ausfachung zu beobachten.

14.3 Tragfähigkeit von Bohlträgern (EB 48)

1. Für Bohlträger ist die Sicherheit gegen Materialversagen entsprechend der Grenzzustandsbedingung

   $$E_d \leq R_d$$

   für die nach Kap. 5 ermittelten Bemessungswerte der Beanspruchungen nachzuweisen. Hierbei beinhaltet der Bemessungswert E_d die Beanspruchung aus der ungünstigsten Kombination von Schnittgrößen aus Einwirkungen, der Bemessungswert R_d den Bauteilwiderstand.

Die Stahlprofile werden entsprechend dem Verhältnis Breite zu Dicke (c/t) der druckbeanspruchten Querschnittsteile sowie in Abhängigkeit von der Streckgrenze in 4 Klassen eingeteilt, siehe hierzu DIN EN 1993-1-1, Abschn. 5.5. Mit dieser Klassifizierung soll die Grenze der Beanspruchbarkeit durch lokales Beulen von Querschnittsteilen festgestellt werden.

Diese Klassen bestimmen die Anwendbarkeit der verschiedenen Berechnungsmethoden zur Ermittlung der Schnittgrößen bzw. Beanspruchungen und den Ansatz der Querschnittstragfähigkeiten.

- Klasse-1-Querschnitte:
 Verfahren Plastisch-Plastisch
 Plastische Berechnung und Bemessung sind zulässig. Es ist jedoch zusätzlich zur Einhaltung des Grenzwertes c/t auch eine ausreichende Rotationskapazität nachzuweisen.
 Der Fall Plastisch-Plastisch sollte aber bei der Bemessung von Baugrubenkonstruktionen i. d. R. keine Anwendung finden.
- Klasse-2-Querschnitte:
 Verfahren Elastisch-Plastisch
 Elastische Berechnung ist erforderlich. Die Ausnutzung der plastischen Querschnittswerte ist zulässig.
- Klasse-3-Querschnitte:
 Verfahren Elastisch-Elastisch
 Elastische Berechnung ist erforderlich. Nur Ansatz der elastischen Querschnittswerte zulässig.
- Klasse-4-Querschnitte:
 Verfahren Elastisch-Elastisch mit lokalem Beulversagen.
 Elastische Berechnung ist erforderlich. Eine Verminderung des elastischen Querschnittswiderstands durch lokales Beulen im elastischen Bereich ist zu berücksichtigen.

Im einfachsten Fall eines doppeltsymmetrischen Bohlträgers aus Stahl mit einachsiger Biegung nach Absatz 3, Satz 1 und Absatz 6, Satz 1 ergibt sich beispielsweise im Nachweisverfahren Elastisch-Elastisch (Stahlprofil $\leq$ Klasse 3) für den Nachweis der Beanspruchbarkeit des Querschnitts folgende konservative Näherung:

$$N_{Ed}/N_{Rd} + M_{y,Ed}/M_{y,Rd} \leq 1$$

mit

N_{Ed} Bemessungswert der einwirkenden Normalkraft,
N_{Rd} Bemessungswert der Normalkrafttragfähigkeit
$M_{y,Ed}$ Bemessungswert des einwirkenden Momentes um die y-Achse,
$M_{y,Rd}$ Bemessungswert der Momententragfähigkeit um die y-Achse.

Dabei ist:
$$N_{Rd} = A \cdot f_y / \gamma_{M0}$$
$$M_{y,Rd} = W_{el,min} \cdot f_y / \gamma_{M0}$$

mit

A	Nettoquerschnittsfläche,
$W_{el,min}$	kleinstes elastisches Widerstandsmoment,
f_y	Nennwert der Streckgrenze nach Anhang A 8,
γ_{M0}	Teilsicherheitsbeiwert nach Anhang A 8.

Vorstehender Nachweis gilt z. B. für einfach gestützte, im Boden frei aufgelagerte Bohlträger, bei denen das Feldmoment für die Bemessung maßgebend ist. Wenn das Stützmoment oder Einspannmoment maßgebend wird, sind die im folgenden Absatz angegebenen Nachweise zu beachten.

2. Bei der Bemessung von Bohlträgern darf die Eigenlast der Baugrubenkonstruktion vernachlässigt werden. Neben der Normalkraft- und Momentenbeanspruchbarkeit sind jedoch in allen Fällen auch die Querkraftbeanspruchbarkeit und die Interaktion der verschiedenen Beanspruchungen (siehe hierzu DIN EN 1993-1-1, Abschn. 6.2) nachzuweisen.

3. Sofern außer der Eigenlast der Baugrubenkonstruktion und der Vertikalkomponente des Erddrucks keine weiteren Vertikalkräfte abzutragen sind, genügt der Tragfähigkeitsnachweis nach DIN EN 1993-1-1, Abschn. 6.2. Kommen weitere Vertikalkräfte hinzu, z. B. aus Baugrubenabdeckungen, Hilfsbrücken oder geneigten Verankerungen, so ist insbesondere für einmal gestützte Baugrubenwände und für die Rückbauzustände von mehrmals gestützten Baugrubenwänden der Stabilitätsnachweis nach DIN EN 1993-1-1, Abschn. 6.3 zu erbringen.

4. In Analogie zu DIN EN 1993-1-1, Abschn. 5.4.1 (4), darf bei mehrfach gestützten Bohlträgern bei der Berechnung Elastisch-Plastisch auch eine begrenzte plastische Momentenumlagerung berücksichtigt werden, wenn die Stützmomente die plastische Momententragfähigkeit um weniger als 15 % überschreiten.

   Die Bedingungen gemäß DIN EN 1993-1-1, Abschn. 5.4.1 (4), d. h.

   – Umlagerung der überschreitenden Momentenspitzen,
   – Einhaltung der Gleichgewichtsbedingungen,
   – Querschnitte der Klassen 1 oder 2,
   – Biegedrillknicken wird verhindert,

   sind dabei einzuhalten.

5. Die Trägerabstände sind, soweit möglich, etwa gleich groß auszuführen. Bei stark unterschiedlichen benachbarten Abständen sind besondere Maßnahmen zu treffen, um ein Verdrehen der Träger infolge unterschiedlicher Belastung aus der Ausfachung zu verhindern.

6. Wenn die Ausfachung einer Trägerbohlwand hinter den luftseitigen Druckflanschen verkeilt wird, kann angenommen werden, dass diese Flansche der Bohlträger durch die Ausfachung, die erdseitigen Druckflansche durch das umgebene Erdreich, sofern es sich um ausreichend standfesten Boden handelt, gegen Ausweichen gesichert sind. Andernfalls sind zusätzliche durchlaufende Gurte anzuordnen und so an die Bohlträger anzuschließen, dass dem Biegedrillknicken der Druckflansche ausreichend entgegengewirkt wird.

7. Zur Anordnung und Bemessung von Gurten und Zugbändern vor Trägerbohlwänden sind die Angaben in EB 51 (Abschn. 14.6) zu beachten.

8. Doppelte I- und U-Profile sind in ausreichend engem Abstand durch Bindebleche auf der Baugruben- und auf der Erdseite zu verbinden. Auf einen Nachweis der Torsionsbeanspruchbarkeit darf verzichtet werden, wenn der Bindeblechabstand nicht größer gewählt wird als 1,50 m oder die Profile – mit Ausnahme der Ansichtsflächen – voll in Beton eingebettet sind.

9. Ein Nachweis der Flanschbiegung infolge der Auflagerkräfte der Ausfachung kann bei einfachen und doppelten I- und U-Profilen mit Flanschbreiten ≤ 300 mm in der Regel entfallen. Bei größeren Flanschbreiten kann die Flanschbiegung in Anlehnung an DIN EN 1993-5, Anhang D, nachgewiesen werden.

10. Für die Bemessung von Stahlbetonpfählen, zwischen denen eine Ausfachung eingebracht wird, gilt sinngemäß EB 50 (Abschn. 14.5).

11. Zum Nachweis der äußeren Tragfähigkeit, d. h. der Abtragung von Vertikalkräften in den Untergrund, siehe EB 85 (Abschn. 14.10).

12. Zur Anordnung von konstruktiven Gurten oder Zugbändern zur Sicherstellung des Trägerabstands, Verhinderung der Trägerverdrehung etc. siehe EB 51, Absatz 10 (Abschn. 14.6).

14.4 Tragfähigkeit von Spundbohlen (EB 49)

1. Für Spundbohlen ist die Sicherheit gegen Materialversagen entsprechend der Grenzzustandsbedingung

$$E_d \leq R_d$$

in der Form nach DIN EN 1993-5

$$M_{Ed} \leq M_{V,N,Rd}$$

für die nach Kap. 6 ermittelten Bemessungswerte der Beanspruchungen nachzuweisen. Hierbei beinhaltet der Bemessungswert M_{Ed} die Biegebeanspruchung aus der ungünstigsten Kombination von Einwirkungen, der Bemessungswert $M_{V,N,Rd}$ den infolge Querkraft und Normalkraft abgeminderten Momentenwiderstand des Spundwandquerschnitts.

Das Nachweisverfahren ist in DIN EN 1993-5 und zugehörigem NA festgelegt, wobei zu beachten ist:

a) Die Spundwandprofile werden in 4 Klassen eingeteilt, analog dem in Abschn. 14.3, Absatz 1 angegebenen Verfahren für Stahlprofile. Der Kennwert zur Einstufung der Spundwandprofile ist dabei das Verhältnis von Flanschbreite zu Flanschdicke (b/t_f).
Der Fall Plastisch-Plastisch sollte i. d. R. bei der Bemessung von Baugrubenkonstruktionen aber keine Anwendung finden.

b) Bei der Ermittlung der Biegesteifigkeit sowie des elastischen und des plastischen Widerstandsmomentes für die durchgehende Wand ist gegebenenfalls ein Reduktionsfaktor β_D bzw. β_B für den Einfluss einer möglichen Verminderung der Schubkraftübertragung in den Spundwandschlössern zu berücksichtigen.

$$\text{red } I_y = \beta_D \cdot I_y \quad \text{red } W_{el,y} = \beta_B \cdot W_{el,y} \quad \text{bzw.} \quad \text{red } W_{pl,y} = \beta_B \cdot W_{pl,y}$$

Für Z-Bohlen und Dreifach-U-Bohlen sind diese Reduktionsfaktoren zu 1,0 anzunehmen, für Einzel- und Doppel-U-Bohlen sind sie dem Nationalen Anhang zu DIN EN 1993-5 zu entnehmen. Bei Wänden aus Doppel-U-Bohlen, die zumindest in jedem zweiten Schloss schubfest verbunden sind, ist für das Nachweisverfahren Elastisch-Elastisch kein Abminderungsfaktor anzusetzen.

c) Bei der Ermittlung der Biege-Grenztragfähigkeit $M_{V,N,Rd}$ ist der Einfluss der Normalkräfte, der Querkräfte und gegebenenfalls der Querbiegung durch hohen Wasserüberdruck und Einleitung konzentrierter Lasten, z. B. durch Anker, zu berücksichtigen. Hierzu siehe DIN EN 1993-5, Abschnitte 5.2.2 bis 5.2.4 und 7.4.3.

d) Ein Stabilitätsnachweis (Knicken) ist nur dann erforderlich, wenn die einwirkende Normalkraft größer ist als 4 % der kritischen Normalkraft. Hierzu siehe DIN EN 1993-5, Abschn. 5.2.3 (4).

2. Bei der Bemessung von Spundbohlen darf die Eigenlast der Baugrubenkonstruktion vernachlässigt werden.

3. Bei Spundwänden, die aus U-förmigen Bohlen zusammengesetzt sind, ist gemäß DIN EN 1993-5 ein Nachweis der Schubkraftübertragung in der Nulllinie (i. d. R. Lage der Schlösser) zu erbringen. Bei Baugrubenwänden genügt es, diesen Nachweis auf folgende Fälle zu beschränken:

a) wenn die Spundwand im offenen Wasser angeordnet ist oder zu einem nennenswerten Teil durch Torf, Klei, Mudde oder stark tonige Böden eingebracht wird;

b) wenn die Schlösser vor dem Einbringen zur Verringerung der Schlossreibung z. B. mit Fett oder durch eine Dichtungsmasse geschmiert werden bzw. durch entsprechende Maßnahmen vor dem Eindringen von Bodenteilchen geschützt werden oder

c) wenn die Verbindungen zwischen den einzelnen Bohlen nicht die Toleranzmaße nach EAU, Empfehlung E 67 [2] einhalten.

Unabhängig von vorstehenden Angaben sind aber die Reduktionsfaktoren β_D und β_B beim Nachweis der Querschnittstragfähigkeit gemäß DIN EN 1993-5 und zugehörigem NA zu beachten.

4. Zum Nachweis der äußeren Tragfähigkeit, d. h. der Abtragung von Vertikalkräften in den Untergrund, siehe EB 85 (Abschn. 14.10).

14.5 Tragfähigkeit von Ortbetonwänden (EB 50)

1. Für Ortbetonwände ist die Sicherheit gegen Materialversagen entsprechend der Grenzzustandsbedingung

    $$E_d \leq R_d$$

    für die nach Kap. 6 ermittelten Bemessungswerte der Beanspruchungen nachzuweisen. Hierbei beinhaltet der Bemessungswert E_d die Beanspruchung aus der ungünstigsten Kombination von Schnittgrößen aus Einwirkungen, der Bemessungswert R_d den Bauteilwiderstand.

2. Im Hinblick auf die Bauteilwiderstände ist zwischen dem Widerstand des Betons und dem Widerstand des Stahls zu unterscheiden:

    a) Beton: $\sigma_{cd} \leq f_{cd}$ mit $f_{cd} = \alpha_{cc} \cdot f_{ck}/\gamma_c$ und γ_c nach Anhang A 7,
    b) Betonstahl: $\sigma_{sd} \leq f_{sd}$ mit $f_{sd} = f_{yk}/\gamma_s$ und γ_s nach Anhang A 7.

    Dabei ist:

    σ_{cd} der Bemessungswert der Betondruckspannung der Einwirkungen,
    f_{cd} der Bemessungswert der Betondruckfestigkeit,
    σ_{sd} der Bemessungswert der Betonstahlspannung der Einwirkungen,
    f_{sd} der Bemessungswert der Streckgrenze des Betonstahls,
    f_{ck} der charakteristische Wert der Betondruckfestigkeit nach Anhang A 7,
    f_{yk} der charakteristische Wert der Streckgrenze des Betonstahls nach Anhang A 7,
    α_{cc} der Abminderungsbeiwert nach DIN EN 1992-1-1/NA ($\alpha_{cc} = 0{,}85$ für bewehrten Normalbeton und $\alpha_{cc} = 0{,}70$ für unbewehrten Beton).

3. Für die Bemessung und Konstruktion von Ortbetonwänden gilt DIN EN 1992-1-1. Im Hinblick auf Bewehrungsanordnung und Betondeckung sind darüber hinaus bei Schlitzwänden die Angaben der DIN EN 1538, bei Pfahlwänden die Angaben der DIN EN 1536 zu beachten.

4. Neben der Abminderung des rechnerisch größten Stützenmomentes nach EB 11, Absatz 6 (Abschn. 4.2) darf an allen Stützpunkten eine Ausrundung der Momentenlinie vorgenommen werden, sofern versteckte Balken oder Gurte aus Stahl-

beton angeordnet werden. Bei Gurten aus Walzprofilen darf nur dann die volle Breite des Flansches als Unterstützung angesetzt werden, wenn die Flansche durch Stegaussteifungen in ausreichendem Maße gegen Ausweichen gesichert sind und ein vorhandener Abstand zwischen Gurt und Baugrubenwand ausbetoniert wird.

5. Bei der Ermittlung der Schubbewehrung sind Schlitzwandelemente, deren Dicke größer ist als ein Fünftel der Breite, als Balken zu behandeln, sofern die einzelnen Elemente nicht kraftschlüssig miteinander verbunden sind. Schlitzwandelemente, die mehrere Bewehrungskörbe innerhalb einer Elementlänge umfassen und in einem Arbeitsgang fugenlos betoniert werden, dürfen nach den Regeln für Vollplatten bemessen werden.

   Bei getrennt hergestellten Schlitzwandelementen kann ein ausreichender Verbund beispielsweise durch geeignete Profilierung der Abstellfugen erreicht werden.

6. Beim Nachweis der Verankerungslänge sind die Verbundbedingungen im Sinne der DIN EN 1992-1-1, Abschn. 8.4.2 für die waagerechten Bewehrungsstäbe stets als mäßig, für die senkrechten Bewehrungsstäbe als gut einzustufen.

7. In der Regel ist ein Nachweis zur Beschränkung der Rissbreite bei Ortbetonwänden nicht erforderlich, wenn bei der baulichen Durchbildung die erforderliche Mindestbewehrung nach DIN EN 1992-1-1, Abschn. 9.2.1.1 eingehalten wird. Ein Nachweis ist erforderlich, wenn

   a) die Umgebungsbedingungen der Expositionsklassen XS nach DIN EN 1992-1-1, Tab. 4.1 berücksichtigt werden müssen und der für die Bewehrung maßgebende Bauzustand planmäßig länger als 2 Jahre dauert,
   b) die Ortbetonwände Bestandteile eines Dauerbauwerks werden und die Tragfähigkeit der Bewehrung auch im Endzustand erforderlich ist.

8. Zum Nachweis der äußeren Tragfähigkeit, d. h. der Abtragung von Vertikalkräften in den Untergrund, siehe EB 85 (Abschn. 14.10).

14.6 Tragfähigkeit von Gurten (EB 51)

1. Für Gurte ist die Sicherheit gegen Materialversagen entsprechend der Grenzzustandsbedingung

   $E_d \leq R_d$

   für die nach Kap. 5 bzw. 6 ermittelten Bemessungswerte der Beanspruchungen nachzuweisen. Hierbei beinhaltet der Bemessungswert E_d die Beanspruchung aus der ungünstigsten Kombination von Schnittgrößen aus Einwirkungen, der Bemessungswert R_d die Summe der Bauteilwiderstände.

2. Die Sicherheit gegen Materialversagen für Stahlträgergurtungen entspricht dem im Abschn. 14.3, Absatz 1 angegebenen Verfahren. Bei Ausführung von Gurtungen aus Spundwandprofilen ist DIN EN 1993-5 zu beachten.

3. In Analogie zu DIN EN 1993-1-1, Abschn. 5.4.1 (4), darf auch bei mehrfach gestützten Gurten bei der Berechnung Elastisch-Plastisch eine begrenzte plastische Momentenumlagerung berücksichtigt werden. Die Angaben in Abschn. 14.3, Absatz 4, gelten hier gleichartig.

4. Sofern Stahlgurte, die auf Biegung beansprucht werden, zur Abtragung von Längskräften herangezogen werden, ist ggf. auch ein Stabilitätsnachweis nach DIN EN 1993-1-1, Abschn. 6.3 zu führen. Bei der Festlegung der Knicklänge braucht ein Ausweichen nur zur Baugrubenseite hin berücksichtigt zu werden.

5. Bei Gurten aus Stahlprofilen, die auf Biegung beansprucht werden, ist stets die Querkraftbeanspruchbarkeit und ggf. die Interaktion Biegung/Querkraft/Normalkraft nachzuweisen.

6. Sofern bei der Ermittlung der Biegemomente eine Kragwirkung in Rechnung gestellt wird, ist zu prüfen, welchen Einfluss eine ungewollte Verschiebung der Lasteintragungsstellen oder der Auflagerpunkte hat.

7. Sofern an den Lasteintragungspunkten und an den Auflagerpunkten von Gurten aus Stahlprofilen Stegaussteifungen eingeschweißt oder die Gurte ausbetoniert werden, kann angenommen werden, dass die Flansche ausreichend gegen Ausweichen gesichert sind. Dies gilt bei sorgfältiger Ausführung auch bei Stegaussteifungen aus kraftschlüssig eingepassten Stahlblechen oder Hölzern.

8. Bei Gurten aus Einzel-Spundbohlen (U-Profile) sind, sofern kein genauerer Nachweis geführt wird, an den Lasteinleitungs- und Stützstellen und gegebenenfalls auch an Zwischenstellen Aussteifungen zur Wahrung der Formstabilität erforderlich.

9. Gurte, die nur vorübergehend bei einem vollständigen Ausfall eines Ankers oder einer Steife den Einsturz eines Teiles der Baugrubenkonstruktion verhindern sollen, dürfen, soweit ein solcher Nachweis in besonderen Fällen erforderlich ist, entsprechend der Bemessungssituation BS-A nach EB 24, Absatz 5 (Abschn. 2.1) unter Berücksichtigung aller Reserven der Tragkonstruktion (z. B. Bemessungsverfahren plastisch/plastisch) und des Bodens, z. B. mit Berücksichtigung der Gewölbebildung im Boden und, abweichend von Anhang A 8, mit voller Ausnutzung der Streckgrenze des Stahls bemessen werden.

10. Bei Bohlträgern ist zur Sicherung des Trägerabstands, zur Verhinderung einer Trägerverdrehung und als konstruktive Maßnahme gegen Ausfall einer Steife oder eines Ankers zumindest ein Gurt im oberen Bereich der Baugrubenwand anzuordnen, der durchlaufend zugfest auszubilden ist. Dies gilt auch für nur im Boden eingespannte, nicht gestützte Trägerbohlwände. Sofern dazu nicht die oberste Gurtung herangezogen wird, ist im Wandkopfbereich oder nahe der oberen Steifen- bzw. Ankerlage ein leichtes Stahlprofil anzuordnen, das gerad-

linig die Bohlträger verbindet und kraftschlüssig mit diesen verschweißt oder verschraubt ist. Bei Baugrubentiefen bis 5 m genügt in der Regel ein Zugband mit 5 cm² Querschnitt, darüber hinaus sollte ein Querschnitt von 10 cm² nicht unterschritten werden.

14.7 Tragfähigkeit von Steifen (EB 52)

1. Für Steifen ist die Sicherheit gegen Materialversagen entsprechend der Grenzzustandsbedingung

    $E_d \leq R_d$

    für die nach Kap. 5 bzw. 6 ermittelten Bemessungswerte der Beanspruchungen nachzuweisen. Hierbei beinhaltet der Bemessungswert E_d die ungünstigste Kombination von Schnittgrößen aus Einwirkungen, der Bemessungswert R_d den Bauteilwiderstand. Sofern die Steifen gleichzeitig als Teile einer Hilfsbrücke oder Baugrubenabdeckung dienen, ist auch EB 54 (Abschn. 14.9) zu beachten.

2. Steifen sind im Hinblick auf Beanspruchung und Gefährdung die empfindlichsten Teile einer Baugrubenkonstruktion. Bei ihrer Bemessung sollten daher stets auf der sicheren Seite liegende Annahmen zugrunde gelegt werden. Bestehen Zweifel, ob eine gewählte Lastfigur für einzelne Steifenlagen ausreichend sichere Auflagerkräfte ergibt, so sind die Auflagerkräfte angemessen zu erhöhen.

3. Bei der Bemessung von Steifen ist neben der Normalkraft und dem Biegemoment in der Regel eine ausmittige Krafteinleitung zu berücksichtigen, bei Steifen aus Stahl und Stahlbeton darüber hinaus auch die Durchbiegung infolge von Eigenlast und Nutzlast, siehe hierzu EB 56 (Abschn. 2.7). Bei Steifen aus Walzprofilen ist gegebenenfalls Biegedrillknicken nach DIN EN 1993-1-1, Absatz 6.3 zu untersuchen.

4. Sofern nicht gezielt eine bestimmte Ausmittigkeit der Krafteinleitung vorgegeben und durch entsprechende Maßnahmen sichergestellt wird, ist bei Stahlsteifen beim Stabilitätsnachweis nach DIN EN 1993-1-1, Absatz 6.3 mit folgenden zusätzlichen Ausmittigkeiten in der Lotrechten zu rechnen:

    a) in Fällen ohne Endzentrierung mit einer Ausmittigkeit von einem Sechstel der Trägerhöhe bei Walzprofilen bzw. des Rohrdurchmessers bei Rohren,
    b) in Fällen mit Endzentrierung mit einer Ausmittigkeit von einem Sechstel der Höhe der Kontaktfläche.

    Die Ausmittigkeit ist zur Durchbiegung infolge von Eigenlast und Nutzlast hinzuzuzählen.

5. Sofern die Knicklänge von Steifen herabgesetzt werden soll, sind die hierzu benötigten Gurte und Verbände an der Oberseite und der Unterseite der Steifen anzubringen. Anstelle der Verbände an der Unterseite können andere gleichartig wirkende Konstruktionen eingebaut werden. Sofern die Knickhaltungen nicht

erwünscht sind oder aus baubetrieblichen Gründen weitgehend vermieden werden müssen, wird die Verwendung von Rohrprofilen oder zusammengesetzten Doppel-T-Profilen empfohlen.

6. Als Knicklänge gilt die Länge der Steife ohne Keile, Futterstücke und Gurte. Sofern die Steifen an ihren Enden nicht planmäßig eingespannt sind, ist freie Drehbarkeit anzunehmen. Dies gilt gegebenenfalls auch für die Stelle, an der die Knicklänge durch eine Knickhaltung verkürzt wird.

7. Der Einfluss von Temperaturerhöhungen ist nach [92] in der Regel zu berücksichtigen

    – bei Langzeitbaustellen mit großen, jahreszeitlich bedingten Temperaturschwankungen,
    – bei Verwendung von schlanken Stahlsteifen aus I-Profilen ohne Anordnung von Knickhaltungen in ausreichend engem Abstand,
    – bei Verwendung kurzer Stahlsteifen mit Knickhaltungen und relativ unnachgiebigen Widerlagern, z. B. bei felsartigem Boden oder bei Ortbetonwänden

    sofern nicht einer der nachfolgend genannten Fälle vorliegt. Auf den Nachweis darf nach [92] verzichtet werden

    a) bei Stahlsteifen für Trägerbohlwände,
    b) beim Grabenverbau mit Kanalstreben,
    c) bei Holzsteifen.

8. Der Einfluss von Frost ist bei schmalen Baugruben zu berücksichtigen, sofern in frostgefährdetem Boden mit starkem Anstieg der Steifenkräfte beim Gefrieren des Bodens zu rechnen ist.

9. Konstruktionen, die der Herabsetzung der Knicklängen von Steifen dienen, wie Mittelunterstützungen, Gurte und Verbände, sind für eine quer zu diesen Steifen gerichtete Last zu bemessen, die mit 1/100 der Summe der in den angeschlossenen Steifen vorhandenen Normalkräfte angenommen werden darf. Sind zwei oder mehrere dieser Konstruktionen nebeneinander angeordnet, so ist jede einzeln für die angegebenen Lasten zu bemessen. Das Gleiche gilt für gemeinsame Verbände. Starre Anschlüsse, z. B. Schweiß- oder HV-Verbindungen, sind mit Rücksicht auf mögliche Zwängungskräfte für das Doppelte der so errechneten Lasten zu bemessen.

10. Der Nachweis der Stabilität (Knicken, Biegedrillknicken) hat sich nicht nur auf die einzelnen Tragteile des Verbaus zu erstrecken, sondern nach DIN EN 1993-1-1 auch auf den räumlichen Zusammenhang der einzelnen Teile.

11. Steifen aus Holz dürfen nicht gestoßen werden. Rundholzsteifen müssen geradwüchsig und ohne Drehwuchs sein.

12. Abweichend von den in EB 88, Absatz 1 (Abschn. 14.1) aufgeführten Regelwerken sind bei der Ermittlung der Bemessungswerte der Beanspruchungen die

Teilsicherheitsbeiwerte für die Bemessungssituation BS-P nach DIN EN 1997-1 und DIN 1054 zugrunde zu legen oder die für einen anderen Lastfall ermittelten Bemessungswerte der Beanspruchungen um 15 % zu erhöhen.

13. Beim Nachweis der Tragfähigkeit von Kanalstreben sind die „Grundsätze für den Bau und die Prüfung der Arbeitssicherheit von in der Länge verstellbaren Aussteifungsmitteln für den Leitungsgrabenbau" der Bau-Berufsgenossenschaft zu beachten.

14. Durch konstruktive Maßnahmen ist sicherzustellen, dass der Ausfall einer Steife nicht zum Versagen des durch die Steife gesicherten Bauteils führen kann. Dabei sind mögliche Gefährdungszustände bei der Herstellung der Baugrube und bei der späteren Nutzung, z. B. durch Kranbetrieb oder Materialtransport, zu berücksichtigen und zu dokumentieren. Eventuell sind besondere Schutzmaßnahmen, z. B. Abweiser oder Abdeckungen, anzuordnen.

15. Sofern in besonderen Fällen ein rechnerischer Nachweis des Steifenausfalls geführt wird, darf das unter Ausnutzung aller Reserven der Tragkonstruktion und des Bodens, z. B. Gewölbebildung, erfolgen und die Teilsicherheitsbeiwerte für die Bauteilwiderstände mit $\gamma_M = 1{,}00$ angesetzt werden. Hierzu siehe auch EB 51 (Abschn. 14.6).

14.8 Tragfähigkeit des Grabenverbaus (EB 53)

1. Für einen Grabenverbau ist die Sicherheit gegen Materialversagen entsprechend der Grenzzustandsbedingung

    $$E_d \leq R_d$$

    für die nach Kap. 5 bzw. 6 ermittelten Bemessungswerte der Beanspruchungen nachzuweisen. Hierbei beinhaltet der Bemessungswert E_d die Beanspruchung aus der ungünstigsten Kombination von Schnittgrößen aus Einwirkungen, der Bemessungswert R_d den Bauteilwiderstand.

2. Für den waagerechten Verbau gilt Folgendes:

    a) Für die Festlegung der Lastfigur zur Bemessung der Bohlen eines waagerechten Grabenverbaues kann nach EB 47 (Abschn. 14.2) verfahren werden.
    b) Für die Bemessung der Bohlen gilt EB 47 (Abschn. 14.2).
    c) Auf die Bemessung von Brusthölzern eines waagerechten Verbaues sind die Festlegungen der EB 51 (Abschn. 14.6) sinngemäß anzuwenden.

3. Für den senkrechten Verbau gilt Folgendes:

    a) Für die Bemessung von Kanaldielen, Rammblechen, Tafelprofilen oder Leichtspundwänden eines senkrechten Grabenverbaues gilt EB 49 (Abschn. 14.4) sinngemäß.

b) Für die Bemessung von Gurten aus Stahlprofilen gilt EB 51 (Abschn. 14.6).
c) Die Bemessung von Gurten aus Holz darf wie für Brusthölzer nach Absatz 2 c) vorgenommen werden.

4. Unabhängig vom Baustoff darf die Kragarmwirkung überstehender Enden sowie die Durchlaufträgerwirkung bei mehrfacher Stützung der Einzelteile eines waagerechten oder senkrechten Grabenverbaues berücksichtigt werden.

5. Für die Bemessung von Steifen gilt EB 52 (Abschn. 14.7).

6. Für die Bemessung von Grabenverbaugeräten ist DIN EN 13331-1 und DIN EN 13331-2 zu beachten.

14.9 Tragfähigkeit von Hilfsbrücken und Baugrubenabdeckungen (EB 54)

1. Für Hilfsbrücken und Baugrubenabdeckungen ist die Sicherheit gegen Materialversagen entsprechend der Grenzzustandsbedingung

$$E_d \leq R_d$$

für die maßgebenden Bemessungswerte der Beanspruchungen nachzuweisen. Hierbei beinhaltet der Bemessungswert E_d die Beanspruchung aus der ungünstigsten Kombination von Schnittgrößen aus Einwirkungen, der Bemessungswert R_d den Bauteilwiderstand. Für die Ermittlung der Beanspruchungen gelten die in dem Anhang A 6 angegebenen Teilsicherheitsbeiwerte für die Bemessungssituation BS-T.

2. Bei der Schnittgrößenermittlung für die Einzelteile von Hilfsbrücken und Baugrubenabdeckungen sind neben den Eigenlasten folgende weitere Lasten zu berücksichtigen:

a) bei Hilfsbrücken und Baugrubenabdeckungen für öffentlichen Straßenverkehr und Schienenverkehr die Lasten nach EB 55 (Abschn. 2.6),
b) bei Hilfsbrücken und Baugrubenabdeckungen für Baustellenverkehr sowie bei Baugrubenabdeckungen zur Schaffung von Lagerflächen oder Arbeitsflächen die Lasten nach EB 56 (Abschn. 2.7),
c) bei Arbeitsplätzen für Bagger oder Hebezeuge die Lasten nach EB 57 (Abschn. 2.8),
d) bei Leitungsbrücken die Eigenlast der Leitungen, Rohre, Schutzeinrichtungen und gegebenenfalls der Rohrfüllungen mit den daraus resultierenden Umlenkkräften und Druckstoßkräften,
e) bei Schutzabdeckungen die charakteristischen Größen der Windlasten nach DIN EN 1991-1-4, die charakteristischen Größen der Schneelasten nach DIN EN 1991-1-3 und gegebenenfalls Lasten aus der Bildung von Wassersäcken bei Abdeckungen mit Planen.

Sofern die Hauptträger von Hilfsbrücken oder Baugrubenabdeckungen gleichzeitig Aussteifungsfunktionen haben, ist auch EB 52 (Abschn. 14.7) zu beachten.

3. Die charakteristischen Materialkenngrößen und die Teilsicherheitsbeiwerte richten sich in der Regel nach den in EB 88 (Abschn. 14.1) genannten Regelwerken, soweit nicht, wie z. B. im Falle von Schienenverkehr, die Vorschriften des jeweiligen Verkehrsbetriebs maßgebend sind, oder bei Baumaßnahmen der Bundes-/Landes-/Stadt- und Kommunal-Straßenbehörden deren Festlegungen zu beachten sind (z. B. die jeweiligen Teile 2 der Eurocodes 1 bis 5).

4. Zusätzlich zu den üblichen, in den einschlägigen Vorschriften geforderten Nachweisen, z. B. Nachweis des Grenzzustands der Tragfähigkeit, sind bei Hilfsbrücken und Baugrubenabdeckungen in der Regel folgende weitere Nachweise zu erbringen:

   a) Ableitung der senkrechten und waagerechten Lasten aus dem Fahrbahnbelag über die Tragkonstruktion und die Baugrubenwand, gegebenenfalls auch über Zwischenunterstützungen und lastverteilende Auflagerkonstruktionen, ins Erdreich.
   b) Sicherheit des Fahrbahnbelags und der Tragkonstruktionen gegen Abheben, auch im Hinblick auf die zu erwartende Geräuschbelästigung durch nicht festliegenden Belag.

5. Beim Nachweis der Gebrauchstauglichkeit im Grenzzustand SLS nach EB 78, Absatz 9 (Abschn. 1.4) kann es erforderlich sein, die Durchbiegung von Hilfsbrücken und Baugrubenabdeckungen zu begrenzen und die Abmessungen in Abhängigkeit von den zumutbaren Durchbiegungen zu wählen. Als Maßstab dafür kann z. B. dienen:

   a) bei Hilfsbrücken und Baugrubenabdeckungen für Straßen- oder Schienenverkehr die zugelassene Fahrgeschwindigkeit, die Gefährdung des Belags, der Fahrkomfort oder die Beanspruchung der Fahrzeuge;
   b) bei Leitungsbrücken für biegesteife Rohre die Festigkeit und das Verformungsverhalten der Rohre und der Muffen, sofern die Durchbiegung nicht konstruktiv ausgeglichen werden kann;
   c) bei Schutzabdeckungen der erforderliche Wasserabfluss bzw. die Verhinderung von Wasseransammlungen.

Bei Hilfsbrücken und Baugrubenabdeckungen für Straßen- und Schienenverkehr ist es vielfach üblich, die Durchbiegung infolge von Verkehrslast auf 1/500 der Stützweite zu beschränken und darüber hinaus, insbesondere im Falle von Schienenverkehr, die Durchbiegung der Konstruktion infolge Eigenlast durch konstruktive oder oberbautechnische Maßnahmen auszugleichen. In Weichenbereichen kann es erforderlich sein, die Durchbiegung noch weiter zu verringern und darüber hinaus den Drehwinkel an den Enden der Hauptträger auf ein zuträgliches Maß zu begrenzen.

14.10 Äußere Tragfähigkeit von Bohlträgern, Spundwänden und Ortbetonwänden (EB 85)

1. Für den nach EB 84 (Abschn. 4.8) geforderten Nachweis der Abtragung von Vertikalkräften in den Untergrund ist die Ermittlung der charakteristischen Widerstände im Grenzzustand GEO-2 erforderlich. Dieser Grenzzustand wird hier als „äußere" Tragfähigkeit bezeichnet.

2. Unabhängig von der Art der Baugrubenwandelemente sollten die charakteristischen Widerstände auf der Grundlage von Probebelastungen ermittelt werden. Sofern keine Probebelastungen ausgeführt werden, darf der Nachweis der äußeren Tragfähigkeit auf Grundlage von Erfahrungswerten geführt werden. Dabei gelten für den charakteristischen Spitzendruck und für die charakteristische Mantelreibung unter Beachtung der jeweils angegebenen Anforderungen an den Baugrund

   a) für Spundwände und Bohlträger die Angaben im Anhang A 10,
   b) für Ortbetonwände und in Bohrlöcher eingestellte, im Fußbereich einbetonierte Bohlträger die Angaben nach [165].

3. Für die Ermittlung der charakteristischen Fußwiderstände nach EB 84, Absatz 2 c) (Abschn. 4.8) gilt Folgendes:

   a) Bei Spundwänden und Bohlträgern nach Absatz 2 a) ergibt sich die maßgebende Aufstandsfläche aus der vorhandenen Stahlquerschnittsfläche.
   b) Bei Ortbetonwänden und Bohlträgern nach Absatz 2 b) sind die tatsächlich vorhandenen Aufstandsflächen zugrunde zu legen.

4. Für die Ermittlung der charakteristischen Mantelwiderstände nach EB 84, Absatz 2 d) (Abschn. 4.8) gilt Folgendes:

   a) Im Bereich zwischen Baugrubensohle und theoretischem Fußpunkt der Verbauwand sind bei Ermittlung der Mantelreibung die Mantelflächen nach Bild EB 85-1 in Ansatz zu bringen. Bei Spundwänden darf die charakteristische Mantelreibung $q_{s,k}$ nach Anhang A 10 verdoppelt werden. Zur Mobilisierung der Mantelreibung siehe [193, 194].
   b) Im Bereich unterhalb des theoretischen Fußpunkts darf bei Ermittlung der Mantelreibung die umlaufende Abwicklungsfläche in Ansatz gebracht werden. Eine Verdoppelung der charakteristischen Mantelreibung $q_{s,k}$ für Spundwände nach Absatz a) ist in diesem Bereich nicht zulässig.

5. Fuß- und Mantelwiderstände von Ortbetonwänden und von im Fußbereich einbetonierten Bohlträgern dürfen unter Zugrundelegung der oberen Erfahrungswerte der in [165] angegebenen charakteristischen Größen von Spitzendruck und Mantelreibung ermittelt werden. Für Spundwände und Bohlträger sind obere Erfahrungswerte für Spitzendruck und Mantelreibung in Anhang A 10 angegeben. Die Anwendung der oberen Erfahrungswerte setzt voraus, dass eine gewisse Vertikalverschiebung der Wand zugelassen werden kann.

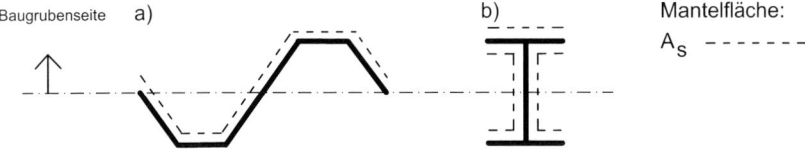

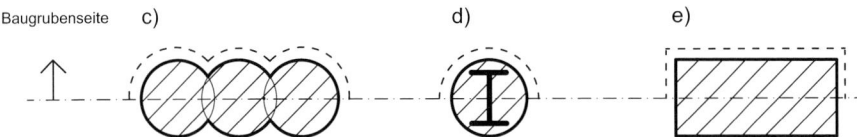

Bild EB 85-1 Wirksame Mantelfläche A_s zwischen Baugrubensohle und theoretischem Fußpunkt, a) Spundwand, b) Bohlträger, c) Bohrpfahlwand, d) im Fußbereich einbetonierte Bohlträger und e) Schlitz-/Dichtwand

6. Bei Baugruben bis zu 10 m Tiefe und günstigen Bodenverhältnissen genügt im Allgemeinen ohne weiteren Nachweis eine Einbindetiefe von 1,50 m sofern nur die Eigengewichtslasten und die Vertikalkomponente des Erddrucks in den Untergrund abzutragen sind.

7. Sofern beim Nachweis der äußeren Tragfähigkeit Einbindetiefen von 3,00 m für Spundwände und Bohlträger bzw. von 2,50 m für Ortbetonwände und einbetonierte Bohlträger unterschritten werden, ist der nach Absatz 3 ermittelte Fußwiderstand mit dem Anpassungsfaktor η_t abzumindern. Dieser Anpassungsfaktor darf wie folgt ermittelt werden:

$$\eta_t = \frac{t_g - 0{,}50\,\mathrm{m}}{2{,}50\,\mathrm{m}} \quad \text{bei Spundwänden und Bohlträgern,}$$

$$\eta_t = \frac{t_g - 0{,}50\,\mathrm{m}}{2{,}00\,\mathrm{m}} \quad \text{bei Ortbetonwänden und einbetonierten Bohlträgern.}$$

8. Zur Ermittlung der Bemessungswerte $R_{c,d}$ aus den charakteristischen Widerständen $R_{c,k}$ siehe EB 84, Absatz 6 (Abschn. 4.8).

14.11 Tragfähigkeit von Zugpfählen und Verpressankern (EB 86)

1. Für die Bemessung, Prüfung und Ausführung von Verpressankern sind folgende Normen maßgebend:
   - Bemessung von Verpressankern, Höhe der Prüflasten und Anzahl der Prüfungen nach Handbuch Eurocode 7, Band 1
   - Herstellung von Verpressankern nach DIN EN 1537, in Verbindung mit DIN SPEC 18537

- Durchführung und Bewertung von Eignungs- und Abnahmeprüfungen nach DIN SPEC 18537

Für die Bemessung, Prüfung und Ausführung von verpressten Mikropfählen sind folgende Normen maßgebend:

- Bemessung von verpressten Mikropfählen (Widerstand gegen Herausziehen eines einzelnen Pfahls aus dem Boden), Höhe der Prüflasten und Anzahl der Prüfungen von verpressten Mikropfählen nach Handbuch Eurocode 7, Band 1
- Herstellung von verpressten Mikropfählen nach DIN EN 14199 in Verbindung mit DIN SPEC 18539
- Durchführung von Probebelastungen von Pfählen nach EA-Pfähle (2012) und Bewertung, Anzahl und Festlegung der Prüflasten nach Handbuch Eurocode 7, Band 1

Im Anhang A 11, Tab. 11.1 sind bezüglich der Bemessung und Prüfungen die Verpressanker und Mikropfähle gegenübergestellt.

2. Eine ausreichende Sicherheit gegen Versagen wird nach Handbuch Eurocode 7, Band 1, eingehalten, wenn die Grenzzustandsbedingung

$$F_{t,d} \leq R_{t,d} \quad \text{für Zugpfähle}$$

und

$$P_d \leq R_{a,d} \quad \text{für Verpressanker}$$

erfüllt ist. Die Bemessungskräfte der Einwirkungen bzw. Beanspruchungen ergeben sich aus der Schnittgrößenermittlung nach EB 11 (Abschn. 4.2), EB 81 (Abschn. 4.1) und EB 82 (Abschn. 4.4) bzw. nach EB 62 (Abschn. 10.5) für den Grenzzustand GEO-2 mit den Teilsicherheitsbeiwerten nach Tab. 6.1 im Anhang A 6.

Für verpresste Zugpfahlsysteme (verpresste Mikropfähle nach DIN EN 14199 und verpresste Verdrängungspfähle nach DIN EN 12699) ist nach Handbuch Eurocode 7, Band 1, bei der Festlegung des Bemessungswerts des Pfahlwiderstands $R_{t,d}$ der aus Pfahlprobebelastungen oder in Ausnahmefällen aus Erfahrungswerten abgeleitete charakteristische Zugpfahlwiderstand $R_{t,k}$ unabhängig von der Pfahlneigung durch den mit dem Modellfaktor $\eta_M = 1{,}25$ multiplizierten Teilsicherheitsbeiwert $\gamma_{s,t}$ zu dividieren, so dass gilt

$$R_{t,d} = R_{t,k}/(\gamma_{s,t} \cdot \eta_M)$$

3. Zur Ermittlung der charakteristischen Zugpfahlwiderstände $R_{t,k}$ siehe Handbuch Eurocode 7, Band 1. Auch für die Ermittlung des maßgebenden Ankerwiderstands und die durchzuführenden Ankerprüfungen sind die Angaben in Handbuch Eurocode 7, Band 1, maßgebend.

4. Durch konstruktive Maßnahmen ist in der Regel sicherzustellen, dass der Ausfall eines Verpressankers bzw. eines Zugpfahles nicht zum Versagen des damit gesicherten Bauteils führt. Sofern hierfür ein Standsicherheitsnachweis geführt wird, darf er unter Berücksichtigung aller Reserven der Tragkonstruktion und des Bodens geführt werden.

5. Auf konstruktive Maßnahmen oder rechnerische Nachweise im Hinblick auf den möglichen Ausfall eines Verpressankers darf verzichtet werden, wenn die folgenden Bedingungen erfüllt sind:

   a) Jeder Anker wird bei der Abnahmeprüfung mit $P_p = 1{,}5 \cdot P_k$ geprüft. Es ist hierfür der Nachweis der inneren Tragfähigkeit des Zugglieds für den Spannvorgang zu führen.

   b) Es kommen Litzen- oder Einstabanker zum Einsatz. Bei Litzenankern ist nachzuweisen, dass bei Ausfall einer Litze die restlichen Litzen in der Lage sind, die Ankerkraft P_d zu übernehmen, wobei als Bemessungssituation BS-A angesetzt werden darf. Dies kann bei vier oder mehr Litzen als erfüllt angesehen werden.
   Zur sicheren Gewährleistung des Keilbisses ist in der Regel eine Mindestvorspannung jeder Litze erforderlich. Ist für den Nachweis „Ausfall einer Litze" eine zusätzliche Litze notwendig, so kann die Summe der Mindestvorspannkräfte für alle Litzen größer sein als die charakteristische Ankerkraft und die daraus abgeleitete Festlegekraft. Der Einfluss auf den gewählten Erddruckansatz darf vernachlässigt werden.

   c) Die tragenden Teile des Ankerkopfs sind hinter der Vorderkante der Bohlträger, der Spundwand, der Pfahl- oder Schlitzwand möglichst weitgehend zu versenken, wenn Gefährdungen durch den Baubetrieb nicht anderweitig ausgeschlossen werden können.

14.12 Nachweis der Kraftübertragung von der Verankerung auf das Erdreich (EB 43)

1. Für den Nachweis der Kraftübertragung von der Verankerung auf das Erdreich ist der Grenzzustand GEO-2 nach EB 78, Absatz 4 (Abschn. 1.4) maßgebend.

2. Eine ausreichende Sicherheit der Kraftübertragung von der Verankerung auf das Erdreich ist eingehalten, wenn für Anker die Grenzzustandsbedingung

   $$P_d \leq R_{a,d}$$

   und für Pfähle

   $$F_{t,d} \leq R_{t,d}$$

   erfüllt ist, d. h. wenn der Bemessungswert der Beanspruchung P_d bzw. $F_{t,d}$ höchstens so groß ist wie der Bemessungswert des Herausziehwiderstands $R_{a,d}$ bzw. $R_{t,d}$.

3. Der Bemessungswert der Beanspruchung der Verankerung setzt sich zusammen

   a) aus dem Bemessungswert der Krafteinwirkung auf eine Verankerung, der sich aus der Bemessung der verankerten Wand ergibt,
   b) gegebenenfalls aus dem Bemessungswert $E_{a,d}$ des aktiven Erddrucks, der auf die Rückseite der Ankerwand bzw. Ankerplatte wirkt.

   Der Bemessungswert $R_{a,d}$ bzw. $R_{t,d}$ des Widerstands ist entsprechend den nachfolgenden Absätzen 4 bis 7 zu ermitteln.

4. Bei der Ermittlung des charakteristischen Erdwiderstands $E_{p,k}$ vor durchlaufenden Ankerwänden ist der charakteristische Wert des Erddruckneigungswinkels mit $\delta_{p,k} = 0$ anzunehmen, sofern als Vertikalkraft nur die Eigenlast der Wand auftritt. Im Übrigen ist der Einfluss der Ankerneigung zu berücksichtigen, vor allem dann, wenn der Anker zur Ankerwand hin abfällt. Ist die Ankerwand mit Erdreich überdeckt, so darf der Erdwiderstand näherungsweise wie bei einer in Höhe der Geländeoberfläche beginnenden Wand ermittelt werden. Der Bemessungswert des Erdwiderstands ergibt sich aus dem Ansatz

$$R_d = E_{p,d} = E_{p,k}/\gamma_{R,e}$$

5. Der charakteristische räumliche Erdwiderstand $E^*_{p,k}$ vor Ankerplatten darf nach [35] oder, wie bei Bohlträgern, nach [20] bzw. nach DIN 4085 ermittelt werden. Bei geringem Abstand a der Ankerplatten darf jedoch nicht mehr als der mit $\delta_p = 0$ ermittelte, anteilige ebene Erdwiderstand $E_{p,k}$ angesetzt werden:

$$E^*_{p,k} = E_{p,k} \cdot a$$

   Der Bemessungswert des räumlichen Erdwiderstands $E^*_{pk,d}$ ergibt sich aus dem Ansatz

$$E^*_{p,d} = E^*_{p,k}/\gamma_{R,e}$$

6. Der Bemessungswert des Herausziehwiderstands $R_{t,d}$ von Zugpfählen ergibt sich nach EB 86 (Abschn. 14.11).

7. Der Bemessungswert des Herausziehwiderstands für Verpressanker und Mikropfähle ergibt sich entsprechend Tab. 11.1, Anhang A 11.

14.13 Bemessung von Bodenverfestigungen für Unterfangungskörper (EB 112)

1. Der Nachweis gegen inneres Versagen des Unterfangungskörpers erfolgt nach DIN 4093. Beim Nachweis der vertikalen Druckspannungen ist eine klaffende Fuge bis zur halben Breite der statisch erforderlichen Abmessungen zulässig [186].

2. Für im Düsenstrahlverfahren hergestellte Unterfangungskörper ist ergänzend die allgemeine bauaufsichtliche Zulassung zu beachten. Wird der Unterfangungskörper durch eine Injektion hergestellt, gilt die DIN SPEC 18187.

3. Im Bereich der Stützung von Unterfangungskörpern (Gurtung, Steifen, Ankerplatten) darf ein mehraxialer Spannungszustand berücksichtigt werden.

4. Werden Verformungen der Bodenverfestigung bestimmt, sind die Steifigkeiten an Probekörpern zu ermitteln. Bei hohen Festigkeiten mit Bruchspannungen $f_m > 4\,\text{MN/m}^2$ ist die Steifigkeit nach DIN EN 12390-3, bei geringeren Festigkeiten nach DIN EN 18136 zu bestimmen.

Arbeitsausschuss „Ufereinfassueinfassungen" der HTG e. V. (Hrsg.)

Empfehlungen des Arbeitsausschusses „Ufereinfassungen" Häfen und Wasserstraßen EAU 2020

- unverzichtbare Hilfe in der Planungspraxis
- normenähnlicher Charakter
- die Empfehlungen werden auch in Ausschreibungen und Abrechnungen verwendet

Die 12. Auflage „EAU" 2020 beinhaltet eine inhaltliche Neustrukturierung der Empfehlungen. Diese gelten für Planung, Entwurf, Ausschreibung, Vergabe, Baudurchführung, -überwachung sowie bei Abnahme und Abrechnung von Hafen- und Wasserstraßenanlagen.

11 / 2020 · 700 Seiten · 150 Abbildungen · 60 Tabellen

Hardcover
ISBN 978-3-433-03316-6 € 129*

eBundle (Print + PDF)
ISBN 978-3-433-03317-3 € 169*

BESTELLEN
+49 (0)30 470 31-236
marketing@ernst-und-sohn.de
www.ernst-und-sohn.de/3316

* Der €-Preis gilt ausschließlich für Deutschland. Inkl. MwSt.

15
Messtechnische Überprüfung und Überwachung von Baugrubenkonstruktionen

15.1 Erfordernis und Zweck von Messungen und Überprüfungen (EB 31)

1. Messungen dienen als Mittel der Qualitätskontrolle und damit auch zum Nachweis einer einwandfreien Planung und Bauausführung. Sie können in diesem Zusammenhang auch Bestandteil einer Beweissicherung gegenüber Dritten, z. B. Behörden oder Nachbarn, sein.

   Bei Baugrubenkonstruktionen der GK 3 ist generell ein geeignetes Messkonzept zu erarbeiten und umzusetzen. Bei Baugrubenkonstruktionen der GK 2 ist das Erfordernis einer messtechnischen Begleitung projektspezifisch zu entscheiden.

   Die Aufstellung eines Messkonzepts ist Teil der Entwurfs- und Genehmigungsplanung, in der Art und Umfang der durchzuführenden Messungen vorgegeben werden. Entsprechend der angewandten Bauverfahren muss das Messkonzept im Zuge der Bauausführung fortgeschrieben und evtl. angepasst werden.

2. Mit der messtechnischen Überprüfung und Überwachung von Baugrubenkonstruktionen und Nachbarbauwerken werden die nachfolgend genannten Ziele verfolgt:

   a) Überprüfung der Planungsparameter sowie der Ergebnisse der Berechnungen, hierzu siehe Absatz 3,
   b) Überprüfung der Auswirkungen von Planungsänderungen sowie Abweichungen der Bauausführung von der Planung, hierzu siehe Absatz 4,
   c) Optimierung der Bemessung und des Bauablaufs, hierzu siehe Absatz 5,
   d) Anwendung der Beobachtungsmethode nach Handbuch Eurocode 7, Band 1, hierzu siehe Absatz 6.

3. Die Überprüfung des prognostizierten Verhaltens betrifft zunächst die Planungsgrundlagen, welche unmittelbar in die Berechnungen eingehen. Bei Baugrubenkonstruktionen sind dies zuerst:

   – die angesetzten Baugrundeigenschaften, im Wesentlichen bestimmt durch die Schichtenfolge und die zugehörigen Bodenkenngrößen,

- die Grundwasserstände,
- die Belastungen aus angrenzender Bebauung, Verkehr oder anderen Einwirkungen.

Die Überprüfung der mit diesen Planungsgrundlagen erzielten Berechnungsergebnisse beinhaltet im Wesentlichen die nachfolgend genannten Punkte:

- die Lastansätze, d. h. die Größe und die Verteilung der Erd- und Wasserdrücke,
- die für die Baugrubenkonstruktion und Nachbarbauwerke berechneten Verformungen,
- die prognostizierten Kräfte in Ankern oder Steifen.

4. Bei Planungsänderungen oder bei im Verlauf der Bauausführung erfolgenden oder festgestellten Abweichungen von der Planung ist das Messkonzept zu überprüfen und nach Erfordernis anzupassen.

5. Durch die Auswertung von Messergebnissen können Bodenkennwerte und Lastverteilungen auf Baugrubenkonstruktionen verifiziert werden. Ggf. besteht die Möglichkeit die Baugrubenkonstruktion und die Bauausführung zu optimieren.

6. Messungen, die im Sinne der Beobachtungsmethode nach Handbuch Eurocode 7, Band 1 durchgeführt werden, sind wesentlicher Teil der Nachweise der Tragfähigkeit bzw. Gebrauchstauglichkeit. Sie sind deshalb eng mit den geotechnischen Untersuchungen und rechnerischen Prognosen zu verbinden. Hierzu siehe EB 33, Absatz 5 (Abschn. 15.3).

15.2 Messgrößen und Messverfahren (EB 32)

1. Messungen beinhalten im Allgemeinen die Bestimmung der nachfolgend genannten Messgrößen:

    - Längen,
    - Verformungen, z. B. Durchbiegung, Setzung, Hebung, Horizontalverschiebung,
    - Lage im Raum bzw. im globalen Koordinatensystem,
    - Dehnungen und Stauchungen,
    - Winkelverdrehungen,
    - Kräfte bzw. Spannungen
    - Wasserstände und Porenwasserdrücke,
    - Schwinggeschwindigkeiten und -beschleunigungen,
    - Zeiten,
    - Temperaturen.

2. Die gewählten Messgrößen sollen, abhängig von den vorliegenden örtlichen Verhältnissen, z. B. folgende Informationen in Abhängigkeit der jeweiligen Fragestellung liefern:

15.2 Messgrößen und Messverfahren (EB 32)

- Lage der Baugrubenwand mit ihren Stützelementen nach der Herstellung,
- Verschiebungen der Wand und des Baugrunds z. B. infolge von Grundwasserabsenkung, Baugrubenaushub, Ankerherstellung, Herstellung von Dichtsohlen, Erstellung des Bauwerks, Rückbau von Ankern oder Steifen, Rückverfüllung,
- Erd- und Wasserdrücke,
- Anker-, Steifen- und Pfahlkräfte,
- Verformungen angrenzender Bauwerke.

3. Bei den Messverfahren ist in erster Linie zu unterscheiden, ob es sich um zeitlich diskrete oder kontinuierliche Messungen handelt. Diskrete Messungen können in vielen Fällen manuell durchgeführt werden. Kontinuierliche Messungen erfordern eine automatische Datenerfassung und -weiterleitung. Es sollten robuste, zuverlässige Messverfahren unter Einhaltung der Mindestanforderungen an die Messgenauigkeit gewählt werden.

4. Zur Erfassung der nachfolgend genannten Messgrößen von Baugrubenkonstruktionen sind folgende Messverfahren gebräuchlich:

   a) Verformungen von Baugrubenwänden können geodätisch mit analogen oder digitalen Nivelliergeräten bzw. Totalstationen bestimmt werden. Motorisierte Geräte mit automatischer Zielerkennung ermöglichen hierbei automatische Messungen, die kontinuierlich durch eine zentrale Messwerterfassung ausgewertet werden können. Des Weiteren sind auch auf dem Laserscanning basierende Verfahren verfügbar, mit denen eine linienförmige Erfassung von Strukturen möglich ist.

   b) Mit Inklinometern können Neigungen und Horizontalverformungen einer Baugrubenwand bestimmt werden.

   c) Verformungen im benachbarten Baugrund bzw. von benachbarten Bauwerken können zum einen manuell, z. B. durch Inklinometer, Sonden-Extensometer, Gleitdeformeter oder Setzungspegel und zum anderen automatisch, z. B. durch Ketteninklinometer oder Stangenextensometer erfasst werden. Zur Beobachtung von Bauwerken neben Baugruben ist darüber hinaus die Verwendung von Schlauchwaagensystemen möglich.

   d) Für Dehnungsmessungen, z. B. an Stahlträgern oder Bewehrungsstahl, stehen z. B. Dehnungsmessstreifen, Dehnungsmessfühler auf Basis des Systems der schwingenden Saite oder Glasfasersysteme zur Verfügung.

   e) Für die Messung von Kräften, z. B. Steifen- oder Ankerkräften, sind elektrische oder hydraulische Kraftmessdosen mit elektrischen Druckumsetzern am gebräuchlichsten. Damit sind auch Fernmessungen möglich.

   f) In Sonderfällen kann bei Baugrubenwänden eine direkte Bestimmung der Erddrücke zweckmäßig sein. Für die Messung von Erddrücken können elektrische oder hydraulische Erddruckzellen verwendet werden.

   g) Für die Messung des Grundwasserspiegels und der Wasserdruckhöhe in durchlässigen Böden sind konventionelle Pegel als offene Standrohre am gebräuchlichsten. Die Standrohrspiegelhöhen werden hierbei mittels Lichtlot oder Druckgebern bestimmt. Mittels Druckgebern lassen sich in der Regel genauere Werte erzielen. Sie ermöglichen zudem eine ununterbrochene Aufzeichnung der Wasserdrücke. Insbesondere für wenig durchlässige Böden mit geringen für die Messung zur Verfügung stehenden Wassermengen wurden geschlossene Systeme auf Basis elektrischer oder pneumatischer Druckgeber entwickelt. Bei schnell wechselnden Grundwasserständen bzw. veränderlichen Porenwasserdrücken, z. B. im Rahmen von Konsolidationsvorgängen, ist eine automatische Messwerterfassung mit kontinuierlich zur Verfügung stehenden Messergebnissen vorteilhaft.

h) Zur Kontrolle der Maßhaltigkeit und Vertikalität von Bohrlöchern oder offenen Schlitzen bietet sich der Einsatz von Profilmessgeräten an.

i) Zur Erfassung der dynamischen Beanspruchungen benachbarter Bauwerke, z. B. infolge der Rammung von Spundwänden, stehen seismische Messgeräte zur Verfügung.

j) Geophysikalische Messmethoden werden zur Erkundung von Inhomogenitäten im Baugrund oder im Bauteil, z. B. zur Lokalisierung von Hindernissen, Hohlräumen oder Fehlstellen, eingesetzt.

5. Die Genauigkeit und Auflösung der Messgeräte ist an den erwarteten Messbereich der Messgrößen anzupassen.

15.3 Planung von Messungen (EB 33)

1. Bei der Planung von Messungen an Baugrubenkonstruktionen und Nachbarbauwerken sind die nachfolgend genannten Punkte zu berücksichtigen bzw. festzulegen:

    - Bestimmung möglicher Gefahrenszenarien und Abschätzung der Risiken,
    - Bestimmung der erforderlichen Messgrößen und Auswahl der geeigneten Messverfahren, hierzu siehe EB 32 (Abschn. 15.2),
    - Festlegung der Schwellen-, Eingreif- und Alarmwerte zur Beschreibung der Grenzen des Bauwerksverhaltens inklusive Angaben zu Handlungsanweisungen für den Fall des Erreichens der festgelegten Werte in einem Alarmplan,
    - Festlegung der Messstellen, hierzu siehe Absatz 4 und EB 34 (Abschn. 15.4),
    - Festlegungen zur Durchführung der Messungen, insbesondere zu den Zeitpunkten der Messungen, und zur Weitergabe der Messergebnisse, hierzu siehe EB 35 (Abschn. 15.5),
    - Festlegungen zu Art und Umfang der Auswertung und Dokumentation der Messergebnisse, hierzu siehe EB 36 (Abschn. 15.6).

2. Mögliche Gefahrenszenarien und Risiken bei Baugrubenkonstruktionen können sowohl die Tragfähigkeit als auch die Gebrauchstauglichkeit betreffen. Nachfolgend werden dafür einige Beispiele genannt:

- Auftreten zu großer Verformungen einer Baugrubenwand, was in der Folge zu unverträglichen Verformungen angrenzender Bauwerke oder einer unzulässigen Verkleinerung der planmäßigen lichten Abmessungen der Baugrube führen kann.
- Verlust der Ankertragfähigkeit, Aufbruch des Verankerungsbodens oder Bruch in der tiefen Gleitfuge und damit Gefährdung der Tragfähigkeit der Baugrubenwand.
- Risiken, die im Rahmen des Herstellprozesses einer Baugrubenkonstruktion vermeidlich oder unvermeidlich auftreten, z. B. Auflockerungen des Baugrunds bei der Herstellung von verrohrten Bohrpfählen im Sand unterhalb des Grundwasserspiegels oder Setzungen von Nachbargebäuden durch Anker- oder Schlitzwandherstellungen.
- Auftreten eines hydraulischen Grundbruchs oder Erosionsgrundbruchs durch Umströmung einer Baugrubenwand, was in der Folge zu einer Verringerung bis hin zu einem vollständigen Verlust des Erdwiderstands bzw. einer Gefährdung benachbarter Bauwerke führen kann.

3. Schwellen-, Eingreif- und Alarmwerte werden folgendermaßen definiert:

  a) Die Schwellenwerte sind erreicht, wenn die Messwerte einen vorher bestimmten Abstand zu den Eingreifwerten unterschreiten, d. h. die Messwerte nähern sich kritisch den definierten Eingreifwerten. Es ergibt sich zwingend eine erhöhte Aufmerksamkeit bei der Überwachung des Verhaltens des Bauwerks, des Bauteils oder des Baugrunds inklusive der Grundwasserverhältnisse. Dies kann z. B. durch eine Reduzierung der Messintervalle erfolgen. Der Einsatz von möglichen Zusatzmaßnahmen ist vorzubereiten.
  b) Mit den Eingreifwerten wird die Grenze der Messwerte definiert, bei deren Erreichen sofortige Zusatzmaßnahmen erforderlich werden. Die Umsetzung dieser Maßnahmen erfolgt in enger Abstimmung zwischen den Planungs- und Bauausführungsbeteiligten.
  c) Das Erreichen der Alarmwerte zeigt eine unplanmäßige, in der Regel die Tragfähigkeit gefährdende Beanspruchung der Baugrubenkonstruktion bzw. des sie umgebenden Bodens an. Sicherungsmaßnahmen zum Schutz von Personen und Sachen sind unverzüglich einzuleiten.

4. Die Anordnung der Messstellen sowie die Art und der Umfang der Messungen sind von den Projektbeteiligten und gegebenenfalls betroffenen Dritten gemeinsam festzulegen. Hierzu siehe EB 34, Abschn. 15.4. Folgende Kriterien sind dabei insbesondere zu beachten:

  - Gefährdungspotential für Leib und Leben,
  - Gefährdungspotential für die öffentliche Sicherheit und Ordnung,
  - Gefährdungspotential für das Vermögen Dritter,
  - Gefährdungspotential für bereits erbrachte Bauleistungen (zeitlicher und finanzieller Aufwand für die Beseitigung möglicher Schäden und die Wiederherstellung des planmäßigen Zustands),

- Bauart, Gründung, Größe, Abstand sowie Empfindlichkeit der angrenzenden Bauwerke,
- Baugrund- und Grundwasserverhältnisse,
- Tiefe, Größe und Komplexität der Baugrubenkonstruktion,
- Bauablauf und Dauer der Baumaßnahme.

5. Sofern die Beobachtungsmethode nach Handbuch Eurocode 7, Band 1 zur Anwendung kommt, ist unter maßgebender Mitwirkung des Tragwerksplaners und des Fachplaners für Geotechnik ein Messprogramm aufzustellen, durch das anhand aussagefähiger Messgrößen überprüft werden kann, ob das tatsächliche Systemverhalten innerhalb der einzuhaltenden, vorher definierten Grenzen liegt. Hierbei sind in der Regel folgende Voraussetzungen einzuhalten:

   a) Das Versagen der Konstruktion oder des die Konstruktion umgebenden Baugrunds muss durch geeignete Messungen so frühzeitig zu erkennen sein bzw. es muss sich so frühzeitig ankündigen, dass konstruktive Gegenmaßnahmen rechtzeitig eingeleitet werden können. Dafür müssen die Reaktionszeiten der Messgeber und die Zeiten, bis die Messdaten ausgewertet sind, ausreichend kurz sein. Der Einsatz von Online-Messsystemen mit integrierter Alarmfunktion bei Erreichung vorgegebener Grenzwerte ist hierfür vorteilhaft.
   b) Die Konstruktion muss im Hinblick auf das nicht auszuschließende Versagen durch geeignete konstruktive Maßnahmen nachrüstbar sein. Im Rahmen der Genehmigungs- und Ausführungsplanung sind diese Maßnahmen von vornherein zu planen und abzustimmen.
   c) Bei der Ausführung sind oben genannte Maßnahmen vorzubereiten, so dass sie bei Bedarf rechtzeitig umgesetzt werden können.

6. Unabhängig vom gewählten Messverfahren ist eine Redundanz anzustreben, d. h. es sollte die Möglichkeit vorhanden sein, eine Messgröße durch Messungen mit einem anderen Messsystem oder an einer anderen Messstelle zu kontrollieren bzw. zumindest auf Plausibilität zu prüfen.

7. Nach der Bestimmung von Art und Umfang der Messungen ist festzulegen, in welcher Form, zu welchem Zeitpunkt und an wen die Daten weitergeleitet werden und von wem die Messungen ausgewertet werden.

15.4 Anordnung der Messstellen (EB 34)

1. Die Anordnung der Messstellen erfolgt allgemein nach folgenden Kriterien:

   a) Die Messstellen sind vorrangig in Bereichen bzw. Bauteilen der Baugrubenkonstruktion mit besonderem Gefährdungspotential, z. B. neben einer empfindlichen Nachbarbebauung, anzuordnen.
   b) Die gewonnenen Messergebnisse sollten auf einen möglichst großen Bereich der Baugrubenumschließung übertragbar sein. Die Messbereiche wer-

den dabei im Hinblick auf das Tragwerk, das gewählte Bauverfahren, die Baugrund- und Grundwasserverhältnisse, die Einwirkungen und gegebenenfalls angrenzende Bebauungen festgelegt.
   c) Bei einer ausgedehnten Baugrube, z. B. einer Linienbaustelle, ist vor Messbeginn festzulegen, für welchen Baugrubenabschnitt diese Messstelle repräsentativ ist.
   d) Bei einer möglichen Beeinträchtigung bzw. Gefährdung angrenzender Bebauung sind Messstellen quer zur Baugrubenwand entsprechend des zu erwartenden Einflusses der Baugrubenkonstruktion vor und hinter der Baugrubenwand anzuordnen.

2. Wenn die Messungen zur Überprüfung der rechnerischen Prognose dienen, z. B. bei der Anwendung der Beobachtungsmethode, dann ist die Anordnung der Messstellen an die Berechnungen und die in den Berechnungen gewählten Bemessungskriterien anzupassen. Werden z. B. für die Dimensionierung einer Spundwand die Verbauwandverformungen maßgebend, sollten diese auch während der Bauausführung gemessen werden.

3. Es ist bereits bei der Anordnung der Messstellen auf eine ausreichende Überprüfungsmöglichkeit der gewonnenen Messergebnisse zu achten. Das bedeutet, dass z. B. der Anordnung von zwei Messstellen in ein und demselben Messbereich gegenüber der Festlegung möglichst vieler unterschiedlicher Messbereiche mit einzelnen Messstellen der Vorzug zu geben ist. Ziel ist in erster Linie die Gewinnung gesicherter Erkenntnisse über das grundsätzliche Verhalten von Baugrubenkonstruktionen und angrenzenden Bauwerken.

15.5 Durchführung der Messungen und Weitergabe der Messergebnisse (EB 35)

1. Messungen sollten in der Regel zu folgenden Zeitpunkten durchgeführt werden:

   – unmittelbar nach dem Einbau des Messgeräts,
   – vor und nach der Belastung des Bauteils, an dem gemessen wird,
   – vor und nach jedem relevanten Bauzustand,
   – vor und nach der Entlastung des Bauteils,
   – vor dem Ausbau des Messgeräts.

2. Bei einigen Messverfahren sind vor dem Einbau der Messinstrumente Kalibrierungen bzw. Nullmessungen durchzuführen. Diese sollten, soweit technisch möglich, nach Abschluss der Messungen wiederholt werden, um gegebenenfalls während der Messungen aufgetretene Änderungen am Messgerät (z. B. Sensordrift) erkennen und bei der Auswertung berücksichtigen zu können.

3. Weitere Messungen richten sich nach der Zeitabhängigkeit des Materialverhaltens sowohl des Bauteils an sich, z. B. beim Kriechen eines Ankers, als auch des Baugrunds, z. B. bei einer Veränderung des Porenwasserdrucks. Auch zeitlich

veränderliche Grundwasserverhältnisse sind bei der Festlegung der Messintervalle zu beachten.

4. Der Zeitpunkt der Messungen sollte nach Möglichkeit so gewählt werden, dass die äußeren Bedingungen, z. B. die Temperatur oder der Tidewasserstand, bei den jeweiligen Messungen vergleichbar sind. Im Bedarfsfall ist durch ergänzende Messungen der Einfluss der veränderlichen Randbedingung auf die Messgröße zu ermitteln.

5. Die Weitergabe der Messergebnisse erfolgt entsprechend der Festlegung gemäß EB 33, Absatz 7 (Abschn. 15.3). Ferner sind die Weitergabe und der weitere Umgang mit den Messergebnissen durch das Qualitätssicherungssystem individuell für jede Baugrubenkonstruktion geregelt. Bei besonderen Vorkommnissen, z. B. unerwartet großen Verbauwandverformungen, ist zusätzlich die im Alarmplan beschriebene Handlungsanweisung einzuhalten.

6. Um eine schlüssige Auswertung der Messergebnisse zu ermöglichen, sind neben den eigentlichen Messergebnissen (Rohdaten) sämtliche maßgebenden Informationen weiterzugeben. Dies betrifft z. B. die Aushubphasen, die Grundwasserstände und die Umgebungstemperatur.

7. Um den Baubeteiligten genug Zeit für möglicherweise erforderliche Reaktionen zu geben, sollte die Zeit zwischen Messwertaufnahme und Messwertweiterleitung sowie -auswertung so kurz wie möglich sein. Beispielsweise kann beim Einsatz von automatischen Messungen den Projektbeteiligten die Möglichkeit eingeräumt werden, auf die Messdaten durch den Aufbau entsprechender Datenerfassungsanlagen und die Verwendung von Netzwerken online (webbasiert) zuzugreifen.

8. Um schnell auf unplanmäßige oder kritische Veränderungen des prognostizierten Zustands reagieren zu können, sind in einem Alarmplan Schwellenwerte, Eingreifwerte und Alarmwerte festzulegen, bei deren Erreichen vorher definierte Handlungs- bzw. Arbeitsanweisungen zu befolgen sind. Hierzu siehe EB 33 (Abschn. 15.3). Bei automatischer Datenerfassung können bereits in die Erfassungssoftware Alarmierungen für den Fall des Eintretens vorgegebener Werte implementiert werden. Die Alarmierungen können dann, z. B. in Form von SMS- und E-Mail-Benachrichtigungen, automatisiert erfolgen.

9. Die vorgenannten Werte können im Zuge der Bauausführung nach einer Abstimmung mit den Planungs- und Bauausführungsbeteiligten angepasst werden.

15.6 Auswertung und Dokumentation der Messergebnisse (EB 36)

1. Bei der Auswertung der Messergebnisse sollte insbesondere Folgendes beachtet werden:

15.6 Auswertung und Dokumentation der Messergebnisse (EB 36)

a) Die Rohdaten sind so auszuwerten und zu bearbeiten, dass die für die Beurteilung wichtigen Messdaten herausgefiltert und gemeinsam mit den für die Auswertung maßgebenden Zusatzinformationen in geeigneter Form dargestellt werden können. Hierzu siehe Absatz 2.

b) Die Messwerte sind auf ihre Plausibilität zu prüfen. Werden z. B. Messfehler oder unerwartete Messergebnisse festgestellt, müssen die Messungen gegebenenfalls wiederholt werden oder für die Beurteilung erforderliche Zusatzinformationen eingeholt werden.

c) Bei der Interpretation der Messergebnisse sind die tatsächlichen Baustellenverhältnisse zu berücksichtigen.

d) Wenn zur Bewertung der Messergebnisse Kenntnisse über das Tragverhalten der Baugrubenkonstruktion erforderlich sind, ist der Tragwerksplaner bei der Auswertung und Bewertung der Messergebnisse einzuschalten.

2. Zur Beurteilung der Messergebnisse sind, insbesondere bei großen Datenmengen, grafische Darstellungen unverzichtbar. Bei automatischen Datenerfassungsanlagen sind in den meisten Fällen entsprechende Möglichkeiten in der Mess- und Auswertesoftware enthalten.

3. Bei der Auswertung der Messgrößen sind mögliche Einflüsse aus Temperaturänderungen wie folgt zu berücksichtigen:

a) Der Einfluss von Temperaturänderungen auf das Bauteil, an dem die Messungen durchgeführt werden, z. B. eine Stahlsteife, ist durch parallel durchzuführende Temperaturmessungen am Bauteil zu bestimmen.

b) Der Einfluss von Temperaturänderungen auf das Messsystem bzw. den Messgeber, z. B. den hydraulischen Druck in einer Druckmessdose, ist zu kompensieren.

4. In regelmäßigen Zeitabständen sind Messberichte zu erstellen bzw. fortzuschreiben. In diesen sind sämtliche, die Messungen betreffenden Informationen (wie z. B. Bauzustand, Bauaktivitäten, Grundwasserstände) enthalten. Nach Abschluss der Messungen sind die Daten und Messberichte in ihrer Gesamtheit zusammenzufassen und zu dokumentieren. Diese Unterlagen sind wie Ausführungspläne oder statische Berechnungen als Teil der Bestandsunterlagen zu behandeln.

5. Die Speicherung der unverarbeiteten Rohdaten und der bearbeiteten bzw. umgerechneten Messdaten erfolgt getrennt und voneinander unabhängig. Die Messdaten (Rohdaten und relevante, bearbeitete Messdaten) sind zusammen mit den anderen Bestandsunterlagen zu archivieren. Die Messdaten sind in Datei- und Datenbankformaten zu sichern, die sowohl frei als auch längerfristig verfügbar sind. Wenn dies nicht möglich ist, sollte eine entsprechend geeignete Exportfunktion zur Verfügung stehen.

Bill Addis (Hrsg.)
Physical Models

Their historical and current use in civil and building engineering design

- **das Buch fasst erstmals die Geschichte der Modellversuche von Planungs- und ausführenden Bauingenieuren in einem Band zusammen**

Seit dem 18. Jahrhundert arbeiten Konstrukteure mit physischen Modellen, die 1950 bis 1970 am häufigsten und noch heute neben Computermodellen verwendet werden. Für die Entwicklung der Ingenieurwissenschaften sind sie ebenso wichtig wie wissenschaftliche Theorien.

2020 · 1114 Seiten · 896 Abbildungen · 14 Tabellen · Sprache: Englisch

Hardcover
ISBN 978-3-433-03257-2 € 139*

eBundle (Print + PDF)
ISBN 978-3-433-03305-0 € 229*

BESTELLEN
+49 (0)30 470 31-236
marketing@ernst-und-sohn.de
www.ernst-und-sohn.de/3257

* Der €-Preis gilt ausschließlich für Deutschland. Inkl. MwSt.

Anhang

A 1 Lagerungsdichte nichtbindiger Böden

In Anlehnung an DIN 1054 „Baugrund – Sicherheitsnachweise im Erd- und Grundbau".

Tab. 1.1 Definition der Lagerungsdichte

$$D = \frac{\max n - n}{\max n - \min n} = \frac{\rho_d - \min \rho_d}{\max \rho_d - \min \rho_d} = \frac{\gamma_d - \min \gamma_d}{\max \gamma_d - \min \gamma_d}$$

Lagerung	Lagerungsdichte		Spitzenwiderstand der Drucksonde MN/m²
	$U \leq 3$	$U > 3$	
Sehr locker	$D < 0{,}15$	$D < 0{,}20$	$q_c < 5{,}0$
Locker	$0{,}15 \leq D < 0{,}30$	$0{,}20 \leq D < 0{,}45$	$5{,}0 \leq q_c < 7{,}5$
Mitteldicht	$0{,}30 \leq D < 0{,}50$	$0{,}45 \leq D < 0{,}65$	$7{,}5 \leq q_c < 15$
Dicht	$0{,}50 \leq D < 0{,}75$	$0{,}65 \leq D < 0{,}90$	$15 \leq q_c < 25$
Sehr dicht	$0{,}75 \leq D$	$0{,}90 \leq D$	$q_c > 25$

Tab. 1.2 Kriterien für mitteldichte Lagerung

Bodengruppe nach DIN 18196	Ungleichförmigkeitszahl	Lagerungsdichte	Verdichtungsgrad	Spitzenwiderstand der Drucksonde
SE, SU GE, GU, GT	$U \leq 3$	$D \geq 0{,}3$	$D_{Pr} \geq 95\,\%$	$q_s \geq 7{,}5\,\text{MN/m}^2$
SE, SW, SI, SU GE, GW, GT, GU	$U > 3$	$D \geq 0{,}45$	$D_{Pr} \geq 98\,\%$	$q_s \geq 7{,}5\,\text{MN/m}^2$

Tab. 1.3 Kriterien für dichte Lagerung

Bodengruppe nach DIN 18196	Ungleichförmigkeitszahl	Lagerungsdichte	Verdichtungsgrad	Spitzenwiderstand der Drucksonde
SE, SU GE, GU, GT	$U \leq 3$	$D \geq 0{,}5$	$D_{Pr} \geq 98\,\%$	$q_s \geq 15\,\text{MN/m}^2$
SE, SW, SI, SU GE, GW, GT, GU	$U > 3$	$D \geq 0{,}65$	$D_{Pr} \geq 100\,\%$	$q_s \geq 15\,\text{MN/m}^2$

Empfehlungen des Arbeitskreises „Baugruben", 6. Auflage. DGGT e. V. (Hrsg.)
©2021 Ernst & Sohn GmbH & Co. KG. Published 2021 by Ernst & Sohn GmbH & Co. KG

A 2 Konsistenz bindiger Böden

Begriffe

Die Zustandsform (Konsistenz) hängt vom Wassergehalt w des Bodens (siehe DIN 18121-1) ab. Mit abnehmendem Wassergehalt geht bindiger Boden vom flüssigen in den bildsamen (plastischen), dann in den halbfesten und schließlich in den festen (harten) Zustand über. Die Übergänge von einer Zustandsform in die andere sind von Atterberg festgelegt worden und werden Zustandsgrenzen (Konsistenzgrenzen) genannt:

a) Die **Fließgrenze** w_L ist der Wassergehalt am Übergang von der flüssigen zur bildsamen Zustandsform.
b) Die **Ausrollgrenze** w_P ist der Wassergehalt am Übergang von der bildsamen zur halbfesten Zustandsform.
c) Die **Schrumpfgrenze** w_S ist der Wassergehalt am Übergang von der halbfesten zur festen Zustandsform.
d) Die **Plastizitätszahl** I_P ist der Unterschied zwischen Fließgrenze und Ausrollgrenze:

$$I_P = w_L - w_P$$

e) Der bildsame (plastische) Bereich zwischen der Fließ- und Ausrollgrenze wird in die Zustandsformen breiig, weich und steif unterteilt.

Bestimmung der Konsistenz im Laborversuch

Aus dem Wassergehalt an der Fließgrenze w_L und an der Ausrollgrenze w_P wird mit Hilfe des Wassergehaltes des Bodens die Konsistenzzahl berechnet:

$$I_C = \frac{w_L - w}{w_L - w_P} = \frac{w_L - w}{I_P}$$

Den Zustandsformen des plastischen Bereichs sind folgende Zahlenwerte von I_C zugeordnet:

a) $I_C = 0{,}00$ bis $0{,}50$: breiige Konsistenz,
b) $I_C = 0{,}50$ bis $0{,}75$: weiche Konsistenz,
c) $I_C = 0{,}75$ bis $1{,}00$: steife Konsistenz.

Bestimmung der Konsistenz im Feldversuch

Die Zustandsform eines bindigen Bodens ist im Feldversuch wie folgt zu von a) bis e) ermitteln:

a) **Breiig** ist ein Boden, der beim Pressen in der Faust zwischen den Fingern hindurchquillt.
b) **Weich** ist ein Boden, der sich leicht kneten lässt.
c) **Steif** ist ein Boden, der sich schwer kneten, aber in der Hand zu 3 mm dicken Walzen ausrollen lässt, ohne zu reißen oder zu zerbröckeln.

d) **Halbfest** ist ein Boden, der beim Versuch, ihn zu 3 mm dicken Walzen auszurollen, zwar bröckelt und reißt, aber doch noch feucht genug ist, um ihn erneut zu einem Klumpen formen zu können.
e) **Fest** (hart) ist ein Boden, der ausgetrocknet ist und dann meist hell aussieht. Er lässt sich nicht mehr kneten, sondern nur zerbrechen. Ein nochmaliges Zusammenballen der Einzelteile ist nicht mehr möglich.

A 3 Bodenkenngrößen nichtbindiger Böden

Tab. 3.1 Erfahrungswerte der Wichte nichtbindiger Böden

Bodenart	Kurzzeichen nach DIN 18196	Lagerung	Wichte		
			erdfeucht γ_k [kN/m³]	gesättigt $\gamma_{r,k}$ [kN/m³]	unter Auftrieb γ'_k [kN/m³]
Kies, Sand eng gestuft	GE, SE mit $U < 6$	locker mitteldicht dicht	16,0 17,0 18,0	18,5 19,5 20,5	8,5 9,5 10,5
Kies, Sand weit oder intermittierend gestuft	GW, GI, SW, SI mit $6 \leq U \leq 15$	locker mitteldicht dicht	16,5 18,0 19,5	19,0 20,5 22,0	9,0 10,5 12,0
Kies, Sand weit oder intermittierend gestuft	GW, GI, SW, SI mit $U > 15$	locker mitteldicht dicht	17,0 19,0 21,0	19,5 21,5 23,5	9,5 11,5 13,5

Bei Anwendung der Tabellenwerte ist Folgendes zu beachten:

a) Die angegebenen Erfahrungswerte für die Wichte sind charakteristische Mittelwerte.
b) Beim Nachweis der Sicherheit gegen Aufschwimmen, der Sicherheit gegen hydraulischen Grundbruch und der Sicherheit gegen Abheben sind die angegebenen Wichten
   – um 1,0 kN/m³ im Fall eines erdfeuchten Bodens,
   – um 0,5 kN/m³ im Fall eines wassergesättigten oder unter Auftrieb stehenden Bodens

   zu vermindern. Man erhält dann die unteren charakteristischen Werte der Wichte.

Tab. 3.2 Erfahrungswerte der Scherfestigkeit nichtbindiger Böden

Reibungswinkel			
Bodenart	Kurzzeichen nach DIN 18196	Lagerung	Reibungswinkel φ'_k [°]
Kies, Sand eng, weit oder intermittierend gestuft	GE, SE, GI, SE, SW, SI	locker mitteldicht dicht	30,0–32,5 32,5–37,5 35,0–40,0

Kapillarkohäsion		
Bodenart	Bezeichnung nach DIN 4022-1	Kapillarkohäsion $c_{c,k}$ [kN/m²]
Sandiger Kies	G,s	0–2
Grobsand	gS	1–4
Mittelsand	mS	3–6
Feinsand	fS	5–8

Bei Anwendung der Tabellenwerte ist Folgendes zu beachten:

a) Die für den Reibungswinkel φ'_k und für die Kapillarkohäsion $c_{c,k}$ angegebenen Erfahrungswerte sind vorsichtige Schätzwerte des Mittelwerts im Sinne von DIN 1054. Sie gelten für runde und abgerundete Kornformen.

b) Sofern nachweislich kantige Körner überwiegen, dürfen die angegebenen Werte für den Reibungswinkel um 2,5° erhöht werden.

c) Die Anwendung der angegebenen Bandbreiten für die Werte der Scherfestigkeit setzt voraus, dass der Entwurfsverfasser bzw. der Fachplaner über Sachkunde und Erfahrung in der Geotechnik verfügt. Anderenfalls dürfen nur die jeweils kleinsten Werte verwendet werden.

d) Die für die Kapillarkohäsion $c_{c,k}$ angegebenen Erfahrungswerte sind wie folgt anzuwenden:
   – Die unteren Werte gelten für einen Sättigungsgrad $5\% \leq S_r \leq 40\%$ und lockere Lagerung.
   – Die oberen Werte gelten für einen Sättigungsgrad $40\% \leq S_r \leq 60\%$ und dichte Lagerung.

Gegebenenfalls darf zwischen den Werten interpoliert werden.

Die Kapillarkohäsion darf nur berücksichtigt werden, sofern sie nicht durch Austrocknen oder durch Überfluten des Baugrunds, infolge Ansteigens des Grundwasserspiegels oder infolge Wasserzulaufs von oben während der Bauzeit verloren gehen kann.

A 4 Bodenkenngrößen bindiger Böden

Tab. 4.1 Erfahrungswerte der Wichte bindiger Böden

Bodenart	Kurzzeichen nach DIN 18196	Zustandsform	Wichte		
			erdfeucht γ_k [kN/m³]	gesättigt $\gamma_{r,k}$ [kN/m³]	unter Auftrieb γ'_k [kN/m³]
Schluffböden					
Leicht plastische Schluffe ($w_L < 35\%$)	UL	weich steif halbfest	17,5 18,5 19,5	19,0 20,0 21,0	9,0 10,0 11,0
Mittelplastische Schluffe ($35\% \leq w_L \leq 50\%$)	UM	weich steif halbfest	16,5 18,0 19,5	18,5 19,5 20,5	8,5 9,5 10,5
Tonböden					
Leicht plastische Tone ($w_L < 35\%$)	TL	weich steif halbfest	19,0 20,0 21,0	19,0 20,0 21,0	9,0 10,0 11,0
Mittelplastische Tone ($35\% \leq w_L \leq 50\%$)	TM	weich steif halbfest	18,5 19,5 20,5	18,5 19,5 20,5	8,5 9,5 10,5
Ausgeprägt plastische Tone ($w_L > 50\%$)	TA	weich steif halbfest	17,5 18,5 19,5	17,5 18,5 19,5	7,5 8,5 9,5
Organische Böden					
Organischer Schluff Organischer Ton	OU und OT	breiig weich steif	14,0 15,5 17,0	14,0 15,5 17,0	4,0 5,5 7,0

Bei Anwendung der Tabellenwerte ist Folgendes zu beachten:

a) Die angegebenen Erfahrungswerte für die Wichte sind charakteristische Mittelwerte.

b) Bei bindigen Böden mit besonders flacher Kornverteilungslinie, z. B. bei Geschiebemergel und Lehm, deren Korngrößen von Ton oder Schluff bis zu Sand oder Kies reichen (gemischtkörnige Böden der Bodengruppen GU, GT, SU und ST bzw. GU*, GT*, SU* und ST* nach DIN 18196), sind die angegebenen Erfahrungswerte der Wichte um 1,0 kN/m³ zu erhöhen.

c) Beim Nachweis der Sicherheit gegen Aufschwimmen, der Sicherheit gegen hydraulischen Grundbruch und der Sicherheit gegen Abheben sind die angegebenen Wichten
   – um 1,0 kN/m³ im Fall eines erdfeuchten Bodens,
   – um 0,5 kN/m³ im Fall eines wassergesättigten oder unter Auftrieb stehenden Bodens
   zu vermindern. Man erhält dann die unteren charakteristischen Werte der Wichte.

Tab. 4.2 Erfahrungswerte der Scherfestigkeit bindiger Böden

Bodenart	Kurzzeichen nach DIN 18196	Zustandsform	Scherfestigkeit		Kohäsion
			erdfeucht		
			φ'_k [°]	c'_k [kN/m²]	$c'_{u,k}$ [kN/m²]
Schluffböden					
Leicht plastische Schluffe ($w_L < 35\%$)	UL	weich steif halbfest	27,5–32,5	0 2–5 5–10	5–60 20–150 50–300
Mittelplastische Schluffe ($35\% \leq w_L \leq 50\%$)	UM	weich steif halbfest	22,5–30,0	0 5–10 10–15	5–60 20–150 50–300
Tonböden					
Leicht plastische Tone ($w_L < 35\%$)	TL	weich steif halbfest	22,5–30,0	0–5 5–10 10–15	5–60 20–150 50–300
Mittelplastische Tone ($35\% \leq w_L \leq 50\%$)	TM	weich steif halbfest	17,5–27,5	5–10 10–15 15–20	5–60 20–150 50–300
Ausgeprägt plastische Tone ($w_L > 50\%$)	TA	weich steif halbfest	15,0–25,0	5–15 15–20 15–25	5–60 20–150 50–300
Organische Böden					
Organischer Schluff Organischer Ton	OU und OT	breiig weich steift	17,5–22,5	0 2–5 5–10	2–20 5–60 20–150

Bei Anwendung der Tabellenwerte ist Folgendes zu beachten:

a) Die für die Scherfestigkeit angegebenen Erfahrungswerte sind vorsichtige Schätzwerte des Mittelwertes im Sinne von DIN 1054.
b) Als Scherfestigkeit im unkonsolidierten Zustand sind in der Tabelle nur charakteristische Werte für $c_{u,k}$ angegeben. Der zugehörige Reibungswinkel ist mit $\varphi_u = 0$ anzunehmen.
c) Die Anwendung der für die Kohäsion c'_k des konsolidierten bzw. dränierten Bodens und der für die Scherfestigkeit $c_{u,k}$ des undränierten Bodens angegebenen Erfahrungswerte ist nur zulässig, wenn ausgeschlossen ist oder wenn verhindert wird, dass sich die Zustandsform ungünstig ändert.
d) Die Anwendung der angegebenen Bandbreiten für die Werte der Scherfestigkeit setzt voraus, dass der Entwurfsverfasser bzw. der Fachplaner über Sachkunde und Erfahrung in der Geotechnik verfügt. Anderenfalls dürfen nur die jeweils kleinsten Werte verwendet werden.

A 5 Geotechnische Kategorien für Baugruben

Tab. 5.1 Geotechnische Kategorien für Baugruben

Geotechnische Kategorie 1	Geotechnische Kategorie 2	Geotechnische Kategorie 3
Baugrund		
mindestens mitteldichte oder steife Böden standfester Fels	keine Einordnung in GK 1 oder GK 3 möglich	wechselhafte regellose Schichten bindiger und nichtbindiger Böden organische Böden breiige und weiche bindige Böden kriechfähige Böden Fels mit ungünstig verlaufenden Störzonen oder Trennflächen Bergsenkungs-, Erdfallgebiet heterogene Auffüllungen
Grundwasser		
≥ 0,5 m unterhalb der Baugrubensohle	≤ 2,0 m oberhalb der Baugrubensohle kann mit üblichen Maßnahmen abgesenkt werden wird mit Spundwänden und unverankerten Sohlen gehalten	> 2,0 m oberhalb der Baugrubensohle Umströmung der Baugrubenwände horizontale/vertikale Durchlässigkeit > 3,0 Setzungsweiche Böden im Einflussbereich der Grundwasserabsenkung
Baugrubenwand		
unverankerte oder gestützte Spundwände und Trägerbohlwände bis 3 m Baugrubentiefe Normverbau nach DIN 4124 Böschungen bis 3 m Unterfangung nach DIN 4123 mit einer freien Höhe ≤ 0,5 m	Baugrubenwände bis 10 m Baugrubentiefe Baugrubenwände als Bohrpfahl- und Schlitzwände Unterfangung nach DIN 4123 mit einer freien Höhe > 0,5 m	Baugruben neben verschiebungs- und setzungsempfindlichen Gebäuden Baugrubenwände, die geringe Verschiebungen aufweisen müssen Baugrubenwände mit mehr als 2 Steifen- oder Ankerlagen Baugrubenwand als Stützkonstruktion durch eine Bodenverfestigung umströmte Baugrubenwände
Dichtsohle		
keine Dichtsohle	unverankerte Unterwasserbetonsohlen annähernd wasser-undurchlässiger Boden	verankerte Unterwasserbeton- und Bodenverfestigungssohlen tiefliegende Dichtsohlen
Verankerung der Baugrubenwände		
keine Verankerung der Baugrubenwände	maximal eine Verpressankerlage	Lage des Kopfes der Verankerung unterhalb des Grundwasserspiegels Verankerung mit Nägeln gemäß DIN EN 14490 oder Mikropfählen Verankerung in Unterfangungskörpern
Verankerung der Sohle		
keine Verankerung der Sohle	keine Verankerung der Sohle	alle Arten von Sohlverankerungen

A 6 Teilsicherheitsbeiwerte für geotechnische Größen

Tab. 6.1 Teilsicherheitsbeiwerte γ_F [1] bzw. γ_E [2] für Einwirkungen und Beanspruchungen
Stand: DIN 1054/A2

Einwirkung bzw. Beanspruchung	Formelzeichen	Bemessungssituation			
		BS-P	BS-T	BS-T/A	BS A
HYD und UPL: Grenzzustand des Versagens durch hydraulischen Grundbruch und Aufschwimmen					
Destabilisierende ständige Einwirkungen[a]	$\gamma_{G,dst}$	(1,05)	1,05	1,05	1,00
Stabilisierende ständige Einwirkungen	$\gamma_{G,stb}$	(0,95)	0,95	0,95	0,95
Destabilisierende veränderliche Einwirkungen	$\gamma_{Q,dst}$	(1,50)	1,30	1,15	1,00
Stabilisierende veränderliche Einwirkungen	$\gamma_{Q,stb}$	(0)	0	0	0
Strömungskraft bei günstigem Untergrund	γ_H	(1,45)	1,45	1,35	1,25
Strömungskraft bei ungünstigem Untergrund	γ_H	(1,90)	1,90	1,70	1,45
STR und GEO-2: Grenzzustand des Versagens von Bauwerken, Bauteilen und Baugrund					
Beanspruchungen aus ständigen Einwirkungen allgemein[a]	γ_G	(1,35)	1,20	1,15	1,10
Beanspruchungen aus günstigen ständigen Einwirkungen[b]	$\gamma_{G,inf}$	(1,00)	1,00	1,00	1,00
Beanspruchungen aus ständigen Einwirkungen aus Erdruhedruck	$\gamma_{G,E0}$	(1,20)	1,10	1,05	1,00
Beanspruchungen aus ungünstigen veränderlichen Einwirkungen allgemein[a]	γ_Q	(1,50)	1,30	1,20	1,1
Beanspruchungen aus günstigen veränderlichen Einwirkungen[b]	γ_Q	(0)	0	0	0
GEO-3: Grenzzustand des Versagens durch Verlust der Gesamtstandsicherheit					
Ständige Einwirkungen[a]	γ_G	(1,00)	1,00	1,00	1,00
Ungünstige veränderliche Einwirkungen	γ_Q	(1,30)	1,20	1,10	1,00
SLS: Grenzzustand der Gebrauchstauglichkeit					
$\gamma_G = 1,00$ für ständige Einwirkungen bzw. Beanspruchungen					
$\gamma_Q = 1,00$ für veränderliche Einwirkungen bzw. Beanspruchungen					

[a] Einschließlich ständigem und veränderlichem Wasserdruck.
[b] Nur bei der Ermittlung der Bemessungswerte der Zugbeanspruchung von Pfählen, wenn bei der Ermittlung der Bemessungswerte eine gleichzeitig wirkende Druckbeanspruchung aus günstigen ständigen Einwirkungen angesetzt wird.

1) Der Beiwert γ_F ist ein Oberbegriff für die jeweils auf den Einzelfall der Einwirkungen F bezogenen Teilsicherheitsbeiwerte.
2) Der Beiwert γ_E ist ein Oberbegriff für die jeweils auf den Einzelfall der Beanspruchungen E bezogenen Teilsicherheitsbeiwerte.

In der Bemessungssituation BS-E werden nach DIN EN 1990 alle Teilsicherheitsbeiwerte zu 1,0 gesetzt.

Tab. 6.2 Teilsicherheitsbeiwerte γ_R [a] für Widerstände im Grenzzustand STR und GEO-2

Widerstand	Formelzeichen	Bemessungssituation			
		BS-P	BS-T	BS-T/A	BS A
STR und GEO-2: Grenzzustand des Versagens von Bauwerken, Bauteilen und Baugrund					
Bodenwiderstände					
– Erdwiderstand und Grundbruchwiderstand	$\gamma_{R,e}, \gamma_{R,v}$	(1,40)	1,30	1,25	1,20
– Gleitwiderstand	$\gamma_{R,h}$	(1,10)	1,10	1,10	1,10
Pfahlwiderstände aus statischen und dynamischen Pfahlprobebelastungen					
– Fußwiderstand	γ_b	(1,10)	1,10	1,10	1,10
– Mantelwiderstand (Druck)	γ_s	(1,10)	1,10	1,10	1,10
– Gesamtwiderstand (Druck)	γ_t	(1,10)	1,10	1,10	1,10
– Mantelwiderstand (Zug)	$\gamma_{s,t}$	(1,15)	1,15	1,15	1,15
Pfahlwiderstände auf der Grundlage von Erfahrungswerten					
– Druckpfähle	$\gamma_b, \gamma_s, \gamma_t$	(1,40)	1,40	1,40	1,40
– Zugpfähle	$\gamma_{s,t}$	(1,50)	1,50	1,50	1,50
Herausziehwiderstände					
– Boden- bzw. Felsnägel	γ_a	(1,40)	1,30	1,25	1,20
– Verpresskörper von Verpressankern	γ_a	(1,10)	1,10	1,10	1,10
– Flexible Bewehrungselemente	γ_a	(1,40)	1,30	1,25	1,20

a) Der Beiwert γ_R ist ein Oberbegriff für die jeweils auf den Einzelfall des Widerstandes bezogenen Teilsicherheitsbeiwerte.

Der Teilsicherheitsbeiwert für den Materialwiderstand des Stahlzuggliedes aus Spannstahl und Betonstahl ist für die Grenzzustände GEO-2 und GEO-3 in DIN EN 1992-1-1 mit $\gamma_M = 1,15$ angegeben.

Der Teilsicherheitsbeiwert für den Materialwiderstand von flexiblen Bewehrungselementen ist für die Grenzzustände GEO-2 und GEO-3 in EBGEO [170] angegeben.

In der Bemessungssituation BS-E werden nach DIN EN 1990 alle Teilsicherheitsbeiwerte zu 1,0 gesetzt.

Tab. 6.3 Teilsicherheitsbeiwerte γ_M für geotechnische Kenngrößen

Widerstand	Formelzeichen	Bemessungssituation			
		BS-P	BS-T	BS-T/A	BS A
GEO-3: Grenzzustand des Versagens durch Verlust der Gesamtstandsicherheit					
Reibungsbeiwert $\tan \varphi'$ des dränierten Bodens und Reibungsbeiwert $\tan \varphi_u$ des undränierten Bodens	$\gamma_\varphi, \gamma_{\varphi u}$	(1,25)	1,15	1,13	1,10
Kohäsion c' des dränierten Bodens und Scherfestigkeit c_u des undränierten Bodens	γ_c, γ_{cu}	(1,25)	1,15	1,13	1,10

A 7 Materialkennwerte und Teilsicherheitsbeiwerte für Bauteile aus Beton und Stahlbeton

Tab. 7.1 Charakteristische Materialkennwerte für Normalbeton nach DIN EN 1992-1-1, Tab. 3.1

Betonfestigkeitsklasse C $f_{ck}/f_{ck,cube}$	C12/15	C16/20	C20/25	C25/30	C30/37	C35/45	C40/50	C45/55	C50/60
Für den Nachweis der Tragfähigkeit									
f_{ck} [N/mm²]	12	16	20	25	30	35	40	45	50
Für den Nachweis der Gebrauchstauglichkeit									
f_{ctm} [N/mm²]	1,6	1,9	2,2	2,6	2,9	3,2	3,5	3,8	4,1
$f_{ctk;0,05}$ [N/mm²]	1,1	1,3	1,5	1,8	2,0	2,2	2,5	2,7	2,9
$f_{ctk;0,95}$ [N/mm²]	2,0	2,5	2,9	3,3	3,8	4,2	4,6	4,9	5,3
E_{cm} [N/mm²]	27 000	29 000	30 000	31 000	33 000	34 000	35 000	37 000	38 000

f_{ck} charakteristische Zylinderdruckfestigkeit des Betons nach 28 Tagen
$f_{ck,cube}$ charakteristische Würfeldruckfestigkeit des Betons nach 28 Tagen
f_{ctm} Mittelwert der zentrischen Zugfestigkeit des Betons
$f_{ctk;0,05}$ charakteristischer Wert des 5%-Quantils der zentrischen Betonzugfestigkeit
$f_{ctk;0,95}$ charakteristischer Wert des 95%-Quantils der zentrischen Betonzugfestigkeit
E_{cm} mittlerer Elastizitätsmodul für Normalbeton (Sekante bei $|\sigma_c| \approx 0{,}4 f_{cm}$)

Tab. 7.2 Charakteristische Materialkennwerte für Betonstahl nach DIN 488-1, Auszug aus Tab. 2

Kurzname	B500A	B500B	B500A	B500A	Quantile p (%) bei $W = 1 - \alpha$ (einseitig)
Werkstoffnummer	1.0438	1.0439	1.0438	1.0438	
Oberfläche	gerippt	gerippt	glatt (+G)	profiliert (+P)	
Erzeugnisform/ Lieferform	Betonstahl in Ringen, abgewickelte Erzeugnisse, Betonstahlmatten, Gitterträger	Betonstabstahl, Betonstahl in Ringen, abgewickelte Erzeugnisse, Betonstahlmatten, Gitterträger	Bewehrungsdraht in Ringen und Stäben, Gitterträger		
Streckgrenze R_e^a [N/mm²]	500	500	500	500	5,0 bei $W = 0{,}90$
Streckgrenzenverhältnis R_m/R_e	1,05[a)]	1,08	1,05[b)]	1,05[b)]	10,0 bei $W = 0{,}90$
Verhältnis $R_{e,\text{ist}}/R_{e,\text{nenn}}$	—	1,30	—	—	90,0 bei $W = 0{,}90$
Prozentuale Gesamtdehnung bei Höchstkraft A_{gt} [%]	2,5[b)]	5,0	2,5[b)]	2,5[b)]	10,0 bei $W = 0{,}90$

a) Die Streckgrenze (und Zugfestigkeit) wird errechnet aus der Kraft bei Erreichen der Streckgrenze (und Höchstkraft), dividiert durch die Nennquerschnittsfläche ($A_n = \pi d^2/4$). Als Streckgrenze gilt die obere Streckgrenze R_{eH}. Tritt keine ausgeprägte Streckgrenze auf, ist die 0,2%-Dehngrenze $R_{p0,2}$ zu ermitteln.

b) $R_m/R_e \geq 1{,}03$ und $A_{gt} \geq 2{,}0$ für die Nenndurchmesser 4,0–5,5 mm.

Tab. 7.3 Teilsicherheitsbeiwerte. Nach DIN EN 1992-1-1/NA, Tabelle NA.2.1, ergänzt entsprechend EB 24 und EB 79

Einwirkungskombination nach EB 24	Bemessungssituation			
	BS-P	BS-T	BS-T/A	BS-A
γ_c für die Bestimmung des Tragwiderstandes von Beton[a)]	(1,50)	1,50	1,50	1,30
γ_s für die Bestimmung des Tragwiderstandes von Betonstahl	(1,15)	1,15	1,15	1,00
γ_c und γ_s für den Nachweis der Gebrauchstauglichkeit	(1,00)	1,00	1,00	1,00

a) Bei Ortbeton-Bohrpfählen mit wiedergewonnener Verrohrung ist der Teilsicherheitsbeiwert in der Regel mit dem Beiwert k_f zu multiplizieren. Bei Bohrpfählen, deren Herstellung nach DIN EN 1536 erfolgt, ist $k_f = 1{,}0$, in allen anderen Fällen ist $k_f = 1{,}1$.

A 8 Materialkennwerte und Teilsicherheitsbeiwerte für Bauteile aus Stahl

Tab. 8.1 Charakteristische Materialkennwerte (Nennwerte), Sinngemäß nach DIN EN 1993-1-1 und DIN EN 1993-5, für Erzeugnisdicken < 40 mm

Werkstoffnorm und Stahlsorte	Streckgrenze f_y [N/mm^2]	Zugfestigkeit f_u [N/mm^2]	Schubfestigkeit τ_R [N/mm^2]	E-Modul E [N/mm^2]	Schubmodul G [N/mm^2]
DIN EN 10025-2					
S 235	235	360	136		
S 275	275	430	159		
S 355	355	490	205		
S 450	440	550	254	210 000	81 000
DIN EN 10027					
S240GP	240	340	139		
S270GP	270	410	156		
S320GP	320	440	185		
S355GP	355	480	205		
S390GP	390	490	225		
S430GP	430	510	248		

Tab. 8.2 Teilsicherheitsbeiwerte. Nach DIN EN 1993-1-1 und /NA, ergänzt entsprechend EB 24

Einwirkungskombination nach EB 24	Bemessungssituation			
	BS-P	BS-T	BS-T/A	BS-A
γ_M für den Nachweis der Tragfähigkeit				
a) Beanspruchbarkeit von Querschnitten γ_{M0}	(1,00)	1,00	1,00	1,00
b) Beanspruchbarkeit von Bauteilen bei Stabilitätsversagen γ_{M1}	(1,10)	1,10	1,05	1,00
c) Beanspruchbarkeit von Querschnitten bei Bruchversagen infolge Zugbeanspruchung γ_{M2}	(1,25)	1,25	1,20	1,15
d) zur Berechnung der Steifigkeiten	(1,00)	1,00	1,00	1,00
γ_M für den Nachweis der Gebrauchstauglichkeit	(1,00)	1,00	1,00	1,00

Zu den Teilsicherheitsbeiwerten beim Nachweis der Beanspruchbarkeit von Anschlüssen siehe DIN EN 1993-1-8.

A 9 Materialkennwerte und Teilsicherheitsbeiwerte für Bauteile aus Holz

Tab. 9.1 Charakteristische Werte für die Festigkeits-, Steifigkeits- und Rohdichtekennwerte für Nadelholz. Auszug aus DIN EN 338 für Nadelholz. Die angegebenen Werte setzen die Verwendung von neuen oder neuwertigen Hölzern voraus.

Festigkeitsklasse		C 16	C 24	C 30	C 35
Festigkeitseigenschaften in N/mm²					
Biegung	$f_{m,k}$	16	24	30	35
Zug in Faserrichtung	$f_{t,0,k}$	10	14	18	21
rechtwinklig zur Faserrichtung	$f_{t,90,k}$	0,4	0,4	0,4	0,4
Druck in Faserrichtung	$f_{c,0,k}$	17	21	23	25
rechtwinklig zur Faserrichtung	$f_{c,90,k}$	2,2	2,5	2,7	2,8
Schub	$f_{v,k}$ [a]	2,0	2,0	2,0	2,0
Steifigkeitseigenschaften in kN/mm²					
Mittelwert des Elastizitätsmoduls in Faserrichtung	$E_{0,mean}$ [b]	8	11	12	13
rechtwinklig zur Faserrichtung	$E_{90,mean}$	0,27	0,37	0,40	0,43
Schubmodul	G_{mean}	0,50	0,69	0,75	0,81
Rohdichte in kg/m³					
Rohdichte	ρ_k	310	350	380	400
Mittelwert der Rohdichte	ρ_{mean}	370	420	460	480

a) Die charakteristischen Werte für die Schubfestigkeit sind gemäß DIN EN 1995-1-1/NA, NDP zu 6.1.7(2) einheitlich mit 2,0 N/mm² anzusetzen.
b) Mittelwert; für die 5%-Quantile gilt folgender Rechenwert: $E_{0,05} = 2/3 \cdot E_{0,mean}$.

Tab. 9.2 Teilsicherheitsbeiwerte, nach DIN EN 1995-1-1/NA, Tabelle NA.2, ergänzt entsprechend EB 24

Einwirkungskombination nach EB 24	Bemessungssituation			
	BS-P	BS-T	BS-T/A	BS-A
γ_M für den Nachweis der Tragfähigkeit	(1,30)	1,30	1,30	1,00
γ_M für den Nachweis der Gebrauchstauglichkeit	(1,00)	1,00	1,00	1,00

A 10 Erfahrungswerte für Mantelreibung und Spitzendruck von Spundwänden und Bohlträgern

a) Für gerammte Spundwände und Bohlträger dürfen für den Nachweis nach EB 84 (Abschn. 4.8) im Grenzzustand GEO-2 die charakteristischen Erfahrungswerte für den Spitzendruck $q_{b,k}$ und für die Mantelreibung $q_{s,k}$ in nichtbindigen Böden aus Tab. 10.1 und in bindigen Böden aus Tab. 10.2 gewählt werden. Die angegebenen Erfahrungswerte gelten für Bohlträger mit einem annähernd quadratischen Seitenverhältnis mit Bezug auf die Profilhöhe h und die Flanschbreite b_F ($h/b_F \leq 1,2$), siehe auch [195]. Für Bohlträger mit $h/b_F > 1,2$ gelten die Angaben nach [165] und [196].

b) Die in den Tab. 10.1 und 10.2 angegebenen Werte sind vergleichbar zu den in [165] angegebenen oberen Erfahrungswerten bezogen auf den Mittelwert (50 %-Quantil) und gelten nur für Druckbeanspruchungen. Zwischenwerte dürfen geradlinig interpoliert werden.

Tab. 10.1 Erfahrungswerte des charakteristischen Spitzendrucks $q_{b,k}$ und der charakteristischen Mantelreibung $q_{s,k}$ für Spundwände und Bohlträger in nichtbindigen Böden

Mittlerer Spitzenwiderstand q_c der Drucksonde in MN/m²	Spitzendruck $q_{b,k}$ im Bruchzustand in MN/m²	Mantelreibung $q_{s,k}$ im Bruchzustand in kN/m²	
	Spundwände und Bohlträger	Spundwände	Bohlträger[a]
7,5	9	20	40
15	18	40	80
≥ 25	25	50	105

a) Mantelreibung in Anlehnung an Erfahrungswerte für Modell 1 gemäß [165] und [196].

Tab. 10.2 Erfahrungswerte des charakteristischen Spitzendrucks $q_{b,k}$ und der charakteristischen Mantelreibung $q_{s,k}$ für Spundwände und Bohlträger in bindigen Böden

Scherfestigkeit $c_{u,k}$ des undränierten Bodens in kN/m²	Spitzendruck $q_{b,k}$ im Bruchzustand in MN/m²	Mantelreibung $q_{s,k}$ im Bruchzustand in kN/m²	
	Spundwände und Bohlträger	Spundwände	Bohlträger
60	—	15	20
100	1,00	20	27
150	1,75	25	35
≥ 250	2,50	35	50

c) Die Anwendung der angegebenen Erfahrungswerte setzt ein Einrammen oder Einpressen der Profile voraus. Im Übrigen ist Folgendes zu beachten:

- Werden die Spundbohlen und Bohlträger eingerüttelt, sind die angegebenen Erfahrungswerte für Mantelreibung und Spitzendruck auf 75 % abzumindern. In Abstimmung mit dem Sachverständigen für Geotechnik darf ggf. der Wert von 0,75 erhöht werden.
- Werden die Spundbohlen und Bohlträger bis zur vollen Solltiefe mit Hilfe von Auflockerungsbohrungen oder Spüllanzen eingebracht, dürfen Spitzendruck und Mantelreibung nur angesetzt werden, wenn diese durch den Sachverständigen für Geotechnik bestätigt werden.
- Bei einer Vergrößerung der Aufstandsfläche, z. B. durch Aufdopplung der Stahlprofile zur Erhöhung des Fußwiderstands sind die daraus resultierenden Auswirkungen auf die Mantelreibung durch einen Sachverständigen für Geotechnik zu bewerten.

A 11 Verankerungen

Tab. 11.1 Vergleich von Verpressankern und Mikropfählen bezüglich der Bemessung [197]

	Verpressanker nach DIN EN 1537	Auf Zug belastete Mikropfähle nach DIN EN 14199
Rechnerischer Nachweis der Tragfähigkeit	Vorbemessung: Erfahrungswerte z. B. in [198] Nachweis der Tragfähigkeit durch Eignungsprüfungen	Vorbemessung: Erfahrungswerte für verpresste Mikropfähle [165] Nachweis der Tragfähigkeit durch Probebelastungen[a]
Anzahl und Art der Prüfungen	Eignungsprüfungen an drei Ankern je Baugrundschicht; Abnahmeprüfungen an allen Ankern	Ermittlung des Herauszieh-Widerstands durch Probebelastungen an 3 % bzw. mindestens an 2 Pfählen je Baugrundsituation
Prüfkraft	Abnahme-/Eignungsprüfung: $P_p = \gamma_a \cdot P_d$ mit $\gamma_a = 1{,}1$ und P_d Bemessungswert der Ankerbeanspruchung	Probebelastungen: $P_p = \gamma_{s,t} \cdot F_{t,d} \cdot \xi_1 \cdot \eta_M$ mit $\gamma_{s,t} = 1{,}15$, $\xi_1 \geq 1{,}0$ und $\eta_M = 1{,}25$ und $F_{t,d}$ Bemessungswert der Pfahlbeanspruchung
Gruppenprüfungen	In Abhängigkeit der charakteristischen Beanspruchung und dem Achsabstand ggf. erforderlich.	
Ermittlung des Herauszieh-Widerstandes	Der Herauszieh-Widerstand ist der Kleinstwert der Ergebnisse der Eignungsprüfungen. $R_{a;k} = (P_p)_{min}$	Der Herauszieh-Widerstand ergibt sich als der kleinere Wert des um ξ_1 bzw. ξ_2 (Abhängigkeit von der Anzahl der Probelastungen) abgeminderten Minimal- bzw. Mittelwerts der Ergebnisse der Probebelastungen. $R_{t;k} = \text{MIN}\left\{\dfrac{(R_{t;m})_{mitt}}{\xi_1}; \dfrac{(R_{t;m})_{min}}{\xi_2}\right\}$
Nachweis der Tragfähigkeit des Zugglieds für Prüfkraft	Für die Bemessung des Zuggliedes ist die Prüfkraft maßgebend.	Die Zugglieder von Bauwerkspfählen sind für das Aufbringen der Prüfkraft in der Regel nicht ausreichend.

[a] Bei Probebelastungen ist insbesondere bei Rückverankerungen von Baugrubenwänden darauf zu achten, dass der statisch angesetzte Krafteinleitungsbereich geprüft wird. Ggf. sind Maßnahmen zur Reduzierung der Mantelreibung erforderlich.

A 12 Scherfestigkeit weicher Böden

1. Bei der Berechnung von Baugruben in weichen Böden kommen der Ermittlung und der Festlegung der Scherfestigkeit der weichen Böden unter Berücksichtigung von Porenwasserüber- oder -unterdrücken eine besondere Bedeutung zu.

2. Kriterien dafür, ob bei einem unter Eigengewicht normalkonsolidierten Boden ein Porenwasserüberdruck zu erwarten ist und somit undränierte Verhältnisse vorliegen, sind in [105, 111, 119] und [176] angegeben. Häufig sind annähernd dränierte Randbedingungen zu erwarten:

    a) Die Untersuchungen in [111] haben ergeben, dass bei den in der Praxis häufig vorkommenden Randbedingungen dränierte Verhältnisse vorgelegen haben.
    b) Mit der Untersuchung der wirksamen Spannungspfade in [119, 166] und [167] wurde nachgewiesen, dass in überwiegenden Bereichen im Boden eine Entlastungssituation eintritt und vor dem Wandfuß in der Regel trotz der Wandverschiebung kein bzw. in Abhängigkeit der Biegesteifigkeit der Verbauwand nur ein geringfügiger Porenwasserüberdruck auftritt, der sich in der Regel innerhalb weniger Tage weitgehend vollständig abbaut.

   Eine rechnerische Berücksichtigung von undränierten Zuständen ist somit in der Regel nicht erforderlich. Sofern die Entwicklung von Porenwasserüberdruck zu erwarten ist und somit undränierte Bedingungen maßgebend sind, sollten in diesem Zusammenhang auch die örtlichen Erfahrungen in die Bewertung eingehen bzw. Untersuchungen mit gekoppelten Konsolidationsanalysen durchgeführt werden.

3. Entsprechend den Randbedingungen im Scherversuch ist zu unterscheiden zwischen

    a) der Scherfestigkeit des dränierten Bodens mit den Parametern φ'_k und c'_k,
    b) dem Winkel der Gesamtscherfestigkeit $\varphi'_{s,k}$ des dränierten Bodens mit Anteilen aus Reibung und Kohäsion,
    c) der Scherfestigkeit des undränierten Bodens mit den Parametern $\varphi_{u,k}$ und $c_{u,k}$, wobei in der Regel $\varphi_{u,k} = 0$ angenommen wird.

   Die Scherparameter φ'_k und c'_k sowie der Winkel $\varphi'_{s,k}$ der Gesamtscherfestigkeit des dränierten Bodens ergeben sich in der Regel aus Dreiaxialversuchen oder aus direkten Scherversuchen. Zur Bestimmung der Scherfestigkeit von sehr weichen, gering plastischen Böden sind diese Versuche nur bedingt geeignet, siehe Absatz 4.

4. Die Ermittlung der Scherfestigkeit des dränierten und des undränierten Bodens in Laborversuchen kann stark von Zufälligkeiten und systematischen Fehlern beeinflusst sein:

    a) Festigkeitsvermindernd können sich Fehler bei der Entnahme der Bodenproben und bei deren Einbau in das Schergerät bzw. Dreiaxialgerät auswirken.

b) Bei direkten Scherversuchen kann eine scheinbare Festigkeitserhöhung durch Reibungswiderstände im Schergerät vorgetäuscht werden.
c) Bei Dreiaxialversuchen kann der Widerstand des Gummistrumpfes eine scheinbare Festigkeitserhöhung bewirken.

Aus diesen Gründen sollten insbesondere die im Laborversuch ermittelten Werte für die Kohäsion c'_k des dränierten Bodens und für die Scherfestigkeit $c_{u,k}$ des undränierten Bodens bei der Festlegung der charakteristischen Werte vorsichtig bewertet werden. Bei normalkonsolidierten weichen Böden ohne organische Anteile ist ohnehin eine Kohäsion $c'_k \approx 0$ zu erwarten, so dass $\varphi'_k \approx \varphi'_{s,k}$ wird. Bezüglich des Einflusses von Anisotropie auf die Scherfestigkeit siehe auch Absatz 8.

5. Sofern nicht bereits entsprechende Erfahrungen vorliegen, ist zusätzlich zu den üblichen Baugrunderkundungsmaßnahmen und Laborversuchen bei Baugruben in weichen Böden die örtliche Scherfestigkeit $c_{u,k}$ des undränierten Bodens durch Flügelsondierungen zu ermitteln. Diese Sondierungen sind nach Möglichkeit bis in eine Tiefe auszuführen, in der sich die Festigkeit des Bodens deutlich verbessert, bei großer Mächtigkeit der Weichschichten mindestens jedoch bis in eine Tiefe, die dem Dreifachen der Baugrubentiefe entspricht. Aus der Flügelsondierung ergibt sich zunächst der Messwert $\tau_{f,k}$. Zur Berücksichtigung der unterschiedlichen Belastungsgeschwindigkeiten bei der Flügelsondierung und bei der Scherbeanspruchung im Zuge des Baugrubenaushubes ist der zugehörige Wert $c_{u,k}$ mit Hilfe des Korrekturfaktors μ aus der Beziehung

$$c_{u,k} = \tau_{f,k} \cdot \mu$$

zu bestimmen. Hierbei darf zwischen kurzzeitigen und langzeitigen Bauzuständen unterschieden werden:

a) Für langzeitige Bauzustände gilt nach [113] der in Bild 12.1 (untere Linie) dargestellte Zusammenhang zwischen dem Faktor μ und der Plastizitätszahl I_P.
b) Für kurzzeitige Bauzustände gilt der in Anlehnung an [116] in [132] korrigierte, in Bild 12.1, obere Linie, dargestellte Zusammenhang zwischen dem Faktor μ und der Plastizitätszahl I_P.

Als kurzzeitig werden Bauzustände bezeichnet, bei denen ein örtlich begrenzter, kritischer Zustand noch am selben Tag durch Einbau einer schnell wirksamen Sicherung beseitigt wird, siehe auch EB 94 (Abschn. 12.2, Absatz 2).

6. Falls die Durchführung von Flügelsondierungen nicht erfolgversprechend ist, z. B. bei faserigen organischen Böden, darf ersatzweise die Scherfestigkeit $c_{u,k}$ des undränierten Bodens im Rahmen der geotechnischen Untersuchungen wie folgt abgeschätzt werden:

a) Sofern regionale Erfahrungen oder abgesicherte Korrelationen vorliegen [112], kann die Scherfestigkeit $c_{u,k}$ mit Hilfe eines Beiwertes λ_{cu} aus dem

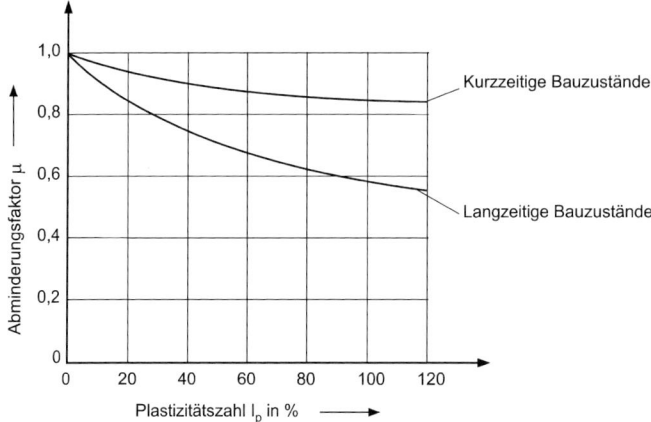

Bild 12.1 Abminderungsfaktor μ bei Anwendung der Flügelsonde zur Bestimmung der Scherfestigkeit $c_{u,k}$

Ansatz

$$c_{u,k} = \lambda_{cu} \cdot \sigma'_{v,k}$$

aus dem effektiven Überlagerungsdruck abgeleitet werden. Der Beiwert λ_{cu} ist die auf den effektiven Überlagerungsdruck bezogene Scherfestigkeit des undränierten Bodens und liegt bei normalkonsolidierten Böden nach [140] und [112] i. d. R. zwischen 0,20 und 0,33. Der effektive Überlagerungsdruck ergibt sich zu

$$\sigma'_{v,k} = \gamma' \cdot z$$

sofern das Grundwasser in Geländehöhe ansteht. Steht es tiefer an, dann ist für die nicht unter Auftrieb stehende Schicht die Wichte γ des feuchten Bodens bzw. die Wichte γ_r des wassergesättigten Bodens einzusetzen.

b) Außerdem kommt auch die indirekte Bestimmung der Scherfestigkeit $c_{u,k}$ nach [120] mit Hilfe des Ansatzes

$$c_{u,k} = (0{,}05 - 0{,}10) \cdot q_c$$

aus Drucksondierungen in Frage. Weitere Hinweise zum Zusammenhang zwischen der Scherfestigkeit $c_{u,k}$ und dem Sondenwiderstand q_c siehe [114, 115].

Die Ableitung der Scherfestigkeit $c_{u,k}$ über Korrelationen mit der Konsistenzzahl I_C ist nicht zu empfehlen [106].

7. Der maßgebende charakteristische Wert der Scherfestigkeit $c_{u,k}$ ist unter Berücksichtigung der Streuung der Messwerte so festzulegen, dass die damit durchgeführten Berechnungen auf der sicheren Seite liegen. In diesem Sinne ist er ein vorsichtiger Schätzwert des Mittelwertes in dem zugehörigen Bereich des Bodens.

8. Wegen der Anisotropie des Bodens infolge von Sedimentation und wegen der Änderung der Hauptspannungsrichtungen infolge des Bodenaushubs müsste die Scherfestigkeit $c_{u,k}$ des undränierten Bodens bei der Ermittlung des Erddruckes vergrößert, bei der Ermittlung des Erdwiderstandes vermindert werden [105, 113]. Da sich dieser Einfluss zahlenmäßig nur schwer abschätzen lässt, die beiden Wirkungen sich aber teilweise gegenseitig aufheben und die Rechnung mit unterschiedlichen Scherfestigkeiten rechentechnisch zu Problemen führen würde, wird empfohlen, auf eine unmittelbare rechnerische Berücksichtigung zu verzichten und die damit nicht erfassten Wirkungen gegebenenfalls durch einen Anpassungsfaktor beim Ansatz des Erdwiderstandes auszugleichen, siehe EB 96, Absatz 3 (Abschn. 12.7). Unter Berücksichtigung der bei Baugruben maßgebenden wirksamen Spannungspfade und der Anisotropie des Bodens konnte hingegen für den Winkel der Gesamtscherfestigkeit $\varphi'_{s,k}$ keine erhebliche Abweichung festgestellt werden [166].

9. Wenn im konkreten Anwendungsfall mit dem Auftreten von Porenwasserüberdruck zu rechnen ist, sollte die Scherfestigkeit $c_{u,k}$ schichtweise wie folgt in einen gleichwertigen Ersatzreibungswinkel ers $\varphi_{s,k}$ umgerechnet werden:

   a) Nimmt die Scherfestigkeit $c_{u,k}$ nach Bild 12.2a) näherungsweise mit der Tiefe geradlinig zu, dann gilt:

   $$\sin(\text{ers } \varphi_{s1,k}) = \frac{c_{u1,k}}{\sigma'_{v1,k}} \qquad \text{oberhalb des Grundwasserspiegels}$$
   $$\text{mit } \sigma'_{v1,k} = \gamma_1 \cdot z_1$$

   $$\sin(\text{ers } \varphi_{s2,k}) = \frac{\Delta c_{u2,k}}{\sigma'_{v2,k} - \sigma'_{v1,k}} \qquad \text{unterhalb des Grundwasserspiegels}$$
   $$\text{mit } \sigma'_{v2,k} = \gamma_1 \cdot z_1 + \gamma'_2 \cdot z_2$$

   b) Ist die Scherfestigkeit $c_{u,k}$ nach Bild 12.2b) jeweils oberhalb und unterhalb des Grundwasserspiegels näherungsweise konstant, dann gilt:

   $$\sin(\text{ers } \varphi_{s1,k}) = \frac{c_{u1,k}}{\sigma'_{vm1,k}} \qquad \text{oberhalb des Grundwasserspiegels}$$
   $$\text{mit } \sigma'_{vm1,k} = 1/2 \cdot \gamma_1 \cdot z_1,$$

   $$\sin(\text{ers } \varphi_{s2,k}) = \frac{c_{u2,k}}{\sigma'_{vm2,k}} \qquad \text{unterhalb des Grundwasserspiegels}$$
   $$\text{mit } \sigma'_{vm2,k} = \gamma_1 \cdot z_1 + 1/2 \cdot \gamma'_2 \cdot z_2$$

   Sofern dadurch die Korrelation für die Ausgleichsgerade deutlich verbessert wird, ist in Höhe der Baugrubensohle eine zusätzliche Schichtgrenze einzuführen. In allen Fällen darf die weitere Berechnung mit dem Ersatzreibungswinkel ers $\varphi_{s,k}$ auf der Grundlage von effektiven Spannungen durchgeführt werden, obwohl die Scherfestigkeit des undränierten Bodens zugrunde liegt.

10. Wenn im konkreten Anwendungsfall das Auftreten von Porenwasserüberdruck ausgeschlossen werden kann und die effektive Scherfestigkeit mit den Scherparametern φ'_k und c'_k nicht im Labor ermittelt worden ist, darf in Anlehnung an [119] aus der nach Absatz 7 festgelegten Scherfestigkeit $c_{u,k}$ des undränierten

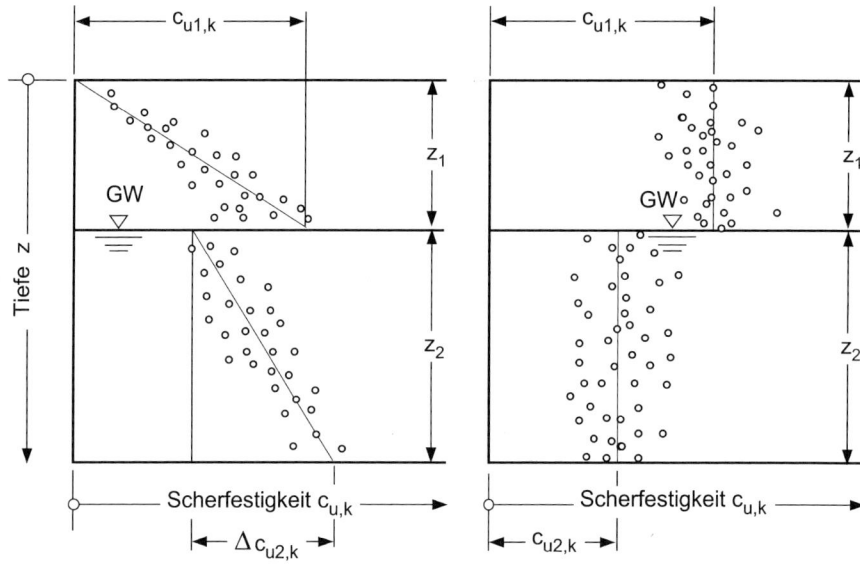

a) $c_{u,k}$ mit der Tiefe zunehmend   b) $c_{u,k}$ schichtweise konstant

Bild 12.2 Ermittlung des Ersatzreibungswinkels ers $\varphi_{s,k}$

Bodens der Winkel der Gesamtscherfestigkeit $\varphi'_{s,k}$ für den dränierten Zustand ermittelt werden.

11. Größere Winkel der Gesamtscherfestigkeit als $\varphi'_{s,k} = 27{,}5°$ bzw. größere Ersatzreibungswinkel als ers $\varphi_{s,k} = 27{,}5°$ dürfen nur verwendet werden, wenn der Entwurfsverfasser bzw. der Fachplaner über die erforderlichen Kenntnisse und Erfahrungen verfügt.

Literatur

[1] Grundbau-Taschenbuch, 7. Aufl. Berlin: Ernst & Sohn, Teil 1: 2008, Teil 2: 2009, Teil 3: 2009.

[2] Empfehlungen des Arbeitsausschusses „Ufereinfassungen", 11. Aufl. Berlin: Ernst & Sohn 2012; ferner: Technische Jahresberichte des Arbeitsausschusses „Ufereinfassungen". Bautechnik, Heft 12 eines jeden Jahres.

[3] Ohde, J.: Zur Theorie des Erddruckes unter besonderer Berücksichtigung der Erddruckverteilung. Die Bautechnik 16 (1938), H. 10/11, S. 150, H. 13, S. 176, H. 19, S. 241, H. 25, S. 331, H. 37, S. 480, H. 42, S. 570, H. 53/54, S. 753, Zuschrift H. 52, S. 715.

[4] Ohde, J.: Zur Erddrucklehre. Die Bautechnik 25 (1948), H. 6, S. 122, Die Bautechnik 26 (1949), H. 12, S. 360, Die Bautechnik 27 (1950), H. 4, S. 111, Die Bautechnik 28 (1951), H. 12, S. 297, Die Bautechnik 29 (1952), H. 2, S. 31, H. 8, S. 219, H. 11, S. 315.

[5] Briske, R.: Erddruckverlagerung bei Spundwandbauwerken. Berlin: Ernst & Sohn 1957.

[6] Briske, R.: Anwendung von Druckumlagerungen bei Baugrubenumschließungen. Die Bautechnik 35 (1958), H. 6, S. 242, H. 7, S. 279.

[7] Spilker, A.: Mitteilung über die Messung der Kräfte in einer Baugrubenaussteifung. Die Bautechnik 15 (1937), H. 1, S. 16.

[8] Klenner, C.: Versuche über die Verteilung des Erddruckes über die Wände ausgesteifter Baugruben. Die Bautechnik 19 (1941), H. 29, S. 316.

[9] Lehmann, H.: Die Verteilung des Erdangriffes an einer oben drehbar gelagerten Wand. Die Bautechnik 20 (1942), H. 31/32, S. 273.

[10] Peck, R.B.: Earth Pressure Measurements in open Cuts, Chicago (Ill.) Subway. Am. Soc. Civ. Eng. Transact. (1943), S. 1008.

[11] Tschebotarioff, G.P.: Final Report. Large Scale Earth Pressure Tests with Model Flexible Bulkheads. Princeton University. USA, Jan. 1949.

[12] Weißenbach, A.: Messungen an U-Bahn-Baugruben in Hamburg. Hierzu siehe [89] und [90].

[13] Briske, R. und Pirlet, F.: Messungen über die Beanspruchungen des Baugrubenverbaues der Kölner U-Bahn. Die Bautechnik 45 (1968), H. 9, S. 290.

[14] Müller-Haude, H.C. und v. Scheibner, D.: Neue Bodendruckmessungen an Baugruben und Tunnelbauten der Berliner U-Bahn. Die Bautechnik 42 (1965), H. 9, S. 293, H. 11, S. 380.

[15] Heeb, A., Schurr, E., Bons, M., Henke, K.F. und Müller, M.: Erddruckmessungen am Baugrubenverbau für Stuttgarter Verkehrsbauwerke. Die Bautechnik 43 (1966), H. 6, S. 208.

[16] Breth, H. und Wanoschek, H.R.: Steifenkraftmessungen in einer durch Pfahlwände gesicherten Tiefbahnbaugrube im Frankfurter Ton. Der Bauingenieur 44 (1969), H. 7, S. 240.

[17] Ranke, A.H. und Ostermayer, H.: Beitrag zur Stabilitätsuntersuchung mehrfach verankerter Baugrubenumschließungen. Die Bautechnik 45 (1968), H. 10, S. 341.

[18] Brinch Hansen, J.: Spundwandberechnung nach dem Traglastverfahren. Internationaler Baugrundkursus 1961. Mitteilungen des Instituts für Verkehrswasserbau, Grundbau und Bodenmechanik der TH Aachen, H. 25, S. 171, Aachen 1962.

[19] Weißenbach, A.: Berechnung von mehrfach gestützten Baugrubenspundwänden und Trägerbohlwänden nach dem Traglastverfahren. Straße Brücke Tunnel 21 (1969), H. 1, S. 17, H. 2, S. 38, H. 3, S. 67. H. 5, S. 130.

[20] Weißenbach, A.: Der Erdwiderstand vor schmalen Druckflächen. Die Bautechnik 39 (1962), H. 6, S. 204.

[21] Kärcher, K.: Erdwiderstand vor schmalen Druckflächen. Modellversuche mit starren Trägern in bindigen Böden. Die Bautechnik 45 (1968), H. 1, S. 31.

[22] Schmidt, H.: Verwendung von IPB- und PSp-Stahl als Baugrubensteifen beim U-Bahn-Bau in Hamburg und ihre Bemessung. Der Stahlbau 32 (1963), H. 2, S. 46.

[23] Blum, H.: Einspannungsverhältnisse bei Bohlwerken. Berlin: W. Ernst & Sohn 1931.

[24] Lackner, E.: Berechnung mehrfach gestützter Spundwände, 3. Aufl. Berlin: W. Ernst & Sohn 1950.

[25] Terzaghi, K.; übersetzt und bearbeitet von R. Jelinek: Theoretische Bodenmechanik. Berlin, Göttingen, Heidelberg: Springer Verlag 1954.

[26] Weißenbach, A.: Baugrubensicherung; Grundbau-Taschenbuch, 4. Aufl., Teil 3, S. 379. Berlin: Ernst & Sohn 1992.

[27] Windels, R.: Bohlwände und Traglastverfahren. Die Bautechnik 47 (1970), H. 9, S. 300.

[28] Deutscher Ausschuß für Stahlbau: Richtlinie für die Anwendung des Traglastverfahrens im Stahlbau. DASt Richtlinie 008, März 1973. Stahlbau Verlags GmbH, Köln.

[29] Breth, H.: Das Tragverhalten von Injektionsankern im Ton. Vorträge der Baugrundtagung 1970 in Düsseldorf, S. 57. Deutsche Gesellschaft für Erd- und Grundbau e. V., Essen 1971.

[30] Weißenbach, A.: Meßverfahren zur Ermittlung von Größe und Verteilung des Erddruckes auf Baugrubenwände. Vorträge der Baugrundtagung 1968 in Hamburg, S. 257. Deutsche Gesellschaft für Erd-und Grundbau e. V., Essen 1969.

[31] Windels, R.: Traglasten von Balkenquerschnitten bei Angriff von Biegemoment, Längs- und Querkraft. Der Stahlbau 39 (1970), H. 1, S. 10.

[32] Briske, R.: Erddruckumlagerungen bei abgesteiften Trägerbohlwänden. Die Bautechnik 48 (1971), H. 8, S. 254.

[33] Wittke, W.: Verfahren zur Standsicherheitsberechnung starrer, auf ebenen Flächen gelagerter Körper und die Anwendung der Ergebnisse auf die Standsicherheitsberechnung von Felsböschungen. Veröffentlichungen des Instituts für Bodenmechanik und Grundbau. TH Karlsruhe, H. 20, 1965.

[34] John, K.W.: Three-Dimensional Stability Analyses of Slopes in Jointed Rock, Proceedings 1970, Johannesburg, Südafrika.

[35] Buchholz, W.: Erdwiderstand auf Ankerplatten. Jahrbuch der Hafenbautechnischen Gesellschaft 1930/31, Berlin. Hierzu siehe auch [1].

[36] Jelinek, R. und Ostermayer, H.: Zur Berechnung von Fangedämmen und verankerten Stützwänden. Die Bautechnik 44 (1967), H. 5, S. 167.

[37] Meißner, H.: Verankerung von Wänden, die Geländesprünge verformungsarm abstützen sollen. Der Bauingenieur 45 (1970), H. 9, S. 337.

[38] Breth, H. und Romberg, W.: Messungen an einer verankerten Wand. Vorträge der Baugrundtagung 1972 in Stuttgart, S. 807. Deutsche Gesellschaft für Erd- und Grundbau e. V., Essen 1973.

[39] Nendza, H. und Klein, K.: Bodenverformung beim Aushub tiefer Baugruben. Haus und Technik-Vortragsveröffentlichungen, H. 314.

[40] Franke, E.: Ruhedruck in kohäsionslosen Böden. Die Bautechnik 51 (1974), H. 1, S. 18.

[41] Gaibl, A. und Ranke, A.: Belastung starrer Verbauwände. Bauingenieur-Praxis, H. 79. Berlin, München, Düsseldorf: Ernst & Sohn 1973.

[42] Pätzold, J.: Empfehlungen für Messungen im Zusammenhang mit schildvorgetriebenen Tunneln. Die Bautechnik 49 (1972), H. 9, S. 296.

[43] Petersen, G. und Schmidt, H.: Zur Berechnung von Baugrubenwänden nach dem Traglastverfahren. Die Bautechnik 50 (1973), H. 3, S. 85.

[44] Petersen, G. und Schmidt, H.: Untersuchungen über die Standsicherheit verankerter Baugrubenwände an Beispielen des Hamburger Schnellbahnbaues. Straße Brücke Tunnel 23 (1971), H. 9, S. 225.

[45] Schmidt, H.: Zur Ermittlung der kritischen tiefen Gleitfuge von mehrfach verankerten hohen Baugrubenwänden. Die Bautechnik 51 (1974), H. 6, S. 210.

[46] Weißenbach, A.: Baugruben, Teil II: Berechnungsgrundlagen. Berlin, München, Düsseldorf: W. Ernst & Sohn 1975.

[47] Endo, M.: Earth Pressure in the Excavation Work of Aluvial Clay Stratum. Proc. Conf. Soil Mech. Budapest 1963, S. 21.

[48] Schmitt, G.P. und Breth, H.: Tragverhalten und Bemessung von einfach verankerten Baugrubenwänden. Straße Brücke Tunnel 27 (1975), H. 6, S. 145. Hierzu siehe auch [50].

[49] Breth, H. und Wolff, R.: Die Versuche mit einer mehrfach verankerten Modellwand. Die Bautechnik 53 (1976), H. 2, S. 38. Hierzu siehe auch [50].

[50] Briske, R.: Zuschrift zu [49]. Die Bautechnik 55 (1978), H. 6, S. 214.

[51] Breth, H. und Stroh, D.: Ursachen der Verformung im Boden beim Aushub tiefer Baugruben und konstruktive Möglichkeiten zur Verminderung der Verformung von verankerten Baugruben. Der Bauingenieur 51 (1976), H. 3, S. 81.

[52] Weißenbach, A.: Baugruben, Teil III: Berechnungsverfahren. Berlin, München, Düsseldorf: W. Ernst & Sohn 1977.

[53] Karstedt, J.: Ermittlung eines aktiven Erddruckbeiwertes für den räumlichen Erddruckfall bei rolligen Böden. Tiefbau Ingenieurbau Straßenbau 1978, H. 4, S. 258.

[54] Huder, J. und Arnold, R.: Die Berechnung der freien Ankerlänge bei verankerten Baugrubenwänden unter Berücksichtigung der neuen SIA-Norm 191. Mitteilungen der Schweizerischen Gesellschaft für Boden- und Felsmechanik. Frühjahrstagung 1978, 21. und 22. April, Lausanne, S. 1.

[55] Schulz. H.: Die Sicherheitsdefinition bei mehrfach verankerten Stützwänden. Konferenzberichte 6. Europ. Konferenz für Bodenmechanik und Grundbau in Wien 1976. Band 1.1, S. 189.

[56] Davidenkoff, R. und Franke, L.: Untersuchung der räumlichen Sickerströmung in eine umspundete Baugrube in offenen Gewässern. Die Bautechnik 42 (1965), H. 9, S. 298.

[57] Davidenkoff, R. und Franke, L.: Räumliche Sickerströmung in eine umspundete Baugrube im Grundwasser. Die Bautechnik 43 (1966), H. 12, S. 401.

[58] McNamee, J.: Seepage into a sheeted Excavation. Geotechnique 1, 1949, H. 4, S. 229. Hierzu siehe auch [26].

[59] Knaupe, W.: Baugrubensicherung und Wasserhaltung. Berlin: VEB Verlagswesen 1984.

[60] Terzaghi, K. und Peck, R.B., deutsche Bearbeitung von A. Bley: Die Böden in der Baupraxis. Berlin, Göttingen, Heidelberg: Springer 1961.

[61] Davidenkoff, R.: Zur Berechnung des hydraulischen Grundbruches. Die Wasserwirtschaft 46 (1956), H. 9, S. 230.

[62] Jeßberger, H.L.: Bodenfrost und Eisdruck. Grundbau-Taschenbuch, 3. Aufl. Teil 1. Berlin, München, Düsseldorf: Ernst & Sohn 1980. Außerdem: Jeßberger, H.L.: Frost im Baugrund; Hager, M.: Eisdruck. Beide im Grundbau-Taschenbuch, 4. Aufl., Teil 2. Berlin: Ernst & Sohn 1991.

[63] Schenk, W., Smoltczyk, H.-U. und Lächler, W.: Pfahlroste, Berechnung und Konstruktion. Grundbau-Taschenbuch, 3. Aufl. Teil 2. Berlin, München: Ernst & Sohn 1982. Außerdem: 4. Aufl., Teil 3. Berlin: Ernst & Sohn 1992.

[64] Herth, W. und Arndts, E.: Theorie und Praxis der Grundwasserabsenkung. Berlin: Ernst & Sohn 1985.

[65] Lehmann, G.: Untersuchungen an Grundwasserversickerungen beim Bau der Kölner U-Bahn. Tiefbau Ingenieurbau Straßenbau 22, (1980). H. 1, S. 9.

[66] Lehmann, G.: Erfahrungen bei der Grundwassersickerung mit Vertikalbrunnen. Tiefbau Ingenieurbau Straßenbau 23 (1981), H. 5, S. 308.

[67] Tiefbauamt der Stadt Bonn: Anker- und Steifenkraftmessungen an Bohlträgerwänden. Bonn 1979.

[68] Starke, P.: Zur Berechnung von Trägerbohlwänden in Böden ohne Kohäsion. Die Bautechnik 51 (1974), S. 269.

[69] Briske, R.: Erddruckumlagerungen bei rückverankerten Trägerbohlwänden. Die Bautechnik 51 (1980), S. 343 und S. 420.

[70] Caquot, A., Kérisel, J. und Absi, E.: Tables de Butée et de Poussée. Gauthier-Villars Paris, Brüssel, Montreal, 1973.

[71] Weißenbach, A.: Programmierbare Erdwiderstandsbeiwerte. Taschenbuch Tunnelbau 1985, Abschnitt C „Baugruben". Essen: Verlag Glückauf 1984.

[72] Ulrichs, K.R.: Ergebnisse von Untersuchungen über Auswirkungen bei der Herstellung tiefer Baugruben. Tiefbau Ingenieurbau Straßenbau 21 (1979), S. 706.

[73] Weißenbach, A.: Neue Erkenntnisse zum Erddruck auf ausgesteifte Trägerbohlwände. 8. Donau-Europäische Konferenz über Bodenmechanik und Grundbau am 25./26.9.1986 in Nürnberg. Band I, S. 49. Essen: Deutsche Gesellschaft für Erd- und Grundbau e. V. 1987.

[74] Ulrichs, K.R.: Untersuchungen über das Trag- und Verformungsverhalten verankerter Schlitzwände in rolligen Böden. Die Bautechnik 58 (1981), S. 124.

[75] Grundbegriffe der Felsmechanik und der Ingenieurgeologie. Deutsche Gesellschaft für Erd- und Grundbau e. V.; Essen: Verlag Glückauf 1982.

[76] Merkblatt für Felsgruppenbeschreibung für bautechnische Zwecke im Straßenbau. Köln: Forschungsgesellschaft für das Straßenwesen 1980.

[77] Wittke, W.: Felsmechanik. Berlin, Heidelberg, New York, Tokyo: Springer Verlag 1984.

[78] Henke, K.F. und Kaiser, W.: Empfehlung Nr. 4 des Arbeitskreises 19 „Versuchstechnik im Fels" der Deutschen Gesellschaft für Erd- und Grundbau e. V., Bautechnik 51 (1980), S. 325–328.

[79] Wittmann, L.: Beurteilung der hydrodynamischen Bodenstabilität. Tiefbau Ingenieurbau Straßenbau 1981, S. 478.

[80] Heibaum, M.H.: Zur Frage der Standsicherheit verankerter Stützwände auf der tiefen Gleitfuge. Mitt. Inst. Grundbau, Bodenmechanik u. Felsbau, TH Darmstadt, Nr. 27 (1987), S. 176.

[81] Walz, B. und Hock, K.: Berechnung des räumlichen aktiven Erddrucks mit der modifizierten Elementscheibentheorie. Bericht Nr. 6 der Forschungs- und Arbeitsberichte aus den Bereichen Grundbau, Bodenmechanik und Unterirdisches Bauen an der Bergischen Universität GH Wuppertal, März 1987.

[82] Walz, B. und Hock, K.: Berechnung des räumlichen Erddrucks auf die Wandungen von schachtartigen Baugruben. Taschenbuch für den Tunnelbau 1988. Essen: Verlag Glückauf GmbH.

[83] Beresanzew, V.G.: Earth Pressure on Cylindrical Retaining Walls. Proc. Brussels Conf. an Earth Pressure Problems II (Bruxelles 1958), p. 21. Hierzu siehe auch: Kezdi, A.: Erddrucktheorien. Berlin, Göttingen, Heidelberg: Springer 1962.

[84] Steinfeld, K.: Über den Erddruck auf Schacht- und Brunnenwandungen. Vorträge der Baugrundtagung 1958 in Hamburg. Deutsche Gesellschaft für Erd- und Grundbau e. V., Essen.

[85] Gußmann, P. und Lutz, W.: Schlitzstabilität bei anstehendem Grundwasser. Geotechnik 4 (1981), H. 2, S. 70–82. Hierzu siehe auch Zuschrift in Geotechnik 4 (1981), H. 4, S. 206–208.

[86] Walz, B. und Pulsfort, M.: Ermittlung der rechnerischen Standsicherheit suspensionsgestützter Erdwände auf der Grundlage eines prismatischen Bruchkörpermodells. Tiefbau Ingenieurbau Straßenbau 25 (1983). H. 1, S. 4–7 und H. 2, S. 82–86.

[87] Piaskowski, A. und Kowalewski, Z.: Application of thixotropic clay suspensions for stability of vertical sides of deep trenches without strutting. Proc, of bth Int. Conf. on Soil Mech. and Found. Eng. Montreal (1965), Vol. 111.

[88] Walz, B.: Erddruckabminderung an einspringenden Baugrubenecken. Bautechnik 71 (1994), S. 90–95.

[89] Weißenbach. A.: Auswertung der Berichte über Messungen an ausgesteiften Trägerbohlwänden in nichtbindigem Boden. Heft 3 der Schriftenreihe des Fachgebietes Baugrund-Grundbau der Universität Dortmund. Dortmund 1991.

[90] Weißenbach, A.: Auswertung der Berichte über Messungen an ausgesteiften Trägerbohlwänden in bindigem Boden. Heft 8 der Schriftenreihe des Fachgebietes Baugrund-Grundbau der Universität Dortmund. Dortmund 1993.

[91] Mao, P.: Erdwiderstand von Sand in Abhängigkeit von Wandbewegungsart und Sättigungsgrad. Heft 16 der Schriftenreihe des Fachgebietes Baugrund-Grundbau der Universität Dortmund. Dortmund 1993.

[92] Besler, D.: Einfluß von Temperaturerhöhungen auf die Tragfähigkeit von Baugrubensteifen. Bautechnik 71 (1994), H. 9, S. 582–590.

[93] Schäfer, J.: Erdwiderstand vor schmalen Druckflächen im rheinischen Schluff. Heft 2 der Schriftenreihe des Fachgebietes Baugrund-Grundbau der Universität Dortmund. Dortmund 1990.

[94] Besler, D.: Verschiebungsgrößen bei der Mobilisierung des Erdwiderstandes von Sand. Bautechnik 72 (1995), H. 11, S. 748–755.

[95] Wittlinger, M.: Ebene Verformungsuntersuchungen zur Weckung des Erdwiderstandes bindiger Böden. Institut für Geotechnik der Universität Stuttgart, Mitteilung 35. Stuttgart 1994.

[96] Weißenbach, A. und Gollub, P: Neue Erkenntnisse über mehrfach verankerte Ortbetonwände bei Baugruben in Sandboden mit tiefliegender Injektionssohle, hohem Wasserüberdruck und großer Bauwerkslast. Bautechnik 72 (1995), H. 12, S. 780–799.

[97] Gollub, P. und Klobe, B.: Tiefe Baugruben in Berlin: Bisherige Erfahrungen und geotechnische Probleme. Geotechnik 19 (1995), S. 115–121.

[98] Blum, H.: Beitrag zur Berechnung von Bohlwerken. Die Bautechnik 27 (1950) S. 45–52.

[99] Kranz, E.: Über die Verankerung von Spundwänden. Berlin: Ernst & Sohn 1953.

[100] Weißenbach, A. und Kempfert, H.-G.: German national report on „Braced excavation in soft ground". Proceedings for the international Symposium on Underground Constructions in soft ground in New Delhi, India, 1994, pp. 9–12.

[101] Goldscheider, M. und Gudehus, G.: Bau einer Tiefgarage im Konstanzer Seeton – Baugrubensicherung und bodenmechanische Anforderungen. Vorträge der Baugrundtagung 1988 in Hamburg, S. 385–406. Deutsche Gesellschaft für Geotechnik e. V.

[102] Katzenbach, R., Floss, R. und Schwarz, W.: Neues Baukonzept zur verformungsarmen Herstellung tiefer Baugruben in weichem Seeton. Vorträge der Baugrundtagung 1992 in Dresden, S. 13–31. Deutsche Gesellschaft für Geotechnik e. V.

[103] Breymann, H.: Tiefe Baugruben in weichplastischen Böden, 7. C. Veder Kolloquium. TU Graz, 1992.

[104] Ostermayer, H. und Gollub, P.: Baugrube Karstadt in Rosenheim. Vorträge der Baugrundtagung 1996 in Berlin, S. 341–360. Deutsche Gesellschaft für Erd- und Grundbau e. V.

[105] Scherzinger, T.: Materialverhalten von Seetonen – Ergebnisse von Laboruntersuchungen und ihre Bedeutung für das Bauen im weichen Baugrund. Veröffentlichungen des Institutes für Bodenmechanik und Felsmechanik der Universität Fridericiana in Karlsruhe, H. 122. 1992.

[106] Schuppener, B. und Kiekbusch, M.: Plädoyer für die Abschaffung und den Ersatz der Konsistenzzahl, Geotechnik 11 (1988), S. 186–192.

[107] Gußmann, P.: Kapitel „Numerische Verfahren". Grundbau-Taschenbuch, 4. Aufl., Teil 1, S. 420–448. Berlin: Ernst & Sohn 1990.

[108] Bjerrum, L. und Eide, O.: Stability of Strutted Excavations in Clay. Geotechnique 1956, Vol. 6, S. 34–47.

[109] v. Soos, P.: Eigenschaften von Boden und Fels; ihre Ermittlung im Labor. Grundbau-Taschenbuch, 5. Aufl., Teil 1, S. 87–157. Berlin: Ernst & Sohn 1997.

[110] Merkblatt über den Einfluß der Hinterfüllung auf Bauwerke (FGSV 526). Forschungsgesellschaft für Straßen- und Verkehrswesen, Arbeitsgruppe Erd- und Grundbau. Ausgabe 1994.

[111] Vermeer, P.A., Meier, C.-P.: Standsicherheit und Verformungen bei tiefen Baugruben in bindigem Boden. Vorträge der Baugrundtagung 1998 in Stuttgart, S. 133–148. Deutsche Gesellschaft für Geotechnik e. V.

[112] Kempfert, H.-G. und Stadel, M.: Berechnungsgrundlagen für Baugruben in normalkonsolidierten weichen bindigen Böden. Bauingenieur 72 (1997), S. 207–213.

[113] Bjerrum, L.: Problems of Soil Mechanics and Construction on Soft Clay and Structurally Unstable Soils. Proc. 8th Int. Conf. Soil Mech. Found. Eng., Moscow 1973, Vol. 3, pp. 111–159.

[114] Jörß, O.: Erfahrungen bei der Ermittlung von c_u-Werten mit Hilfe von Drucksondierungen in bindigen Böden. Geotechnik 1998, H. 1, S. 26–27.

[115] Lunne, T. et al.: Cone Penetration Testing in Geotechnical Practice. Black Academic and Professional. London 1997.

[116] Leinenkugel, H.J.: Deformations- und Festigkeitsverhalten bindiger Erdstoffe; Experimentelle Ergebnisse und ihre physikalische Bedeutung. Veröffentlichungen des Instituts für Bodenmechanik und Felsmechanik der Universität Karlsruhe, H. 66 (1997).

[117] Weißenbach, A.: Baugrubensicherung. Grundbau-Taschenbuch, 5. Aufl. Teil 3, S. 397–511. Berlin: Ernst & Sohn 1997.

[118] Freiseder, G.M.: Ein Beitrag zur numerischen Berechnung von tiefen Baugruben in weichen Böden. Technische Universität Graz, Institut für Bodenmechanik und Grundbau, H. 3 (1998).

[119] Kempfert, H.G. und Berhane, G.: Zur Diskussion von dränierten oder undränierten Randbedingungen bei Baugruben in weichen Böden. Bautechnik 79 (2002), S. 603–611.

[120] Weiß, K.: Baugrundaufschluß durch Drucksondierungen. Abschnitt 3.4 im Kapitel „Baugrunduntersuchungen im Feld" des Grundbau-Taschenbuchs, 5. Aufl., Teil 1, S. 65–71. Berlin: Ernst & Sohn, 1997.

[121] Hettler, A. und Besler, D.: Zur Bettung von gestützten Baugrubenwänden in Sand. Bautechnik 78 (2001), S. 89–100.

[122] Arbeitskreis 1.6 „Numerik in der Geotechnik" der DGGT: Empfehlungen des AK 1.6 der DGGT, Abschnitt 3: „Baugruben". Geotechnik 25 (2002), Nr. 1, S. 44–56.

[123] Weißenbach, A.: Standsicherheitsnachweise für einmal ausgesteifte Baugrubenwände. Taschenbuch für den Tunnelbau 1982, Abschnitt C „Baugruben". Essen: Verlag Glückauf 1981.

[124] Empfehlungen des Arbeitskreises „Baugruben" EAB, 3. Aufl. Berlin: Ernst & Sohn 1994.

[125] Empfehlungen des Arbeitskreises „Baugruben" auf der Grundlage des Teilsicherheitskonzeptes, EAB-100. Berlin: Ernst & Sohn 1996.

[126] Hettler, A. und Maier, T.: Verschiebungen des Bodenauflagers bei Baugruben auf der Grundlage der Mobilisierungsfunktion von Besler. Bautechnik 81 (2004), H. 5, S. 323–336.

[127] Vogt, N. und Stiegeler, R.: Vertikales Gleichgewicht einer in den Suspensionsschlitz eingehängten Spundwand. Felsbau 21 (2003), H. 5, S. 18–25.

[128] Mutschler, T.: Neufassung der Empfehlung Nr. 1 des Arbeitskreises „Versuchstechnik Fels" der Deutschen Gesellschaft für Geotechnik e. V. Bautechnik 81 (2004), H. S. 825–834.

[129] Hoek, E., Kaiser, P.K. und Bawden, W.F.: Support of Underground Excavations in Hard Rock, S. 84–98. Rotterdam, Brookfield; A. A. Balkema 1995.

[130] Hettler, A. und Stoll, C.: Nachweis des Aufbruchs der Baugrubensohle nach der neuen DIN 1054:2003-01. Bautechnik 81 (2004), H. 7, S. 562–568.

[131] Bartl, U.: Zur Mobilisierung des passiven Erddrucks in kohäsionslosem Boden. Technische Universität Dresden. Dissertation 2004.

[132] Hettler, A., Biehl, F. und Leibnitz, S.: Zur Kurzzeitstandsicherheit bei Baugrubenkonstruktionen in weichen Böden. Bautechnik 76 (2002), H. 9, S. 612–619.

[133] Weißenbach, A., Hettler, A.: Berechnung von Baugrubenwänden nach der neuen DIN 1054. Bautechnik 80 (2003), H. 12, S. 857–874.

[134] Frank, R. et al.: Designer's Guide to EN 1997-1, Eurocode 7: Geotechnical Design Part 1: General Rules. London, Thomas Telford.

[135] Radomski, H.: Untersuchungen über den Einfluß der Querschnittsform wellenförmiger Spundwände auf die statischen und rammtechnischen Eigenschaften. Mitteilungen des Instituts für Wasserwirtschaft, Grundbau und Wasserbau der Universität Stuttgart, H. 10 (1968).

[136] Hettler, A., Vega-Ortiz, S. und Gutjahr, S.: Nichtlinearer Bettungsansatz von Besler bei Baugrubenwänden. Bautechnik 82 (2005), Heft 9, S 593–604.

[137] Borchert, K.-M., Mönnich, K.-D., Savidis, S. und Walz, B.: Tragverhalten von Zugpfahlgruppen für Unterwasserbetonsohlen. Vorträge der Baugrundtagung 1998 in Stuttgart, S. 529–557. Deutsche Gesellschaft für Geotechnik e. V.

[138] Triantafyllidis, T.: Neue Erkenntnisse aus Messungen an tiefen Baugruben in Berlin. Bautechnik 75 (1998), S. 133–154.

[139] Schäfer, R. und Triantafyllidis, T.: Auswirkung der Herstellungsmethode auf den Gebrauchszustand von Schlitzwänden in weichen bindigen Böden. Bautechnik 81 (2004), H. 11, S. 880–889.

[140] Berhane G.: Experimental, Analytical and Numerical Investigations of Excavations in Normally Consolidated Soft Soils. Schriftenreihe Geotechnik, Universität Kassel, H. 14 (2003).

[141] Savidis, S., Rackwitz, F., Borchert, K.-M. und Detering, K.: Verformungen von Unterwasserbetonsohlen. VDI-Berichte Nr. 1436, S. 251–267. Düsseldorf: VDI-Verlag GmbH 1999.

[142] Rodatz, W. und Maybaum, G.: Sohlhebungsmessungen Lehrter Bahnhof und Spree-Querung. VDI-Berichte Nr. 1436, S. 251–267. Düsseldorf: VDI-Verlag GmbH 1999.

[143] DBV-Merkblatt „Unterwasserbeton", Fassung Mai 1999. Berlin: Deutscher Beton- und Bautechnik-Verein e. V.

[144] Bieberstein, A., Herbst, J. und Brauns, J.: Hochliegende Dichtungssohlen bei Baugrubenumschließungen – Bemessungsregel zur Vermeidung von Sohlaufbrüchen im Bereich von Fehlstellen. Geotechnik 22 (1999), H. 2, S. 114–123.

[145] Triantafyllidis, T.: Ein einfaches Modell zur Abschätzung von Setzungen bei der Herstellung von Rüttel-Injektionspfählen. Bautechnik 77 (2000), H. 3, S. 161–168.

[146] Borchert, K.-M.: Dichtigkeit von Baugruben bei unterschiedlichen Sohlen-Konstruktionen – Lehren aus Schadensfällen. VDI-Berichte Nr. 1436, S. 21–43. Düsseldorf: VDI-Verlag GmbH 1999.

[147] Harder, H.: Betrachtungen zum Standsicherheitsnachweis natürlicher Sohldichtungen von Baugruben. Geotechnik 23 (2000), H. 4, S. 276–281.

[148] Arwanitaki, A., König, D. und Triantafillydis, T.: Zum Kontaktverhalten zwischen suspensionsgestützten Ortbetonwänden und dem anstehenden Boden. Bautechnik 84 (2007), H. 11, S. 781–792.

[149] Arwanitaki, A.: Über das Kontaktverhalten einer Zweiphasen Schlitzwand und nichtbindigen Böden. Schriftenreihe des Lehrstuhls für Grundbau, Boden und Felsmechanik, Ruhr-Universität Bochum, H. 41, 2009.

[150] Hettler, A.: Empfehlung EB 102 des Arbeitskreises „Baugruben" der DGGT zur Anwendung des Bettungsmodulverfahrens. Bautechnik 88 (2011), H. 9, S. 640–645.

[151] Brand, T., Bastian, D. und Hillmann, S.: Die Berechnung von Baugruben mit dem Bettungsmodulverfahren nach EB 102. Bautechnik 88 (2011), H. 10, S. 694–706.

[152] Hettler, A. und Schanz, T.: Anwendung der Finite-Elemente-Methode bei Baugrubenwänden. Bautechnik 85 (2008), H. 9, S. 603–615.

[153] Heibaum, M. und Herten, M.: Finite-Elemente-Methode für geotechnische Nachweise. Bautechnik 84 (2007) Heft 9, S. 627–630.

[154] Heibaum, M. und Herten, M.: Zuschrift zu: Perau, E.: Konzept und FE-Modellierung zum Nachweis der erforderlichen Ankerlängen, Bautechnik 85 (2008) H. 9, S. 653, 655.

[155] Hettler, A. und Borchert, K.-M.: Herstellbedingte Verformungen bei tiefen Baugruben, Baugrundtagung München 2010, Deutsche Gesellschaft für Geotechnik (Hrsg.), S. 35–42.

[156] Hettler, A. und Triantafyllidis, T.: Deformations of Deep Excavation Walls induced by Construction Processes, Proc. of 17th International Conference on Soil Mechanics and Geotechnical Engineering (ICSMGE), Alexandria, Egypt, 2009. Millpress, IOS Press, Amsterdam, Vol. III, pp. 2457–2460.

[157] Moormann, C.: Trag- und Verformungsverhalten tiefer Baugruben in bindigen Böden unter besonderer Berücksichtigung der Baugrund-Tragwerk- und der

Baugrund-Grundwasser-Interaktion. Mitteilungen des Institutes und der Versuchsanstalt für Geotechnik der Technischen Universität Darmstadt, H. 59, 2002.

[158] Moormann, C. (2005): An investigation on the spatial behaviour of deep excavations. Pertanika Journal of Science and Technology (2005) Vol. 13(1).

[159] Mittag, J., Richter, T.: Grundwasserabsenkungen und Grundwasserentspannungen/Risiken und wirtschaftliche Chancen. Hans Lorenz Symposium 2009, Veröffentlichungen des Grundbauinstitutes der TU Berlin, H. 47, 2009.

[160] Ziegler, M. und Aulbach, B.: Zur Sicherheit gegen hydraulischen Grundbruch. Vorträge der Baugrundtagung 2010 in München, Deutsche Gesellschaft für Geotechnik e. V., 2010.

[161] Busch, K.-F., Luckner, L. und Tiemer, K.: Geohydraulik, Lehrbuch der Hydrogeologie. Band 3, Gebrüder Borntrueger, Berlin, Stuttgart, 1993.

[162] Quarg-Vonscheidt, J.: Berechnungsmodell für die Tragfähigkeit und das Gruppenverhalten von Zugpfählen. Bericht 23, Bodenmechanik und Grundbau der Bergischen Universität Wuppertal, 2000.

[163] Borchert, K.-M., Mittag, J., Römer, M. und Savidis, S.: Bemessung von Düsenstrahlsohlen unter Berücksichtigung von Sohlhebungen, Hans Lorenz Symposium 2011, Veröffentlichungen des Grundbauinstitutes der TU Berlin, H. 58, 2011.

[164] Thuro, K.: Empfehlungen Nr. 5 des Arbeitskreises 3.3 „Versuchstechnik Fels" der Deutschen Gesellschaft für Geotechnik e.V., Bautechnik 87 (2010), S. 322ff.

[165] Empfehlungen des Arbeitskreises „Pfähle" EA-Pfähle, 2. Aufl. Berlin: Ernst & Sohn, 2012.

[166] Becker, P.: Zeit- und spannungspfadabhängiges Verformungsverhalten bei Baugruben in weichen Böden. Universität Kassel, Schriftenreihe Geotechnik, H. 22, Kassel 2009.

[167] Becker, P. und Kempfert, H.-G.: Baugrubenverformungen in weichen Böden bei spannungspfadabhängigem Materialverhalten. Bautechnik 87 (2010), H. 10, S. 593–603.

[168] Weißenbach, A. und Hettler, A.: Baugruben, Berechnungsverfahren. Berlin: Ernst & Sohn, 2010.

[169] Grabe, J., Schümann, B. und Katzmann, A.: Anwendung der Fließgelenktheorie auf Baugruben. Bautechnik 85 (2008), S. 443–453.

[170] Empfehlungen für den Entwurf und die Berechnung von Erdkörpern mit Bewehrungen aus Geokunststoffen (EBGEO), 2. Aufl. Berlin: Ernst & Sohn, 2010.

[171] Hettler, A., Kurrer, K.: Erddruck. Berlin: Ernst & Sohn, 2019.

[172] Hettler, A., Triantafyllidis, T., Weißenbach, A.: Baugruben, 3. Aufl., Berlin, Ernst & Sohn, 2018.

[173] Hettler, A., Becker, P., Borchert, K.-M., Kinzler, S.: Bericht des Arbeitskreises Baugruben: Ausblick 6. Aufl., Unterfangungen, Baugruben in weichen Böden, Kopfverformungen nicht gestützter Wände, Bautechnik 96 (2019), H.9, S. 785–792.

[174] Arbeitskreis 1.6: Informationen und Empfehlungen des Arbeitskreises 1.6 „Numerik in der Geotechnik", geotechnik 42 (2019), H.2, S. 88–97.

[175] Empfehlungen des Arbeitskreises Numerik in der Geotechnik – EANG. Berlin: Ernst & Sohn, 2014.

[176] Kempfert, H.-G. und Gebreselassie, B.: Excavations and Foundations in Soft Soils. Springer-Verlag, Berlin Heidelberg, 2006.
[177] Moormann, C. (2009). Möglichkeiten und Grenzen experimenteller und numerischer Modellbildungen zur Optimierung geotechnischer Verbundkonstruktionen. Habilitationsschrift, Mitteilungen des Institutes und der Versuchsanstalt für Geotechnik der Technischen Universität Darmstadt, Heft Nr. 83.
[178] Ou, C., Chiou, D. und Wu, T. (1996). Three-Dimensional Finite Element Analysis of Deep Excavations. Journal of Geotechnical and Geoenvironmental Engineering 122, 5, S. 337–345.
[179] Klein, L. und Moormann, C. (2018) Neue Ansätze zur Erfassung des räumlichen Trag- und Verformungsverhaltens von tiefen Baugruben mit rechteckigem Grundriss. Vorträge der 35. Baugrundtagung 2018 in Stuttgart, 27./28.09.2018, DGGT, 249–256.
[180] Klein, L. (2018). Untersuchungen zum räumlichen aktiven Erddruck bei Baugruben mit rechteckigem Grundriss. Mitteilungen des Institutes für Geotechnik der Universität Stuttgart, Heft 71.
[181] Raithel, M. und Kirchner, A. (2011), Dreidimensionale Berechnungsmodelle zur Bemessung einer ovalen, tiefen Baugrube bei schwierigen geotechnischen Randbedingungen. Bautechnik, 88: 866–876.
[182] König, D., Schröder, T. (2015): Zusammensetzung des Filterkuchens an Schlitzwandlamellen mit kurzer und langer Standzeit. Bauingenieur 90, Heft 2, S.60–70.
[183] König, D., Schröder, T. (2017): Zur Beschaffenheit des Filterkuchens und der Kontaktfläche Boden-Wand bei Schlitzwänden. Tagungsband zum „8. RuhrGeo-Tag – Wechselwirkung Baugrund – Bauwerk" am 30.03.2017 in Essen, Mitteilungsreihe Report Geotechnik, Universität Duisburg-Essen, E. Perau (Hrsg.), Heft 42.
[184] DIN 4085:2018-12 (2018): Baugrund - Berechnung des Erddrucks; Beiblatt 1: Berechnungsbeispiele. DIN Deutsches Institut für Normung e. V.
[185] Borchert, K.-M., Kirsch, F. und Mittag, J. (2019): Baugruben Kap. 12, S. 629ff. im Handbuch Geotechnik Grundlagen – Anwendungen – Praxiserfahrungen, 2. Aufl., Springer Vieweg, C. Boley (Hrsg.).
[186] Borchert, K.-M., Müller-Kirchenbauer, H. (1981): Berechnung von chemisch verfestigten Unterfangungskörpern. Bautechnik 58, Heft 8, S. 275–279.
[187] Borchert, K.-M. (2020): Innerstädtische Gründungen neben bestehenden Verkehrsanlagen. In: Rackwitz, F. (Hrsg.), Advances in Geotechnical Engineering, Vol. 3, Vorträge zum 15. Hans Lorenz Symposium, Universitätsverlag der TU Berlin, S. 13–53.
[188] Perau, E.; Meteling, N. (2016): Anwendungen einer Näherungslösung für die Grundwasserströmung bei Restwasserhaltung. Bautechnik 93, Heft 9, S. 636–646.
[189] Odenwald, B. (2019): Untersuchungen zum hydraulischen Grundbruch unter besonderen Randbedingungen. Tagungsband zur „2. Bodenmechanik-Tagung im Rahmen der Fachsektionstage Geotechnik" am 29. und 30. Oktober in Würzburg.
[190] Odenwald, B., Herten, M. (2008): Hydraulischer Grundbruch: neue Erkenntnisse. Bautechnik 85, Heft 9, S. 585–595.
[191] Hettler, A. (2008): Hydraulischer Grundbruch: Literaturübersicht und offene Fragen. Bautechnik 85, Heft 9, S. 578–584.

[192] Kinzler, S., Morgen, K. (2014): Rückverankerte Betonsohlen – Nachweise in den Grenzzuständen UPL, GEO-2 und STR. Bautechnik 91, Heft 9, S. 622–632.

[193] Grabe, J.; Heins. E. (2016): Diskussionsbeitrag zur axialen Traglast von Wänden im Grenzzustand des Versinkens. Bautechnik 93, Heft 5, S. 304–311.

[194] Becker, P. (2017): Zum Nachweis der Abtragung von Vertikalkräften bei Verbauwänden. Bautechnik 94, Heft 3, S. 190–199.

[195] Hettler, A., Becker, P., Kinzler, S. (2018): Bericht des Arbeitskreises Baugruben: Entwurf EB 85 und Anhang A 10: Äußere Tragfähigkeit von Bohlträgern, Spundwänden und Ortbetonwänden. Bautechnik 95, Heft 9, S. 684–692.

[196] Moormann, C., Kempfert, H.-G. (2014): Jahresbericht 2014 des Arbeitskreises „Pfähle" der Deutschen Gesellschaft für Geotechnik (DGGT). Bautechnik 91, Heft 12, S. 922–932.

[197] Dornecker, E. (2018) Verankerungen – aktuelle und zukünftige Normungssituation für Bemessung, Herstellung und Prüfung. Neue Erkenntnisse und Bauverfahren in der Geotechnik 10. RuhrGeoTag, 21. März 2019 in Wuppertal.

[198] Wichter, L., Meiniger, W. (2018): Verpressanker, Bodennägel und Zugpfähle. In: Grundbautaschenbuch 8. Aufl., Teil 2, Kapitel 2.5, Hrsg. K.-J. Witt. Ernst & Sohn, Berlin.

Kurzzeichen und Benennungen

Geometrische Größen

H	Baugrubentiefe
H'	Abstand von Geländeoberfläche bis Ende der Erddruckumlagerung
a	Lastausbreitungsmaß
a	Achsabstand
a_1	lichter Abstand zwischen Ankerplatten
d	Dicke einer lastverteilenden Schicht
h_A	Höhe der ersten Steifenlage über der Baugrubensohle
s	Setzung
t	Einbindetiefe von Baugrubensohle bis Unterkante der Wand
t_0	rechnerisch erforderliche Einbindetiefe ab Baugrubensohle bei freier Auflagerung
t_1	rechnerisch erforderliche Einbindetiefe ab Baugrubensohle bei voller Einspannung nach Blum
t_1'	rechnerisch erforderliche Einbindetiefe ab Baugrubensohle bei teilweiser Einspannung nach Blum
t_B	von der Bettung erfasste Einbindetiefe
z'	Höhe der resultierenden Auflagerkraft im Boden unter der Baugrubensohle
z_e	Höhe der Resultierenden über dem Fußpunkt einer Lastfigur
Δt_1	Einbindetiefenzuschlag bei Einspannung nach Blum

Baugrund- und Bodenparameter

c'	wirksame Kohäsion
c_c	Kapillarkohäsion des nichtbindigen Bodens
c_u	Kohäsion im undränierten Zustand
q_s	Mantelreibung im Grenzzustand

Empfehlungen des Arbeitskreises „Baugruben", 6. Auflage. DGGT e. V. (Hrsg.)
©2021 Ernst & Sohn GmbH & Co. KG. Published 2021 by Ernst & Sohn GmbH & Co. KG

γ	Wichte
γ'	Wichte unter Auftrieb
γ_r	Wichte des wassergesättigten Bodens
φ'	wirksamer Reibungswinkel
ers φ_s	Ersatzreibungswinkel für weichen Boden
φ'_{Ers}	Ersatzreibungswinkel zur Ermittlung des Mindesterddruckes

Erddruck

E	Erddruckkraft
E_0	Erdruhedruckkraft
E_a	aktive Erddruckkraft
E_P	Erdwiderstand (passive Erddruckkraft)
mob E_p	mobilisierter Erdwiderstand im Gebrauchszustand
E_v	verbleibende Erdruhedruckkraft unterhalb der Baugrubensohle
K_0	Beiwert des Erdruhedrucks
K_a	Beiwert des aktiven Erddrucks
K_p	Beiwert des Erdwiderstands
e	Ordinate des Erddrucks
e_0	Ordinate des Erdruhedrucks
e_a	Ordinate des aktiven Erddrucks
e_p	Ordinate des passiven Erddrucks
g	Index zur Kennzeichnung der Eigenwichte des Bodens
h	Index zur Kennzeichnung der horizontalen Komponente
v	Index zur Kennzeichnung der vertikalen Komponente
δ_0	Neigungswinkel des Erdruhedrucks
δ_a	Neigungswinkel des aktiven Erddrucks
δ_p	Neigungswinkel des Erdwiderstands
ϑ_a	Neigungswinkel der ebenen Gleitfläche des aktiven Erddrucks
ϑ_p	Neigungswinkel der ebenen Gleitfläche des Erdwiderstands
ϑ_z	Neigungswinkel einer ebenen Zwangsgleitfläche

Sonstige Lasten, Kräfte und Schnittgrößen

B	resultierende Auflagerkraft/Bodenreaktion im Bodenauflager
B_{Bh}	resultierende Stützkraft aus den Bettungsspannungen im Bodenauflager
C	Ersatzkraft nach Blum
G	Eigenlast
H	Horizontalkraft
M	Biegemoment
P	Ankerkraft
Q	veränderliche Last

Q	Resultierende in der Gleitfläche
V	Vertikalkraft
p	Großflächige Gleichlast $\leq 10\,\text{kN/m}^2$
q	über $p = 10\,\text{kN/m}^2$ hinausgehender Anteil großflächiger Gleichlasten
q'	Streifenlast
$\overline{q}$	Linienlast
δ_C	Neigungswinkel der Ersatzkraft nach Blum
σ_{ph}	Horizontalkomponente der Bodenreaktionsspannung (Verteilung der Auflagerkraft)
σ_B	Bettungsspannungen im Bodenauflager

Nachweise nach dem Teilsicherheitskonzept

F	Einwirkung, allgemein
E	Beanspruchung, allgemein
G	Index für ständige Einwirkung
Q	Index für ungünstige veränderliche Einwirkung
R	Widerstand, allgemein
d	Index zur Kennzeichnung von Bemessungswerten
k	Index zur Kennzeichnung von charakteristischen Werten
η_{Ep}	Anpassungsfaktor beim Erdwiderstand
μ	Ausnutzungsgrad
γ_E	Teilsicherheitsbeiwert für eine Beanspruchung
γ_F	Teilsicherheitsbeiwert für eine Einwirkung
γ_m	Teilsicherheitsbeiwert für eine Bodenkenngröße (Materialeigenschaft)
γ_R	Teilsicherheitsbeiwert für einen Widerstand

Verschiedenes

Der Begriff „Lastfigur" wurde verwendet, wenn nur die Verteilung der Erddrucklast auf die Baugrubenwand gemeint ist, dagegen der Begriff „Lastbild", wenn darüber hinaus auch die Stützung der Baugrubenwand durch Steifen oder Anker und durch Bodenreaktion beschrieben werden soll.

Die Kurzzeichen verschiedener, insbesondere allgemeingültiger Begriffe werden auch zusätzlich als kennzeichnende Indizes verwendet.

Empfehlungen nach Nummern geordnet

EB 1   Bautechnische Voraussetzungen für die Anwendung der Empfehlungen (Abschn. 1.1)
EB 2   Bodenkenngrößen (Abschn. 2.2)
EB 3   Allgemeine Festlegungen für den Ansatz von Nutzlasten (Abschn. 2.5)
EB 4   Größe der Gesamtlast des aktiven Erddrucks bei unbelasteter Geländeoberfläche (Abschn. 3.2)
EB 5   Verteilung des aktiven Erddrucks bei unbelasteter Geländeoberfläche (Abschn. 3.3)
EB 6   Größe der Gesamtlast des aktiven Erddrucks aus Nutzlasten (Abschn. 3.4)
EB 7   Verteilung des aktiven Erddrucks aus Nutzlasten (Abschn. 3.5)
EB 8   Abhängigkeit der Erddrucklast von der gewählten Bauweise (Abschn. 3.1)
EB 9   Nachweis der Vertikalkomponente des mobilisierten Erdwiderstands (Abschn. 4.7)
EB 10   Standsicherheitsnachweise für ausgesteifte Baugruben in Sonderfällen (Abschn. 4.9)
EB 11   Allgemeines zu den Berechnungsverfahren (Abschn. 4.2)
EB 12   Lastbilder für Trägerbohlwände (Abschn. 5.1)
EB 13   frei
EB 14   Bodenreaktion und Erdwiderstand bei im Boden frei aufgelagerten Trägerbohlwänden (Abschn. 5.3)
EB 15   Gleichgewicht der Horizontalkräfte bei Trägerbohlwänden (Abschn. 5.5)
EB 16   Lastbildermittlung für Spundwände und Ortbetonwände (Abschn. 6.1)
EB 17   frei
EB 18   Ermittlung des Erdruhedrucks (Abschn. 3.7)
EB 19   Bodenreaktion und Erdwiderstand bei im Boden frei aufgelagerten Spundwänden und Ortbetonwänden (Abschn. 6.3)
EB 20   Bautechnische Maßnahmen bei Baugruben neben bestehenden Bauwerken (Abschn. 9.1)
EB 21   Berechnung der Baugrubenumschließung mit aktivem Erddruck bei Baugruben neben Bauwerken (Abschn. 9.2)

Empfehlungen des Arbeitskreises „Baugruben", 6. Auflage. DGGT e. V. (Hrsg.)
©2021 Ernst & Sohn GmbH & Co. KG. Published 2021 by Ernst & Sohn GmbH & Co. KG

EB 22	Berechnung der Baugrubenumschließung mit erhöhtem aktiven Erddruck (Abschn. 9.5)
EB 23	Berechnung der Baugrubenumschließung mit Erdruhedruck (Abschn. 9.6)
EB 24	Einwirkungen (Abschn. 2.1)
EB 25	Fußeinspannung bei Trägerbohlwänden (Abschn. 5.4)
EB 26	Fußeinspannung bei Spundwänden und Ortbetonwänden (Abschn. 6.4)
EB 27	frei
EB 28	Ansatz des aktiven Erddrucks bei großem Abstand der Bebauung (Abschn. 9.3)
EB 29	Ansatz des aktiven Erddrucks bei kleinem Abstand der Bebauung (Abschn. 9.4)
EB 30	Gegenseitige Beeinflussung gegenüberliegender Baugrubenwände bei Baugruben neben Bauwerken (Abschn. 9.7)
EB 31	Erfordernis und Zweck von Messungen und Überprüfungen (Abschn. 15.1)
EB 32	Messgrößen und Messverfahren (Abschn. 15.2)
EB 33	Planung von Messungen (Abschn. 15.3)
EB 34	Anordnung der Messstellen (Abschn. 15.4)
EB 35	Durchführung der Messungen und Weitergabe der Messergebnisse (Abschn. 15.5)
EB 36	Auswertung und Dokumentation der Messergebnisse (Abschn. 15.6)
EB 37	frei
EB 38	Allgemeine Festlegungen für Baugruben in nicht standfestem Gebirge (Abschn. 11.1)
EB 39	Größe des Gebirgsdrucks (Abschn. 11.2)
EB 40	Verteilung des Gebirgsdrucks (Abschn. 11.3)
EB 41	Belastbarkeit des Gebirges durch Auflagerkräfte am Wandfuß (Abschn. 11.4)
EB 42	Größe und Verteilung des Erddrucks bei verankerten Baugrubenwänden (Abschn. 7.2)
EB 43	Nachweis der Kraftübertragung von der Verankerung auf das Erdreich (Abschn. 14.12)
EB 44	Nachweis der Standsicherheit in der tiefen Gleitfuge (Abschn. 7.3)
EB 45	Nachweis der Geländebruchsicherheit (Abschn. 7.4)
EB 46	Maßnahmen gegen mögliche Bewegungen von verankerten Baugrubenwänden (Abschn. 7.5)
EB 47	Tragfähigkeit der Ausfachung von Trägerbohlwänden (Abschn. 14.2)
EB 48	Tragfähigkeit von Bohlträgern (Abschn. 14.3)
EB 49	Tragfähigkeit von Spundbohlen (Abschn. 14.4)
EB 50	Tragfähigkeit von Ortbetonwänden (Abschn. 14.5)
EB 51	Tragfähigkeit von Gurten (Abschn. 14.6)
EB 52	Tragfähigkeit von Steifen (Abschn. 14.7)
EB 53	Tragfähigkeit des Grabenverbaus (Abschn. 14.8)
EB 54	Tragfähigkeit von Hilfsbrücken und Baugrubenabdeckungen (Abschn. 14.9)
EB 55	Nutzlasten aus Straßen- und Schienenverkehr (Abschn. 2.6)

EB 56	Nutzlasten aus Baustellenverkehr und Baubetrieb (Abschn. 2.7)
EB 57	Nutzlasten aus Baggern und Hebezeugen (Abschn. 2.8)
EB 58	Allgemeines zu Baugruben im Wasser (Abschn. 10.1)
EB 59	Strömungskräfte (Abschn. 10.2)
EB 60	Baugruben mit abgesenktem Grundwasser (Abschn. 10.3)
EB 61	Nachweis der Sicherheit gegen hydraulischen Grundbruch (Abschn. 10.4)
EB 62	Nachweis der Sicherheit gegen Aufschwimmen (Abschn. 10.5)
EB 63	Standsicherheitsnachweis für Baugrubenwände im Wasser (Abschn. 10.6)
EB 64	Konstruktion und Bauausführung bei Baugruben im Wasser (Abschn. 10.7)
EB 65	Wasserhaltung (Abschn. 10.8)
EB 66	Überwachungsmaßnahmen bei Baugruben im Wasser (Abschn. 10.9)
EB 67	Stützung von Baugrubenwänden (Abschn. 1.5)
EB 68	Erddruckansatz in Rückbauzuständen (Abschn. 3.8)
EB 69	Lastfiguren für gestützte Trägerbohlwände (Abschn. 5.2)
EB 70	Lastfiguren für gestützte Spundwände und Ortbetonwände (Abschn. 6.2)
EB 71	Überlagerung von Erddruckanteilen bei belasteter Geländeoberfläche (Abschn. 3.6)
EB 72	frei
EB 73	Baugruben mit kreisförmigem Grundriss (Abschn. 8.1)
EB 74	Baugruben mit ovalem Grundriss (Abschn. 8.2)
EB 75	Baugruben mit rechteckigem Grundriss (Abschn. 8.3)
EB 76	Maßgebende Vorschriften (Abschn. 1.2)
EB 77	Sicherheitskonzept (Abschn. 1.3)
EB 78	Grenzzustände (Abschn. 1.4)
EB 79	Teilsicherheitsbeiwerte (Abschn. 2.4)
EB 80	Ermittlung und Nachweis der Einbindetiefe (Abschn. 4.3)
EB 81	Nachweis der Standsicherheit (Abschn. 4.1)
EB 82	Ermittlung der Schnittgrößen (Abschn. 4.4)
EB 83	Nachweis der Gebrauchstauglichkeit (Abschn. 4.10)
EB 84	Nachweis der Abtragung von Vertikalkräften in den Untergrund (Abschn. 4.8)
EB 85	Äußere Tragfähigkeit von Bohlträgern, Spundwänden und Ortbetonwänden (Abschn. 14.10)
EB 86	Tragfähigkeit von Zugpfählen und Verpressankern (Abschn. 14.11)
EB 87	frei
EB 88	Materialkenngrößen und Teilsicherheitsbeiwerte für Bauteilwiderstände (Abschn. 14.1)
EB 89	Erddruckneigungswinkel (Abschn. 2.3)
EB 90	Anwendungsbereich der Empfehlungen EB 91 bis EB 101 (Abschn. 12.1)
EB 91	Böschungen in weichen Böden (Abschn. 12.3)
EB 92	Verbaukonstruktionen in weichen Böden (Abschn. 12.4)
EB 93	Bauvorgang bei weichen Böden (Abschn. 12.5)
EB 94	Baugrunduntersuchung bei weichen Böden (Abschn. 12.2)
EB 95	Erddruck auf Baugrubenwände in weichen Böden (Abschn. 12.6)
EB 96	Bodenreaktion bei Baugruben in weichen Böden (Abschn. 12.7)

EB 97	Berücksichtigung des Wasserdrucks bei weichen Böden (Abschn. 12.8)
EB 98	Ermittlung von Einbindetiefe und Schnittgrößen bei Baugruben in weichen Böden (Abschn. 12.9)
EB 99	Weitere Standsicherheitsnachweise bei Baugruben in weichen Böden (Abschn. 12.10)
EB 100	Wasserhaltungsmaßnahmen bei Baugruben in weichen Böden (Abschn. 12.11)
EB 101	Gebrauchstauglichkeit von Baugrubenkonstruktionen in weichen Böden (Abschn. 12.12)
EB 102	Anwendung des Bettungsmodulverfahrens (Abschn. 4.5)
EB 103	Anwendung der Finite-Elemente-Methode (Abschn. 4.6)
EB 104	Zulässige Vereinfachungen im Grenzzustand GEO-2 bzw. STR (Abschn. 4.11)
EB 105	frei
EB 106	Planung und Prüfung von Baugruben (Abschn. 1.6)
EB 107	Verankerungen (Abschn. 7.1)
EB 108	Bautechnische Voraussetzungen und Maßnahmen bei Unterfangungen (Abschn. 13.1)
EB 109	Standsicherheit und Gebrauchstauglichkeit von Unterfangungen (Abschn. 13.2)
EB 110	Erddruck bei Unterfangungen (Abschn. 13.3)
EB 111	Bauausführung bei Unterfangungen (Abschn. 13.4)
EB 112	Bemessung von Bodenverfestigungen für Unterfangungskörper (Abschn. 14.13)

Inserentenverzeichnis

Firma	Seite
ArcelorMittal Commercial RPS S.a.r.l, 4221 Esch Sur Alzette	Einhefter
BAUER Spezialtiefbau GmbH, 86529 Schrobenhausen	XIIa
Boley Geotechnik GmbH, Beratende Ingenieure, 80469 München	3. Umschlagseite
DC-SOFTWARE, Doster & Christmann GmbH, 81245 München	XIIb
DEMLER Spezialtiefbau GmbH & Co. KG, 57250 Netphen	II
Bauunternehmen Echterhoff GmbH & Co. KG, Westerkappeln	gegenüber 2. Umschlagseite
Erka-Pfahl GmbH, 52499 Baesweiler	2a
Friedr. Ischebeck GmbH, 58256 Ennepetal	106
Gebr. Neumann GmbH, Bauunternehmung, 26723 Emden	96a
geoteam Ingenieurgesellschaft GmbH, 44149 Dortmund	160a
GKT Spezialtiefbau GmbH, 25421 Pinneberg	82a
IDN Ingenieurbüro Domke Nachf., Partnerschaft Beratender Ingenieure mbB, 47259 Duisburg	222a
Implenia Spezialtiefbau GmbH, 80687 München	138
Jacbo Pfahlgründungen GmbH, 48465 Schüttorf	12a
Keller Grundbau GmbH, 63067 Offenbach	212b
Kempfert + Raithel Geotechnik GmbH, 97082 Würzburg	10b
SteelWall ISH GmbH, 82166 Gräfelfing	Einhefter
Stump-Franki Spezialtiefbau GmbH, 10243 Berlin	XVIII
WTM Engineers GmbH, 20459 Hamburg	2. Umschlagseite
Züblin Spezialtiefbau GmbH, 70567 Stuttgart	0a